Carl Neumann

Untersuchungen über das logarithmische und Newton'sche Potential

Carl Neumann

Untersuchungen über das logarithmische und Newton'sche Potential

ISBN/EAN: 9783337131302

Hergestellt in Europa, USA, Kanada, Australien, Japan

Cover: Foto ©berggeist007 / pixelio.de

Weitere Bücher finden Sie auf **www.hansebooks.com**

UNTERSUCHUNGEN

ÜBER DAS

LOGARITHMISCHE UND NEWTON'SCHE POTENTIAL.

VON

Dr. C. NEUMANN,

PROFESSOR AN DER UNIVERSITÄT ZU LEIPZIG.

LEIPZIG,

DRUCK UND VERLAG VON B. G. TEUBNER.

1877.

ZUR ERINNERUNG

AN DAS

FÜNFZIGJÄHRIGE DOCTOR-JUBILÄUM

MEINES LIEBEN VATERS

AM 16. MÄRZ 1876.

Vorwort.

Bei wissenschaftlichen Forschungen pflegen *specielle Untersuchungen* und *allgemeine Ueberlegungen* mit einander Hand in Hand zu gehen, indem jede specielle Untersuchung allgemeine Ueberlegungen erweckt, und umgekehrt jede allgemeine Ueberlegung zu neuen Specialuntersuchungen Veranlassung giebt. Auch scheint diese alternirende Methode — ich möchte sagen: diese bald mikroskopische, bald makroskopische Betrachtung des Gegenstandes — eine durchaus nothwendige zu sein. Denn wer nur mit speciellen Untersuchungen beschäftigt ist, ohne zur rechten Zeit zu allgemeineren und höheren Gesichtspuncten sich zu erheben, wird bald die erforderliche Orientirung verlieren, und dem Zufall preisgegeben sein; und wer umgekehrt das Specielle verschmäht und nur im Allgemeinen sich bewegen will, wird bald die Mittel zum weiteren Fortschritt sich entschwinden sehen, und von unübersteiglichen Schwierigkeiten zu erzählen haben.

Nachdem ich lange Zeit mit *speciellen Untersuchungen* über die Theorie des Newton'schen und Logarithmischen Potentials mich beschäftigt hatte*), erschien es mir noth-

*) Die Resultate dieser Specialuntersuchungen oder wenigstens einen grossen Theil derselben habe ich publicirt in folgenden Schriften:

I. *Geometrische Methode, um das Potential der von einer Kugel auf innere und äussere Puncte ausgeübten Wirkung zu bestimmen;* 1860. — Poggendorff's Annalen, Bd. 109, Seite 629.

II. *Einfaches Gesetz für die Vertheilung der Elektricität auf einem Ellipsoid;* 1861. — Pogg. Annal., Bd. 113, S. 506.

III. *Ueber die Integration der partiellen Differentialgleichung:*

$$\frac{\partial^2 \Phi}{\partial x^2} + \frac{\partial^2 \Phi}{\partial y^2} = 0;$$

1861. — Crelle's Journal, Bd. 59, S. 335.

IV. *Lösung des allgemeinen Problems über den stationären Temperaturzustand einer homogenen Kugel, ohne Hülfe von Reihenentwicklungen;* 1861. — Halle, Verlag von Schmidt.

V. *Allgemeine Lösung des Problems über den stationären Tempe-*

wendig, gewisse *allgemeine Betrachtungen*, zu denen ich hierbei gelangt war, einigermassen übersichtlich zu ordnen, und so weit als möglich zu vervollständigen. In solcher Weise entstand das vorliegende Werk.

Die 30 ersten Seiten geben eine kurze (meistentheils nur historisch gehaltene) Recapitulation der bekannten Sätze von *Laplace*, *Green* und *Gauss*. Im Uebrigen enthält das Werk eine Reihe aufeinander folgender *neuer* Untersuchungen, über welche die Einleitungen der einzelnen Capitel nähere

---

raturzustand eines homogenen Körpers, welcher von zwei nichtconcentrischen Kugelflächen begrenzt ist; 1862. — Halle, Verlag von Schmidt.

VI. *Ueber das Gleichgewicht der Wärme und das der Elektricität in einem Körper, welcher von zwei nichtconcentrischen Kugelflächen begrenzt wird;* 1862. — Crelle's Journal, Bd. 62, S. 36.

VII. *Ueber die Entwicklung einer Function mit imaginärem Argument nach den Kugelfunctionen erster und zweiter Art;* 1862. — Halle, Verlag von Schmidt.

VIII. *Theorie der Elektricitäts- und Wärme-Vertheilung in einem Ringe;* 1864. — Halle, Verlag des Waisenhauses.

IX. *Ueber die Theorie der Kugelfunctionen;* 1866. — Programm der Tübinger Universität. — Von Neuem abgedruckt in Schlömilch's Journal, Bd. 12, S. 97.

X. *Theorie der Bessel'schen Functionen, ein Analogon zur Theorie der Kugelfunctionen;* 1867. — Leipzig, Verlag von Teubner.

XI. *Zur Theorie des Potentials;* 1870. — Math. Annalen, Bd. 2, S. 514. — Diese kurze Notiz ist leider mit *Fehlern* behaftet. Man findet die ausführlichere und zugleich correctere Behandlung der dort angegebenen Sätze im 2. Capitel des vorliegenden Werkes.

XII. *Notiz über die elliptischen und hyperelliptischen Integrale;* 1870. — Math. Annalen, Bd. 3, S. 611.

Schliesslich mag es mir gestattet sein, der gekrönten Preisschrift *Wangerin's* zu gedenken: *Reduction der Potentialgleichung für gewisse Rotationskörper auf eine gewöhnliche Differentialgleichung;* 1875; in den Abhandlungen der Fürstlich Jablonowski'schen Gesellschaft zu Leipzig. — Diese Schrift handelt über Rotationskörper, deren Meridiancurve durch eine Lemniscate oder Cassini'sche Curve, oder durch eine noch allgemeinere Curve dargestellt ist, und steht zu meinen eigenen Untersuchungen schon insofern in einer gewissen Beziehung, als die Stellung jener Aufgabe von Seiten der genannten Gesellschaft auf meine Veranlassung geschah. Doch muss dabei ausdrücklich erwähnt werden, dass die in jener Schrift angewandte elegante Methode, die daselbst benutzten eigenthümlichen Coordinaten Dinge sind, auf welche ich vor dem Erscheinen der *Wangerin*'schen Arbeit *nicht* aufmerksam geworden war.

Auskunft geben. Auch habe ich mich bemüht, diese Einleitungen der einzelnen Capitel in solcher Weise zu schreiben, dass sie einigermassen einen fortlaufenden Faden bilden; so dass die Durchsicht dieser Einleitungen den Leser in den Stand setzen wird, über Inhalt und Tendenz des ganzen Werkes sich eine deutliche Vorstellung zu bilden. — — Doch mag es mir gestattet sein, hier noch einige Bemerkungen voranzuschicken, welche weniger die Gegenstände selber, als die Art und Weise ihrer Behandlung betreffen.

Erste Bemerkung. — Niemand wird die Richtigkeit der sogenannten *Green'schen Sätze* (welche im vorliegenden Werk auf Seite 17—22 kurz zusammengestellt sind) für solche Fälle verbürgen wollen, wo die betrachtete geschlossene Fläche von irgend welcher *singulären* Beschaffenheit, z. B. mit *unendlich vielen* Ecken oder Kanten behaftet ist. Ja es würde selbst noch einer besondern Untersuchung bedürfen, um entscheiden zu wollen, ob diese Sätze stets gültig sind, wenn die gegebene Fläche durch eine *rationale Gleichung* (zwischen den rechtwinkligen Coordinaten) dargestellt, resp. aus einzelnen Flächenstücken zusammengesetzt ist, deren jedes durch eine solche Gleichung sich ausdrückt. Hingegen wird man die Gültigkeit dieser Sätze mit voller Strenge zu beweisen im Stande sein, sobald die Fläche aus lauter Flächenstücken erster und zweiter Ordnung besteht*), vorausgesetzt, dass die Winkel, unter denen diese Flächenstücke zusammenstossen, allenthalben von Null verschieden sind.

Aehnliches gilt in der Theorie des Potentials *von allen Sätzen, in denen von sogenannten beliebigen Flächen die Rede ist*; und es bedürfen daher all' diese Sätze, falls sie wirklich strenge sein sollen, hinsichtlich jener Flächen noch einer genauern Determination. Dass ich auf diese Determinationen im vorliegenden Werke mich nicht näher eingelassen habe, wird man mir wohl schwerlich zum Vorwurf machen können, wenn man bedenkt, dass ich in dieser Be-

*) Dabei verstehe ich unter *Flächenstücken erster und zweiter Ordnung* solche, welche durch eine rationale Gleichung ersten resp. zweiten Grades zwischen den rechtwinkligen Coordinaten sich darstellen; so dass also ein *Flächenstück erster Ordnung* nichts Anderes ist, als ein Theil einer Ebene.

ziehung nur dem Beispiele von *Green*, *Gauss* und *Dirichlet* gefolgt bin.

Zweite Bemerkung. — Uebrigens können solche unzulänglich determinirte Flächen in der Theorie des Potentials in doppelter Weise auftreten, indem sie entweder die gegebene *Grundlage* betreffen, von welcher die Untersuchung ausgeht, oder aber im Laufe der Untersuchung als *Hülfsmittel* für den weitern Fortgang derselben in Anwendung kommen. Kurz, sie können entweder als *Anfangsglieder* der Untersuchung gegeben sein, oder als *Operationsmittel* erdacht werden. — Als ein Beispiel des erstern Vorkommens ist die Aufgabe der elektrischen Vertheilung auf einem gegebenen Conductor anzuführen; denn die Oberfläche des Conductors repräsentirt hier einen Theil derjenigen Data, welche direct zur Formulirung der Aufgabe erforderlich sind. Andrerseits würde als ein Beispiel des letztern Vorkommens der Artikel 26 der Gauss'schen „*Allgemeinen Lehrsätze*" anzuführen sein; denn Gauss benutzt dort zur Untersuchung eines gewissen Potentials V diejenige geschlossene Fläche, welche durch die Gleichung $V =$ Const. dargestellt ist, also eine Fläche, deren nähere Beschaffenheit eben so unbekannt ist, wie das Potential selber.

Offenbar sind solche ganz *nebelhaft* vorschwebende Flächen im zweiten Fall nicht minder unbequem als im ersten. Denn wenn z. B. Gauss a. a. O. auf die Fläche $V =$ Const. einen der Green'schen Sätze*) in Anwendung bringt, so wird man zu beachten haben, dass diese Sätze (wie schon erwähnt) nicht ohne Weiteres auf *jede beliebige* Fläche anwendbar sind, und dass also ihre Anwendung auf die Fläche $V =$ Const. nicht gutgeheissen werden darf ohne eine vorhergehende Untersuchung derselben.

Ja noch mehr! Ueberall, wo solche unzulänglich definirte Flächen nur als *Anfangsglieder* der Untersuchung auftreten, kann die durch sie in den Resultaten erzeugte Un-

*) Ich darf mich wohl der Kürze willen so ausdrücken. Denn die *Green'schen Sätze* sind, obwohl Gauss von denselben beim Schreiben seiner Abhandlung keine Kenntniss hatte, bekanntlich *älter* als diese Abhandlung.

sicherheit *nachträglich*, durch Hinzufügung geeigneter Determinationen, beseitigt werden, was offenbar nicht mehr möglich ist bei den als *Operationsmittel* eingeführten Flächen. Denn während die ersteren unserer Willkür unterliegen, hängen die letzteren wesentlich ab von dem ganzen Plane unserer Untersuchung, und sind also, ohne diesen Plan zu ändern oder ganz umzustossen, keiner Modification fähig.

Aus diesem Grunde habe ich im vorliegenden Werke die Benutzung unbekannter Flächen als eines Operationsmittels zu vermeiden, und die betreffenden *Gauss*'schen und *Dirichlet*'schen Argumentationen durch andere zu ersetzen gesucht, welche von diesem Uebelstande frei sind. Hierdurch glaube ich in den einschlagenden Gebieten eine etwas grössere Sicherheit erreicht zu haben, als es bis jetzt der Fall war.

Dritte Bemerkung. — Wenn trotzdem das vorliegende Werk in Bezug auf Strenge und Gleichmässigkeit *recht viel* zu wünschen übrig lässt, so dürfte der Grund hiervon nicht in meiner Behandlung, sondern in den vorhandenen inneren Schwierigkeiten zu suchen sein. In der That haben wir die Theorie des Potentials als eine im Werden und Wachsen begriffene Disciplin anzusehen, *zu deren strenger Gestaltung und systematischer Abrundung uns noch wichtige Puncte fehlen.* Und demgemäss besteht auch die Aufgabe des vorliegenden Werkes nicht etwa darin, die einzelnen Zweige dieser Disciplin in voreiliger Weise zu einem systematisch geordneten Ganzen zu verbinden, sondern vielmehr darin, diese einzelnen Zweige, jeden für sich, mit gehöriger Sorgfalt so weit als möglich zu verfolgen. Hierbei aber ergab sich die Nothwendigkeit, bei den verschiedenen Zweigen (oder was dasselbe: bei den verschiedenen Capiteln des Werkes) einen *verschiedenen Grad von Strenge* eintreten zu lassen.

So ergab sich namentlich, dass die Potentiale der sogenannten *Doppelbelegungen* einer strengern Behandlung fähig sind, als die Potentiale der *einfachen Belegungen.* In der That dürfte aus meinen Expositionen im 4. und 5. Capitel hervorgehen, dass die *Theorie dieser Doppelbelegungen* und die derselben sich anschliessende *Methode des arithmetischen Mittels* bei geeigneten Einschränkungen den höchsten Grad der mathematischen Sicherheit, nämlich die sogenannte *arithmetische Evidenz* zu erreichen im Stande ist*).

Ich drücke mich absichtlich in dieser Weise aus. *Denn mein Bestreben in dem ganzen Werke ist überhaupt weniger darauf gerichtet gewesen, einen möglichst hohen Grad von Strenge wirklich zu erreichen, als vielmehr darauf, diejenigen Wege einzuschlagen, auf denen man, bei Hinzufügung geeigneter Einschränkungen, einen möglichst hohen Grad von Strenge zu erreichen im Stande ist.* Dieses letztere Verfahren hat offenbar im Wesentlichen denselben Nutzen, wie das erstere, und vor diesem den Vorzug der grössern Kürze.

Vierte Bemerkung. — Die Wichtigkeit des vorliegenden Werkes besteht — falls eine solche demselben überhaupt beizumessen ist — vielleicht vorzugsweise in den darin zu Tage tretenden *Lücken*, resp. in der Anregung, welche durch dasselbe zur Ausfüllung dieser Lücken gegeben sein möchte. So z. B. ist die im 5. Capitel exponirte Methode des arithmetischen Mittels nur auf solche geschlossene Flächen anwendbar, welche *überall convex***) sind. Sollte es in Zukunft gelingen (was ich lange Jahre vergeblich angestrebt habe), diese höchst unangenehme Einschränkung durch eine geeignete Modification jener Methode, resp. durch die Substitution einer neuen Methode zu beseitigen, so würde da-

*) Im 5. Capitel habe ich vorausgesetzt, dass die gegebene geschlossene Fläche zweiten Ranges und keine zweisternige sei (vgl. die Definitionen Seite 167, 168), ferner vorausgesetzt, dass die auf der Fläche vorgeschriebenen Werthe f daselbst stetig sind, und nachgewiesen, dass die dort exponirte *Methode des arithmetischen Mittels* unter diesen Voraussetzungen zu einer Function Ω (Seite 208) führt, welche innerhalb der Fläche die bekannten Potentialeigenschaften besitzt, und auf der Fläche selber die vorgeschriebenen Werthe f besitzt.

Bei diesem Nachweise ist offenbar jener höchste Grad der mathematischen Strenge, die sogenannte *arithmethische Evidenz* noch keineswegs erreicht. Doch wird dieselbe auf dem eingeschlagenen Wege erreichbar sein, sobald man zu den schon genannten Voraussetzungen noch weitere Einschränkungen hinzutreten lässt, nämlich annimmt, dass die gegebene Fläche aus lauter Flächenstücken erster und zweiter Ordnung zusammengesetzt ist, und ferner annimmt, dass die vorgeschriebenen Werthe f *gleichmässig* stetig sind.

**) Genauer ausgedrückt: nur auf solche Flächen anwendbar, welche zweiten Ranges und keine zweisternigen sind (vgl. die betreffenden Definitionen, Seite 167, 168).

durch nicht allein ein befriedigender Beweis des Dirichlet-schen Princips, sondern zugleich eine Position gewonnen sein, welche für die ganze Theorie des Potentials von grösster Wichtigkeit wäre. Mancher beschwerliche Weg, den ich im vorliegenden Werk einzuschlagen gezwungen war*), und den der Leser sofort als einen Umweg erkennen wird, würde alsdann durch einen *directern* Weg ersetzt werden können. Ueberhaupt würde alsdann Aussicht vorhanden sein, die ganze Theorie des Potentials in ein wissenschaftliches Gebäude von einheitlichem Plan und gleichmässiger Strenge zu verwandeln.

Fünfte Bemerkung. — Wenn die bisherigen Bemerkungen sich ausschliesslich auf die Theorie des *Newton*'schen Potentials im *Raume* bezogen, so ist hinzuzufügen, dass Analoges von der Theorie des *Logarithmischen* Potentials in der *Ebene* gilt. Nur sind selbstverständlich statt der geschlossenen *Flächen* in diesem letztern Fall geschlossene *Curven* zu denken.

Sechste Bemerkung. — Um die Theorie des Logarithmischen Potentials mit der des Newton'schen möglichst *conform* zu gestalten, habe ich mir erlaubt, die Zahl π in der Ebene und die Zahl 2π im Raume mit ein und demselben Buchstaben, nämlich mit ϖ zu benennen. Doch bin ich weit entfernt, hiermit irgend welche Neuerung, irgend welche Umänderung in althergebrachten Bezeichnungen anstreben zu wollen. Vielmehr soll jener Buchstabe ϖ nur ganz *vorübergehend*, zur *augenblicklichen Bequemlichkeit* angewendet sein. Vielleicht wäre es besser gewesen, statt des Zeichens ϖ das Product $h\pi$ einzuführen, mit der Festsetzung, dass $h = 1$ sein solle in der Ebene, und $= 2$ im Raume.

*) Namentlich im 3. Capitel. — Um die Existenz der für jenes Capitel wichtigen Function γ ausser Zweifel zu stellen, habe ich daselbst schliesslich (Seite 107) meine Zuflucht genommen zu der bekannten *Gauss*'schen Variationsmethode, welche, obwohl ebenfalls bedenklich, doch bei genauerem Nachdenken viel sicherer wenigstens erscheint als diejenige Variationsmethode, durch welche *Dirichlet* zu dem nach ihm benannten Princip gelangt.

Leipzig, 27. April 1877.

Dr. C. Neumann.

Inhaltsverzeichniss.

Erstes Capitel.

Zweites Capitel.

Drittes Capitel.

Viertes Capitel.

Fünftes Capitel.

Sechstes Capitel.

Siebentes Capitel.

Achtes Capitel.

Neuntes Capitel.

Anhang.

Berichtigungen.

I. Auf Seite 125 in der letzten Zeile ist statt $-\infty$ das Zeichen ∞ zu setzen.

II. Auf Seite 127 in der Note muss statt $\frac{1}{D^2}$ gesetzt werden: ∞. Demgemäss führen also die in der dortigen Note mit Bezug auf den *Raum* angedeuteten Betrachtungen zu ganz *anderen* Resultaten, als die im Texte selber mit Bezug auf die *Ebene* angestellten Betrachtungen. Und demgemäss ist z. B. auch der auf Seite 128 ausgesprochene Satz auf den Fall der *Ebene* zu beschränken, nämlich unrichtig für den *Raum*. Glücklicherweise sind die in jenem § 3 angestellten Untersuchungen nur *beiläufiger* Natur; so dass also die eben bemerkte Unrichtigkeit auf den Inhalt der weiter folgenden §§ ohne Einfluss geblieben ist.

Erstes Capitel.

Die allgemeine Theorie des Potentials, namentlich die Sätze von Gauss und Green.

Es seien zwei concentrische Kugelflächen σ und s gegeben. *Innerhalb* der kleineren σ befinde sich eine beliebige Masse M, und *ausserhalb* der grösseren s eine ebenfalls beliebige Masse M, während der schaalenförmige Raum zwischen den beiden Flächen vollkommen leer sein mag. Legen wir nun unseren Betrachtungen das Newton'sche Gesetz zu Grunde, so können wir offenbar die Potentiale Ω und W dieser Massen M und M auf irgend einen zwischen σ und s gelegenen Punct (r, ϑ, ω) in folgender Weise darstellen:

$$\Omega = \frac{\mathsf{A}}{r} + \frac{\mathsf{B}}{r^2} + \frac{\Gamma}{r^3} + \dots\dots,$$

$$W = A + Br + Cr^2 + Dr^3 + \dots\dots,$$

wo die Coefficienten $\mathsf{A}, \mathsf{B}, \Gamma, \dots, A, B, C, D, \dots$ Functionen von ϑ, ω sind. Selbstverständlich sollen r, ϑ, ω die *Polarcoordinaten* des betrachteten Punctes bezeichnen, so dass also z. B. r die Entfernung des Punctes von dem gemeinschaftlichen Centrum der beiden Kugelflächen vorstellt.

Soll nun das Gesammtpotential $(\Omega + W)$ für alle Puncte des von σ und s begrenzten schaalenförmigen Raumes *constant* sein, so müssen offenbar jene Coefficienten $\mathsf{A}, \mathsf{B}, \Gamma, \dots, A, B, C, D, \dots$, mit Ausnahme von A, sämmtlich *verschwinden*, und A selber einen *constanten Werth* haben. Mit anderen Worten: Soll die Gesammtwirkung der beiden gegebenen Massen M und M innerhalb des betrachteten schaalenförmigen Raumes überall $= 0$ sein, so müssen die Wirkungen jener Massen daselbst *einzeln* $= 0$ sein.

Merkwürdiger Weise bleibt dieser Satz auch dann noch gültig, wenn der betrachtete schaalenförmige Raum nicht von Kugelflächen begrenzt, sondern von ganz *beliebiger* Gestalt ist.

Denken wir uns nämlich einen schaalenförmigen Raum 𝔖, der von zwei beliebigen geschlossenen Flächen begrenzt ist, und denken wir uns ferner zwei Massensysteme M *und M, die ausserhalb dieses Raumes 𝔖 gelegen, und durch denselben von einander getrennt sind, so kann die Gesammtwirkung dieser beiden Systeme innerhalb des Raumes 𝔖 nicht überall* = 0 *sein, — es sei denn, dass die Wirkungen jener beiden Systeme daselbst einzeln* = 0 *sind.*

In der That werde ich im gegenwärtigen Capitel eine Reihe allgemeiner Eigenschaften des Potentials*) entwickeln, aus welchen der eben genannte Satz schliesslich ohne Mühe hervorgeht.

Zuvor aber werde ich (was für meine späteren Zwecke erforderlich ist) eine möglichst gedrängte Uebersicht zu geben suchen über die Potentialtheorie im Allgemeinen, oder (genauer ausgedrückt) über die Theorie des *Newton'schen Potentials*, und zugleich auch über die im Ganzen parallel laufende Theorie des *Logarithmischen Potentials*; wobei von vornherein bemerkt sein mag, dass ich bei ersterer Theorie stets einen Raum von *drei*, bei letzterer hingegen einen Raum von nur *zwei* Dimensionen meinen Betrachtungen zu Grunde legen werde.**)

Absichtlich sage ich, dass mit der Theorie des Newtonschen Potentials die des Logarithmischen Potentials *im Ganzen* parallel laufe. Denn man würde sehr irren, wenn man

---

*) Im Grunde genommen werde ich allerdings hier nur diejenigen Sätze zu wiederholen haben, welche bereits vor einigen Jahren in den Mathematischen Annalen (Bd. 3, Seite 325 und 424) von mir publicirt worden sind. Nur hoffe ich meiner Darstellung gegenwärtig eine grössere Einfachheit und Durchsichtigkeit zu geben, indem ich die Potentiale nicht (wie dort geschehen) *als Functionen, die gewissen Bedingungen zu entsprechen haben*, sondern unmittelbar *durch die ihnen zu Grunde liegenden Massen* definiren werde.

**) Bei dieser Uebersicht werde ich die betreffenden Sätze meistentheils nur *historisch* angeben, indem ich hinsichtlich ihrer Begründung theils auf die Originalabhandlungen von *Green* und *Gauss*, theils auf die vortrefflichen Lehrbücher von *Clausius*, *Riemann-Hattendorf* und *Dirichlet-Grube* verweisen kann.

glauben wollte, dass jeder Satz der einen Theorie sich unmittelbar auf die andere übertragen lasse. So ist z. B. in der Theorie des Newton'schen Potentials folgender Satz bekannt:

Bezeichnet σ eine gegebene geschlossene Fläche, und V das Potential irgend welcher unbekannten innerhalb σ gelegener Massen, so wird dieses Potential V für alle Puncte ausserhalb σ völlig bestimmt sein, sobald nur seine Werthe auf σ selber gegeben sind.

Versucht man aber zu diesem Satz den analogen in der Theorie des Logarithmischen Potentials zu finden, so wird man auf nicht unerhebliche Schwierigkeiten stossen, ja in Zweifel gerathen, ob ein solcher überhaupt existire. Diese Schwierigkeiten werde ich in der gegenwärtigen Schrift zu überwinden suchen, allerdings erst in einem *späteren* Capitel. Für den Augenblick wollte ich hier nur bemerken, dass die in Rede stehenden beiden Theorien (wie aus dem angeführten Beispiel deutlich hervorgeht) *nicht* überall parallel sind, sondern mancherlei *Discrepanzen* darbieten. Und gerade diese *Discrepanzen* sind es, welche mich bewegen, der so *wichtigen**) Theorie des Logarithmischen Potentials dieselbe Sorgfalt zuzuwenden, wie der des Newton'schen.

Die Theorie des *Newton'schen Potentials* handelt bekanntlich von einer Materie, welche beliebig im *Raume* vertheilt werden kann, und für welche das Potential zweier Massentheilchen μ, m den Werth besitzt:

$$\frac{\mu m}{E},$$

wo E die Entfernung bezeichnet. In analoger Weise handelt die Theorie des *Logarithmischen Potentials* von einer fingirten Materie, welche auf beliebige Weise in der *Ebene* vertheilt

*) *Wichtig* nenne ich die Theorie des *Logarithmischen* Potentials theils in Folge ihrer Beziehung zur *allgemeinen Functionentheorie*, namentlich zum *Dirichlet'schen Princip* und zur Theorie der sogenannten *conformen Abbildung*, theils in Folge ihrer Beziehung zu gewissen *electrodynamischen Problemen* (Durchgang des elektrischen Stromes durch eine dünne Metallplatte von beliebiger Form), theils endlich in Folge von mancherlei Anregungen, die in ihr für die Weiterentwicklung der Theorie des *Newton'schen* Potentials enthalten sind.

werden kann, und für welche das Potential zweier Massentheilchen μ, m den Werth hat

$$\mu m \log \frac{1}{E} \quad \text{d. i.} \quad -\mu m \log E,$$

wo wiederum E die Entfernung und log den natürlichen Logarithmus bezeichnet.*)

§ 1.

Definition des Logarithmischen und Newton'schen Potentials.

Nehmen wir an, dass zwischen irgend zwei Massenpuncten $\mu\ (\alpha, \beta, \gamma)$ und $m\ (x, y, z)$ eine Abstossungskraft R vorhanden sei, welche umgekehrt proportional ist mit der g^{ten} Potenz ihrer Entfernung E:

1. $$R = \frac{\mu m}{E^g},$$

so werden die Componenten X, Y, Z der von μ auf m ausgeübten Wirkung die Werthe besitzen:

$$X = \frac{\mu m}{E^g} \frac{x - \alpha}{E} = \frac{\mu m}{E^g} \frac{\partial E}{\partial x} = -\mu m \frac{\partial f(E)}{\partial x},$$

$$Y = \frac{\mu m}{E^g} \frac{y - \beta}{E} = \frac{\mu m}{E^g} \frac{\partial E}{\partial y} = -\mu m \frac{\partial f(E)}{\partial y},$$

$$Z = \frac{\mu m}{E^g} \frac{z - \gamma}{E} = \frac{\mu m}{E^g} \frac{\partial E}{\partial z} = -\mu m \frac{\partial f(E)}{\partial z},$$

wo zur Abkürzung gesetzt ist:

2. $$\int \frac{dE}{E^g} = -f(E) + \text{Const.}$$

Analoges gilt für ein System von beliebig vielen Massenpuncten μ, μ_1, μ_2, ... Sind nämlich X, Y, Z die Com-

---

*) Der Name „*Logarithmisches Potential*", der von mir im Jahre 1861 in meiner Abhandlung über die Integration der partiellen Differentialgleichung

$$\frac{\partial^2 \Phi}{\partial x^2} + \frac{\partial^2 \Phi}{\partial y^2} = 0$$

(Borchardt's Journal, Bd. 59, S. 335) eingeführt wurde, ist seit jener Zeit wohl allgemein adoptirt worden. Wenn ich damals den Ausdruck $+\mu m \log E$ als Werth des Potentials festsetzte, gegenwärtig aber $-\mu m \log E$, so wird diese kleine *Aenderung* dazu beitragen, zwischen der Theorie des Logarithmischen und der des Newton'schen Potentials in vielen Puncten eine bessere Uebereinstimmung hervorzubringen.

ponenten der von diesem System auf m (x, y, z) ausgeübten Wirkung, so ist offenbar:

$$X = -m\frac{\partial(\mu f(E) + \mu_1 f(E_1) + \cdots)}{\partial x} = -m\frac{\partial V}{\partial x},$$
$$Y = -m\frac{\partial(\mu f(E) + \mu_1 f(E_1) + \cdots)}{\partial y} = -m\frac{\partial V}{\partial y},$$
$$Z = -m\frac{\partial(\mu f(E) + \mu_1 f(E_1) + \cdots)}{\partial z} = -m\frac{\partial V}{\partial z},$$

wo $E, E_1, E_2, \ldots$ die Entfernungen der Puncte $\mu, \mu_1, \mu_2 \ldots$ von m bezeichnen. Den hier eingeführten Ausdruck

$$mV = m\,(\mu f(E) + \mu_1 f(E_1) + \ldots\ldots) \qquad 3.$$

nennen wir das Potential des gegebenen Systems $\mu, \mu_1, \mu_2, \ldots.$ auf die *Masse* m (x, y, z); und gleichzeitig nennen wir V selber das Potential des Systems auf den *Punct* (x, y, z), das soll heissen auf eine in diesem Punct concentrirt gedachte *Masseneinheit.*

Das Logarithmische Potential. — Für $g = 1$ erhalten wir aus (1.), (2.):

$$R = \frac{\mu m}{E},$$
$$\int\frac{dE}{E} = \log E + \text{Const.},$$

mithin:

$$f(E) = -\log E = \log\frac{1}{E},$$

also nach (3.):

$$mV = m\left(\mu\log\frac{1}{E} + \mu_1\log\frac{1}{E_1} + \cdots\right)$$

oder kürzer:

$$mV = m\sum\mu\log\frac{1}{E};$$

dies ist das sogenannte *Logarithmische Potential*, bei dessen weiterer Behandlung wir uns stets auf solche Massen beschränken werden, die in *ein und derselben Ebene* liegen.

Ist das System $\mu, \mu_1, \mu_2, \ldots$ von *unveränderlicher* Lage, und bezeichnet man die Polarcoordinaten des *beweglichen* Punctes m mit r, o, so wird V eine Function von (r, o) sein. Die analytische Beschaffenheit dieser Function kann leicht näher angegeben werden unter Anwendung der bekannten Formeln:

5. α $$\log\frac{1}{E} = \log\frac{1}{\varrho} + \frac{r}{\varrho}\cos(o-\omega) + \frac{r^2}{2\varrho^2}\cos 2(o-\omega) + \cdots \text{ (falls } \varrho > r\text{)},$$

5. β $$\log\frac{1}{E} = \log\frac{1}{r} + \frac{\varrho}{r}\cos(o-\omega) + \frac{\varrho^2}{2r^2}\cos 2(o-\omega) + \cdots \text{ (falls } \varrho < r\text{)}.$$

Hier bezeichnet E die gegenseitige Entfernung der Puncte μ, m; ferner sind ϱ, ω die Polarcoordinaten von μ, und r, o diejenigen von m.

Liegen z. B. sämmtliche Puncte μ, μ_1, μ_2, . . . *ausserhalb* eines um den Anfangspunct beschriebenen Kreises, während m im Innern desselben sich beliebig bewegt, so erhalten wir aus (4.) durch Anwendung von (5. α):

6. $$mV = m(V_0 + Fr + Gr^2 + Hr^3 + \cdots\cdots),$$

wo V_0, F, G, H, . . . die Werthe haben:

$$V_0 = \sum \mu \log\frac{1}{\varrho},$$
$$F = \sum \frac{\mu\cos(o-\omega)}{\varrho},$$
$$G = \sum \frac{\mu\cos 2(o-\omega)}{2\varrho^2},$$
$$H = \sum \frac{\mu\cos 3(o-\omega)}{3\varrho^3},$$
. . . .

Man erkennt sofort, dass V_0 denjenigen speciellen Werth repräsentirt, welchen V im Mittelpunct des Kreises besitzt, während F, G, H, . . . Functionen von o sind.

Liegen, um zu einem anderen Beispiel überzugehen, sämmtliche Puncte μ, μ_1, μ_2, . . . *innerhalb* eines um den Anfangspunct beschriebenen Kreises, während m ausserhalb desselben sich nach Belieben bewegt, so erhalten wir aus (4.) mit Hülfe von (5. β):

7. $$mV = m\left(\mathsf{M}\log\frac{1}{r} + \frac{F}{r} + \frac{G}{r^2} + \frac{H}{r^3} + \cdots\right),$$

wo M, F, G, H, . . . die Werthe besitzen:

$$\mathsf{M} = \Sigma\mu,$$
$$F = \Sigma\mu\varrho\cos(o-\omega),$$
$$G = \tfrac{1}{2}\Sigma\mu\varrho^2\cos 2(o-\omega),$$
$$H = \tfrac{1}{3}\Sigma\mu\varrho^3\cos 3(o-\omega),$$
. . . .

Es repräsentirt also M die Gesammtmasse des gegebenen Systems, während F, G, H, . . . Functionen von o sind.

Das Newton'sche Potential. — Für $g = 2$ erhalten wir aus (1.), (2.), (3.):

$$R = \frac{\mu m}{E^2},$$

$$\int \frac{dE}{E^2} = -\frac{1}{E} + \text{Const.}, \text{ mithin: } f(E) = \frac{1}{E},$$

$$mV = m\left(\frac{\mu}{E} + \frac{\mu_1}{E_1} + \frac{\mu_2}{E_2} + \cdots\cdots\right),$$

oder kürzer:

$$mV = m \sum \frac{\mu}{E}; \tag{8.}$$

dies ist das *Newton'sche Potential*, oder (genauer ausgedrückt) das dem Newton'schen Gesetz entsprechende Potential.

Ist das Massensystem μ, μ_1, μ_2, . . . von unveränderlicher Lage, und sind r, o, t die Polarcoordinaten des beweglichen Punctes m, so wird V eine Function von r, o, t sein. Die analytische Beschaffenheit dieser Function kann näher explicirt werden durch Anwendung der bekannten Formeln:

$$\frac{1}{E} = \frac{1}{\varrho} + \frac{r}{\varrho^2} P_1(\cos\gamma) + \frac{r^2}{\varrho^3} P_2(\cos\gamma) + \cdots\cdots \text{ (gültig für } \varrho > r\text{)}, \tag{9. α}$$

$$\frac{1}{E} = \frac{1}{r} + \frac{\varrho}{r^2} P_1(\cos\gamma) + \frac{\varrho^2}{r^3} P_2(\cos\gamma) + \cdots\cdots \text{ (gültig für } \varrho < r\text{)}. \tag{9. β}$$

Hier bezeichnet E die gegenseitige Entfernung der Puncte μ, m; ferner sind ϱ, ω, ϑ und r, o, t die Polarcoordinaten dieser Puncte; und endlich ist:

$$\cos\gamma = \cos\vartheta \cos t + \sin\vartheta \sin t \cos(\omega - o), \tag{10.}$$

mithin γ selber der Neigungswinkel von ϱ gegen r.*)

Liegen z. B. sämmtliche Puncte μ, μ_1, μ_2, . . . *ausserhalb* einer um den Anfangspunct beschriebenen Kugelfläche, m hingegen innerhalb derselben, so folgt aus (8.) und (9. α):

---

*) Ausserdem sind unter P_1, P_2, P_3, . . . die bekannten Laplace-schen Functionen, die sogenannten *Kugelfunctionen* zu verstehen.

11. $$mV = m(V_0 + Fr + Gr^2 + Hr^3 + \cdots\cdots),$$

wo V_0, F, G, H, . . . die Werthe haben:

$$V_0 = \sum \frac{\mu}{\varrho},$$

$$F = \sum \frac{\mu P_1(\cos\gamma)}{\varrho^2},$$

$$G = \sum \frac{\mu P_2(\cos\gamma)}{\varrho^3},$$

$$\cdots\cdots\cdots$$

Offenbar repräsentirt V_0 denjenigen Specialwerth, welchen V im Mittelpunct der Kugelfläche besitzt; während $F, G, H, \ldots$ Functionen von o, t sind.

Liegen, um ein anderes Beispiel anzuführen, sämmtliche Puncte μ, μ_1 μ_2, . . . *innerhalb* einer um den Anfangspunct beschriebenen Kugelfläche, m hingegen ausserhalb, so folgt aus (8.) und (9.β):

12. $$mV = m\left(\frac{\mathsf{M}}{r} + \frac{F}{r^2} + \frac{G}{r^3} + \frac{H}{r^4} + \cdots\cdots\right),$$

wo M, F, G, H, . . . die Werthe haben:

$$\mathsf{M} = \Sigma\mu,$$

$$F = \Sigma\mu\varrho\, P_1(\cos\gamma),$$

$$G = \Sigma\mu\varrho^2 P_2(\cos\gamma),$$

$$\cdots\cdots\cdots$$

Es repräsentirt also M die Gesammtmasse des gegebenen Systems, während $F, G, H, \ldots$ Functionen von o, t sind.

Zusammenstellung der Formeln. — Die soeben erhaltenen Resultate lauten

	für das Logarithmische Potential in der Ebene:	für das Newton'sche Potential im Raume:
13.	$V = \Sigma\left(\mu \log \frac{1}{E}\right),$	$V = \Sigma \frac{\mu}{E},$
14	$V = V_0 + Fr + Gr^2 + \cdots,$	$V = V_0 + Fr + Gr^2 + \cdots,$
15.	$V = \mathsf{M} \log \frac{1}{r} + \frac{F}{r} + \frac{G}{r^2} + \cdots,$	$V = \frac{\mathsf{M}}{r} + \frac{F}{r^2} + \frac{G}{r^3} + \cdots,$

wo (wie schon bemerkt) V_0 den Werth von V im Mittelpunct der betrachteten Kreislinie oder Kugelfläche, und M die Gesammtmasse des gegebenen Systems bezeichnet.

Lassen wir, was die Formeln (15.) betrifft, den Punct $m(x, y, z)$ ins Unendliche rücken, so erhalten wir, *falls* M *von* 0 *verschieden ist*:

$V_\infty = -\varepsilon \infty$, wo $\varepsilon = +1$ oder $= -1$ ist, jenachdem M positiv oder negativ.	$V_\infty = 0$. 16.

Für den speciellen Fall M = 0 nehmen die Formeln (15.) folgende Gestalt an:

$V = \frac{F}{r} + \frac{G}{r^2} + \cdots\cdots,$	$V = \frac{F}{r^2} + \frac{G}{r^3} + \cdots\cdot,$
und hieraus ergiebt sich: $V_\infty = 0,$	und hieraus ergiebt sich: $V_\infty = 0.$ 17.

Abgesehen von diesem Specialfall: M = 0, zeigen also das Logarithmische und Newton'sche Potential für unendlich ferne Puncte ein sehr *verschiedenes* Verhalten, indem das eine ∞, das andere 0 wird [vgl. (16.)]. Dieser Unterschied ist charakteristisch, und die Ursache von mancherlei Divergenzen in den betreffenden Theorien.

§ 2.

Die zunächst liegenden Eigenschaften des Potentials.

Hülfsatz. — Ist die Function

$$f(r) = A + Br + Cr^2 + Dr^3 + \cdots$$

innerhalb eines beliebig kleinen Intervalles:

$$r = 0 \ldots\ldots r = r'$$

constant, so wird sie überall constant sein, so weit die angegebene Entwicklung gültig ist.*)

Ueber die Constanz des Potentials. — Gestützt auf die Entwicklungen (14.) gelangen wir, unter Anwendung des eben genannten Hülfsatzes, zu folgendem Ergebniss:

Ist 𝔊 *ein zusammenhängendes Gebiet der Ebene resp. des Raumes, und* V *ein Potential, dessen Massen* a u s s e r h a l b 18.

*) Ich werde den Beweis dieses Hülfsatzes am Schluss des gegenwärtigen Capitels (in § 15.) mittheilen.

*$\mathfrak{G}$ liegen, so kann V in keinem noch so kleinen Theil von $\mathfrak{G}$ constant sein; — es sei denn, dass es in $\mathfrak{G}$ allenthalben constant wäre.**)

Dieser Satz gilt sowohl für das Logarithmische Potential in der Ebene, als auch für das Newton'sche Potential im Raume. Im erstern Fall wird unter $\mathfrak{G}$ eine ebene Fläche, mithin unter einem *Theil* von $\mathfrak{G}$ ebenfalls eine Fläche, im andern Fall unter $\mathfrak{G}$ ein Raum, mithin unter einem *Theil* von $\mathfrak{G}$ ebenfalls ein Raum zu verstehen sein.

Die Stetigkeit des Potentials und die Laplace'sche Differentialgleichung. — Ist V das Potential beliebig gegebener Massen auf einen variablen Punct (x, y) resp. (x, y, z), so gelten [wie unmittelbar aus der Definition (13.) sich ergiebt] folgende Sätze:

V selber und seine sämmtlichen Ableitungen beliebig hoher Ordnung:

19.
$$\begin{array}{l|l} \frac{\partial V}{\partial x},\ \frac{\partial V}{\partial y}, & \frac{\partial V}{\partial x},\ \frac{\partial V}{\partial y},\ \frac{\partial V}{\partial z}, \\ \frac{\partial^2 V}{\partial x^2},\ \frac{\partial^2 V}{\partial x\,\partial y},\ \frac{\partial^2 V}{\partial y^2}, & \frac{\partial^2 V}{\partial x^2},\ \frac{\partial^2 V}{\partial x\partial y},\ \ldots \\ \frac{\partial^3 V}{\partial x^3},\ \ldots & \frac{\partial^3 V}{\partial x^3},\ \ldots \end{array}$$

bleiben stetig, so lange der variable Punct ausserhalb jener Massen bleibt.

V genügt der Differentialgleichung:

20.
$$\frac{\partial^2 V}{\partial x^2} + \frac{\partial^2 V}{\partial y^2} = 0, \qquad \Bigg| \qquad \frac{\partial^2 V}{\partial x^2} + \frac{\partial^2 V}{\partial y^2} + \frac{\partial^2 V}{\partial z^2} = 0,$$

wiederum so lange, als der variable Punct ausserhalb der gegebenen Massen bleibt.

§ 3.

Das Potential einer Masse, die über ein gegebenes Gebiet der Ebene resp. des Raumes stetig ausgebreitet ist.

Die Dichtigkeit. — Diese ist (nach üblicher Definition) gleich dem Massenelement, dividirt durch das zu seiner Aus-

*) Vergl. den § 15 des gegenwärtigen Capitels.

breitung dienende Flächen- oder Raum-Element. Denkt man sich also die Masse M über ein gegebenes Gebiet 𝔊 der Ebene oder des Raumes in stetiger Weise ausgebreitet, und bezeichnet man irgend ein Element von 𝔊 mit $d\alpha d\beta$ resp. $d\alpha d\beta d\gamma$, ferner die in diesem Element enthaltene Masse mit dM, so wird die daselbst vorhandene Dichtigkeit δ den Werth haben:

$$\delta = \frac{dM}{d\alpha d\beta}, \qquad \delta = \frac{dM}{d\alpha d\beta d\gamma}, \qquad 21.$$

woraus folgt: | woraus folgt:

$$dM = \delta d\alpha d\beta. \qquad dM = \delta d\alpha d\beta d\gamma. \qquad 22. \text{ bis}$$

Der ganze Betrag M der gegebenen Masse ist somit ausdrückbar durch:

$$M = \iint \delta d\alpha d\beta, \qquad \Big\| \qquad M = \iiint \delta d\alpha d\beta d\gamma,$$

die Integration ausgedehnt über alle Elemente des gegebenen Gebietes 𝔊.

Allgemeine Form des Potentials. — Bildet man das Potential V dieser Masse M auf einen variablen Punct (x, y) resp. (x, y, z), so erhält man [vgl. (13.)]:

$$V = \iint \left(\log \frac{1}{E}\right) \delta d\alpha d\beta, \qquad \Big\| \qquad V = \iiint \frac{\delta d\alpha d\beta d\gamma}{E}, \qquad 22.$$

wo E die Entfernung jenes Punctes von den einzelnen Massenelementen $\delta d\alpha d\beta$ resp. $\delta d\alpha d\beta d\gamma$ bezeichnet.

Beispiel. — Denkt man sich die gegebene Masse M gleichmässig ausgebreitet über eine Kreisfläche oder über einen Kugelraum vom Radius A, so bestimmt sich die Dichtigkeit δ durch folgende Formel:

$$\pi A^2 \delta = M, \qquad \Big| \qquad \frac{4\pi}{3} A^3 \delta = M.$$

Bezeichnet nun V das Potential dieser Masse M auf einen variablen Punct, so findet man leicht*):

$$V = M \log \frac{1}{r}, \qquad \Big\| \qquad V = \frac{M}{r}, \qquad 23. a$$

oder: | oder:

$$V = -\frac{\pi\delta}{2} r^2 + \text{Const.}, \qquad \Big| \qquad V = -\frac{2\pi\delta}{3} r^2 + \text{Const.}, \qquad 23. b$$

*) Man erhält die Formeln *linker* Hand am Bequemsten durch Anwendung der Entwickelungen (5. α, β). Andererseits ist die Ableitung der Formeln *rechter* Hand allgemein bekannt.

wo r die Centraldistanz des Punctes vorstellt; und zwar findet man den Werth (23.a) oder (23.i) jenachdem der Punct *ausserhalb* oder *innerhalb* M liegt. — Die in (23.i) vorhandene Const. ist leicht angebbar; man findet nämlich:

$$\text{Const.} = \pi\,\delta\,A^2\left(\frac{1}{2} + \log\frac{1}{A}\right), \quad\Big\|\quad \text{Const.} = 2\pi\delta A^2.$$

Die Stetigkeit des Potentials und die Laplace'sche Differentialgleichung. — Ist die Masse M über ein gegebenes Gebiet der Ebene resp. des Raumes in stetiger Weise ausgebreitet, und bezeichnet man ihr Potential auf den Punct (x, y) resp. (x, y, z) mit V, so werden

24. $$V,\ \frac{\partial V}{\partial x},\ \frac{\partial V}{\partial y} \quad\Big\|\quad V,\ \frac{\partial V}{\partial x},\ \frac{\partial V}{\partial y},\ \frac{\partial V}{\partial z}$$

im Allgemeinen *stetig* sein; auch wird im Allgemeinen die Gleichung stattfinden:

25. $$\frac{\partial^2 V}{\partial x^2} + \frac{\partial^2 V}{\partial y^2} = -2\pi\delta, \quad\Big\|\quad \frac{\partial^2 V}{\partial x^2} + \frac{\partial^2 V}{\partial y^2} + \frac{\partial^2 V}{\partial z^2} = -4\pi\delta,$$

wo δ die Dichtigkeit der Masse M im Puncte (x, y) resp. (x, y, z) bezeichnet.

Strenger genommen lauten diese Sätze, wie namentlich Gauss und Dirichlet gezeigt haben, folgendermassen:

27. *Die Functionen (24.) sind im Puncte (x, y) resp. (x, y, z) stetig, falls die Dichtigkeit δ im Bereich dieses Punctes endlich ist.*

28. *Die Laplace'sche Differentialgleichung (25.) ist im Puncte (x, y) resp. (x, y, z) gültig, falls die Dichtigkeit δ im Bereich dieses Punctes endlich und stetig ist.**)

Hier ist unter dem Bereich des Punctes eine um denselben beschriebene kleine Kreisfläche resp. Kugel zu verstehen.

---

*) Am Bequemsten gelangt man bekanntlich zu diesen Sätzen (27.), (28.), indem man ausgeht von der Formel (23.i). Die strengeren Begründungen findet man, soweit sie den *Raum* betreffen, in Gauss' allgemeinen Lehrsätzen Art. 9, 10, 11; und soweit sie die *Ebene* betreffen, durch ein analoges Verfahren.

§. 4.

Das Potential einer Masse, die über eine gegebene Curve resp. Fläche stetig ausgebreitet ist.

Die Dichtigkeit. — Diese ist (nach üblicher Definition) gleich dem Massenelement, dividirt durch das zu seiner Ausbreitung dienende Curven- oder Flächen-Element. Denkt man sich also die Masse M über eine gegebene Curve oder Fläche σ in stetiger Weise ausgebreitet, bezeichnet man ferner ein Element von σ mit $d\sigma$, und die auf $d\sigma$ vorhandene Masse mit dM, so wird die daselbst vorhandene Dichtigkeit δ den Werth haben:

$$\delta = \frac{dM}{d\sigma}, \qquad 29.$$

woraus folgt:

$$dM = \delta\, d\sigma. \qquad 29. \text{ bis}$$

Demgemäss ist der ganze Betrag M der gegebenen Masse ausdrückbar durch:

$$M = \int \delta\, d\sigma, \qquad 30.$$

die Integration hinerstreckt über alle Elemente $d\sigma$ der gegebenen Curve oder Fläche.

Allgemeine Form des Potentials. — Bildet man das Potential V der betrachteten Masse M auf einen gegebenen Punct (x, y) resp. (x, y, z), so erhält man:

$$V = \int \left(\log \frac{1}{E}\right) \delta\, d\sigma, \quad \Bigg\| \quad V = \int\!\!\int \frac{\delta\, d\sigma}{E}, \qquad 31.$$

wo E die Entfernung jenes Punctes von den einzelnen Elementen $\delta d\sigma$ bezeichnet.

Beispiel. — Denkt man sich die gegebene Masse M gleichmässig ausgebreitet über eine *Kreislinie* resp. *Kugelfläche* σ vom Radius A, so bestimmt sich ihre Dichtigkeit δ durch die Formel:

$$2\pi A\delta = M, \quad \Bigg\| \quad 4\pi A^2\delta = M.$$

Bezeichnet nun V das Potential dieser Masse M auf einen variablen Punct, so erhält man*):

*) Hier ist Analoges zu bemerken, wie in der Note auf Seite 11.

32. $$V = \mathsf{M} \log \frac{1}{r} \qquad\qquad V = \frac{\mathsf{M}}{r}$$

oder | oder

32. i $$V = \mathsf{M} \log \frac{1}{\mathsf{A}}, \qquad\qquad V = \frac{\mathsf{M}}{\mathsf{A}},$$

wo r die Centraldistanz des Punctes vorstellt; man findet nämlich den Werth (32. a) oder (32. i) jenachdem der Punct *ausserhalb* oder *innerhalb* σ liegt.

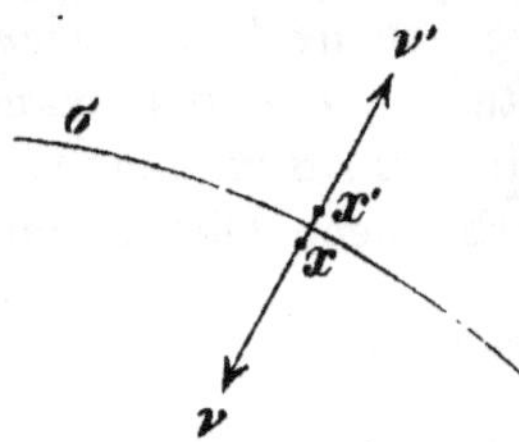

Die Laplace'schen Relationen. — Es sei V das Potential einer Masse M, die auf einer gegebenen Curve oder Fläche σ in stetiger Weise ausgebreitet ist. Sind nun x, x' zwei einander unendlich nahe Puncte zu beiden Seiten von σ, ferner ν, ν' die in diesen Puncten auf σ errichteten Normalen, endlich V, V' die daselbst vorhandenen Werthe des Potentials, so werden im Allgemeinen die Relationen stattfinden*):

33. $$V = V', \qquad\qquad V = V'$$

34. $$\frac{\partial V}{\partial \nu} + \frac{\partial V'}{\partial \nu'} = -2\pi\delta, \qquad\qquad \frac{\partial V}{\partial \nu} + \frac{\partial V'}{\partial \nu'} = -4\pi\delta,$$

wo δ die an der Stelle (x, x') vorhandene Dichtigkeit bezeichnet. Strenger ausgedrückt lauten die betreffenden Sätze folgendermassen:

Die Formeln (33.) *sind gültig, falls σ im Bereich der*
35. *Stelle (x, x') stetig gekrümmt, und δ daselbst endlich ist.* Mit anderen Worten: *Die Stetigkeit des Potentials wird, falls diese Bedingungen erfüllt sind, in der gegebenen Curve oder Fläche keine Unterbrechung erleiden.*

36. *Die Formeln* (34.) *sind gültig, falls σ im Bereich der Stelle (x, x') stetig gekrümmt, und δ daselbst endlich und stetig ist.**)

Bemerkungen. — Der Satz (35.) ist richtig; doch verlangen wir *zu viel*, wenn wir stetige Krümmung fordern. Denken wir uns z. B. eine gewöhnliche Cycloide um ihre

---

*) Am Bequemsten (aber allerdings nicht auf strengem Wege) gelangt man zu diesen Relationen (33.), (34.) auf Grund der Formeln (32. a, i).

Grundlinie gedreht, so wird jener Satz (35.) für die so entstehende Rotationsfläche an allen Stellen, auch in jedem der beiden Pole gültig sein, — trotzdem dass der Krümmungsradius in einem solchen Pole $= 0$, die Krümmung selber dort also $= \infty$ ist. — Allgemein darf in (35.) die Bedingung *stetiger Krümmung* ersetzt werden durch die (Weniger heischende) Anforderung der *stetigen Biegung*, d. i. durch die Anforderung, dass die Richtung der Tangente resp. der Tangential-Ebene im Bereich der betrachteten Stelle (x, x') in stetiger Weise variire. — Ja noch mehr: Der Satz (35.) bleibt sogar gültig, wenn die stetige Biegung der gegebenen Curve oder Fläche in einzelnen Puncten (Ecken), resp. in einzelnen Puncten und Linien (Ecken und Kanten) unterbrochen ist.*)

Auch beim Satze (36.) verlangen wir *zu viel*, wenn wir *stetige Krümmung* fordern; doch würden wir *zu wenig* verlangen, wenn wir nur *stetige Biegung* fordern wollten. Um der *wahren Mitte* uns mehr zu nähern, betrachten wir zunächst den Fall des *Logarithmischen* Potentials. Denken wir uns die gegebene Curve σ auf ein Coordinatensystem ϱ, α bezogen, dessen Axen durch die in (x, x') construirte Tangente und Normale dargestellt sind, so kann in (36.) die Bedingung der *stetigen Krümmung* ersetzt werden durch die (Weniger heischende) Anforderung, es solle die Gleichung der Curve im Bereich der Stelle (x, x') die Gestalt besitzen:

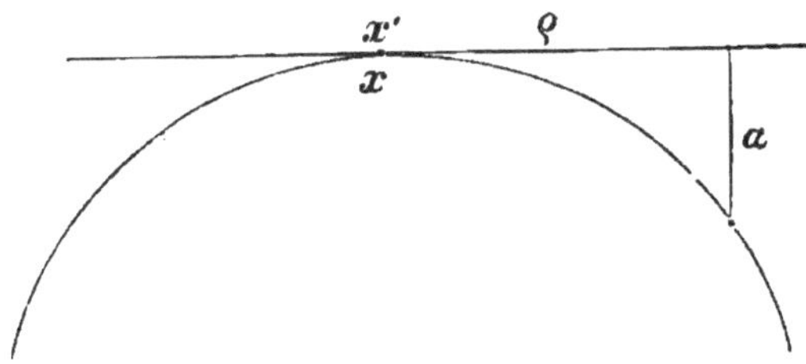

$$\alpha = \varrho^{\lambda+1} f(\varrho),$$ 37

wo λ eine Constante bedeutet, die *grösser als Null* ist, und $f(\varrho)$ eine *stetige* Function vorstellt.

Andererseits ist im Falle des *Newton'schen* Potentials jene in (36.) ausgesprochene Bedingung der *stetigen Krüm-*

*) Solches ergiebt sich im *Raum* aus Gauss' allgemeinen Lehrsätzen Art. 12; und in der *Ebene* durch analoge Betrachtungen.

mung ersetzbar durch die nämliche Anforderung (37.), dieselbe bezogen gedacht auf alle Hauptschnitte der gegebenen Fläche an der betrachteten Stelle.*)

§ 5.

Collectivbezeichnungen.

Es wird zweckmässig sein, für unsere weiteren Betrachtungen über das *Logarithmische* und *Newton'sche* Potential folgende Collectivbezeichnungen festzusetzen:

$h = 1,$	$h = 2,$
$T = \log \frac{1}{E}$	$T = \frac{1}{E},$
$x = (x, y),$	$x = (x, y, z),$
38. $d\tau = dx\,dy,$	$d\tau = dx\,dy\,dz,$
$\Delta = \frac{\partial^2}{\partial x^2} + \frac{\partial^2}{\partial y^2},$	$\Delta = \frac{\partial^2}{\partial x^2} + \frac{\partial^2}{\partial y^2} + \frac{\partial^2}{\partial z^2},$
$\mathsf{E} = \left(\frac{\partial}{\partial x}\right)^2 + \left(\frac{\partial}{\partial y}\right)^2,$	$\mathsf{E} = \left(\frac{\partial}{\partial x}\right)^2 + \left(\frac{\partial}{\partial y}\right)^2 + \left(\frac{\partial}{\partial z}\right)^2,$
$\varpi = \pi$, d. i. gleich der *halben Kreislinie* vom Radius Eins.	$\varpi = 2\pi$, d. i. gleich der *halben Kugelfläche* vom Radius Eins.

In der That bemerkt man, dass viele der vorhin für das *Logarithmische* und *Newton'sche* Potential aufgestellten Sätze durch Anwendung dieser Bezeichnungen**) eine *gemeinschaftliche* Form gewinnen würden.

---

*) Man findet den Beweis dieser Behauptungen, soweit sie den *Raum* betreffen, in Gauss' allgemeinen Lehrsätzen Art. 13, 14, 15, 16; und, soweit sie die Ebene betreffen, durch ein analoges Verfahren.

**) Repräsentirt $f = f(x, y, z)$ eine beliebig gegebene Function der Coordinaten, so versteht bekanntlich *Lamé* unter $\Delta_1 f$ und $\Delta_2 f$ die Ausdrücke:

$$\Delta_1 f = \sqrt{\left(\frac{\partial f}{\partial x}\right)^2 + \left(\frac{\partial f}{\partial y}\right)^2 + \left(\frac{\partial f}{\partial z}\right)^2},$$

$$\Delta_2 f = \frac{\partial^2 f}{\partial x^2} + \frac{\partial^2 f}{\partial y^2} + \frac{\partial^2 f}{\partial z^2}.$$

Zugleich nennt *Lamé* das $\Delta_1 f$ den *Differential-Parameter erster Ordnung*, und ebenso $\Delta_2 f$ den *Differential-Parameter zweiter Ordnung*. — Unsere Bezeichnungsweise ist einfacher und kürzer. Denn wir bezeichnen das $\Delta_2 f$ kurzweg mit Δf, andererseits das Quadrat von $\Delta_1 f$ mit $\mathsf{E} f$.

§ 6.

Die Green'schen Formeln.*)

Wir beginnen mit einem bekannten und leicht zu beweisenden Formelsystem.

Erstes System von Formeln. — *Bezeichnet σ eine geschlossene Curve oder Fläche mit der innern Normale ν, und bezeichnet ferner $f = f(x, y)$ oder $f = f(x, y, z)$ eine innerhalb σ überall stetige Function, so gelten die Formeln:*

$$\iint \frac{\partial f}{\partial x} dx dy = -\int f \frac{\partial x}{\partial \nu} d\sigma, \qquad \iiint \frac{\partial f}{\partial x} dx dy dz = -\iint f \frac{\partial x}{\partial \nu} d\sigma,$$

$$\iint \frac{\partial f}{\partial y} dx dy = -\int f \frac{\partial y}{\partial \nu} d\sigma, \qquad \iiint \frac{\partial f}{\partial y} dx dy dz = -\iint f \frac{\partial y}{\partial \nu} d\sigma, \quad (39.)$$

$$\iiint \frac{\partial f}{\partial z} dx dy dz = -\iint f \frac{\partial z}{\partial \nu} d\sigma;$$

wo in jeder Formel das Integral links über das von σ umschlossene Gebiet, das Integral rechts über σ selber sich ausdehnt.

In diesen Formeln ist bekanntlich:

$$\frac{\partial x}{\partial \nu} = \cos u, \qquad \frac{\partial x}{\partial \nu} = \cos u,$$

$$\frac{\partial y}{\partial \nu} = \cos v, \qquad \frac{\partial y}{\partial \nu} = \cos v,$$

$$\frac{\partial z}{\partial \nu} = \cos w,$$

wo u, v resp. u, v, w die Winkel vorstellen, unter denen die Normale ν gegen die Coordinatenaxen geneigt ist.

Auch kann man, falls l irgend eine der Coordinaten x, y resp. x, y, z vorstellt, sämmtliche fünf Formeln (39.) zusammenfassen in die *eine* Formel:

$$\int \frac{\partial f}{\partial l} d\tau = -\int f \frac{\partial l}{\partial \nu} d\sigma,$$

wo $d\tau$ die in (38.) genannte Bedeutung hat.

*) Vgl. die *Green*'schen Abh. in Crelle's Journal, Bd. 39, 41, 47. Wir sind leider gezwungen auf diese etwas *monotonen* Formeln genauer einzugehen, weil wir von denselben vielfachen Gebrauch zu machen haben.

Vermittelst der Formeln (39.) gelangt man sofort zu weiteren wichtigen Sätzen, die folgendermassen zusammengestellt werden können:

Zweites System von Formeln. — *Es sei σ eine geschlossene Curve oder Fläche mit der innern Normale ν. Ferner seien*

$V = V(x, y),$	$V = V(x, y, z),$
$W = W(x, y)$	$W = W(x, y, z)$

zwei gegebene Functionen der rechtwinkligen Coordinaten. Auch sei vorausgesetzt, dass

$V, \frac{\partial V}{\partial x}, \frac{\partial V}{\partial y},$	$V, \frac{\partial V}{\partial x}, \frac{\partial V}{\partial y}, \frac{\partial V}{\partial z},$
$W, \frac{\partial W}{\partial x}, \frac{\partial W}{\partial y}$	$W, \frac{\partial W}{\partial x}, \frac{\partial W}{\partial y}, \frac{\partial W}{\partial z}.$

innerhalb σ allenthalben stetig sind. Alsdann gelten die Formeln:

40. α $$\int_{\mathfrak{J}} \Delta V d\tau = -\int \frac{\partial V}{\partial \nu} d\sigma,$$

40. β $$\int_{\mathfrak{J}} (V(\Delta V) + (\mathsf{E}V)) d\tau = -\int V \frac{\partial V}{\partial \nu} d\sigma,$$

40. γ $$\int_{\mathfrak{J}} (V(\Delta W) - W(\Delta V)) d\tau = -\int \left(V \frac{\partial W}{\partial \nu} - W \frac{\partial V}{\partial \nu}\right) d\sigma,$$

wo der Index $\mathfrak{J}$ eine Integration andeutet, welche sich ausdehnt über das von σ umschlossene Gebiet $\mathfrak{J}$.

Man gelangt nämlich zu (40. α), indem man in den Formeln (39.) für f die Ableitungen $\frac{\partial V}{\partial x}, \frac{\partial V}{\partial y}$ resp. $\frac{\partial V}{\partial x}, \frac{\partial V}{\partial y}, \frac{\partial V}{\partial z}$ substituirt. Sodann gelangt man zu (40. β) dadurch, dass man in den Formeln (39.) für f die Ableitungen $\frac{\partial (V^2)}{\partial x}, \ldots$ substituirt; und endlich zu (40. γ), sobald man in jenen Formeln für f die Grössen $\left(V \frac{\partial W}{\partial x} - W \frac{\partial V}{\partial x}\right), \ldots$ substituirt.

Erfüllen die Functionen V, W ausser den ihnen schon auferlegten Bedingungen auch noch die Gleichungen $\Delta V = 0$, $\Delta W = 0$, so geht die Formel (40. γ) über in:

$$\int \left(V \frac{\partial W}{\partial \nu} - W \frac{\partial V}{\partial \nu}\right) d\sigma = 0;$$

und hieraus entspringen folgende weitere Sätze:

Drittes System von Formeln. — *Versteht man unter V eine Function, welche ausser den vorhin genannten Bedingungen der Stetigkeit auch noch der Gleichung*

$$\Delta V = 0$$

Genüge leistet, und versteht man ferner unter a und i zwei Puncte, von denen der eine ausserhalb, der andere innerhalb σ liegt, so gelten die Formeln:

$$\int\left(V\frac{\partial T^a}{\partial \nu} - T^a\frac{\partial V}{\partial \nu}\right)d\sigma = 0, \qquad 40.\delta$$

$$\int\left(V\frac{\partial T^i}{\partial \nu} - T^i\frac{\partial V}{\partial \nu}\right)d\sigma = 2\varpi V_i, \qquad 40.\varepsilon$$

wo T^a und T^i (vgl. 38.) *auf die Entfernungen der Puncte a und i vom Elemente $d\sigma$ sich beziehen.*

Wir bemerken sofort, dass allen von uns über V, W gemachten Voraussetzungen Genüge geschieht, sobald wir für V, W die Potentiale irgend welcher *ausserhalb* σ gelegener Massen nehmen. Und wir können daher

Ueber die Potentiale äusserer Massen uns folgendermassen ausdrücken: *Ist σ eine geschlossene Curve oder Fläche mit der* i n n e r n *Normale ν, und sind V, W Potentiale, deren Massen theils* a u s s e r h a l b, *theils auf σ liegen, so gelten die Formeln:*

$$\int\frac{\partial V}{\partial \nu}d\sigma = 0, \qquad 41.\alpha$$

$$\int V\frac{\partial V}{\partial \nu}d\sigma + \int_{\mathfrak{J}}(\mathsf{E}V)d\tau = 0, \qquad 41.\beta$$

$$\int\left(V\frac{\partial W}{\partial \nu} - W\frac{\partial V}{\partial \nu}\right)d\sigma = 0, \qquad 41.\gamma$$

$$\int\left(V\frac{\partial T^a}{\partial \nu} - T^a\frac{\partial V}{\partial \nu}\right)d\sigma = 0, \qquad 41.\delta$$

$$\int\left(V\frac{\partial T^i}{\partial \nu} - T^i\frac{\partial V}{\partial \nu}\right)d\sigma = 2\varpi V_i, \qquad 41.\varepsilon$$

wo T^a, T^i, sowie auch der Index $\mathfrak{J}$ genau dieselben Bedeutungen haben wie in (40.α, β, . . . ε).

Bemerkung. — Sind die Massen der Potentiale V, W zum Theil *auf* σ ausgebreitet, so haben bekanntlich $\frac{\partial V}{\partial \nu}$, $\frac{\partial W}{\partial \nu}$ zu beiden Seiten von σ *verschiedene* Werthe, die etwa zu bezeichnen sind mit

$$\left(\frac{\partial V}{\partial \nu}\right)_i, \left(\frac{\partial W}{\partial \nu}\right)_i \quad \text{und} \quad \left(\frac{\partial V}{\partial \nu}\right)_a, \left(\frac{\partial W}{\partial \nu}\right)_a.$$

In den vorstehenden Formeln (41. α, β, . . ε) sind durchweg die Werthe auf der *innern* Seite zu nehmen; so dass also z. B. die erste jener Formeln eigentlich so zu schreiben ist:

I. $$\int \left(\frac{\partial V}{\partial \nu}\right)_i d\sigma = 0.$$

In der That würde die Formel, wenn man den Index i mit a vertauschen wollte, fehlerhaft sein. Denn nehmen wir z. B. an, V wäre das Gesammtpotential irgend welcher *ausserhalb* σ gelegener Massen M_a und einer *auf* σ ausgebreiteten Belegung M_σ, deren Dichtigkeit δ_σ ist, so findet [nach (34.)] die Relation statt:

$$\left(\frac{\partial V}{\partial \nu}\right)_i - \left(\frac{\partial V}{\partial \nu}\right)_a = -2\varpi\,\delta_\sigma.$$

Hieraus aber folgt durch Integration

$$\int \left(\frac{\partial V}{\partial \nu}\right)_i d\sigma - \int \left(\frac{\partial V}{\partial \nu}\right)_a d\sigma = -2\varpi \int \delta_\sigma\, d\sigma,$$

d. i. $$= -2\varpi\,\mathsf{M}_\sigma;$$

und hieraus durch Subtraction der Formel (I.):

II. $$\int \left(\frac{\partial V}{\partial \nu}\right)_a d\sigma = 2\varpi\,\mathsf{M}_\sigma;$$

woraus ersichtlich, dass das von uns betrachtete Integral (I.), (II.) in der That, je nach Hinzufügung des Index i oder a, sehr verschiedene Werthe hat.

Ueber die Potentiale innerer Massen. — Liegen die Massen der Potentiale V, W nicht ausserhalb, sondern innerhalb σ, so gelten analoge Sätze. Eine kurze Andeutung über die Ableitung dieser Sätze wollen wir geben, nachdem wir dieselben zuvor ausgesprochen haben. Sie lauten:

Ist σ eine geschlossene Curve oder Fläche mit der äussern Normale N, *und sind V, W die Potentiale irgend welcher Massen, die theils innerhalb theils auf σ liegen, und deren Summe* $= \mathsf{M}$ *ist, so gelten die Formeln:*

$$\int \frac{\partial V}{\partial \mathsf{N}} d\sigma = -2\varpi \mathsf{M}, \qquad 42.\alpha$$

$$\int V \frac{\partial V}{\partial \mathsf{N}} d\sigma + \int_{\mathfrak{A}} (\mathsf{E}\, V) d\tau = \begin{cases} 0 \\ \infty \end{cases} \quad \Bigg| \quad \int V \frac{\partial V}{\partial \mathsf{N}} d\sigma + \int_{\mathfrak{A}} (\mathsf{E}\, V) d\tau = 0. \qquad 42.\beta$$

nämlich = 0, oder = ∞, jenachdem M *gleich* 0 *oder von* 0 *verschieden ist. Der Index* $\mathfrak{A}$ *soll andeuten, dass die Integration ausgedehnt ist über das ausserhalb der Curve* σ *liegende Gebiet* $\mathfrak{A}$.

Der Index $\mathfrak{A}$ *soll andeuten dass die Integration sich ausdehnt, über das ausserhalb der Fläche* σ *befindliche Gebiet* $\mathfrak{A}$.

$$\int \left(V \frac{\partial W}{\partial \mathsf{N}} - W \frac{\partial V}{\partial \mathsf{N}} \right) d\sigma = 0, \qquad 42.\gamma$$

$$\int \left(V \frac{\partial T^i}{\partial \mathsf{N}} - T^i \frac{\partial V}{\partial \mathsf{N}} \right) d\sigma = 0, \qquad 42.\delta$$

$$\int \left(V \frac{\partial T^a}{\partial \mathsf{N}} - T^a \frac{\partial V}{\partial \mathsf{N}} \right) d\sigma = 2\varpi\, V_a. \qquad 42.\varepsilon$$

In den beiden letzten Formeln sind unter a und i irgend zwei Puncte zu verstehen, von denen der eine ausserhalb, der andere innerhalb σ *liegt. Gleichzeitig beziehen sich* T^a *und* T^i *auf die Entfernungen dieser Puncte vom Elemente* $d\sigma$.

Die *Ableitung* dieser Sätze (42.) ist mit der der früheren Sätze (41.) einigermassen parallel. In ähnlicher Weise nämlich, wie wir zu jenen früheren Sätzen (41.) durch Anwendung der Formeln (39.), (40.) auf das *innerhalb* σ liegende Gebiet $\mathfrak{J}$ gelangten, in ähnlicher Weise können wir zu den gegenwärtigen Sätzen (42.) durch Anwendung eben derselben Formeln auf das *ausserhalb* σ befindliche Gebiet $\mathfrak{A}$ gelangen.*) Dabei ist es zweckmässig, dem Gebiete $\mathfrak{A}$ provisorisch eine gewisse äussere Begrenzung zu geben, dargestellt durch eine mit *ungeheurem* Radius beschriebene Kreislinie resp. Kugelfläche. Wir können alsdann die Werthe, welche V, W auf dieser provisorischen Begrenzung besitzen, in Reihen entwickeln [nach (15.)]. Haben wir nun unter Anwendung

*) Wir können $\mathfrak{A}$ das zu $\mathfrak{J}$ *complementare* Gebiet nennen, indem beide Gebiete zusammen die ganze unendliche Ebene resp. den ganzen unendlichen Raum ausmachen.

dieser Reihenentwickelungen die Formeln (40.) für das mit einer provisorischen äussern Grenze versehene Gebiet $\mathfrak{A}$ wirklich aufgestellt, so können wir schliesslich den Radius dieser äussern Begrenzung ins Unendliche anwachsen lassen; und hierdurch ergeben sich alsdann die Formeln (42.).

Bemerkung. — Liegen die Massen der Potentiale V, W theils *auf* σ, so sind bekanntlich die Werthe von $\frac{\partial V}{\partial \mathsf{N}}, \frac{\partial W}{\partial \mathsf{N}}$ zu beiden Seiten von σ *verschieden*, und demgemäss etwa zu bezeichnen mit:

$$\left(\frac{\partial V}{\partial \mathsf{N}}\right)_i, \left(\frac{\partial W}{\partial \mathsf{N}}\right)_i \quad \text{und} \quad \left(\frac{\partial V}{\partial \mathsf{N}}\right)_a, \left(\frac{\partial W}{\partial \mathsf{N}}\right)_a.$$

In den vorstehenden Formeln (42. α, β, . . . ε) sind stets die Werthe auf der *äussern* Seite zu nehmen; so dass z. B. die erste dieser Formeln bei genauerer Schreibweise so lautet:

I. $$\int \left(\frac{\partial V}{\partial \mathsf{N}}\right)_a d\sigma = -2\varpi \mathsf{M}.$$

Besteht also z. B. die das Potential V hervorbringende Masse M aus zwei Theilen:

$$\mathsf{M} = \mathsf{M}_i + \mathsf{M}_\sigma,$$

von denen der eine M_i *innerhalb* σ liegt, während der andere M_σ *auf* σ ausgebreitet ist, so kann die Formel (I.) auch so geschrieben werden:

I. bis $$\int \left(\frac{\partial V}{\partial \mathsf{N}}\right)_a d\sigma = -2\varpi (\mathsf{M}_i + \mathsf{M}_\sigma).$$

Um dasselbe Integral für den Index i (statt a) zu erhalten, bemerken wir zunächst, dass

$$\left(\frac{\partial V}{\partial \mathsf{N}}\right)_a - \left(\frac{\partial V}{\partial \mathsf{N}}\right)_i = -2\varpi \delta_\sigma$$

ist, falls δ_σ die Dichtigkeit der auf σ ausgebreiteten Masse M_σ vorstellt. Hieraus folgt durch Integration sofort:

$$\int \left(\frac{\partial V}{\partial \mathsf{N}}\right)_a d\sigma - \int \left(\frac{\partial V}{\partial \mathsf{N}}\right)_i d\sigma = -2\varpi \mathsf{M}_\sigma;$$

und hieraus mit Rücksicht auf (I. bis):

II. $$\int \left(\frac{\partial V}{\partial \mathsf{N}}\right)_i d\sigma = -2\varpi \mathsf{M}_i,$$

woraus ersichtlich, dass das von uns betrachtete Integral (I.), (II.) in der That, je nach Hinzufügung des Index a oder i, sehr verschiedene Werthe hat.

Zusammenfassung. — Die Formeln (41.γ, δ, ε) sind vollständig analog den Formeln (42.γ, δ, ε). Will man diese Analogie noch deutlicher hervortreten lassen, so bezeichne man irgend eines der beiden Gebiete $\mathfrak{A}$, $\mathfrak{J}$ — gleichgültig welches — mit $\mathfrak{G}$, und die *innerhalb* dieses Gebietes liegende, auf seiner Begrenzung σ errichtete Normale mit n. Alsdann kann man jene Formeln (41.γ, δ, ε) und (42.γ, δ, ε) *zusammenfassen*, indem man sagt:

Liegen die Massen der Potentiale V, W *ausserhalb* des gegebenen Gebietes $\mathfrak{G}$, und bezeichnet g irgend einen Punct innerhalb $\mathfrak{G}$, andererseits h irgend einen ausserhalb $\mathfrak{G}$ gelegenen Punct, so gelten die Formeln:

$$\int\left(V\frac{\partial W}{\partial n} - W\frac{\partial V}{\partial n}\right)d\sigma = 0\,, \tag{43. γ}$$

$$\int\left(V\frac{\partial T^h}{\partial n} - T^h\frac{\partial V}{\partial n}\right)d\sigma = 0\,, \tag{43. δ}$$

$$\int\left(V\frac{\partial T^g}{\partial n} - T^g\frac{\partial V}{\partial n}\right)d\sigma = 2\varpi V_g\,, \tag{43. ε}$$

wo T^g, T^h sich beziehen auf die Entfernungen der Puncte g, h vom Element $d\sigma$.

§ 7.

Verallgemeinerung der Green'schen Formeln.

In der Ebene. — Die unendliche Ebene zerfällt durch eine geschlossene Curve σ in einen innern Theil $\mathfrak{J}$ und einen äussern Theil $\mathfrak{A}$. Die Fläche $\mathfrak{J}$ besitzt nur *eine* Randcurve, ebenso $\mathfrak{A}$.*)

Denken wir uns von der Fläche $\mathfrak{J}$ irgend ein in ihrem Innern liegendes Stück abgesondert, so wird die zurückbleibende Fläche *zwei* Randcurven haben. Aus dieser Fläche kann durch Wiederholung desselben Processes eine Fläche mit *drei* Randcurven abgeleitet werden u. s. w. Wir wollen all' diese Flächen mit $\mathfrak{J}$, genauer etwa mit $\mathfrak{J}^{(n)}$ bezeichnen, der Art, dass $\mathfrak{J}^{(n)}$ im Ganzen n Randcurven besitzt.

*) Die Fläche $\mathfrak{A}$ ist nämlich äusserlich *un*begrenzt, und hat also nach Aussen hin *keine* Grenze. Und es ist also in der That die Fläche $\mathfrak{A}$ nur mit *einer einzigen* Grenze oder Randcurve versehen; dies ist die Curve σ.

In genau derselben Weise können wir die Fläche $\mathfrak{A}$ behandeln, indem wir von derselben ein in ihrem Innern liegendes Stück absondern; u. s. w. Die so entstehenden Flächen bezeichnen wir sämmtlich mit $\mathfrak{A}$ oder $\mathfrak{A}^{(n)}$, der Art, dass $\mathfrak{A}^{(n)}$ im Ganzen n Randcurven besitzt.

Der charakteristische Unterschied zwischen den Flächen $\mathfrak{J}^{(n)}$ und $\mathfrak{A}^{(n)}$ besteht offenbar darin, dass $\mathfrak{J}^{(n)}$ nach Aussen begrenzt ist, während $\mathfrak{A}^{(n)}$ nach Aussen *un*begrenzt ist.

Im Raum. — Wiederholen wir dieselben Betrachtungen im *Raume*, so gelangen wir zu gewissen Raumgebieten $\mathfrak{J}^{(n)}$ und $\mathfrak{A}^{(n)}$ von analoger Beschaffenheit.

Die Green'schen Formeln. — *Man überzeugt sich nun*
44. *ziemlich leicht, dass die Formeln* (41. $\alpha, \beta, \ldots \varepsilon$) *gültig sind für jedes Gebiet* $\mathfrak{J}^{(n)}$, *und dass andererseits die Formeln* (42. $\alpha, \beta, \ldots \varepsilon$) *Gültigkeit besitzen für jedes Gebiet* $\mathfrak{A}^{(n)}$.

§ 8.

Der Gauss'sche Satz des arithmetischen Mittels.

Wir wollen das Potential V eines *willkührlich gegebenen Massensystems* untersuchen, unter Anwendung einer Kreislinie oder Kugelfläche σ, die um einen beliebigen Punct c mit beliebigem Radius A beschrieben ist.

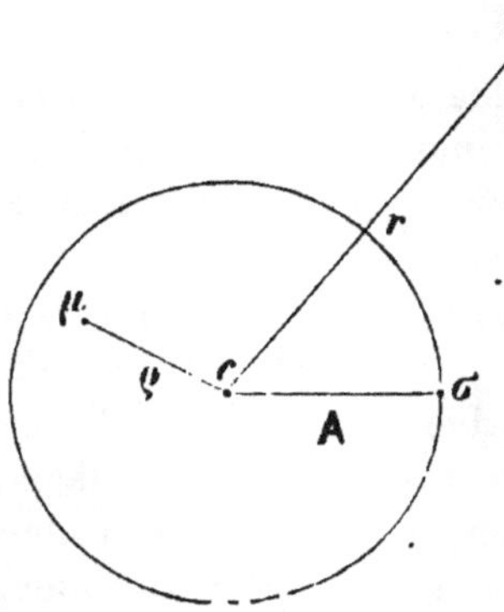

Bezeichnen wir die *ausserhalb* σ gelegenen Massenpuncte des Systems mit $m, m_1, m_2, \ldots$, und die *innerhalb* σ gelegenen mit $\mu, \mu_1, \mu_2, \ldots$, so wird jenes Potential V in irgend einem Puncte*) σ der Kreislinie oder Kugelfläche σ den Werth haben:

$$V_\sigma = \Sigma m T_{m\sigma} + \Sigma \mu T_{\mu\sigma}.$$

Multipliciren wir diese Gleichung mit $d\sigma$ (d. i. mit dem

*) Es kann wohl kein Missverständniss hervorbringen, dass wir die Kreislinie oder Kugelfläche mit σ, und einen auf ihr gelegenen Punct *ebenfalls* mit σ bezeichnen.

Element jener Kreislinie oder Kugelfläche σ), und integriren wir sodann über sämmtliche Elemente $d\sigma$, so folgt:

$$\int V_\sigma d\sigma = \Sigma\,(m\int T_{m\sigma} d\sigma) + \Sigma\,(\mu \int T_{\mu\sigma} d\sigma).$$

Nun ist aber nach (32. a, i):

$$\int T_{m\sigma} d\sigma = (\int d\sigma) \log \frac{1}{r}, \qquad\Big\|\qquad \int T_{m\sigma} d\sigma = (\int d\sigma) \frac{1}{r},$$

$$\int T_{\mu\sigma} d\sigma = (\int d\sigma) \log \frac{1}{\mathsf{A}}, \qquad\qquad \int T_{\mu\sigma} d\sigma = (\int d\sigma) \frac{1}{\mathsf{A}},$$

wo r die Centraldistanz des Punctes m vorstellt. Durch Substitution dieser Werthe folgt sofort:

$$\frac{\int V_\sigma d\sigma}{\int d\sigma} = \Sigma\left(m \lg\frac{1}{r}\right) + \Sigma\left(\mu \lg\frac{1}{\mathsf{A}}\right), \qquad \frac{\int V_\sigma d\sigma}{\int d\sigma} = \Sigma\frac{m}{r} + \Sigma\frac{\mu}{\mathsf{A}}, \qquad (45.)$$

oder was dasselbe ist: | oder was dasselbe ist:

$$\frac{\int V_\sigma d\sigma}{\int d\sigma} = \Sigma\left(m \lg\frac{1}{r}\right) + \left(\lg\frac{1}{\mathsf{A}}\right)\Sigma\mu, \qquad \frac{\int V_\sigma d\sigma}{\int d\sigma} = \Sigma\frac{m}{r} + \frac{1}{\mathsf{A}}\Sigma\mu. \qquad (46.)$$

Enthält das gegebene System Massenpuncte, die gerade auf σ liegen, so können dieselben, wie der blosse Anblick der Formeln (45.) *sofort erkennen lässt, **nach Belieben** den m oder den μ beigesellt werden.*

Besteht ferner das System aus Massenpuncten, die sämmtlich *ausserhalb* σ liegen, so erhalten wir aus (46.):

$$\frac{\int V_\sigma d\sigma}{\int d\sigma} = \Sigma\left(m \log\frac{1}{r}\right), \qquad \frac{\int V_\sigma d\sigma}{\int d\sigma} = \Sigma\frac{m}{r}, \qquad (47.)$$

d. i. $= V_c$, | d. i. $= V_c$,

wo V_c den Werth von V im Centrum c von σ bezeichnet.

Besteht endlich das System aus Massenpuncten, die sämmtlich *innerhalb* σ liegen, so folgt aus (46.):

$$\frac{\int V_\sigma d\sigma}{\int d\sigma} = \mathsf{M} \log\frac{1}{\mathsf{A}}, \qquad \frac{\int V_\sigma d\sigma}{\int d\sigma} = \frac{\mathsf{M}}{\mathsf{A}}, \qquad (48.)$$

wo M die Gesammtmasse des Systems repräsentirt.

Diese Formeln (45.), (46.), (47.), (48.) repräsentiren den *Gauss'schen Satz des arithmetischen Mittels**); denn wir können mit *Riemann* den Quotienten

---

*) Gauss' allg. Lehrsätze. Art. 20.

$$\frac{\int V_\sigma \, d\sigma}{\int d\sigma}$$

das arithmetische Mittel derjenigen Werthe nennen, welche die Function V auf der Kreislinie oder Kugelfläche σ besitzt.

Von besonderer Einfachheit sind die Specialfälle (47.) und (48.). In Betreff des erstern können wir uns folgendermassen ausdrücken:

Liegen die Massen eines Potentials V ausserhalb einer
49. *gegebenen Kreislinie oder Kugelfläche σ, so ist das arithmetische Mittel aller auf σ vorhandenen Werthe von V ebensogross, als der Werth von V im Centrum.* — Es müssen also die auf σ vorhandenen Werthe *entweder* theils kleiner, theils grösser sein als der Centralwerth, *oder* sämmtlich ebensogross sein wie jener Centralwerth.

Und andererseits können wir in Betreff des Specialfalls (48.) uns folgendermassen expliciren:

Liegen die Massen eines Potentials V innerhalb einer
50. *gegebenen Kreislinie oder Kugelfläche σ, so ist das arithmetische Mittel aller auf σ vorhandenen Werthe von V unabhängig von der Vertheilung der Massen, also z. B. ebensogross, als ob sämmtliche Massen im Centrum von σ vereinigt wären.* Bei einer solchen Vereinigung würde V auf σ den constanten Werth

$$M \log \frac{1}{A} \qquad \Big\| \qquad \frac{M}{A}$$

besitzen, und das arithmetische Mittel ebensogross sein; so dass also der von uns soeben ausgesprochene Satz (50.) augenblicklich zur Reproduction der in (48.) gegebenen Formeln führt.

Endlich folgt aus (48.), wenn man $M = 0$ annimmt, ein noch speciellerer Satz, der so lautet:

Liegen die Massen eines Potentials V innerhalb einer
51. *gegebenen Kreislinie oder Kugelfläche σ, und ist die Summe dieser Massen $= 0$, so wird das arithmetische Mittel aller auf σ vorhandenen Werthe von V ebenfalls $= 0$ sein.* — Es müssen also diese auf σ vorhandenen Werthe *entweder* theils negativ theils positiv, *oder* sämmtlich $= 0$ sein.

§ 9.

Die Maxima und Minima des Potentials.

Denken wir uns in der Ebene oder im Raume die Werthe irgend einer Function ausgebreitet, so wird diese Function in einem gegebenen Puncte α entweder ein *Maximum* oder ein *Minimum* oder einen *Uebergangswerth*, oder endlich einen *constanten Werth* haben. Wir wollen nämlich mit dem Namen *Uebergangswerth* einen solchen bezeichnen, der unter seinen Nachbarwerthen eine *mittlere* Rangstufe einnimmt, indem er einige dieser Nachbarwerthe an Grösse übertrifft, anderen nachsteht. Um uns genauer ausdrücken zu können, beschreiben wir um den betrachteten Punct α als Mittelpunct eine kleine Kreislinie oder Kugelfläche σ. Alsdann wird der in α vorhandene Werth ein *Uebergangswerth* zu nennen sein, wenn derselbe, wie weit man die Verkleinerung von σ auch treiben mag, unter den im Innern von σ enthaltenen Werthen stets eine *mittlere* Rangstufe einnimmt. Andererseits wird die betrachtete Function im Puncte α *constant* heissen*), wenn der im Puncte α vorhandene Werth, nach gehöriger Verkleinerung von σ, *genau ebenso gross* ist, wie alle übrigen im Innern von σ befindlichen Werthe.

Solches vorangeschickt, wenden wir uns zu unserm eigentlichen Gegenstande. Es sei V das Logarithmische oder Newton'sche Potential gegebener Massen. Der Werth dieses Potentials in einem gegebenen Punct α mag mit

$$V_\alpha, \qquad 1.$$

und gleichzeitig mögen die Werthe des Potentials in der Nachbarschaft von α mit

$$V = V_\alpha + \xi \qquad 2.$$

bezeichnet sein, so dass also die Grössen ξ die *Abweichungen* dieser Nachbarwerthe von V_α vorstellen. Endlich mag um α als Mittelpunct

---

*) Man entschuldige die Kürze des Ausdrucks. Genauer müsste man sagen: constant *im Bereich* des Punctes α.

eine kleine *Kreislinie* σ beschrieben gedacht werden. Irgend ein Element dieser Linie heisse $d\sigma$.	eine kleine *Kugelfläche* σ beschrieben sein. Irgend ein Element dieser Fläche heisse $d\sigma$.

Wir wollen nun festsetzen, der Punct α solle *ausserhalb* der gegebenen (das Potential V erzeugenden) Massen liegen, mithin von all' diesen Massen durch irgend welche, wenn auch beliebig kleine, Entfernungen getrennt sein, und jene Kreislinie oder Kugelfläche σ mag gleich von Anfang so klein sein, dass sie ebenfalls *ausserhalb* jener Massen liegt. Alsdann ist [nach bekanntem Satz, Seite 26] das arithmetische Mittel aller auf σ vorhandenen Potentialwerthe ebenso gross wie der im Centrum, d. i. in α vorhandene Werth; also:

$$\frac{\int V d\sigma}{\int d\sigma} = V_\alpha,$$

oder mit Rücksicht auf (2.):

$$\frac{V_\alpha (\int d\sigma) + \int \xi d\sigma}{\int d\sigma} = V_\alpha,$$

oder was dasselbe ist:

3. $$\int \xi d\sigma = 0,$$

die Integrationen ausgedehnt gedacht über alle Elemente $d\sigma$ der kleinen Kreislinie oder Kugelfläche σ. — Diese Formeln werden offenbar gültig bleiben, wenn wir σ nachträglich *noch weiter* verkleinern. Bezeichnen wir also die Kreislinie oder Kugelfläche σ in irgend welchen Stadien dieser weitern Verkleinerung mit σ', σ'', . . . und die zugehörigen ξ resp. mit ξ', ξ'', . . ., so können wir schreiben:

4. $$\begin{aligned} \int \xi \, d\sigma &= 0, \\ \int \xi' \, d\sigma' &= 0, \\ \int \xi'' \, d\sigma'' &= 0, \\ &\ldots\ldots \end{aligned}$$

Hieraus folgt, dass die auf σ vorhandenen ξ entweder *sämmtlich Null*, oder *theils positiv theils negativ* sind; dass ferner Gleiches gilt von den auf σ' vorhandenen Werthen ξ'; u. s. w. Und hieraus erkennt man leicht, dass das Potential V im Puncte α *entweder einen constanten Werth, oder einen Ueber-*

gangswerth haben muss. Doch wird es gut sein, die betreffende Schlussfolge etwas umständlicher darzulegen, und zugleich gewisse Bemerkungen beizufügen.

Offenbar sind nur zwei Fälle möglich: Entweder werden die ξ, nach gehöriger Verkleinerung von σ, innerhalb σ allenthalben $= 0$ sein. *Oder* es werden, wie weit man jene Verkleinerung auch treiben mag, innerhalb σ stets noch Puncte enthalten sein, in denen ξ von 0 abweicht. — Es ist nöthig, jeden dieser beiden Fälle genauer zu betrachten.

Erster Fall: Nach gehöriger Verkleinerung von σ sind die innerhalb σ befindlichen ξ sämmtlich $= 0$. Alsdann ist offenbar V innerhalb σ constant, mithin constant zu nennen im Bereich des Punctes α. Auch wird dieser constante Werth [nach bekanntem Satze (18.) Seite 9.] sich ebenso weit erstrecken, als jenes Bereich, unbeschadet seiner Massenleere*), ausdehnbar ist, und folglich

$$= V_\infty\,, \quad \text{d. i.} \quad = 0 \text{ oder } \infty$$

sein**), falls jenes Bereich, unbeschadet seiner Massenleere, bis ins Unendlichferne erweitert werden kann. Den constanten Werth ∞ annehmen zu wollen, würde absurd sein; so dass also nur der Werth 0 übrig bleibt.

Wir erkennen somit, dass in dem hier betrachteten ersten Fall V im Bereich des Punctes α einen constanten Werth hat; dass ferner dieser constante Werth sich ebenso weit erstreckt, als jenes Bereich, unbeschadet seiner Massenleere, ausdehnbar ist, und dass derselbe $= 0$ sein muss, falls eine solche Ausdehnung bis ins Unendliche stattfinden kann.

Zweiter Fall: Wie weit man die Verkleinerung von σ auch treiben mag, stets bleibt innerhalb σ noch irgend ein Punct β angebbar, in welchem ξ von 0 abweicht, nach der positiven oder nach der negativen Seite hin. Nehmen wir zunächst an, ξ besitze in β einen *positiven* Werth; alsdann muss

auf einer um α mit dem Radius $\alpha\beta$ beschriebenen Hülfs-Kreislinie σ'	auf einer um α mit dem Radius $\alpha\beta$ beschriebenen Hülfs-Kugelfläche σ'

*) Das Bereich des Punctes α soll beliebig erweitert werden, jedoch so, dass dasselbe stets *ausserhalb* der gegebenen Massen bleibt.

**) Es ist nämlich V_∞ je nach Umständen bald $= 0$, bald $= \infty$; vergl. Seite 9.

nothwendig ein Punct γ existiren, in welchem ξ einen von 0 verschiedenen *negativen* Werth hat; wie solches durch Anwendung der Formel (3.) auf σ' augenblicklich sich ergiebt. Und ist umgekehrt ξ in β *negativ*, so muss auf dieser Hülfs-Kreislinie oder Hülfs-Kugelfläche σ' irgend ein Punct γ existiren, in welchem ξ *positiv* ist.

In dem hier untersuchten zweiten Falle sind also, wie weit die Verkleinerung von σ auch getrieben sein mag, innerhalb σ stets sowohl positive als auch negative Werthe von ξ anzutreffen; so dass also V im Puncte α einen sogenannten *Uebergangswerth* besitzt.

Zusammenfassung. — Die beiden betrachteten Fälle sind, wie aus ihrer ursprünglichen Definition hervorging, die *einzig möglichen.* Somit gelangen wir, Alles zusammengefasst, zu folgendem

Theorem.

Das Potential eines gegebenen Massensystems wird stets in einem Puncte, der ausserhalb dieser Masse liegt, entweder einen Uebergangswerth besitzen, oder daselbst constant sein. Im letztern Fall wird der im Bereich des Punctes vorhandene constante Werth so weit sich erstrecken, als jenes Bereich, unbeschadet seiner Massenleere, erweitert werden darf, und $=0$ *sein, falls diese Erweiterung bis zu unendlich fernen Puncten fortgesetzt werden kann.*

Aus diesem Theorem ergiebt sich sofort, dass das Potential gegebener Massen in einem Puncte, der *ausserhalb* dieser Massen liegt, niemals ein Minimum oder Maximum haben kann. Und dieser Bemerkung entspricht die dem §. gegebene Ueberschrift.

§ 10.

Einige Bezeichnungen und Bemerkungen.

Es sei σ eine *geschlossene Curve,* durch welche die *Ebene* in einen äussern Theil $\mathfrak{A}$ und in einen innern Theil $\mathfrak{J}$ zerlegt wird. In der *ganzen unendlichen Ebene*

Es sei σ eine *geschlossene Fläche,* durch welche der *Raum* in einen äussern Theil $\mathfrak{A}$ und in einen innern Theil $\mathfrak{J}$ zerlegt wird. Im *ganzen unendlichen Raum*

existiren alsdann drei Kategorien von Puncten, nämlich:	existiren alsdann drei Kategorien von Puncten nämlich:

Erste Kategorie: Die Puncte des Gebietes $\mathfrak{A}$ (exclusive σ) . . a,
Zweite Kategorie: Die auf σ gelegenen Puncte . . . . σ, 6.
Dritte Kategorie: Die Puncte des Gebietes $\mathfrak{J}$ (exclusive σ) . . i.

Bezeichnen wir diese Kategorien respective mit a, σ, i, so werden also z. B. unter den Puncten a sämmtliche Puncte des Gebietes $\mathfrak{A}$ zu verstehen sein, mit Ausnahme derjenigen, welche auf seiner Grenze, d. i. auf σ liegen. Es werden mithin unter den a nur solche Puncte des Gebietes $\mathfrak{A}$ zu verstehen sein, welche von seiner Grenze σ durch irgend welche, wenn auch beliebig kleine, Entfernungen getrennt sind. Analoges gilt von den i.

Wir haben soeben das Wort *Grenze* gebraucht, und unter der Grenze des Gebietes $\mathfrak{A}$ die Curve resp. Fläche σ 7.
verstanden. In der That ist das Gebiet $\mathfrak{A}$ äusserlich *un*begrenzt, und besitzt also, dem Wortlaute zufolge nach Aussen hin keine Grenze, sondern nur eine gewisse innere Grenze, welche letztere durch σ dargestellt ist.*)

Da das Gebiet nach Aussen *un*begrenzt ist, so können die Puncte a ihrerseits von Neuem in zwei Kategorien zerlegt werden, nämlich in die *endlichen* Puncte a, und in die *unendlich fernen.* Letztere mögen mit a_∞ oder kürzer (und unserm früheren *Usus* mehr entsprechend) mit ∞ bezeichnet sein.

Ist von irgend einer in der Ebene resp. im Raum ausgebreiteten Function F die Rede, so werden

$$\text{unter} \left\{ \begin{array}{l} F_a \\ F_\sigma \\ F_i \end{array} \right. \quad \text{ihre Werthe resp. in den Puncten} \left\{ \begin{array}{l} a \\ \sigma \\ i \end{array} \right.$$

zu verstehen sein. Demgemäss können wir z. B. die F_i als Werthe *innerhalb* $\mathfrak{J}$, die F_σ als Werthe an der *Grenze* von $\mathfrak{J}$ bezeichnen.**) U. s. w.

---

*) Man vergl. die Note auf Seite 23.

**) Beim Gebrauch der Worte *in* und *innerhalb* drängt sich fast unwillkührlich eine gewisse Unterscheidung auf. Ist z. B. von den Werthen *im* Gebiete $\mathfrak{J}$ die Rede, so wird man darunter die Werthe F_i, F_σ sich denken. Ist hingegen von den Werthen *innerhalb* $\mathfrak{J}$ die

Bemerkung. — In gleichem Sinne wie σ werden wir zuweilen auch den Buchstaben s anwenden. Auch werden wir bisweilen die Buchstaben a, i durch α, j ersetzen, indem wir z. B., wenn von *zwei* Puncten der Kategorie a die Rede ist, den einen mit a, den andern mit α benennen.

§ 11.

Die extremen Werthe des Potentials für ein gegebenes Gebiet. (Gebiet 𝔄.)

Wir wollen hier hauptsächlich das Gebiet 𝔄 in Betracht ziehen, nämlich diejenigen Werthe untersuchen, welche ein gegebenes Potential V *in* diesem Gebiete 𝔄 besitzt, unter der Voraussetzung, dass die Massen des Potentials *ausserhalb* 𝔄 liegen. Oder genauer ausgedrückt: Wir wollen die Gesammtheit der Werthe V_a, V_σ, also die Gesammtheit der *in* und *an der Grenze* von 𝔄 ausgebreiteten Werthe in Betracht ziehen, unter der Voraussetzung, dass die das Potential erzeugenden Massen theils *ausserhalb* 𝔄 (d. i. innerhalb 𝔍), theils *auf der Grenze* von 𝔄 (d. i. auf σ) gelegen sind. Namentlich wollen wir unser Augenmerk richten auf die beiden *Extreme* K und G der genannten Werthe, indem wir unter K den *kleinsten* der Werthe V_a, V_σ, und unter G den *grössten* derselben verstehen.

Sämmtliche Puncte a sind [nach ihrer Definition, vgl. den vorhergehenden §] von σ durch irgend welche, wenn auch noch so kleine, Entfernungen getrennt; so dass also jedweder Punct a *ausserhalb* der gegebenen Massen liegt. Zufolge des Theorems (5.) wird daher das Potential V in jedem Puncte a entweder einen *Uebergangswerth* oder einen *constanten Werth* haben. Letzteres jedoch kann, wie ebenfalls aus jenem Theorem folgt, nur dann stattfinden, wenn V im Gebiete 𝔄 *allenthalben* constant und zwar $= 0$ ist.

Schliessen wir also diesen trivialen Fall des Nullseins vorläufig aus, so muss V in jedem Puncte a einen *Ueber-*

Rede, so wird man darunter lediglich die F_i zu verstehen geneigt sein. Diese Unterscheidung ist in der gegenwärtigen Schrift nicht nur in den folgenden §§, sondern auch in den schon absolvirten §§ meistentheils beobachtet.

gangswerth haben; woraus folgt, dass die gesuchten *extremen* Werthe K, G in keinem Puncte a, oder wenigstens in keinem *endlichen* Puncte a anzutreffen sind, dass sie also nur auf der *Grenze* von 𝔄 (d. i. auf σ) oder im *Unendlichen* sich vorfinden können. Somit gelangen wir, Alles zusammengefasst, zu folgendem Satz*):

Theorem (A.).

Ist V das Potential irgend welcher Massen, die ausserhalb des Gebietes 𝔄 oder auf seiner Grenze liegen, so sind, was die beiden Extreme K, G der Werthe V_a, V_σ betrifft, zwei Fälle möglich.

*Erster Fall: V ist in 𝔄 nicht überall $= 0$. Alsdann können jene extremen Werthe K, G nur auf der Grenze von 𝔄 oder im Unendlichen sich vorfinden.**) Hieraus folgt einerseits, dass für jeden endlichen Punct a die Formel gilt:*

$$K < V_a < G, \tag{9.}$$

*die Zeichen genommen in sensu rigoroso***); und anderer-*

---

*) Das Theorem (A.), so wie auch das weiterhin folgende Theorem (A'.) sind von mir bereits vor mehreren Jahren (wenn auch in etwas anderer Form) publicirt worden, in den Math. Annal. Bd. 3; vergl. daselbst namentlich Seite 340—344 und 430—434.

In *Gauss'* allgemeinen Lehrsätzen Art. 26 findet man eine Stelle, welche übertragen in die von uns angewandte Bezeichnungsweise folgendermassen lautet:

Wenn von Massen, die sich blos innerhalb des endlichen Raumes 𝔍, oder auch ganz oder theilweise nach der Stetigkeit vertheilt auf dessen Oberfläche σ befinden, das Potential in allen Puncten von σ einen constanten Werth $= C$ hat, so wird das Potential in einem Puncte a des äussern unendlichen Raumes 𝔄

erstlich, wenn $C = 0$ ist, gleichfalls $= 0$,

zweitens, wenn C nicht $= 0$ ist, kleiner als C und mit demselben Zeichen wie C behaftet sein.

Sodann heisst es weiter in Art. 27: *Von diesen beiden Fällen kann der erste nur dann stattfinden, wenn die Summe aller Massen $= 0$ ist, der zweite nur dann, wenn diese Summe nicht $= 0$ ist.*

Man sieht sofort, dass diese Gauss'schen Sätze *specielle Fälle* sind von den mit (A.) und (A'.) bezeichneten allgemeineren Theoremen.

**) Dies ist der Hauptinhalt des Theorems, alles Weitere eine unmittelbare Folge.

***) Dieser Zusatz soll dienen, um der Verwechselung des Zeichens $<$ mit dem Zeichen $\leq$ vorzubeugen.

10. *seits, dass jene extremen Werthe K, G identisch sind mit zweien der drei Grössen K_σ, G_σ, V_∞, wo K_σ den kleinsten und G_σ den grössten der Werthe V_σ vorstellt.*

Zweiter Fall: V ist in $\mathfrak{A}$ überall $= 0$. Alsdann wird die eben genannte Formel (9.) nicht mehr gültig sein, indem die durch sie behaupteten Unterschiede der allgemeinen Gleichheit (nämlich dem allgemeinen Nullsein) Platz machen; so dass also an Stelle jener Formel folgende zu setzen ist:

11. $$K = V_a = G = 0.$$

Unter allen Umständen wird mithin, wie aus (9.), (11.) folgt, die Formel stattfinden:

12. $$K \leqq V_a \leqq G\,.$$

Beiläufiges. — Wir wollen den speciellen Fall betrachten, dass V auf der Grenze des Gebietes $\mathfrak{A}$ *constant*, etwa $= C$ ist. Alsdann sind die $V_\sigma = C$, mithin auch $K_\sigma = G_\sigma = C$. Hieraus aber folgt mit Rücksicht auf (10.), dass K, G identisch sein müssen mit zweien der Grössen C, C, V_∞, dass also entweder

$$K = C\,, \quad G = V_\infty$$

oder umgekehrt:

$$K = V_\infty\,, \quad G = C$$

ist. Die allgemein gültige Formel (12.) nimmt daher im ersten Fall folgende Gestalt an:

$$C \leqq V_a \leqq V_\infty\,,$$

und im letztern folgende:

$$V_\infty \leqq V_a \leqq C.$$

Beides zusammengenommen, gelangen wir zu folgendem Zusatz:

Bezeichnet V das Potential irgend welcher Massen, die ausserhalb des Gebietes $\mathfrak{A}$ oder auf seiner Grenze liegen, und
13. *ist dieses Potential auf der Grenze constant, etwa $= C$, so werden sämmtliche V_a zwischen C und V_∞ liegen.* — Dieses V_∞ ist je nach Umständen bald $= 0$, bald $= \infty$ [vgl. S. 9].

Hieran schliesst sich unmittelbar ein weiterer Satz, der jedoch nur für den *Raum* gilt, und den wir daher in die Spalte rechts setzen. Er lautet:

Sollen die Massen eines Potentials V ausserhalb des Gebietes 𝔄 resp. auf seiner Grenze liegen, so sind sämmtliche V_a eindeutig bestimmt durch Angabe der V_σ. 14.

Beweis. — Sind V und V' zwei Potentiale, deren Massen die vorgeschriebene Lage haben, so gilt Gleiches auch von

$$U = V - V'.$$

Haben nun ausserdem V und V' auf σ einerlei Werthe, so wird U daselbst überall $= 0$ sein. Hieraus aber folgt nach (13.), dass sämmtliche U_a zwischen 0 und U_∞, d. i. zwischen 0 und 0 liegen, oder mit andern Worten, dass sämmtliche $U_a = 0$ sind. W. z. b. w.

NB.

Der für den Satz rechter Hand gegebene Beweis ist in der *Ebene* nicht mehr anwendbar, weil hier in der Ebene das U_∞ nicht nothwendig 0 zu sein braucht, sondern auch ∞ sein kann [vergl. Seite 9].

Wiederaufnahme der Hauptuntersuchung. — Wir kehren zurück zu unserm Haupt-Theorem (*A.*), indem wir gegenwärtig zu den dort gemachten Voraussetzungen noch *die* hinzutreten lassen, dass die Summe der gegebenen (das Potential V erzeugenden) Massen $= 0$ sei, was angedeutet sein mag durch die Formel*):

$$(\text{Gesammtmasse von } V) = 0. \qquad 15.$$

Hieraus folgt sofort [vgl. Seite 9], dass V im Unendlichen verschwindet; d. i.

$$V_\infty = 0. \qquad 16.$$

Die gesuchten extremen Werthe K, G liegen nach Theorem (*A.*) entweder auf der *Grenze* von 𝔄, d. i. auf σ, oder im *Unendlichen*. Letzteres aber ist, wie wir sogleich erkennen werden, in Folge der neu hinzugetretenen Voraussetzung *unmöglich*.

*) Unter den *Massen* eines Potentials verstehe ich stets die das Potential erzeugenden Massen, und gleichzeitig bezeichne ich die Summe dieser Massen als die *Gesammtmasse* des Potentials.

Abstrahiren wir nämlich einstweilen von dem trivialen Fall, dass V in $\mathfrak{A}$ allenthalben verschwindet; so muss irgendwo in $\mathfrak{A}$ ein Punct x angebbar sein, in welchem V von Null abweicht, entweder nach der positiven oder nach der negativen Seite hin. Nehmen wir zunächst an, V besitze in x einen von Null verschiedenen *positiven* Werth, so muss auf einer durch x gehenden und σ umschliessenden Kreislinie resp. Kugelfläche $\varkappa$ nothwendig ein Punct y existiren, in welchem V einen von Null verschiedenen *negativen* Werth hat, wie solches aus dem bekannten Satz des arithmetischen Mittels [Seite 26, (51.)], in Anbetracht der Voraussetzung (15.), sofort sich ergiebt. Und umgekehrt wird sich zeigen lassen, dass, falls V im Puncte x einen *negativen* Werth hat, nothwendig ein Punct y existiren muss, in welchem V einen *positiven* Werth besitzt.

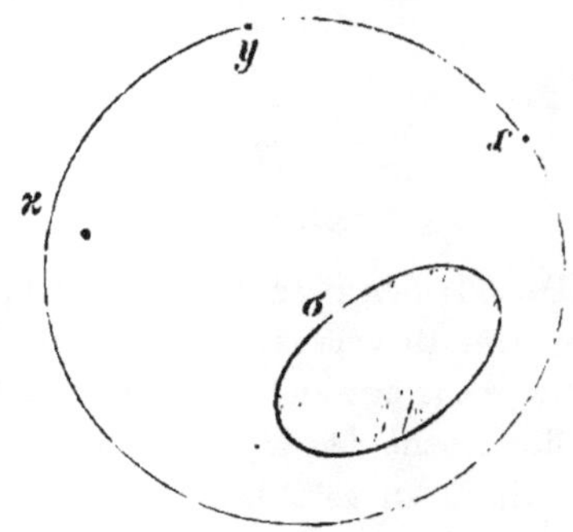

Um die Hauptsache zusammenzufassen: Abstrahiren wir von jenem trivialen Fall, dass V im Gebiete $\mathfrak{A}$ allenthalben verschwindet, so muss im Gebiete $\mathfrak{A}$ ein Punct x angebbar sein, in welchem V von Null abweicht. Nach welcher Seite aber diese Abweichung auch stattfinden mag, stets muss in $\mathfrak{A}$ ein zweiter Punct y sich vorfinden, in welchem eine Abweichung von Null nach der *entgegengesetzten* Seite stattfindet. Hieraus folgt, dass der Werth Null zwischen den übrigen Werthen von V stets eine *mittlere* Rangstufe einnimmt.

Nun ist aber die Null [vgl. (16.)] derjenige Werth, welchen V im Unendlichen hat. Somit erkennen wir, dass V im Unendlichen einen Werth *mittleren* Ranges, also *keinen extremen* Werth besitzt, und dass also in der That (wie schon oben behauptet wurde) die *extremen Werthe* des Potentials nicht im Unendlichen, sondern nur auf der Grenze von $\mathfrak{A}$, d. i. auf σ zu suchen sind.

Wir gelangen daher, wenn wir jenen bisher beiseitegesetzten trivialen Fall gegenwärtig mit in Anschlag bringen, zu folgendem Resultat:

Theorem (A'.).

Ist V das Potential irgend welcher Massen, die ausserhalb des Gebietes $\mathfrak{A}$ oder auf seiner Grenze liegen, und deren Summe $= 0$ ist), so sind, was die beiden Extreme K, G der Werthe V_a, V_σ betrifft, zwei Fälle möglich:*

*Erster Fall: V ist in $\mathfrak{A}$ nicht überall $= 0$. Alsdann müssen jene extremen Werthe K, G nothwendig auf der Grenze von $\mathfrak{A}$, d. i. auf σ situirt sein.**) Aus dieser Situation folgt einerseits, dass für jeden beliebigen Punct a (endlichen wie unendlich fernen) die Formel stattfindet:*

$$K < V_a < G, \tag{17.α}$$

eine Formel, welche für den speciellen Fall $a = \infty$ die Gestalt annimmt:

$$K < V_\infty < G, \tag{17.β}$$

*d. i.***):*

$$K < 0 < G, \tag{17.γ}$$

überall die Zeichen genommen in sensu rigoroso. Und andererseits folgt aus jener Situation, dass die extremen Werthe K, G identisch sind mit den Grössen K_σ, G_σ, falls man nämlich 18.
unter K_σ den kleinsten, und unter G_σ den grössten der Werthe V_σ versteht.

Zweiter Fall: V ist in $\mathfrak{A}$ überall $= 0$. Alsdann sind die vorstehenden Formeln (17. α, β, γ) nicht mehr gültig, indem die durch sie behaupteten Unterschiede dem allgemeinen Nullsein Platz machen; sodass man also zu schreiben hat:

$$K = V_a = V_\infty = 0 = G. \tag{19.}$$

Es ist also im erstern Fall, wie aus (17. α, γ) und (18.) folgt:

$$K_\sigma < V_a < G_\sigma,$$
$$K_\sigma < 0 < G_\sigma;$$

andererseits ist im zweiten Fall:

*) Durch diese Voraussetzung unterscheidet sich das gegenwärtige Theorem (A'.) von dem früheren (A.).

**) Dieser Satz repräsentirt den Hauptinhalt des Theorems; alles weitere ist blosse Consequenz.

***) Es ist nämlich nach (16.): $V_\infty = 0$.

$$K_\sigma = V_a = G_\sigma\,,$$
$$K_\sigma = \;0\; = G_\sigma\,;$$

folglich unter allen Umständen:

20. $$K_\sigma \leqq V_a \leqq G_\sigma\,,$$
$$K_\sigma \leqq \;0\; \leqq G_\sigma\,.$$

Betrachten wir nun den speciellen Fall, dass V auf der Grenze des Gebietes $\mathfrak{A}$ constant, etwa $= C$ ist, so sind die $V_\sigma = C$, mithin auch $K_\sigma = G_\sigma = C$, wodurch die Formeln (20.) übergehen in:

21. $$C \leqq V_a \leqq C\,,$$
$$C \leqq \;0\; \leqq C\,.$$

Die letzte dieser Formeln zeigt, dass $C = 0$, und sodann die erste, dass V_a ebenfalls $= 0$ sein muss. Somit gelangen wir zu folgendem Satz:

22. *Ist V das Potential irgend welcher Massen, die ausserhalb des Gebietes $\mathfrak{A}$ oder auf seiner Grenze liegen, und deren Summe $= 0$ ist, so kann V auf σ niemals constant sein, — es sei denn, dass es im Gebiete $\mathfrak{A}$ und ebenso auf σ allenthalben $= 0$ wäre.*

Dieser Satz gewährt die Mittel zum Beweise eines wichtigen Theorems, welches so lautet:

Theorem ($A.^{add}$).

23. *Sollen die Massen eines Potentials V ausserhalb des Gebietes $\mathfrak{A}$ oder auf seiner Grenze* (d. i. auf σ) *liegen, und eine gegebene Summe* M *besitzen, und sollen ferner die V_σ von vorgeschriebenen Werthen f_σ nur durch eine unbestimmte additive Constante differiren, — so ist hierdurch V eindeutig bestimmt für alle Puncte von $\mathfrak{A}$.*

Beweis. — Existirten zwei solche Potentiale V und V', so würde ihre Differenz $U = V - V'$ ein Potential sein, dessen Massen wiederum ausserhalb des Gebietes $\mathfrak{A}$ resp. auf seiner Grenze liegen. Auch würde dieses U den beiden Bedingungen entsprechen:

$$(\text{Gesammtmasse von } U) = 0\,,$$
24. $$U_\sigma = \text{Const.}$$

Hieraus aber folgt mit Rücksicht auf den Satz (22.) sofort,

dass U im Gebiete $\mathfrak{A}$ und ebenso auf σ allenthalben $= 0$ sein müsste. W. z. z. w.

Schlussbemerkung. — Man erkennt leicht, dass alle in diesem §. angestellten Betrachtungen nicht nur für das Gebiet $\mathfrak{A}^{(1)}$, sondern auch für das allgemeinere Gebiet $\mathfrak{A}^{(n)}$ gelten 25.
[vgl. den § 7, Seite 28]. Dabei sind allerdings hin und wieder kleine Zusätze erforderlich. So z. B. wird das Theorem $(A.^{add})$ für das Gebiet $\mathfrak{A}^{(n)}$ nur dann gültig sein, wenn man verlangt, dass die unbestimmte additive Constante für alle n Randcurven resp. für alle n Begrenzungsflächen *dieselbe* sein solle.

§ 12.

Fortsetzung. Die extremen Werthe des Potentials für ein gegebenes Gebiet (Gebiet $\mathfrak{J}$).

Ebenso wie wir im vorhergehenden § das Gebiet $\mathfrak{A}$ behandelten, und dabei zu den Theoremen $(A.)$, $(A.')$, $(A.^{add})$ gelangten, ebenso wollen wir gegenwärtig das Gebiet $\mathfrak{J}$ behandeln, und die *analogen* Theoreme $(J.)$, $(J.')$, $(J.^{add})$ zu entdecken suchen.

Wir wollen zu diesem Zweck die Werthe betrachten, welche ein gegebenes Potential V *im* Gebiete $\mathfrak{J}$ besitzt, unter der Voraussetzung, dass die Massen des Potentials *ausserhalb* $\mathfrak{J}$ liegen. Oder genauer ausgedrückt: Wir wollen die Gesammtheit der Werthe V_i, V_σ, d. i. die Gesammtheit der *in* und *an der Grenze* von $\mathfrak{J}$ vorhandenen Potentialwerthe in Betracht ziehen, unter der Voraussetzung, dass die Massen des Potentials theils *ausserhalb* $\mathfrak{J}$ (d. i. innerhalb $\mathfrak{A}$), theils *auf der Grenze* von $\mathfrak{J}$ (d. i. auf σ) gelegen sind. Namentlich wollen wir dabei unsere Aufmerksamkeit richten auf die beiden *Extreme* K und G der genannten Werthe, indem wir unter K den *kleinsten* der Werthe V_i, V_σ, unter G den *grössten* derselben verstehen.

Sämmtliche Puncte i sind nach ihrer Definition [vgl. Seite 31] von σ durch irgend welche wenn auch noch so kleine Entfernungen getrennt, so dass also jedweder Punct i *ausserhalb* der gegebenen Massen liegt. Zufolge eines früheren Theorems [Seite 30] wird daher das Potential V in jedem

Puncte i entweder einen *Uebergangswerth* oder einen *constanten Werth* haben. Und letzteres kann, wie ebenfalls aus jenem Theorem folgt, nur dann stattfinden, wenn V im Gebiete $\mathfrak{J}$ *allenthalben* constant ist.

Schliessen wir also diesen trivialen Fall des Constantseins einstweilen aus, so muss V in jedem Punct i einen *Uebergangswerth* haben, woraus folgt, dass die gesuchten *extremen* Werthe K, G nicht in den Puncten i, sondern nur in den Puncten σ anzutreffen sind. Somit gelangen wir, indem wir jenen vorläufig excludirten Fall des Constantseins nachträglich wieder mit ins Auge fassen, zu folgendem Resultat*):

Theorem (*J.*).

Ist V das Potential irgend welcher Massen, die ausserhalb des Gebietes $\mathfrak{J}$ oder auf seiner Grenze liegen, so sind, was die beiden Extreme K, G der Werthe V_i, V_σ betrifft, zwei Fälle möglich:

Erster Fall: V ist in $\mathfrak{J}$ nicht überall constant. Alsdann können jene extremen Werthe K, G nur auf der Grenze von $\mathfrak{J}$ sich vorfinden. Hieraus folgt einerseits, dass für jeden Punct i die Formel gilt:

26. $$K < V_i < G,$$

die Zeichen genommen in sensu rigoroso; und andererseits,
27. *dass jene extremen Werthe K, G identisch sind mit den Grössen K_σ, G_σ, wo K_σ den kleinsten und G_σ den grössten der Werthe V_σ bezeichnet.*

Zweiter Fall: V ist in $\mathfrak{J}$ überall constant. Alsdann ist die vorstehende Formel (26.) *nicht mehr richtig, indem die*

---

*) Das Theorem (*J.*) ist von mir (wenn auch in etwas anderer Form) bereits in den Math. Annal. Bd. 3 publicirt worden; vgl. dort namentlich Seite 340—344 und 430—434.

In *Gauss'* allgemeinen Lehrsätzen Art. 25 findet sich ein *specieller Fall* dieses Theorems, nämlich ein Satz, der etwa so auszusprechen sein würde:

Wenn von Massen, die sich blos ausserhalb des endlichen Raumes $\mathfrak{J}$, oder auch ganz oder theilweise nach der Stetigkeit vertheilt auf dessen Oberfläche σ befinden, das Potential in allen Puncten von σ einen constanten Werth $= C$ hat, so gilt dieser Werth auch für sämmtliche Puncte des Raumes $\mathfrak{J}$.

durch sie behaupteten Unterschiede der allgemeinen Gleichheit Platz machen; so dass also an Stelle jener Formel folgende zu setzen ist:

$$K = V_i = G\,. \tag{28.}$$

Im *ersten* Fall ist also, wie aus (26.), (27.) folgt:

$$K_\sigma < V_i < G_\sigma\,,$$

und im *zweiten* Fall:

$$K_\sigma = V_i = G_\sigma\,,$$

mithin unter allen Umständen:

$$K_\sigma \leqq V_i \leqq G_\sigma\,. \tag{29.}$$

Beiläufiges. — Wir wollen den speciellen Fall betrachten, dass V auf der Grenze des Gebietes $\mathfrak{J}$ constant, etwa $= C$ ist. Alsdann sind die $V_\sigma = C$, mithin auch $K_\sigma = G_\sigma = C$. Hierdurch aber gewinnt die Formel (29.) die Gestalt:

$$C \leqq V_i \leqq C;$$

und hieraus folgt sofort: $V_i = C$; so dass wir also zu folgendem Satz gelangen:

Ist das Potential irgend welcher ausserhalb des Gebietes $\mathfrak{J}$ oder auf seiner Grenze gelegener Massen auf der genannten Grenze constant, so wird es auch im Innern von $\mathfrak{J}$ constant sein. 30.

Hieraus ergiebt sich leicht ein weiterer Satz, den wir zuerst aussprechen und dann beweisen wollen. Er lautet:

Bezeichnet V das Potential irgend welcher unbekannten ausserhalb des Gebietes $\mathfrak{J}$ oder auf seiner Grenze gelegener Massen, so wird dieses Potential V für alle Puncte innerhalb $\mathfrak{J}$ völlig bestimmt sein, sobald nur seine Werthe auf der Grenze von $\mathfrak{J}$ gegeben sind. 31.

Beweis. — Sind V und V' zwei Potentiale, deren Massen ausserhalb des Gebietes $\mathfrak{J}$ oder auf seiner Grenze liegen, so gilt Gleiches auch von $U = V - V'$. Haben nun ausserdem V und V' auf der genannten Grenze d. i. auf σ einerlei Werthe, so wird U daselbst überall $= 0$ sein. Hieraus aber folgt nach (30.), dass U auch im Innern von $\mathfrak{J}$ überall $= 0$ ist. W. z. b. w.

Wiederaufnahme der Hauptuntersuchung. — Was nun ferner das mit (A'.) analoge

32. **Theorem** $(J.')$

betrifft, so bemerken wir sofort, dass dasselbe mit dem schon aufgestellten Theorem $(J.)$ sich confundirt. — Und was endlich das Theorem $(J.^{add})$ betrifft, so müsste dasselbe offenbar, falls es überhaupt existirt, nach Analogie von $(A.^{add})$ folgendermassen lauten:

Theorem $(J.^{add})$.

Sollen die Massen eines Potentials V ausserhalb des Gebietes $\mathfrak{J}$ oder auf seiner
33. *Grenze liegen, und eine gegebene Summe* M *besitzen, und sollen ferner die V_σ von vorgeschriebenen Werthen f_σ nur durch eine unbestimmte additive Constante differiren, — so ist hierdurch V eindeutig bestimmt für alle Puncte von $\mathfrak{J}$.*

NB. Es sei sogleich bemerkt, dass dieser Satz *falsch* ist, dass also das Theorem $(J.^{add})$ nicht existirt.

Dass ein solches Theorem in Wirklichkeit *nicht* existirt, lässt sich leicht durch ein Beispiel darthun, indem wir annehmen, jene auf der *Grenze σ vorgeschriebenen Werthe f_σ* seien sämmtlich $= 0$.

α. $$f_\sigma = 0.$$

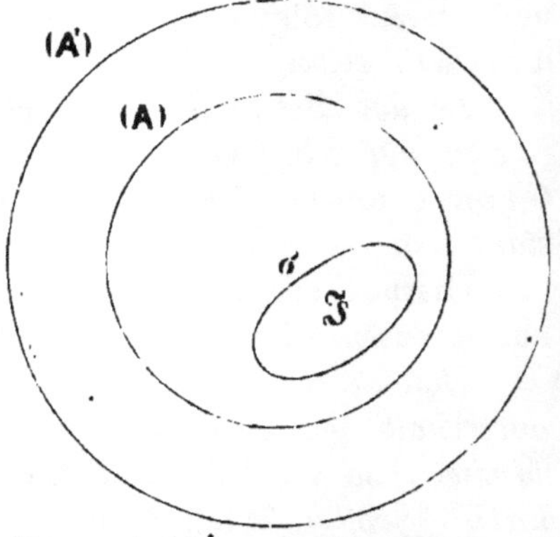

Denken wir uns nämlich das Gebiet $\mathfrak{J}$ in irgend welcher Entfernung von zwei concentrischen Kreislinien (A) und (A′), resp. von zwei concentrischen Kugelflächen (A) und (A′) umschlossen, und denken wir uns die gegebene Masse M *ein* Mal auf (A), das *andere* Mal auf (A′) gleichförmig vertheilt, und bezeichnen wir endlich das von dieser Masse M hervorgebrachte Potential im ersten Fall mit V, im letztern mit V', so erhalten wir [nach bekannten Sätzen, Seite 14] für sämmtliche Puncte σ, i die Formeln:

β. $$V_\sigma = V_i = \mathsf{M} \log \frac{1}{\mathsf{A}}, \qquad \Bigg\| \qquad V_\sigma = V_i = \frac{\mathsf{M}}{\mathsf{A}},$$

γ. $$V_\sigma' = V_i' = \mathsf{M} \log \frac{1}{\mathsf{A}'}, \qquad \Bigg\| \qquad V_\sigma' = V_i' = \frac{\mathsf{M}}{\mathsf{A}'},$$

wo A, A′ die Radien der construirten Kreislinien oder Kugelflächen repräsentiren.

Beide Potentiale V und V' entsprechen offenbar den gestellten Anforderungen; denn ihre Massen liegen ausserhalb $\mathfrak{J}$, die Gesammtmasse ist bei beiden $=$ M, und ihre Werthe auf σ unterscheiden sich, wie aus (α.), (β.), (γ.) ersichtlich, von den vorgeschriebenen Werthen f_σ nur durch additive Constanten. Dennoch aber sind diese Potentiale von einander verschieden. W. z. z. w.

Wir lassen auf diese Ergebnisse negativer Natur endlich noch einen positiven Satz folgen, welcher so lautet:

Theorem ($S.^{add}$).

Soll die Massenbelegung der geschlossenen Curve oder Fläche σ von solcher Art sein, dass ihr Potential auf σ selber von daselbst vorgeschriebenen Werthen f_σ nur durch eine unbestimmte additive Constante differirt, und ist ausserdem die Gesammtmasse M *der Belegung gegeben, — so wird hiedurch jene Belegung* (d. h. ihre Dichtigkeit) *eindeutig bestimmt sein.* 34.

Beweis. — Bezeichnet V das Potential der in Rede stehenden Belegung, so muss zufolge der gemachten Anforderungen

$$(\text{Gesammtmasse von } V) = \mathsf{M},$$
$$V_\sigma = f_\sigma + \text{Const.}$$

sein. Hierdurch sind [nach Theorem ($A.^{add}$)] die V_a eindeutig bestimmt. Durch die V_a sind aber mitbestimmt die V_σ, und durch letztere sind mitbestimmt die V_i [zufolge des Satzes (31.)]. Aus den V_a und V_i ergiebt sich aber schliesslich die Dichtigkeit δ der Belegung vermittelst der bekannten Formel:

$$-2\varpi\delta = \frac{\partial V_i}{\partial \nu} + \frac{\partial V_a}{\partial \mathsf{N}}.$$

W. z. z. w.

Schlussbemerkung. — Leicht erkennt man, dass die Betrachtungen dieses § nicht nur für das Gebiet $\mathfrak{J}^{(1)}$, sondern auch für das allgemeinere Gebiet $\mathfrak{J}^{(n)}$ Gültigkeit haben [vgl. den § 7, Seite 23]. 35.

§ 13.

Fortsetzung. Die extremen Werthe des Potentials in einem gegebenen Gebiet (Gebiet $\mathfrak{C}$).

Es seien σ und s zwei ineinander liegende geschlossene Curven oder Flächen, und zwar sei σ die kleinere, s die grössere. Durch σ und s zerfällt die ganze unendliche Ebene resp. der ganze unendliche Raum in drei Gebiete $\mathfrak{J}$, $\mathfrak{C}$, $\mathfrak{A}$, von denen das erste innerhalb σ, das zweite zwischen σ und s, das dritte ausserhalb s liegt. Wir bezeichnen, ähnlich wie früher, die auf σ und s gelegenen Puncte mit denselben Buchstaben, also resp. mit σ und s, ferner die innerhalb $\mathfrak{J}$ oder $\mathfrak{C}$ oder $\mathfrak{A}$ gelegenen Puncte resp. mit i oder c oder a.

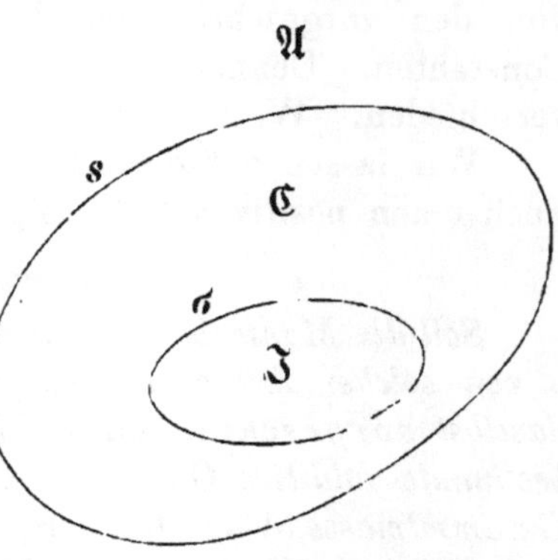

Ferner sei Ω das Potential irgend welcher innerhalb $\mathfrak{J}$ gelegener Massen M, und W das Potential von irgend welchen Massen M, die innerhalb $\mathfrak{A}$ gelegen sind.

$\mathfrak{J}$	σ	$\mathfrak{C}$	s	$\mathfrak{A}$
M				M
Ω				W

Wir wollen nun annehmen, *diese Potentiale Ω und W seien unter einander identisch in allen Puncten des Gebietes $\mathfrak{C}$ (d. i. in allen Puncten σ, c, s)*, und die Consequenzen aufsuchen, zu denen eine solche Annahme hinleitet. Dabei unterscheiden wir zwei Fälle.

Erster Fall. Die gemeinschaftlichen Werthe von Ω und W im Gebiete $\mathfrak{C}$ sind *n i c h t   c o n s t a n t*, *sondern an ver-*
36. *schiedenen Stellen dieses Gebietes von verschiedener Grösse.* — Die beiden Extreme der Werthe W_i, W_σ, W_c, W_s liegen [nach Theorem (*J.*)] auf der *Grenze* des Gebietes $\mathfrak{J} + \mathfrak{C}$, d. i. auf s. Und bezeichnen wir diejenigen Puncte der Grenze s, in denen diese extremen Werthe sich vorfinden, mit s_1

und s_2, so gelten [ebenfalls nach Theorem (*J.*)] für jedweden Punct i oder σ oder c die Formeln:

$$W_{s_1} < W_i < W_{s_2},$$
$$W_{s_1} < W_\sigma < W_{s_2},$$
$$W_{s_1} < W_c < W_{s_2},$$

die Zeichen genommen *in sensu rigoroso.* *) Von besonderer Wichtigkeit für unsere Zwecke ist die zweite dieser Formeln. Wir können dieselbe, weil Ω und W im Gebiete $\mathfrak{C}$ identisch sein sollen, auch so schreiben:

$$\Omega_{s_1} < \Omega_\sigma < \Omega_{s_2}.$$ 37.

Ω ist aber das Potential der Massen M; und die beiden Extreme der Werthe Ω_a, Ω_s, Ω_c, Ω_σ müssen daher [nach Theorem (*A.*)] entweder auf der *Grenze* σ des Gebietes $\mathfrak{A} + \mathfrak{C}$, oder in *unendlicher Ferne* liegen. Folglich muss wenigstens *eines* dieser beiden Extreme auf σ sich befinden.**) Bezeichnen wir denjenigen Punct von σ, in welchem dieses Extrem stattfindet, mit σ_0, so muss also Ω_{σ_0} entweder *grösser* sein als sämmtliche Werthe Ω_a, Ω_s, Ω_c, oder aber *kleiner* sein als all' diese Werthe. Im ersten Fall müssen also die Formeln stattfinden:

$$\Omega_{\sigma_0} > \Omega_{s_1}, \quad \Omega_{\sigma_0} > \Omega_{s_2},$$ 38. a

und im zweiten Fall die entgegengesetzten Formeln:

$$\Omega_{\sigma_0} < \Omega_{s_1}, \quad \Omega_{\sigma_0} < \Omega_{s_2}.$$ 38. b

Das Eine wie das Andere steht aber in Widerspruch mit den für *alle* Puncte σ, mithin auch für σ_0 gültigen Formeln (37.). *Folglich ist der hier betrachtete erste Fall* (36.) *unmöglich.*

Zweiter Fall. Die gemeinschaftlichen Werthe von Ω *und* W *im Gebiete* $\mathfrak{C}$ *sind constant, etwa* $= C$. — Diese Constanz von Ω wird, weil die Massen dieses Potentials innerhalb $\mathfrak{J}$ liegen, nothwendig sich erstrecken auf das ganze Gebiet $\mathfrak{C} + \mathfrak{A}$ [Satz, Seite 9]. Folglich kann der constante Werth C kein anderer sein, als Ω_∞, d. i. 0 oder ∞. Den 39.

*) Diese Behauptung über die Zeichen stützt sich auf die in (36.) über die Nichtconstanz von Ω und W gemachte Annahme.

**) Denn befänden sich beide in unendlicher Ferne, so würden beide $= \Omega_\infty$ sein, und es müsste dann also Ω für alle Puncte a, s, c, σ constant, nämlich $= \Omega_\infty$ sein. Eine solche Constanz steht aber in Widerspruch mit der Determination (36.) des augenblicklich betrachteten Falls.

constanten Werth ∞ annehmen zu wollen, würde aber absurd sein; und es bleibt also nur der Werth 0 übrig. In dem hier betrachteten zweiten Fall muss also der gemeinschaftliche Werth von Ω und W im Gebiet $\mathfrak{C}$ nothwendig $= 0$ sein.

Da nun der erste Fall unmöglich ist, so wird der hier betrachtete zweite Fall der einzig mögliche sein; und wir gelangen daher zu folgendem Resultat.

Theorem (*C.*).

Repräsentirt $\mathfrak{C}$ *eine ringförmige Fläche oder einen schalenförmigen Raum, und sind* Ω *und* W *die Potentiale zweier Massensysteme* M *und* M, *welche ausserhalb* $\mathfrak{C}$ *gelegen und*
40. *durch* $\mathfrak{C}$ *von einander getrennt sind, so können* Ω *und* W *im Gebiete* $\mathfrak{C}$ *unmöglich identisch sein, — es sei denn, dass sie daselbst* $= 0$ *sind.*

Erweiterung der eben angestellten Untersuchungen. — Wir wollen die bisher benutzten Bezeichnungen

$$\begin{array}{ccccc} \mathfrak{J} & \sigma & \mathfrak{C} & s & \mathfrak{A} \\ \mathsf{M} & & & & M \\ \Omega & & & & W \end{array}$$

ungeändert beibehalten, gegenwärtig aber annehmen, *dass* Ω *und* W *im Gebiete* $\mathfrak{C}$ *(d. i. für alle Puncte* σ, c, s*) durch eine lineare Gleichung mit constanten Coefficienten:*

41. $$\alpha\Omega + \beta W + \gamma = 0$$

verbunden seien, und die Consequenzen aufsuchen, zu denen diese Annahme hinleitet.

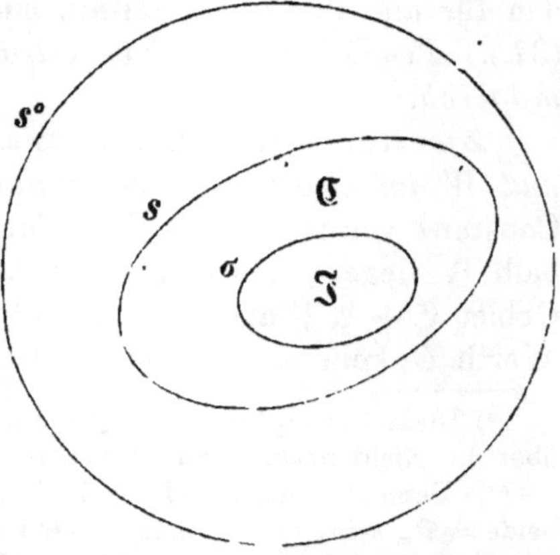

Offenbar können wir die Constante γ als das Potential einer Kreislinie oder Kugelfläche s^0 auffassen, welche die Curve oder Fläche s in irgend welchem Abstande umschliesst. Denn denken wir uns diese Kreislinie oder Kugelfläche s^0 mit einer gewissen Masse M^0 gleichmässig belegt, so wird in der That das Potential von M^0 in allen Puncten des Gebietes $\mathfrak{C}$ *constant*, und, bei geeigneter Wahl von M^0, gleich γ werden. Setzen wir also

$$\begin{aligned} W' &= \beta W + \gamma, \\ \Omega' &= -\alpha\Omega, \end{aligned} \qquad 42.$$

so können wir W' als das Potential der Massen $\beta M + M^0$, und Ω' als das Potential der Massen $-\alpha\mathsf{M}$ ansehen; wobei unter βM und $-\alpha\mathsf{M}$ Massen zu verstehen sind, deren Dichtigkeiten von denen der gegebenen Massen M und M nur durch die hinzugetretenen Factoren β und $-\alpha$ sich unterscheiden.

Durch (42.) gewinnt unsere Annahme (41.) die Gestalt:

$$\Omega' = W'. \qquad 43.$$

Aus dieser Uebereinstimmung der Potentiale Ω' und W' *im Gebiete* $\mathfrak{C}$ folgt aber [nach dem vorhergehenden Theorem (C.)] sofort, dass Ω' und W' daselbst überall $= 0$ sind. Und hieraus folgt mit Rücksicht auf (42.), dass daselbst (nämlich im Gebiete $\mathfrak{C}$) überall die Gleichungen stattfinden:

$$\begin{aligned} W &= -\frac{\gamma}{\beta}, \\ \Omega &= 0. \end{aligned} \qquad 44.$$

Somit gelangen wir zu folgendem Resultat:

Theorem (C'.).

Repräsentirt $\mathfrak{C}$ eine ringförmige Fläche oder einen schalenförmigen Raum, sind ferner Ω und W die Potentiale zweier Massensysteme M und M, welche ausserhalb $\mathfrak{C}$ gelegen und durch $\mathfrak{C}$ von einander getrennt sind, und findet endlich zwischen diesen Potentialen in allen Puncten des Gebietes $\mathfrak{C}$ eine lineare Gleichung mit constanten Coefficienten statt: 45.

$$\alpha\Omega + \beta W + \gamma = 0,$$

so sind Ω und W im Gebiete $\mathfrak{C}$ constant.

Auch können diese constanten Werthe sofort angegeben werden. Befindet sich nämlich das Massensystem M innerhalb des von $\mathfrak{C}$ umschlossenen Gebietes, so wird der constante Werth von Ω durch 0, und der von W durch $-\frac{\gamma}{\beta}$ dargestellt sein.

§ 14.

Fortsetzung. Die extremen Werthe des Potentials. (Eigenthümliche Gestalt des Gebietes $\mathfrak{A}$.)

In der Ebene sei eine *ungeschlossene Curve* σ gegeben, und sämmtliche Puncte der Ebene mögen, je nachdem sie *auf* σ, oder *nicht auf* σ liegen, resp. mit σ oder a bezeichnet sein; so dass also jedweder Punct a durch irgend welche, wenn auch noch so kleine, Entfernung von der Curve getrennt ist.

Im Raume sei eine *ungeschlossene Fläche* σ gegeben, und sämmtliche Puncte des Raumes mögen, je nachdem sie *auf* σ oder *nicht auf* σ liegen, resp. mit σ oder a bezeichnet sein; so dass also jedweder Punct a durch irgend welche, wenn auch noch so kleine, Entfernung von der Fläche getrennt ist.

Das durch die Gesammtheit der Puncte a gebildete Gebiet $\mathfrak{A}$ ist alsdann von ähnlicher Beschaffenheit, wie das *früher* mit $\mathfrak{A}$ bezeichnete, nämlich ebenso wie jenes nach Aussen unbegrenzt, und nach Innen von σ begrenzt. Bezeichnet daher V das Potential irgend welcher auf σ ausgebreiteten Massen, so werden offenbar für die beiden *Extreme* K und G der Werthe V_a ähnliche Sätze wie *früher* gelten. In der That gelangt man, genau auf demselben Wege wie damals, zu zwei Theoremen, welche den früheren Theoremen (A.) und (A'.) völlig analog sind, und folgendermassen lauten:

Theorem (a.).

Bezeichnet man das Potential irgend welcher Massen, die auf einer ungeschlossenen Curve oder Fläche σ *ausgebreitet sind, mit* V, *und bezeichnet man ferner alle nicht auf* σ *gelegenen Puncte der Ebene resp. des Raumes mit* a, *so sind, was die beiden Extreme* K, G *der Werthe* V *betrifft, zwei Möglichkeiten vorhanden.*

Erste Möglichkeit: Die V *sind nicht überall* $= 0$. *Alsdann liegen jene Extreme* K, G *entweder auf* σ *oder im Unendlichen. Hieraus folgt einerseits, dass* K, G *identisch sind mit zweien der Zahlen* K_σ, G_σ, V_∞, *wo* K_σ

den kleinsten und G_σ *den grössten der Werthe* V_σ *bezeichnet; und andererseits, dass für jeden endlichen Punct* a *die Relation stattfindet:*

$$K < V_a < G,$$

die Zeichen genommen in sensu rigoroso.

Zweite Möglichkeit: Die V *sind sämmtlich* $= 0$. *Alsdann ist die vorstehende Formel nicht mehr richtig, sondern zu ersetzen durch:*

$$K = V_a = G = 0.$$

Theorem ($a.'$).

Geht man über zu dem specielleren Fall, dass die Summe der gegebenen Massen $= 0$ *ist, so gestalten sich die in Rede stehenden Möglichkeiten folgendermassen:*

Erste Möglichkeit: Die V *sind nicht überall* $= 0$. *Alsdann liegen die gesuchten Extreme* K, G *nothwendig auf* σ, *und sind also identisch mit den Grössen* K_σ, G_σ. *Hieraus folgt, dass für jeden beliebigen (endlichen und unendlichen) Punct* a *die Relation stattfindet:*

$$K_\sigma < V_a < G_\sigma,$$

mithin z. B. auch folgende:

$$K_\sigma < V_\infty < G_\sigma,$$

*d. i.**)

$$K_\sigma < 0 < G_\sigma,$$

überall die Zeichen genommen in sensu rigoroso.

Zweite Möglichkeit: Die V *sind überall* $= 0$. *Alsdann sind die verschiedenen Relationen nicht mehr richtig, sondern zu ersetzen durch:*

$$K_\sigma = V_a = G_\sigma = 0.$$

---

*) Denn es ist V_∞ nothwendig $= 0$, weil wir vorausgesetzt haben, dass die Summe der Massen $= 0$ sei.

§ 15.

Nachträgliche Bemerkungen.

Ueber den auf Seite 9 erwähnten Hülfsatz. — Jener Satz kann folgendermassen ausgesprochen werden:

$0 \qquad r' \qquad\qquad\qquad\qquad R$

Ist die Function $f(r)$ in Erstreckung) eines gegebenen Intervalles $0 \ldots\ldots R$ durch die convergente Reihe darstellbar:*

$$f(r) = A + Br + Cr^2 + Dr^3 + \cdots\cdots,$$

und ist ferner bekannt, dass die Function in Erstreckung des kleineren Intervalles $0 \ldots\ldots r'$ constant sei, so wird diese Constanz stets sich ausdehnen über das ganze Intervall $0 \ldots\ldots R$.

Beweis des Satzes. — Die Function $f(r)$ hat nach (1.) im Puncte 0 den Werth A, und hat daher, weil sie in Erstreckung des *kleineren* Intervalles constant ist, den Werth A in sämmtlichen Puncten dieses Intervalls. Folglich findet für jedwedes der Bedingung

2. $$0 \leq r \leq r'$$

entsprechende r die Gleichung statt:

3. $$A + Br + Cr^2 + Dr^3 + \cdots\cdots = A,$$

d. i. die Gleichung:

4. $$r(B + Cr + Dr^2 + \cdots\cdots) = 0.$$

Diese Gleichung, deren linke Seite aus zwei Factoren besteht, kann offenbar im Punct 0 durch das Verschwinden des *ersten*, in allen übrigen Puncten r aber nur durch ein Verschwinden des *zweiten* Factors stattfinden. Und es muss also für jedes der Bedingung**)

5. $$\underset{\text{(sic!)}}{0 < r} \leq r'$$

entsprechende Argument r die Formel erfüllt sein:

6. $$B + Cr + Dr^2 + \cdots\cdots = 0,$$

---

*) Die Convergenz und Gültigkeit der genannten Reihenentwicklung soll vorausgesetzt werden *in Erstreckung* des Intervalls $0 \ldots\ldots R$; — d. h. für alle Puncte des Intervalls, *inclusive* der beiden Endpuncte.

**) Das zugefügte (sic!) soll die Aufmerksamkeit auf das darüber stehende Zeichen lenken, welches nicht $\leq$, sondern $<$ lautet.

d. i. die Formel:

$$B + r(C + Dr + \cdots) = 0.$$ 7.

Nun können wir aber, unbeschadet der Bedingung (5.), das r *beliebig nahe* an 0 herandrücken; also vermittelst der Formel (7.) nachweisen, dass die Constante B kleiner sei als ein beliebiger Kleinheitsgrad ε. Folglich ist

$$B = 0.$$ 8.

In ähnlicher Weise können wir nunmehr offenbar zeigen, dass auch die folgenden Constanten $C, D \ldots$ sämmtlich $= 0$ sind. W. z. b. w.

Ueber das auf Seite 9 genannte die Constanz des Potentials betreffende Theorem. — Dieses Theorem ist, so weit es den Raum, d. i. das Newton'sche Potential betrifft, in Gauss' allgemeinen Lehrsätzen Art. 21 auf einem *anderen Wege* bewiesen worden, der indessen weniger strenge sein dürfte. Gauss spricht jenes Theorem daselbst folgendermassen aus:

Das Potential V von Massen, die sämmtlich ausserhalb eines zusammenhängenden Raumes liegen, kann nicht in einem 9.
Theile dieses Raumes einen constanten Werth und zugleich in einem andern Theile desselben einen verschiedenen Werth haben.

Zugleich bemerkt Gauss daselbst, dass dieses Theorem folgende zwei Sätze in sich birgt:

I. Wenn der die Massen enthaltende Raum einen massenleeren Raum umschliesst, und das Potential in einem Theil 10.
dieses (letztern) Raumes einen constanten Werth hat, so gilt dieser für alle Puncte des ganzen eingeschlossenen Raumes.

II. Wenn das Potential der in einen endlichen Raum eingeschlossenen Massen in irgend einem Theil des äussern 11.
Raumes einen constanten Werth hat, so gilt dieser für den ganzen unendlichen äusseren Raum.

In analoger Weise kann man das in Rede stehende allgemeine Theorem natürlich auch zergliedern für den Fall der Ebene, d. i. für den Fall des Logarithmischen Potentials.

Die Dirichlet'schen Vorlesungen.*) — Wenn ich mich in sämmtlichen §§ dieses Capitels fast ausschliesslich auf

---

*) Herausgegeben von Dr. F. Grube. Leipzig, bei Teubner. 1876.

Gauss' allgemeine Lehrsätze gestützt habe, so ist doch nicht unerwähnt zu lassen, dass *Dirichlet* den Begründungen jener Lehrsätze in vielen Beziehungen eine grössere Einfachheit und Anschaulichkeit verliehen hat. Um die Eleganz der Dirichlet'schen Methoden an einigen Beispielen zu zeigen, greifen wir zurück zu den Sätzen (27.) Seite 12, und (35.) Seite 14.

Wollen wir den Weg verfolgen, auf welchem Dirichlet zum *erstern* Satze gelangt, so haben wir zu beginnen mit folgendem (leicht zu beweisenden) Hülfsatz:

Ist eine Kugelfläche vom Radius A *in ungleichförmiger*
12. *Weise mit Masse erfüllt, deren Dichtigkeit zwischen* $-\Delta$ *und* $+\Delta$ *variirt, so wird das Potential V dieser Masse auf einem Punct (x, y, z) stets den Relationen entsprechen:*

$$-8\pi A^2\Delta < V < +8\pi A^2\Delta,$$
$$-8\pi A\,\Delta < \frac{\partial V}{\partial x} < +8\pi A\,\Delta,$$

welche Lage man dem Punct im Innern der Kugelfläche auch zuertheilen mag.

Sobald wir diesen Hülfsatz bewiesen haben, erkennen wir alsdann sofort auch die Richtigkeit des zu beweisenden Satzes (27.) Seite 12.

Um andererseits den Weg zu verfolgen, auf welchem Dirichlet zu dem *zweiten* Satz gelangt, haben wir ebenfalls einen gewissen Hülfsatz uns anzueignen, welcher lautet:

Man denke sich einen nach beiden Seiten ins Unendliche laufenden Kreiscylinder vom Radius A, *ferner ein innerhalb*
13. *dieses Cylinders gelegenes Flächenstück, dessen sämmtliche Normalen unter weniger als* 60° *gegen die Axe des Cylinders geneigt sind. Ist nun dieses Flächenstück in beliebiger Weise mit Masse belegt, deren Dichtigkeit zwischen* $-\Delta$ *und* $+\Delta$ *variirt, so wird das Potential V dieser Belegung auf einen Punct (x, y, z) der Relation entsprechen:*

$$-8\pi A\Delta < V < +8\pi A\Delta,$$

welche Lage man dem Punct innerhalb des Cylinders auch immer zuertheilen mag.

Sobald wir diesen Hülfsatz bewiesen haben, erkennen wir alsdann sofort auch die Richtigkeit des zu beweisenden Satzes (35.) Seite 14.

Zweites Capitel.

Einige Anwendungen der Green'schen Sätze.

In der Theorie des Logarithmischen und Newton'schen Potentials gelten bekanntlich folgende Sätze:

Die Wirkung einer gleichmässig mit Masse belegten Kreislinie ist auf innere Puncte $= 0$, *und andererseits auf äussere Puncte eben so gross, als wäre die ganze Masse der Belegung im Mittelpunct concentrirt.*

Die Wirkung einer gleichmässig mit Masse belegten Kugelfläche ist auf innere Puncte $= 0$, *und andererseits auf äussere Puncte eben so gross, als wäre die ganze Masse der Belegung im Mittelpunct concentrirt.*

Diesen bekannten und auch im ersten Capitel bereits erwähnten Sätzen (vgl. Seite 13, 14) können zwei andere Sätze beigefügt werden, welche so lauten:

Ist die Dichtigkeit der Belegung einer Kreislinie umgekehrt proportional den Quadraten der von irgend einem innern Punct x *nach der Kreislinie gezogenen Strahlen, so wird ihre Wirkung auf äussere Puncte eben so gross sein, als wäre die ganze Masse der Belegung in* x *concentrirt; während gleichzeitig ihre Wirkung auf innere Puncte eben so gross ist, als wäre jene Masse in dem zu* x *conjugirten*) Puncte* x' *concentrirt.*

Ist die Dichtigkeit der Belegung einer Kugelfläche umgekehrt proportional den Cuben der von irgend einem innern Punct x *nach der Kugelfläche gelegten Strahlen, so wird ihre Wirkung auf äussere Puncte eben so gross sein, als wäre die ganze Masse der Belegung in* x *concentrirt; während gleichzeitig ihre Wirkung auf innere Puncte von solcher Grösse ist, als wäre in dem zu* x *conjugirten Puncte* x' *eine Masse concentrirt, welche gleich ist der*

---

*) Ich nenne zwei Puncte x und x' *zu einander conjugirt* in Bezug auf eine gegebene Kreislinie oder Kugelfläche, wenn beide auf derselben vom Centrum ausgehenden Linie liegen, und wenn ausserdem das Product ihrer Centraldistanzen gleich dem Quadrat des Radius ist.

gegebenen Masse, multiplicirt mit der Centraldistanz des Punctes x', und dividirt durch den Radius der Kugelfläche.

Obwohl ich diese Sätze bereits im Jahre 1861 aufgestellt, und theilweise auch publicirt habe**), so mag es mir doch gestattet sein, hier von Neuem auf den Gegenstand einzugehen, und zu zeigen, dass die Ableitung der in Rede stehenden Sätze durch unmittelbare Anwendung der *Green'schen Formeln* sich bewerkstelligen lässt.

§ 1.
Einige Aufgaben über die Kreislinie, unter Zugrundelegung des Logarithmischen Potentials.

Präliminarien. — Es sei σ eine *Kreislinie* mit dem Centrum c, dem Radius A und der äussern Normale N. Ferner seien x und x' zwei in Bezug auf diese Kreislinie *conjugirte* Puncte (der eine das sogenannte Spiegelbild des andern). Ferner seien R, R' die Entfernungen der Puncte x, x' von c, und E, E' ihre Entfernungen von irgend einem Puncte σ, der auf der gegebenen Kreisperipherie liegt. Endlich sei γ der Winkel der Linie cxx' gegen den Radius $c\sigma$.

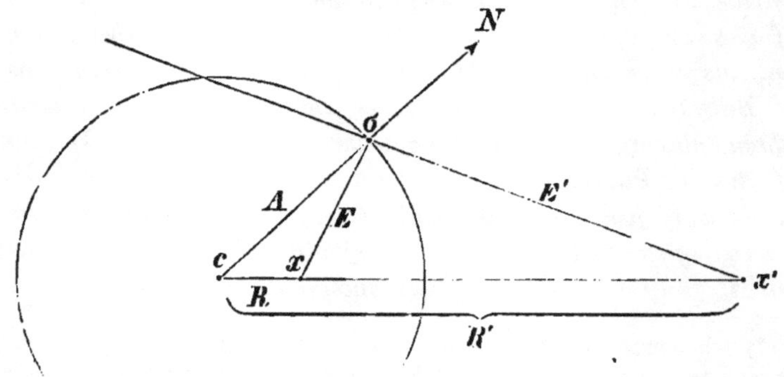

Nach der Definition der Puncte x, x' ist $RR' = A^2$; und hieraus folgt, dass die Dreiecke

*) In einer kleinen Schrift: „*Lösung des allg. Problems über den stationären Temperaturzustand einer homogenen Kugel ohne Hülfe von Reihenentwicklungen nebst einigen Sätzen zur Theorie der Anziehung.*“

$$REA \quad \text{und} \quad AE'R' \qquad 1.$$

einander ähnlich, mithin ihre Seiten einander proportional sind. Somit erhalten wir:

$$R = \lambda A\,,$$
$$E = \lambda E', \qquad 2.$$
$$A = \lambda R'\,;$$

und zu diesen Formeln wollen wir noch folgende hinzufügen:

$$E^2 = A^2 + R^2 - 2AR\cos\gamma\,, \quad E\frac{\partial E}{\partial N} = A - R\cos\gamma\,,$$
$$\qquad 3.$$
$$E'^2 = A^2 + R'^2 - 2AR'\cos\gamma\,, \quad E'\frac{\partial E'}{\partial N} = A - R'\cos\gamma\,.$$

Setzen wir nun

$$T = \log\frac{1}{E}\,,$$
$$\qquad 4.$$
$$T' = \log\frac{1}{E'}\,,$$

so ist nach (2.):

$$T - T' = \log\frac{E'}{E} = \log\frac{A}{R} = \log\frac{R'}{A}\,, \qquad 5.$$

und ferner mit Rücksicht auf (3.):

$$\frac{\partial T}{\partial N} = -\frac{1}{E}\frac{\partial E}{\partial N} = \frac{R\cos\gamma - A}{E^2}\,,$$
$$\frac{\partial T'}{\partial N} = -\frac{1}{E'}\frac{\partial E'}{\partial N} = \frac{R'\cos\gamma - A}{E'^2}\,,$$
$$= \frac{(A\cos\gamma - R)\,R}{E^2 A}\,,$$

wo beim Uebergang von der vorletzten zur letzten Zeile die Formeln (2.) benutzt sind.*) Hieraus folgt:

Halle, bei Schmidt. 1861. Die Priorität der Entdeckung dieser Sätze dürfte übrigens (wenigstens so weit sie den *Raum* betreffen) *Thomson* zuzuschreiben sein.

*) Dieser Uebergang bewerkstelligt sich am Bequemsten nach dem Princip der Homogeneität. Es ist nämlich der in der vorletzten Zeile stehende Ausdruck

$$= \frac{F}{A}\,,$$

wo F die Bedeutung hat:

$$F = \frac{(R'\cos\gamma - A)\,A}{E'^2}\,.$$

Dieses F ist also eine homogene Function 0ter Ordnung in Bezug auf A, E', R', und bleibt also ungeändert, wenn man diese drei Argu-

6. δ $$\frac{\partial T}{\partial N} - \frac{\partial T}{\partial N} = \frac{R^2 - A^2}{E^2 A},$$

6. σ $$\frac{\partial T}{\partial N} + \frac{\partial T'}{\partial N} = -\frac{A^2 + R^2 - 2AR\cos\gamma}{E^2 A} = -\frac{1}{A};$$

und hieraus folgt weiter*) mit Rücksicht auf (2.):

7. δ $$\frac{\partial T}{\partial N} - \frac{\partial T'}{\partial N} = \frac{A^2 - R'^2}{E'^2 A},$$

7. σ $$\frac{\partial T}{\partial N} + \frac{\partial T'}{\partial N} = -\frac{1}{A}.$$

Erste Aufgabe. — *Es sei V das Potential irgend welcher*
8. *unbekannten Massen, die theils ausserhalb σ, theils auf σ ausgebreitet sind. Es soll V_x ermittelt werden, falls die V_σ* (d. i. die Werthe auf σ) *gegeben sind.*

Nach den Green'schen Formeln [(41. α, δ, ε) Seite 19] ist:

9. $$0 = \int \frac{\partial V}{\partial N} d\sigma,$$

10. $$0 = \int \left(V \frac{\partial T'}{\partial N} - T' \frac{\partial V}{\partial N} \right) d\sigma,$$

11. $$-2\varpi V_x = \int \left(V \frac{\partial T}{\partial N} - T \frac{\partial V}{\partial N} \right) d\sigma.$$

Durch Subtraction der beiden letzten Formeln erhalten wir sofort:

$$2\varpi V_x = -\int V \left(\frac{\partial T}{\partial N} - \frac{\partial T'}{\partial N} \right) d\sigma + \int (T - T') \frac{\partial V}{\partial N} d\sigma,$$

wo das letzte Integral, in welchem $T - T'$ einen *constanten* Werth hat [vgl. (5.)], auf $\int \frac{\partial V}{\partial N} d\sigma$ sich reducirt, und also [nach (9.)] gleich *Null* ist. Wir finden also:

12. $$2\varpi V_x = -\int V \left(\frac{\partial T}{\partial N} - \frac{\partial T'}{\partial N} \right) d\sigma.$$

---

mente mit den proportionalen Argumenten R, E, A [vgl. (2.)] vertauscht. Wir können daher F auch so darstellen:

$$F = \frac{(A\cos\gamma - R)R}{E^2};$$

w. z. z. w.

*) Am Bequemsten wiederum mit Hülfe des Princips der Homogenität (vgl. die vorhergehende Note).

Zur Elimination von $\frac{\partial T'}{\partial N}$ können wir nach Belieben entweder die Formel (6. δ) oder die Formel (6. σ) benutzen. In solcher Weise erhalten wir successive:

$$2\varpi V_x = -\int V \frac{R^2 - A^2}{E^2 A} d\sigma \,, \qquad 13.$$

$$2\varpi V_x = -\int V \left(2 \frac{\partial T'}{\partial N} + \frac{1}{A}\right) d\sigma \,. \qquad 14.$$

Nun ist bekanntlich [vgl. (4.)]:

$$T = \log \frac{1}{A} + \sum_1^\infty \frac{1}{n} \left(\frac{R}{A}\right)^n \cos n\gamma \,,$$

mithin

$$\frac{\partial T}{\partial N} = -\frac{1}{A} - \sum_1^\infty \frac{1}{A} \left(\frac{R}{A}\right)^n \cos n\gamma \,,$$

$$2 \frac{\partial T}{\partial N} + \frac{1}{A} = -\frac{1}{A} - 2 \sum_1^\infty \frac{1}{A} \left(\frac{R}{A}\right)^n \cos n\gamma \,,$$

also nach (14.):

$$2\varpi V_x = \int V \left\{ 1 + 2 \sum_1^\infty \left(\frac{R}{A}\right)^n \cos n\gamma \right\} \frac{d\sigma}{A} \,. \qquad 15.$$

Die drei Formeln (13.), (14.), (15.) *repräsentiren die Lösung der gestellten Aufgabe in drei verschiedenen Gestalten.*

Bemerkung. — Setzen wir zur augenblicklichen Abkürzung:

$$\delta_\sigma = \frac{A^2 - R^2}{2\varpi A} \frac{1}{E^2} \,, \qquad 16.$$

so gewinnt die Formel (13.) folgende Gestalt:

$$V_x = \int V_\sigma \delta_\sigma d\sigma \,. \qquad 17.$$

Diese Formel wird [ebenso wie die früheren (13.), (14.), (15.)] gültig sein für jedes beliebige Potential V, dessen Massen ausserhalb σ liegen. Bringen wir nun dieselbe z. B. auf ein Potential V in Anwendung, welches *auf* und *innerhalb* σ constant, etwa $= 1$ ist, so erhalten wir:

$$1 = \int \delta_\sigma d\sigma \,. \qquad 18.$$

Und bringen wir andererseits jene Formel (17.) auf das Potential

$V_x = T_{ax}$ in Anwendung, wo a ein beliebig gegebener Punct *ausserhalb* σ sein soll, so folgt:

19. $$T_{ax} = \int T_{a\sigma} \delta_\sigma d\sigma .$$

Die letzten Formeln gewinnen eine anschauliche Bedeutung, sobald wir dem Punct x eine *feste* Lage zuertheilen, und gleichzeitig unter δ_σ die *Dichtigkeit einer auf* σ *ausgebreiteten Massenbelegung* uns vorstellen. Alsdann nämlich sagt die Formel (16.) aus*), dass diese Dichtigkeit proportional ist mit $\frac{1}{E^2}$. Sodann sagt die Formel (18.) aus, dass die Gesammtmasse dieser Belegung = 1 ist. Und endlich sagt die Formel (19.) aus, dass diese Belegung für alle Puncte a (d. i. für alle *ausserhalb* σ gelegenen Puncte) äquipotential ist mit einer in x concentrirten Masse 1. Denkt man sich also die Masse 1 auf einer Kreislinie σ der Art vertheilt, dass ihre Dichtigkeit umgekehrt proportional ist den *Quadraten* der von irgend einem *innern* Punct x nach σ gezogenen Strahlen, so wird das Potential dieser Belegung auf *äussere* Puncte genau eben so gross sein, als wäre jene Masse 1 im Punct x concentrirt. — Mit andern Worten:

20. *Denkt man sich die Masse* M *auf einer Kreislinie* σ *in solcher Weise ausgebreitet, dass ihre Dichtigkeit umgekehrt proportional ist den Quadraten der von irgend einem innern Punct* x *nach* σ *gezogenen Strahlen, so wird das Potential dieser Belegung auf äussere Puncte genau eben so gross sein, als wäre die Masse* M *in jenem innern Puncte* x *concentrirt.*

21. **Zweite Aufgabe.** — *Es sei* V *das Potential irgend welcher unbekannten Massen, die theils innerhalb* σ, *theils auf* σ *ausgebreitet sind. Es soll die Summe* M *dieser Massen ermittelt werden, falls die* V_σ (d. i. die Werthe von V auf σ) *gegeben sind.*

---

*) Die Formel (16.) ist nämlich von der Gestalt:

$$\delta_\sigma = \frac{K}{E^2},$$

wo K eine *Constante* ist; denn wir haben den Punct x als *fest* vorausgesetzt.

Setzen wir $\mathsf{T} = \log \frac{1}{\mathsf{E}}$, und verstehen wir unter E die Entfernung eines variablen Punctes vom *Centrum* c des Kreises σ, so ist nach den Green'schen Formeln [(42. α, δ), Seite 21]:

$$\int \frac{\partial V}{\partial N} d\sigma = -2\varpi \mathsf{M}, \tag{22.}$$

$$\int \left(V \frac{\partial \mathsf{T}}{\partial N} - \mathsf{T} \frac{\partial V}{\partial N} \right) d\sigma = 0. \tag{23.}$$

Da in der letztern T auf die Entfernung des Elementes $d\sigma$ vom *Centrum* c sich bezieht, so ist offenbar:

$$\mathsf{T} = \log \frac{1}{A}, \quad \frac{\partial \mathsf{T}}{\partial N} = -\frac{1}{A};$$

wodurch die Formel übergeht in:

$$\frac{1}{A} \int V d\sigma + \left(\log \frac{1}{A} \right) \int \frac{\partial V}{\partial N} d\sigma = 0. \tag{24.}$$

Hieraus aber folgt mit Rücksicht auf (22.) sofort:

$$\mathsf{M} = \frac{\int V d\sigma}{2\varpi A \left(\log \frac{1}{A} \right)}; \tag{25.}$$

und hierdurch ist die gestellte Aufgabe in einfachster Weise gelöst.

Dritte Aufgabe. — *Es sei V das Potential irgend welcher unbekannter Massen, die theils auf theils innerhalb σ ausgebreitet sind. Es soll $V_{x'}$ berechnet werden, falls die V_σ gegeben sind.* 26. Dabei soll, genau wie bisher, unter x' irgend ein Punct *ausserhalb* σ verstanden werden, und gleichzeitig unter x der conjugirte Punct innerhalb σ. Ueberhaupt mögen alle Bezeichnungen dieselben bleiben wie bisher, und angedeutet sein durch die Figur:

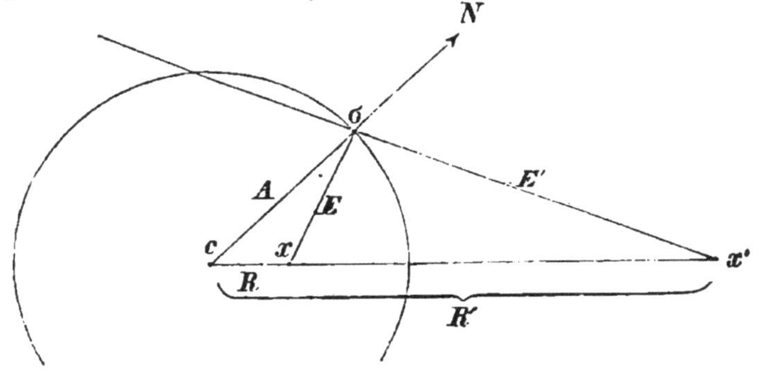

Alsdann ist nach den Green'schen Formeln [(42. δ, ε), Seite 21]:

$$0 = \int \left(V \frac{\partial T}{\partial N} - T \frac{\partial V}{\partial N} \right) d\sigma ,$$

$$2 \varpi V_{x'} = \int \left(V \frac{\partial T'}{\partial N} - T' \frac{\partial V}{\partial N} \right) d\sigma ;$$

hieraus folgt durch Subtraction:

$$2 \varpi V_{x'} = \int V \left(\frac{\partial T'}{\partial N} - \frac{\partial T}{\partial N} \right) d\sigma - \int (T' - T) \frac{\partial V}{\partial N} \, d\sigma .$$

Oder weil [nach (5.)] $T' - T = - \log \frac{R'}{A}$ ist:

$$2 \varpi V_{x'} = \int V \left(\frac{\partial T'}{\partial N} - \frac{\partial T}{\partial N} \right) d\sigma + \left(\log \frac{R'}{A} \right) \int \frac{\partial V}{\partial N} \, d\sigma ,$$

oder falls man das Integral $\int \frac{\partial V}{\partial N} \, d\sigma$ mit Hülfe der Gleichung (24.) eliminirt:

27. $$2 \varpi V_{x'} = \int V \left(\frac{\partial T'}{\partial N} - \frac{\partial T}{\partial N} + \frac{\log R' - \log A}{A \log A} \right) d\sigma .$$

Wenn man in dieser Formel das $\frac{\partial T}{\partial N}$ eliminirt, und zwar ein Mal durch (7. δ), das andere Mal durch (7. σ), so erhält man successive:

28. $$2 \varpi V_{x'} = \int V \left(\frac{R'^2 - A^2}{E'^2 A} + \frac{\log R' - \log A}{A \log A} \right) d\sigma ,$$

29. $$2 \varpi V_{x'} = \int V \left(2 \frac{\partial T'}{\partial N} + \frac{\log R'}{A \log A} \right) d\sigma .$$

Nun ist bekanntlich:

$$T' = \log \frac{1}{R'} + \sum_1^\infty \frac{1}{n} \left(\frac{A}{R'} \right)^n \cos n\gamma ,$$

mithin:

$$\frac{\partial T'}{\partial N} = 0 + \sum_1^\infty \frac{1}{A} \left(\frac{A}{R'} \right)^n \cos n\gamma ,$$

$$2 \frac{\partial T'}{\partial N} + \frac{\log R'}{A \log A} = \frac{\log R'}{A \log A} + 2 \sum_1^\infty \frac{1}{A} \left(\frac{A}{R'} \right)^n \cos n\gamma ;$$

also nach (29.):

30. $$2 \varpi V_{x'} = \int V \left\{ \frac{\log R'}{\log A} + 2 \sum_1^\infty \left(\frac{A}{R'} \right)^n \cos n\gamma \right\} \frac{d\sigma}{A} .$$

Die drei Formeln (28.), (29.), (30.) repräsentiren die Lösung der gestellten Aufgabe in drei verschiedenen Gestalten.

Bemerkung. — Setzen wir zur Abkürzung:

$$\delta_\sigma = \frac{R'^2 - A^2}{2\varpi A} \frac{1}{E'^2}, \qquad 31.$$

so geht die Formel (28.) über in:

$$V_{x'} = \int V_\sigma \delta_\sigma \, d\sigma + \frac{\log R' - \log A}{2\varpi A \log A} \int V d\sigma \, . \qquad 32.$$

Nehmen wir nun beispielsweise $V_{x'} = T_{cx'}$, wo c das Centrum von σ bezeichnet, so erhalten wir:

$$\log \frac{1}{R'} = \left(\log \frac{1}{A}\right) \int \delta_\sigma d\sigma + \left(\log \frac{1}{R'} - \log \frac{1}{A}\right),$$

d. i.

$$\int \delta_\sigma \, d\sigma = 1. \qquad 33.$$

Nehmen wir ferner als zweites Beispiel $V_{x'} = T_{ix'}$, wo i einen beliebigen Punct *innerhalb* σ vorstellen soll, und beachten wir dabei, dass $\int T_{i\sigma} d\sigma = 2\varpi A \log \frac{1}{A}$ ist [vgl. (32. a, i) Seite 14], so erhalten wir:

$$T_{ix'} = \int T_{i\sigma} \delta_\sigma d\sigma + \left(\log \frac{1}{R'} - \log \frac{1}{A}\right). \qquad 34.$$

Denken wir uns nun den Punct x' *fest*, und δ_σ als die *Dichtigkeit einer gewissen auf σ ausgebreiteten Massenbelegung*, so erkennen wir aus den Formeln (31.), (33.), (34.), dass diese Belegung eine mit $\frac{1}{E'^2}$ proportionale Dichtigkeit hat, dass sie ferner die Gesammtmasse 1 besitzt, und dass sie endlich in Bezug auf alle *innern* Puncte, abgesehen von einer additiven Constanten $\left(\log \frac{1}{R'} - \log \frac{1}{A}\right)$, äquipotential ist mit einer in x' concentrirt gedachten Masse 1. Uebertragen wir dieses Ergebniss von *einer* Masseneinheit auf M Masseneinheiten*), so gelangen wir zu folgendem Satz:

Ist eine gegebene Masse M auf einer Kreislinie σ der Art ausgebreitet, dass ihre Dichtigkeit umgekehrt proportional ist mit den Quadraten der von irgend einem äussern Punct x' 35.

*) Was dadurch geschieht, dass man die Formeln (31.), (33.), (34.) mit M multiplicirt.

nach σ gezogenen Strahlen, so wird das Potential dieser Belegung auf innere Puncte, abgesehen von einer additiven Constanten, eben so gross sein, als wäre die Masse M *in jenem äussern Punct x' concentrirt.*

Jene additive Constante ist

$$= \mathsf{M} \left(\log \frac{1}{R'} - \log \frac{1}{A}\right),$$

wo R' die Centraldistanz des gegebenen *äussern* Punctes, und A den Radius von σ bezeichnet.

Zusammenfassung. — Der in der Relation (2.):

36. $$E = \lambda E',$$

enthaltene Factor λ ist *constant*, sobald man die conjugirten Puncte x, x' als *fest* betrachtet; denn es ist [ebenfalls nach (2.)]: $\lambda = \frac{R}{A} = \frac{A}{R'} = \sqrt{\frac{R}{R'}}$. Somit folgt aus (36.), dass die in den Sätzen (20.) und (35.) betrachteten Belegungen *identisch* sind; so dass wir also jene Sätze folgendermassen zusammenfassen können:

Repräsentirt x einen gegebenen Punct innerhalb der Kreislinie σ, und x' den conjugirten äussern Punct, und ist ferner auf σ eine gegebene Masse M *in solcher Weise ausgebreitet, dass ihre Dichtigkeit mit den Quadraten der von x nach σ gelegten Strahlen oder* (was auf dasselbe hinauskommt)
37. *mit den Quadraten der von x' nach σ gelegten Strahlen umgekehrt proportional ist, so wird das Potential dieser Belegung auf äussere Puncte eben so gross sein, als wäre die Masse* M *in x concentrirt; und gleichzeitig wird ihr Potential auf innere Puncte, abgesehen von einer additiven Constanten, eben so gross sein, als wäre die Masse* M *in x' concentrirt.*

§ 2.

Analoge Aufgaben über die Kugelfläche, unter Zugrundelegung des Newton'schen Potentials.

Präliminarien. — Es sei σ eine *Kugelfläche*, deren Centrum, Radius und äussere Normale resp. mit c, A und N bezeichnet sein mögen. Ferner seien x und x' zwei in Bezug auf diese Kugelfläche *conjugirte* Puncte. Ferner seien R, R' die Entfernungen der Puncte x, x' von c, und E, E'

ihre Entfernungen von irgend einem Puncte σ, der auf der gegebenen Kugelfläche liegt. Endlich sei γ der Winkel der Linie cxx' gegen den Radius $c\sigma$.

Alsdann sind wiederum*) die Dreiecke

$$REA \quad \text{und} \quad AE'R' \qquad 1.$$

einander ähnlich, mithin:

$$\begin{aligned} R &= \lambda A, \\ E &= \lambda E', \\ A &= \lambda R'. \end{aligned} \qquad 2.$$

Auch wird:

$$\begin{aligned} E^2 &= A^2 + R^2 - 2AR\cos\gamma, \quad E\frac{\partial E}{\partial N} = A - R\cos\gamma, \\ E'^2 &= A^2 + R'^2 - 2AR'\cos\gamma, \quad E'\frac{\partial E'}{\partial N} = A - R'\cos\gamma. \end{aligned} \qquad 3.$$

Setzen wir nun

$$\begin{aligned} T &= \frac{1}{E}, \\ T' &= \frac{1}{E'}, \end{aligned} \qquad 4.$$

so wird nach (2.)

$$\frac{T}{T'} = \frac{E'}{E} = \frac{A}{R} = \frac{R'}{A}, \qquad 5.$$

und ferner mit Rücksicht auf (3.):

$$\begin{aligned} \frac{\partial T}{\partial N} &= -\frac{1}{E^2}\frac{\partial E}{\partial N} = \frac{R\cos\gamma - A}{E^3}, \\ \frac{\partial T'}{\partial N} &= -\frac{1}{E'^2}\frac{\partial E'}{\partial N} = \frac{R'\cos\gamma - A}{E'^3}, \\ &= \frac{(A\cos\gamma - R)R^2}{E^3 A^2}. \end{aligned}$$

Aus den beiden letzten Formeln folgt sofort:

---

*) Nämlich ebenso wie auf Seite 54. Obwohl die Betrachtungen des gegenwärtigen § mit denen des vorhergehenden im Ganzen parallel laufen, so sind doch sowohl hinsichtlich der Formeln wie hinsichtlich der schliesslichen Resultate *nicht unwesentliche* Unterschiede vorhanden. Um diese Unterschiede möglichst deutlich hervortreten zu lassen, werde ich die Formeln und Sätze des gegenwärtigen § mit genau *denselben* Nummern versehen, wie die correspondirenden Formeln und Sätze des vorhergehenden §. — Von einigem Nutzen bei den gegenwärtigen Rechnungen ist übrigens wieder das Princip der Homogeneität. (Vgl. die Note, Seite 55.)

6. δ $$\frac{\partial T}{\partial N} - \frac{A}{R}\,.\frac{\partial T'}{\partial N} = \frac{R^2 - A^2}{E^3 A},$$

6. σ $$\frac{\partial T}{\partial N} + \frac{A}{R}\frac{\partial T'}{\partial N} = -\frac{T}{A};$$

und hieraus durch leichte Umgestaltungen:

7. δ $$\frac{A}{R'}\frac{\partial T}{\partial N} - \frac{\partial T'}{\partial N} = \frac{A^2 - R'^2}{E'^3 A},$$

7. σ $$\frac{A}{R'}\frac{\partial T}{\partial N} + \frac{\partial T'}{\partial N} = -\frac{T'}{A}.$$

Erste Aufgabe. — *Es sei V das Potential irgend welcher*
8. *unbekannter Massen, die theils* a u f, *theils* a u s s e r h a l b σ *ausgebreitet sind. Es soll V_x ermittelt werden, falls die V_σ* (d. i. die Werthe auf σ) *gegeben sind.*

Nach den Green'schen Formeln [(41. α, δ, ε) Seite 19] ist:

9. $$0 = \int \frac{\partial V}{\partial N} d\sigma,$$

10. $$0 = \int \left(V \frac{\partial T'}{\partial N} - T' \frac{\partial V}{\partial N} \right) d\sigma,$$

11. $$-2\varpi V_x = \int \left(V \frac{\partial T}{\partial N} - T \frac{\partial V}{\partial N} \right) d\sigma.$$

Multipliciren wir die beiden letzten Formeln resp. mit $\frac{A}{R}$ und — 1, und addiren, und nehmen wir dabei Rücksicht auf die aus (5.) entspringende Relation $T - \frac{A}{R} T' = 0$, so folgt:

12. $$2\varpi V_x = -\int V \left(\frac{\partial T}{\partial N} - \frac{A}{R} \frac{\partial T'}{\partial N} \right) d\sigma.$$

Zur Elimination von $\frac{\partial T'}{\partial N}$ können wir nun nach Belieben entweder die Formel (6. δ) oder die Formel (6. σ) benutzen. In solcher Weise ergiebt sich successive:

13. $$2\varpi V_x = -\int V \frac{R^2 - A^2}{E^3 A} d\sigma,$$

14. $$2\varpi V_x = -\int V \left(2 \frac{\partial T}{\partial N} + \frac{T}{A} \right) d\sigma.$$

Nun ist bekanntlich:

$$T = \sum_0^\infty \frac{R^n}{A^{n+1}} P_n(\cos\gamma),$$

mithin:

$$\frac{\partial T}{\partial N} = -\sum_0^\infty (n+1) \frac{R^n}{A^{n+2}} P_n(\cos\gamma),$$

$$2\frac{\partial T}{\partial N} + \frac{T}{A} = -\sum_0^\infty (2n+1) \frac{R^n}{A^{n+2}} P_n(\cos\gamma);$$

also nach (14.):

$$2\varpi V_x = \int V \left\{ \sum_0^\infty (2n+1) \left(\frac{R}{A}\right)^n P_n(\cos\gamma) \right\} \frac{d\sigma}{A^2}.$$ 15.

Die drei Formeln (13.), (14.), (15.) *repräsentiren die Lösung der gestellten Aufgabe.*

Bemerkung. — Setzt man zur Abkürzung

$$\delta_\sigma = \frac{A^2 - R^2}{2\varpi A} \frac{1}{E^3},$$ 16.

so gewinnt die Formel (13.) folgendes Aussehen:

$$V_x = \int V_\sigma \delta_\sigma d\sigma.$$ 17.

Nehmen wir nun beispielsweise für V ein Potential, welches auf und innerhalb σ überall *constant*, etwa $= 1$ ist, so folgt:

$$1 = \int \delta_\sigma d\sigma.$$ 18.

Und nehmen wir als zweites Beispiel $V_x = T_{ax}$, wo a einen beliebigen Punct *ausserhalb* σ vorstellen soll, so ergiebt sich:

$$T_{ax} = \int T_{a\sigma} \delta_\sigma d\sigma.$$ 19.

Vermittelst dieser Formeln (16.), (18.), (19.) gelangen wir [ähnlich wie früher, Seite 58] zu folgendem Satz:

Ist eine gegebene Masse M *auf der Kugelfläche* σ *der Art vertheilt, dass ihre Dichtigkeit umgekehrt proportional ist mit den Cuben der von irgend einem innern Punct* x *nach* σ *gezogenen Strahlen, so wird das Potential dieser Belegung auf äussere Puncte eben so gross sein, als wäre die Masse* M *in jenem innern Puncte* x *concentrirt.* 20.

Zweite Aufgabe. — *Es sei* V *das Potential irgend welcher unbekannten Massen, die theils auf, theils innerhalb* σ *ausgebreitet sind. Es soll die Summe* M *dieser Massen ermittelt werden, falls die* V_σ (d. i. die Werthe von V auf σ) *gegeben sind.* 21.

Bezeichnen wir die Entfernung eines variablen Punctes

vom Centrum c mit E, und setzen $\frac{1}{\mathsf{E}} = \mathsf{T}$, so ist [vgl. (42. α, δ) Seite 21]:

22. $$\int \frac{\partial V}{\partial N} d\sigma = -2\varpi \mathsf{M},$$

23. $$\int \left(V \frac{\partial \mathsf{T}}{\partial N} - \mathsf{T} \frac{\partial V}{\partial N} \right) d\sigma = 0.$$

Da in der letzten Formel T auf die Entfernung des Elementes $d\sigma$ vom *Centrum* c sich bezieht, so ist offenbar:

$$\mathsf{T} = \frac{1}{A}, \quad \frac{\partial \mathsf{T}}{\partial N} = -\frac{1}{A^2};$$

wodurch die Formel übergeht in:

24. $$\frac{1}{A^2} \int V d\sigma + \frac{1}{A} \int \frac{\partial V}{\partial N} d\sigma = 0.$$

Hieraus aber folgt mit Rücksicht auf (22.):

25. $$\mathsf{M} = \frac{\int V d\sigma}{2\varpi A};$$

und hierdurch ist die gestellte Aufgabe gelöst.

Dritte Aufgabe. — *Es sei V das Potential unbekannter*
26. *Massen, die theils auf, theils* i n n e r h a l b *der Kugelfläche σ ausgebreitet sind. Es soll $V_{x'}$ berechnet werden, falls die V_σ gegeben sind.*

Haben T, T' die in (4.) genannte Bedeutung, so ist nach den Green'schen Formeln [(42. δ, ε), Seite 21]:

$$0 = \int \left(V \frac{\partial T}{\partial N} - T \frac{\partial V}{\partial N} \right) d\sigma,$$

$$2\varpi V_{x'} = \int \left(V \frac{\partial T'}{\partial N} - T' \frac{\partial V}{\partial N} \right) d\sigma.$$

Subtrahiren wir diese beiden Formeln von einander, nachdem zuvor die erste mit $\frac{A}{R'}$ multiplicirt ist, und berücksichtigen wir dabei die aus (5.) entspringende Relation: $T' - \frac{A}{R'} T = 0$, so folgt:

27. $$2\varpi V_{x'} = \int V \left(\frac{\partial T'}{\partial N} - \frac{A}{R'} \frac{\partial T}{\partial N} \right) d\sigma.$$

Wenn wir nun hier die Elimination von $\frac{\partial T}{\partial N}$ ein Mal mit Hülfe von (7. δ), das andere Mal mit Hülfe von (7. σ) bewerkstelligen, so erhalten wir successive:

$$2\varpi V_{x'} = \int V \frac{R'^2 - A^2}{E'^3 A} d\sigma , \qquad 28.$$

$$2\varpi V_{x'} = \int V \left(2 \frac{\partial T'}{\partial N} + \frac{T'}{A}\right) d\sigma . \qquad 29.$$

Und hieraus endlich erhalten wir mit Anwendung der bekannten Entwicklungen:

$$T' = \sum_0^\infty \frac{A^n}{R'^{n+1}} P_n(\cos\gamma) ,$$

$$\frac{\partial T'}{\partial N} = \sum_0^\infty \frac{n A^{n-1}}{R'^{n+1}} P_n(\cos\gamma) ,$$

$$2 \frac{\partial T'}{\partial N} + \frac{T'}{A} = \sum_0^\infty \frac{(2n+1) A^{n-1}}{R'^{n+1}} P_n(\cos\gamma)$$

sofort:

$$2\varpi V_{x'} = \int V \left\{ \sum_0^\infty (2n+1) \left(\frac{A}{R'}\right)^{n+1} P_n(\cos\gamma) \right\} \frac{d\sigma}{A^2} . \qquad 30.$$

Die drei Formeln (28.), (29.), (30.) *repräsentiren die Lösung der gestellten Aufgabe in drei verschiedenen Gestalten.*

Bemerkung. — Setzen wir zur Abkürzung

$$\delta_\sigma = \frac{R'^2 - A^2}{2\varpi A} \frac{1}{E'^3} , \qquad 31.$$

so geht die Formel (28.) über in

$$V_{x'} = \int V_\sigma \delta_\sigma d\sigma . \qquad 32.$$

Setzen wir nun beispielsweise: $V_{x'} = T_{cx'}$, wo c das Centrum von σ bezeichnet, so folgt:

$$\frac{1}{R'} = \frac{1}{A} \int \delta_\sigma d\sigma ,$$

d. i.

$$\int \delta_\sigma d\sigma = \frac{A}{R'} . \qquad 33.$$

Nehmen wir ferner als zweites Beispiel: $V_{x'} = T_{ix'}$, wo i einen beliebigen Punct *innerhalb* σ bezeichnen soll, so erhalten wir:

$$T_{ix'} = \int T_{i\sigma} \delta_\sigma d\sigma . \qquad 34.$$

Die drei Formeln (31.), (33.), (34.) führen uns nun [ähnlich wie früher, Seite 61] zu folgendem Satz:

Ist eine gegebene Masse M *auf der Kugelfläche* σ *der Art ausgebreitet, dass ihre Dichtigkeit umgekehrt proportional ist den Cuben der von irgend einem äussern Punct* x' *nach* σ
35. *gezogenen Strahlen, so wird das Potential dieser Belegung auf innere Puncte genau eben so gross sein, als wäre in jenem äussern Punct* x' *eine Masse vom Betrage* $\frac{R'\mathsf{M}}{A}$ *concentrirt, wo* R' *die Centraldistanz des Punctes* x', *und* A *den Radius der Kugelfläche bezeichnet.*

Zusammenfassung. — Setzen wir die beiden conjugirten Puncte x, x' als *fest* voraus, so ist der in der Relation (2.)

36. $$E = \lambda E'$$

enthaltene Factor λ *constant*; und hieraus erkennen wir, dass die in den Sätzen (20.) und (35.) besprochenen Belegungen unter einander *identisch* sind. Demgemäss können wir jene beiden Sätze folgendermassen zusammenfassen:

Repräsentirt x *einen gegebenen Punct innerhalb der*
37. *Kugelfläche* σ, *und* x' *den conjugirten äussern Punct, und ist ferner auf* σ *eine gegebene Masse* M *in solcher Weise ausgebreitet, dass ihre Dichtigkeit mit den Cuben der von* x *nach* σ *gelegten Strahlen, oder* (was auf dasselbe hinausläuft) *mit den Cuben der von* x' *nach* σ *gelegten Strahlen umgekehrt proportional ist, so wird das Potential dieser Belegung auf äussere Puncte eben so gross sein, als wäre die Masse* M *in* x *concentrirt; und gleichzeitig wird ihr Potential auf innere Puncte eben so gross sein, als wäre in* x' *eine Masse vom Betrage* $\frac{R'\mathsf{M}}{A}$ *concentrirt, wo* R' *die Centraldistanz des Punctes* x', *und* A *den Radius der Kugelfläche bezeichnet.*

Drittes Capitel.

Die Theorie der elektrischen Vertheilung.

Nach einem bekannten, schon von *Gauss* aufgestellten Satz ist die elektrische Vertheilung auf einem gegebenen Conductor (falls keine äussern Kräfte influiren) stets eine *gleichartige.**)

Wollten wir dieser Gauss'schen Ausdrucksweise uns anschliessen, nämlich die elektrische Schicht an der Oberfläche eines gegebenen Conductors *gleichartig* oder *ungleichartig* nennen, jenachdem das Vorzeichen ihrer Dichtigkeit überall *dasselbe*, oder an verschiedenen Stellen ein *verschiedenes* ist, so würden wir leicht zu Missverständnissen Veranlassung geben. Denn wollten wir z. B. von *zwei* Conductoren mit *gleichartigen* Belegungen sprechen, so würde unwillkührlich die Vorstellung entstehen, als sollten die beiden Conductoren unter einander verglichen werden; während wir doch nur auszudrücken beabsichtigen, dass das Vorzeichen der elektrischen Dichtigkeit auf jedem der beiden Conductoren constant sei, unbekümmert darum, ob diese beiden constanten Vorzeichen unter einander übereinstimmen oder nicht. — Zur Vermeidung solcher Missverständnisse mögen die Worte *gleichartig* und *ungleichartig* durch die griechischen Ausdrücke *monogen* und *amphigen* ersetzt werden.

Ueber die Frage der Monogenität oder Amphigenität existirt nun, wie im gegenwärtigen Capitel gezeigt werden soll, eine grosse Reihe einfacher allgemeiner Sätze, von denen jener zu Anfang genannte Gauss'sche Satz nur das erste Glied ist. Wir nennen beispielshalber die folgenden:

1. *Die elektrische Vertheilung auf einem gegebenen Conductor ist* (falls keine äussern Kräfte influiren) *stets monogen.*

---

*) Gauss' allg. Lehrsätze, Art. 29.

II. *Sind* *z w e i* *Conductoren beliebig geladen, so wird* (falls keine äussern Kräfte influiren) *immer wenigstens auf* *e i n e m* *derselben eine monogene Vertheilung stattfinden. — Haben insbesondere die Conductoren* *e n t g e g e n g e s e t z t e* *Ladungen*), so finden auf* *b e i d e n* *monogene Vertheilungen statt, und zwar von entgegengesetzten Vorzeichen. — Hat ferner der eine Conductor eine* *b e l i e b i g e* *Ladung, der andere die Ladung* *N u l l*, *so entsteht auf dem erstern eine monogene, auf dem letztern eine amphigene Vertheilung.*

III. *Sind* *b e l i e b i g* *v i e l e* *Conductoren mit beliebigen Ladungen gegeben, so wird* (falls keine äussern Kräfte influiren) *immer wenigstens auf* *e i n e m* *derselben eine monogene Vertheilung stattfinden. — Sind insbesondere jene Ladungen der Art, dass ihre Summe = 0 ist, so werden mindestens auf* *z w e i* *Conductoren monogene Vertheilungen vorhanden sein.*

Auch für den bisher ausgeschlossenen Fall des Vorhandenseins äusserer Kräfte existiren derartige Sätze, so z. B. folgender:

IV. *Die auf einem gegebenen Conductor durch einen äussern elektrischen Massenpunct inducirte Belegung ist stets monogen, falls der Conductor zur Erde abgeleitet, hingegen stets amphigen, falls derselbe isolirt und mit der Ladung Null versehen ist.*

Vergegenwärtigen wir uns den hohen Grad von Allgemeinheit, der in all' diesen Sätzen sich kundgiebt, ihre Unabhängigkeit von der Gestalt und relativen Lage der einzelnen Conductoren, — so gelangen wir zur Ueberzeugung, dass dieselben eine unmittelbare Consequenz der allgemeinen Eigenschaften des *Newton'schen Potentials* sein müssen, und demgemäss zu der Vermuthung, dass analoge Sätze in der *Ebene* existiren möchten unter Zugrundelegung des *Logarithmischen Potentials*; wobei selbstverständlich die *leitenden Körper* durch *leitende ebene Flächen*, und die *elektrischen* Fluida mit dem Wirkungsgesetz: $\pm \frac{\mu m}{E^2}$ durch zwei *fingirte* Fluida mit dem Gesetz $\pm \frac{\mu m}{E}$ zu ersetzen sein würden.

---

*) Unter der *Ladung* eines Conductors verstehe ich die Gesammtmasse der auf ihm vorhandenen Elektricität.

Diese Vermuthung bestätigt sich. In der That können wir der ganzen Theorie der Elektrostatik eine im Ganzen analog verlaufende Theorie in der Ebene zur Seite stellen, und z. B. für die meisten (nicht für alle) der vorhin genannten Sätze die analogen in der Ebene angeben. — Doch wollen wir vorläufig auf diese Dinge uns nicht tiefer einlassen, als zur Markirung unserer eigentlichen Hauptstrasse erfordert wird. Zu diesem Zwecke aber brauchen wir jene analoge Disciplin in der Ebene nur so weit zu verfolgen, als sie mit den *ersten Elementen* der Elektrostatik Hand in Hand geht. Mit andern Worten: Wir brauchen zu diesem Zweck nur folgende einfache Sätze uns anzueignen:

In der Ebene.	*Im Raum.*
Ist eine *leitende ebene Fläche*, die von der *geschlossenen Curve* σ begrenzt wird, mit einer gegebenen Menge M des fingirten Fluidums geladen, so wird dieses Fluidum zur Zeit des Gleichgewichts am *Rande* der Fläche, d. i. auf σ ausgebreitet sein, und zwar in solcher Weise, dass das (Logarithmische) Potential in allen Puncten der Fläche constant ist.	Ist ein *leitender Körper*, der von der *geschlossenen Fläche* σ begrenzt wird, mit einer gegebenen Menge M elektrischen Fluidums geladen, so wird dieses Fluidum zur Zeit des Gleichgewichts an der *Oberfläche* des Körpers, d. i. auf σ ausgebreitet sein, und zwar in solcher Weise, dass das (Newton'sche) Potential in allen Puncten des Körpers constant ist.
Diese auf σ ausgebreitete Belegung wird, falls $M = 1$ ist, und äussere Kräfte nicht vorhanden sind, monogen sein, und *lediglich abhängen von der geometrischen Beschaffenheit der Curve* σ.	Diese auf σ ausgebreitete Belegung wird, falls $M = 1$ ist, und äussere Kräfte nicht vorhanden sind, monogen sein, und *lediglich abhängen von der geometrischen Beschaffenheit der Oberfläche* σ.

Die in solcher Weise definirte Belegung mag die *natürliche Belegung* der gegebenen Curve oder Fläche σ heissen. Auch mag ihre Dichtigkeit mit γ, ihr Potential mit Π, und der constante Werth dieses Potentials für innere Puncte mit Γ bezeichnet sein, so dass also γ eine der Curve oder Fläche

σ eigenthümlich zugehörige Function, und Γ eine ihr eigenthümliche Constante repräsentirt.

Unter Anwendung dieser Grössen γ, Γ werden wir nun im gegenwärtigen Capitel einen wichtigen allgemeinen Satz beweisen, der füglich als die *Verallgemeinerung eines bekannten Gauss'schen Satzes**) anzusehen, und folgendermassen auszusprechen ist:

Ist σ eine geschlossene Curve oder Fläche, und V das Logarithmische resp. Newton'sche Potential irgend welcher unbekannten innerhalb σ gelegener Massen, so besitzt die Summe M *dieser Massen den Werth:*

$$M = \frac{\int V_\sigma \gamma_\sigma \, d\sigma}{\Gamma},$$

*die Integration ausgedehnt über alle Elemente $d\sigma$ der gegebenen Curve oder Fläche.***)

Hieraus folgt, dass die Summe der das Potential V hervorbringenden Massen durch Angabe derjenigen Werthe, welche V auf der gegebenen Curve oder Fläche besitzt, vollkommen bestimmt ist, — ausser wenn $\Gamma = 0$ sein sollte. Denn in diesem *singulären* Fall könnte die vorstehende Formel möglicherweise die Gestalt

$$M = \frac{0}{0}$$

annehmen, mithin zur Bestimmung von M unbrauchbar werden.

Der in Rede stehende *singuläre* Fall: $\Gamma = 0$ tritt in der *Ebene* beim Logarithmischen Potential z. B. ein, wenn die gegebene Curve σ eine Kreislinie vom Radius Eins ist. Andererseits aber erkennt man leicht, dass sein Vorkommen im *Raume* beim Newton'schen Potential *unmöglich* ist.

Mit Hülfe des oben genannten *erweiterten Gauss'schen Satzes* werden wir nun leicht im Stande sein, folgende Theoreme zu beweisen:

---

*) In der That wird man leicht erkennen, dass der von Gauss in seinen allg. Lehrsätzen Art. 20 aufgestellte Satz mit dem hier folgenden allgemeinern Satze identisch wird, sobald man den letztern auf den Specialfall der *Kugelfläche* in Anwendung bringt.

**) Es bedarf wohl kaum der Bemerkung, dass in der vorstehenden Formel unter V_σ, γ_σ diejenigen Werthe zu verstehen sind, welche die Functionen V, γ im Elemente $d\sigma$ besitzen.

In der Ebene.	*Im Raum.*
Bezeichnet σ eine geschlossene Curve, und V das Logarithmische Potential irgend welcher unbekannten innerhalb σ gelegener Massen, so wird dieses Potential V für alle Puncte ausserhalb σ völlig bestimmt sein, sobald nur seine Werthe auf σ selber gegeben sind; — ausser im singulären Falle.	*Bezeichnet σ eine geschlossene Fläche, und V das Newton'sche Potential irgend welcher unbekannten innerhalb σ gelegener Massen, so wird dieses Potential V für alle Puncte ausserhalb σ völlig bestimmt sein, sobald nur seine Werthe auf σ selber gegeben sind; — ohne Ausnahme.*
In der That ist dieser Satz im singulären Fall, d. h. wenn die der Curve σ zugehörige Constante $\Gamma = 0$ ist, nicht mehr richtig; — wie sich solches leicht durch ein Beispiel zeigen lässt.	

Sobald wir diese Dinge absolvirt haben, wird das eigentliche Ziel des gegenwärtigen Capitels erreicht sein. Denn wir haben alsdann zu dem Theorem rechter Hand, welches schon im vorhergehenden Capitel (Seite 3 und 35) besprochen war, das analoge Theorem des Logarithmischen Potentials entdeckt, und somit die in jenem Capitel noch offen gebliebene Lücke ausgefüllt.

Allerdings unterliegt der *Weg*, auf welchem wir dieses Ziel erreichen, insofern einem gewissen Bedenken, als wir dabei von einer Function γ Gebrauch machen, deren Existenz theils durch unsere physikalischen Anschauungen, theils durch einen gewissen Analogieschluss, *nicht* aber durch *mathematische Conclusionen* verbürgt ist.

In manchen Fällen, z. B. für Kreislinie und Kugelfläche, Ellipse und Ellipsoid, kann ein solches Bedenken durch die *wirkliche Aufstellung* der Function γ beseitigt werden. Auch wird die Anzahl der speciellen Fälle, in denen man dem geäusserten Bedenken gegenüber in dieser besonders günstigen Lage sich befindet, durch eines der späteren Capitel noch bedeutend vermehrt werden.

Will man aber jenem Bedenken nicht in speciellen Fällen,

sondern im Allgemeinen zu begegnen suchen, so sei erinnert an die von *Gauss* gegebene *Variations-Methode*. Denn mit Hülfe dieser Methode kann man, wie am Schluss des gegenwärtigen Capitels gezeigt werden soll, nicht allein die Existenz der Function γ im Raume für eine gegebene geschlossene Fläche, sondern ebenso auch ihre Existenz in der Ebene für eine geschlossene Curve erweisen. — Allerdings dürfte einer solchen Variations-Methode kein unbedingtes Zutrauen einzuräumen sein, wie Aehnliches ja betreffs der Dirichlet'schen Variations-Methode (des sogenannten Dirichlet-schen Princips) schon mehrfach mit vollem Recht bemerkt worden ist.

§ 1.

Die Poisson'sche Theorie.

Es seien gegeben beliebig viele und mit beliebigen Elektricitätsmengen geladene *Conductoren* und *Isolatoren*, von denen jeder fest aufgestellt ist. Wir wollen die elektrischen Gleichgewichtszustände der *Conductoren* zu ermitteln suchen, unter der Voraussetzung, dass die elektrischen Zustände der Isolatoren unveränderlich sind.

Dabei sei dahingestellt, ob die Ladungen*) der einzelnen Conductoren positiv, null oder negativ sind. Auch mag jeder Conductor von beliebiger Gestalt, z. B. von beliebig vielen Flächen begrenzt sein.**) Nur wollen wir voraussetzen, dass alle Conductoren isolirt, dass also ihre Oberflächen mit Luft oder überhaupt mit isolirenden Medien bedeckt seien.

Es sei $\mathfrak{C}$ einer der gegebenen Conductoren, ferner m ein in $\mathfrak{C}$ enthaltenes Elektricitätstheilchen mit den Coordinaten x, y, z, endlich mV das auf m ausgeübte *Gesammt-*

*) Unter der *Ladung eines Conductors* verstehe ich die Gesammtmasse der ihm mitgetheilten Elektricität. Und eben so verstehe ich auch unter der *Ladung eines Isolators* die Gesammtmasse der in ihm enthaltenen Elektricität.

**) Ein Conductor wird nur *eine* Begrenzungsfläche besitzen, falls er *massiv*, hingegen *zwei*, falls er *schaalenförmig* ist. Den allgemeinsten Fall von *beliebig vielen*, etwa n Begrenzungsflächen erhalten wir, wenn wir uns einen Conductor vorstellen, der in seinem Innern $(n - 1)$ Hohlräume besitzt.

potential, nämlich dasjenige Potential, mit welchem m sollicitirt wird von aller in dem System überhaupt vorhandenen Elektricität; so dass also die auf m einwirkenden Kräfte X, Y, Z folgende Werthe besitzen:

$$X = -m\frac{\partial V}{\partial x},$$

$$Y = -m\frac{\partial V}{\partial y},$$

$$Z = -m\frac{\partial V}{\partial z}.$$

Soll daher das Theilchen m in Ruhe bleiben, so müssen die Bedingungen erfüllt sein:

$$\frac{\partial V}{\partial x} = 0,$$

$$\frac{\partial V}{\partial y} = 0, \qquad 1.$$

$$\frac{\partial V}{\partial z} = 0;$$

und sollen *sämmtliche* Theilchen des Conductors $\mathfrak{C}$ in Ruhe bleiben, so müssen diese Bedingungen (1.) in *allen* Puncten von $\mathfrak{C}$ erfüllt sein; woraus folgt, dass innerhalb $\mathfrak{C}$

$$V = \text{Const.}, \qquad 2.$$

und

$$\frac{\partial^2 V}{\partial x^2} + \frac{\partial^2 V}{\partial y^2} + \frac{\partial^2 V}{\partial z^2} = 0 \qquad 3.$$

sein müsse. Die letzte Formel geht, mit Rücksicht auf die bekannte *Laplace*'sche Relation: $\frac{\partial^2 V}{\partial x^2} + \frac{\partial^2 V}{\partial y^2} + \frac{\partial^2 V}{\partial z^2} = -2\varpi\varepsilon$ [Seite 12], über in:

$$\varepsilon = 0, \qquad 4.$$

wo ε die im Puncte (x, y, z) vorhandene elektrische Dichtigkeit bezeichnet.

Zur Zeit des Gleichgewichtszustandes wird also, wie aus (4.) folgt, die elektrische Dichtigkeit im Innern des Conductors $\mathfrak{C}$ überall $= 0$, mithin alle darin enthaltene freie Elektricität an seiner *Oberfläche* abgelagert sein. Analoges gilt selbstverständlich von jedem der übrigen Conductoren; und wir haben also zur Zeit des Gleichgewichtszustandes eben so viele elektrische Schichten vor uns, als die gegebenen Conductoren Oberflächen besitzen.

Diese unendlich dünnen elektrischen Schichten sind, wie aus (2.) folgt, von solcher Beschaffenheit, dass sie in Verbindung mit den gegebenen Isolatoren (deren elektrische Zustände unveränderlich sind) ein Gesammtpotential V liefern,
5. *welches im Innern von* ℭ, *und also überhaupt im Innern eines jeden Conductors constant ist.*

Um die Eigenschaften jener elektrischen Oberflächen-Belegungen näher zu untersuchen, wollen wir zunächst diejenigen Conductoren des gegebenen Systems betrachten, welche *massiv*, also nur von *einer* Fläche begrenzt sind. Ist σ die Oberfläche eines solchen Conductors, ferner ν die *innere* und N die *äussere* Normale von σ, so findet zwischen der Dichtigkeit δ der auf σ ausgebreiteten Belegung und zwischen dem Gesammtpotential V die bekannte Relation statt [vgl. S. 4]:

$$-2\varpi\delta = \frac{\partial V}{\partial \nu} + \frac{\partial V}{\partial \mathsf{N}}.$$

Diese Relation aber nimmt, weil V [nach (5.)] im Innern des Conductors constant, mithin $\frac{\partial V}{\partial \nu} = 0$ ist, die einfachere Gestalt an:

6. $$-2\varpi\delta = \frac{\partial V}{\partial \mathsf{N}}.$$

Hieran schliesst sich die nicht unwichtige Frage, ob irgend ein Theil der Fläche σ *unbelegt* sein könne, oder (mit andern Worten), ob die elektrische Dichtigkeit δ auf irgend einem Theil dieser Fläche den Werth *Null* haben könne.

Im Allgemeinen sind der Raum ℭ des Conductors und sein Aussenraum 𝔄 durch die elektrische Belegung der Fläche σ von einander getrennt. Diese Trennung würde aufhören, wenn irgend ein Theil σ' der Fläche σ *unbelegt* wäre, indem alsdann ℭ und 𝔄 durch σ' wie durch ein Fenster mit einander communiciren und zusammengenommen einen *grösseren* Raum ℜ bilden würden, der *von elektrischer Materie völlig frei* wäre.

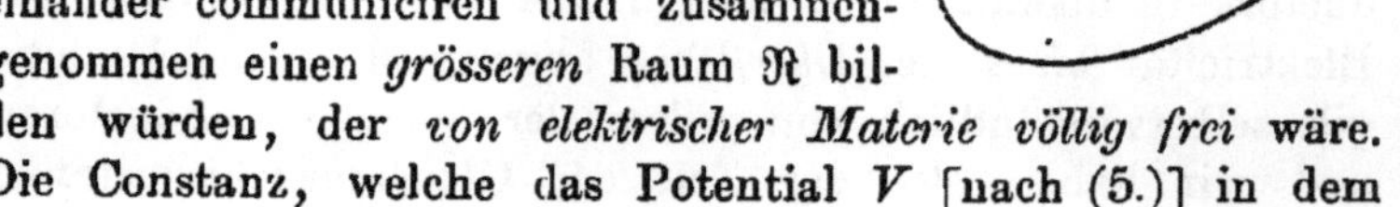

Die Constanz, welche das Potential V [nach (5.)] in dem

einen Theil $\mathfrak{E}$ dieses Raumes $\mathfrak{R}$ besitzt, müsste sich also [nach bekanntem Satz, S. 9 und 51] ausdehnen auf seinen *andern* Theil $\mathfrak{A}$. Hieraus aber würde folgen, dass $\frac{\partial V}{\partial \mathsf{N}}$, mithin [nach (6.)] auch δ auf σ überall $= 0$ sei. *Aus der von uns gemachten Annahme, dass irgend ein Theil der Fläche σ unbelegt sei, würde also,* wie wir sehen, *mit Nothwendig-* 7.
keit folgen, dass die ganze Fläche unbelegt ist.

Nachträglich erkennen wir leicht, dass unsere Betrachtungen im Wesentlichen ungeändert bleiben, wenn der Conductor nicht von *einer,* sondern von *beliebig vielen* Flächen begrenzt ist, und dass in diesem Fall die Ergebnisse (6.), (7.) der Reihe nach für jede einzelne Fläche gültig sind.

Durch Zusammenfassung der Resultate (5.), (6.), (7.) gelangen wir daher zu folgenden Sätzen:

I. *Sind beliebig viele mit beliebigen Elektricitätsmengen geladene Conductoren und Isolatoren gegeben, so wird nach*
Eintritt des Gleichgewichtszustandes alle in den Conductoren 8.
vorhandene freie Elektricität an ihren Oberflächen abgelagert sein; und zwar werden diese elektrischen Oberflächen-Belegungen von solcher Beschaffenheit sein, dass das elektrische Gesammtpotential V im Innern eines jeden Conductors constant ist.

II. *Zwischen der Dichtigkeit δ einer solchen Oberflächen-Belegung und dem Potential V findet die Beziehung statt:*

$$-2\varpi\delta = \frac{\partial V}{\partial \mathsf{N}},$$

wo N die äussere Normale der betrachteten Oberfläche, d. i. diejenige vorstellt, welche in das isolirende Medium hineinläuft.

III. *Bezeichnet man irgend eine unter den Oberflächen der gegebenen Conductoren mit σ, so kann die auf σ vorhandene elektrische Dichtigkeit δ in keinem noch so kleinen Theile von σ den Werth Null haben; — es sei denn, dass sie auf σ allenthalben Null wäre.*

Einige Bezeichnungen. — Besteht das betrachtete System im Ganzen aus p Conductoren $\mathfrak{C}_1, \mathfrak{C}_2, \ldots \mathfrak{C}_p$ und q Isolatoren $\mathfrak{J}_1, \mathfrak{J}_2, \ldots \mathfrak{J}_q$, und bezeichnet man die constanten Werthe, welche das elektrische Gesammtpotential V nach Eintritt des Gleichgewichtszustandes in den einzelnen Conductoren besitzen wird, der Reihe nach mit $C_1, C_2, \ldots C_p$,

9.α so pflegt man C_1 kurzweg die *elektrische Spannung* des Conductors $\mathfrak{C}_1$, ebenso C_2 die *elektrische Spannung* von $\mathfrak{C}_2$ zu nennen, u. s. w.

Man spricht häufig von einem *zur Erde abgeleiteten* Conductor. Ich werde mich der Bequemlichkeit willen dieser Ausdrucksweise ebenfalls bedienen, *darunter aber einen isolirten*
9.β *Conductor verstehen, dessen Spannung gleich* Null *ist.*

§ 2.

Einige aus der Poisson'schen Theorie sich ergebenden Sätze.

Der Kürze halber wollen wir diese Sätze dem Fundamentalsatz (8.) sich anlehnen lassen, indem wir die dort angegebenen allgemeinen Vorstellungen beibehalten, und nur die jedes Mal hinzutretenden *specielleren* Festsetzungen zur Aussprache bringen.

10. **Erster Satz.** — *Besitzt einer von den Conductoren des Systems* (8.) *einen Hohlraum, der vollständig erfüllt ist mit einem isolirenden Medium, so wird zur Zeit des Gleichgewichtszustandes auf der Oberfläche dieses Hohlraums keine Spur von Elektricität vorhanden sein.*

Beweis. — Bezeichnen wir den Conductor mit $\mathfrak{C}$, seinen Hohlraum mit $\mathfrak{J}$, und die Grenzfläche zwischen $\mathfrak{C}$, $\mathfrak{J}$ mit σ, so wird das elektrische Gesammtpotential V [nach Satz (8.)] in allen Puncten von $\mathfrak{C}$, mithin auch in allen Puncten von σ *constant* sein.

Dieses V ist aber das Potential von Massen, welche theils ausserhalb $\mathfrak{J}$, theils auf der Grenze von $\mathfrak{J}$ ausgebreitet sind; und es wird daher V, weil es auf dieser Grenze, nämlich auf σ constant ist, auch constant sein in sämmtlichen Puncten von $\mathfrak{J}$ [Satz (30.), Seite 41].

Hieraus aber folgt mit Rücksicht auf (S. 11), dass die auf σ vorhandene elektrische Dichtigkeit δ überall $= 0$ ist. W. z. b. w.

Zweiter Satz. — *Sind unter den Conductoren des Systems* (8.) *zwei vorhanden, von denen der eine den andern schaalen-*
11. *förmig umschliesst, so werden die einander zugewandten Flächen dieser beiden Conductoren mit* gleichen *und* entgegengesetzten *Elektricitätsmengen beladen sein.*

Erster Beweis. — Bezeichnen wir den schaalenförmigen Zwischenraum der beiden Conductoren mit $\mathfrak{S}$, ferner die beiden Grenzflächen von $\mathfrak{S}$ mit σ, σ_1, und die auf diesen Flächen vorhandenen elektrischen Dichtigkeiten mit δ, δ_1, so ist nach (6.):

$$-2\varpi\delta = \frac{\partial V}{\partial \mathsf{N}},$$

$$-2\varpi\delta_1 = \frac{\partial V}{\partial \mathsf{N}_1},$$

wo N, N_1 die in den Raum $\mathfrak{S}$ hineinlaufenden Normalen der Flächen σ, σ_1 vorstellen, während selbstverständlich V das elektrische Gesammtpotential bezeichnet.

Hieraus folgt sofort:

$$-2\varpi\int\delta\, d\sigma = \int\frac{\partial V}{\partial \mathsf{N}}\, d\sigma,$$

$$-2\varpi\int\delta_1\, d\sigma_1 = \int\frac{\partial V}{\partial \mathsf{N}_1}\, d\sigma_1,$$

die Integrationen ausgedehnt resp. über σ und σ_1. Durch Addition dieser beiden Formeln folgt:

$$-2\varpi\left(\int\delta\, d\sigma + \int\delta_1\, d\sigma_1\right) = \int\frac{\partial V}{\partial \mathsf{N}}\, d\sigma + \int\frac{\partial V}{\partial \mathsf{N}_1}\, d\sigma_1 .$$

Hier aber ist die rechte Seite $= 0$, zufolge eines Green'schen Satzes [vgl. (44.) Seite 24]. Somit folgt schliesslich:

$$\int\delta\, d\sigma + \int\delta_1\, d\sigma_1 = 0,$$

w. z. b. w.

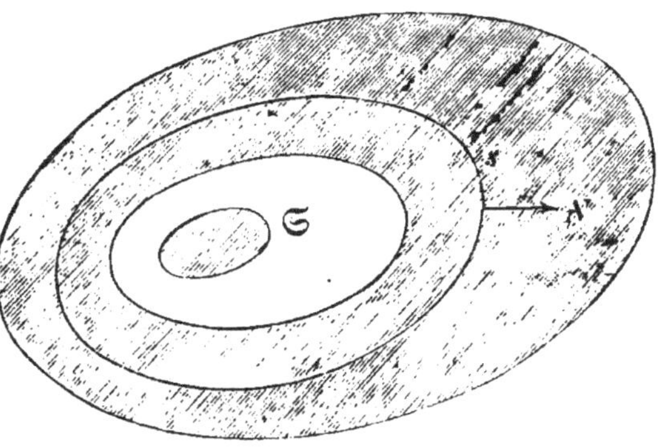

Zweiter Beweis. — Wir construiren eine geschlossene Fläche s, welche um den Raum $\mathfrak{S}$ sich herumzieht, und innerhalb des an $\mathfrak{S}$ angrenzenden schaalenförmigen Conductors liegt. Alsdann ist nach einem Green'schen Satz [(42.α), S. 21]:

$$\int \frac{\partial V}{\partial N} d\sigma = -2\varpi \mathsf{M},$$

wo N die äussere Normale der Fläche s bezeichnet. Hier repräsentirt wiederum V das elektrische Gesammtpotential, und M die Summe derjenigen Massen von V, welche innerhalb s liegen.

In dieser Formel ist nun aber die linke Seite $= 0$, weil V in allen Puncten des schaalenförmigen Conductors *constant*, mithin $\frac{\partial V}{\partial N}$ daselbst $= 0$ ist. Somit folgt:

$$\mathsf{M} = 0,$$

w. z. b. w.

Dritter Satz. — *Ist unter den Conductoren des Systems*
12. (8.) *einer vorhanden, welcher n andere Körper des Systems* (die theils Conductoren, theils Isolatoren sein können) *schaalenförmig umschliesst, so wird die auf der inneren Oberfläche dieses schaalenförmigen Conductors sich ansammelnde Elektricitätsmenge, abgesehen vom entgegengesetzten Vorzeichen, eben so gross sein, wie alle in jenen n Körpern vorhandenen Elektricitätsmengen zusammengenommen.*

Beweis. — Derselbe ist offenbar ganz analog dem zweiten Beweise des vorhergehenden Satzes.

Vierter Satz. — *Das System* (8.) *enthalte einen schaalenförmigen Conductor* $\mathfrak{C}$, *welcher* a l l e *übrigen Körper des Systems*
13. (Conductoren und Isolatoren) *umschliesst; ferner sei* s *die* ä u s s e r e *Oberfläche dieses schaalenförmigen Conductors* $\mathfrak{C}$, *also zugleich die* ä u s s e r e *Begrenzungsfläche des ganzen Systems.*

Alsdann wird die auf s eintretende elektrische Vertheilung, und ebenso auch die Wirkung des Systems nach Aussen genau dieselbe sein, als bestünde das System aus einem einzigen von s begrenzten m a s s i v e n *C o n d u c t o r, dessen Ladung gleich ist der Gesammtladung des ganzen Systems.*

Bezeichnen wir den den Conductor $\mathfrak{C}$ von Aussen umgebenden Raum mit $\mathfrak{A}$, ferner die beiden Begrenzungsflächen von $\mathfrak{C}$ mit s, σ, endlich alle übrigen (innerhalb σ befindlichen Körper) des gegebenen Systems mit $\varkappa_1, \varkappa_2, \varkappa_3, \ldots$;

$\mathfrak{A}$

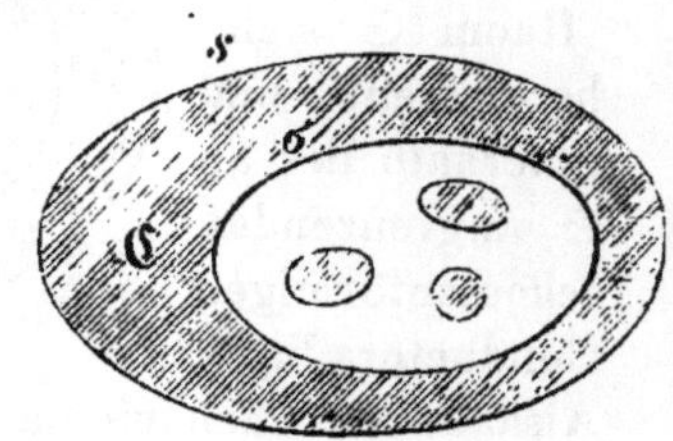

so wird offenbar die Richtigkeit des vorstehenden Satzes allen Zweifeln entrückt sein, sobald es uns gelingt, folgende beiden Behauptungen zu erweisen:

I. *Die Ladung der Fläche s ist eben so gross wie die Gesammtladung des ganzen Systems.*

II. *Das Potential von σ, $\varkappa_1$, $\varkappa_2$, $\varkappa_3$, ... ist im Raum* $\mathfrak{C} + \mathfrak{A}$ *überall* $= 0$.

Beweis der Behauptung I. — Bezeichnet man die den Körpern $\mathfrak{C}$, $\varkappa_1$, $\varkappa_2$, $\varkappa_3$, ... zuertheilten elektrischen Ladungen respective mit

$$\mathsf{M},\ \mu_1,\ \mu_2,\ \mu_3,\ \ldots.$$

und bezeichnet man ferner mit M_σ und M_s diejenigen beiden Theile von M, welche respective auf σ und auf s sich ausbreiten, so ist:

$$\mathsf{M} = \mathsf{M}_\sigma + \mathsf{M}_s,$$

und ferner nach (12.):

$$\mathsf{M}_\sigma = -(\mu_1 + \mu_2 + \mu_3 + \cdots),$$

folglich:

$$\mathsf{M}_s = \mathsf{M} + (\mu_1 + \mu_2 + \mu_3 + \cdots),$$

w. z. z. w.

Beweis der Behauptung II. — Zerlegen wir das elektrische Gesammtpotential V in zwei Theile

$$V = W + \Omega,$$

indem wir unter

W das Potential von s,

andererseits unter

Ω das Potential von σ, $\varkappa_1$, $\varkappa_2$, $\varkappa_3$, ...

verstehen, so ist [nach (8.)] $W + \Omega$ *constant* in allen Puncten des schaalenförmigen Conductors $\mathfrak{C}$. Hieraus folgt [nach einem früheren Satz, Seite 47] sofort, dass W und Ω in jenem Gebiete $\mathfrak{C}$ *einzeln* constant sind, und dass insbesondere der constante Werth von Ω identisch mit *Null* ist. Dieses Nullsein von Ω wird sich aber, weil die Massen von Ω innerhalb σ resp. auf σ liegen, über die Grenze s hinauserstrecken, und sich ausdehnen auf den Raum $\mathfrak{C} + \mathfrak{A}$ [vgl. den Satz Seite 9]. W. z. b. w.

Fünfter Satz. — *Das System* (8.) *enthalte einen schaalenförmigen Conductor* $\mathfrak{C}$, *dessen innere Begrenzungsfläche* σ,

dessen äussere Begrenzungsfläche s heissen mag; und von den sonstigen Körpern des Systems mögen einige $\varkappa_1, \varkappa_2, \varkappa_3, \ldots$
14. *innerhalb* σ, *die übrigen* $k_1, k_2, k_3, \ldots$ *ausserhalb s gelegen sein. — Nennt man nun kurzweg*

$$\sigma, \varkappa_1, \varkappa_2, \varkappa_3, \ldots \textit{ das innere System,}$$

und

$$s, k_1, k_2, k_3, \ldots \textit{ das äussere System,}$$

so sind folgende Bemerkungen zu machen:

I. *Die Gesammtladung des innern Systems ist* $= 0$;

II. *Das Potential des innern Systems ist im Raume des äussern überall* $= 0$.

III. *Das Potential des äussern Systems ist im Raume des innern überall constant.*

Hieraus erkennt man, dass das innere und äussere System hinsichtlich ihrer elektrischen Zustände von einander unabhängig sind. Hat man nämlich, mit Hülfe der Regel I., *die Ladung der Fläche* σ *berechnet, so wird man weiterhin bei der Bestimmung des elektrischen Zustandes des innern Systems* $\sigma, \varkappa_1, \varkappa_2, \varkappa_3, \ldots$ *von dem Vorhandensein des äussern Systems völlig abstrahiren können, wie aus* III. *folgt.*

Und hat man andrerseits, mit Hülfe der Regel I., *die Ladung der Fläche s berechnet, so wird man weiterhin bei der Bestimmung des elektrischen Zustandes des äussern Systems* $s, k_1, k_2, k_3, \ldots$ *von der Existenz des innern Systems völlig abstrahiren dürfen, wie solches folgt aus* II.

Beweis der Behauptung I. — Bezeichnet man die den Körpern

$$\mathfrak{C}, \varkappa_1, \varkappa_2, \varkappa_3, \ldots k_1, k_2, k_3, \ldots$$

zuertheilten Ladungen resp. mit

$$M, \mu_1, \mu_2, \mu_3, \ldots m_1, m_2, m_3, \ldots$$

und bezeichnet man ferner mit M_σ und M_s diejenigen beiden Theile von M, welche respective auf σ und auf s sich ausbreiten, so ist

$$M = M_\sigma + M_s,$$

und ferner nach (12.)

$$M_\sigma = -(\mu_1 + \mu_2 + \mu_3 + \cdots),$$

folglich:

$$M_\sigma + (\mu_1 + \mu_2 + \mu_3 + \cdots) = 0,$$

w. z. b. w.

Beweis der Behauptungen II. *und* III. — Zerlegen wir das elektrische Gesammtpotential V in zwei Theile:

$$V = W + \Omega,$$

indem wir unter

W das Potential des *äussern* Systems $s, k_1, k_2, k_3, \ldots$

andrerseits unter

Ω das Potential des *innern* Systems $\sigma, \varkappa_1, \varkappa_2, \varkappa_3, \ldots$

verstehen, so ist [nach (8.)] $W + \Omega$ in allen Puncten des Gebietes $\mathfrak{C}$ *constant*. Hieraus folgt [nach bekanntem Satz, Seite 47], dass W und Ω daselbst *einzeln* constant sind, und dass insbesondere Ω daselbst gleich *Null* ist.

Nun können wir den ganzen unendlichen Raum in drei Theile zerlegen, $\mathfrak{J}$, $\mathfrak{C}$ und $\mathfrak{A}$, wo $\mathfrak{J}$ den innern Hohlraum des Conductors, $\mathfrak{C}$ den Raum des Conductors selber, und $\mathfrak{A}$ den Aussenraum des Conductors bezeichnen soll. Die Massen des Potentials Ω liegen im Gebiete $\mathfrak{J}$. Folglich wird das Nullsein dieses Potentials im Gebiete $\mathfrak{C}$ sich erstrecken auf den grössern Raum $\mathfrak{C} + \mathfrak{A}$ [Satz, Seite 9]. Andrerseits liegen die Massen des Potentials W im Gebiete $\mathfrak{A}$. Folglich wird [nach demselben Satz] das Constantsein dieses Potentials im Gebiete $\mathfrak{C}$ sich erstrecken auf das grössere Gebiet $\mathfrak{C} + \mathfrak{J}$. W. z. b. w.

§ 3.

Die analoge Theorie der Ebene.

Der Theorie der elektrischen Vertheilung im Raume kann, wie schon bemerkt wurde (Seite 70), eine analoge Theorie in der Ebene zur Seite gestellt werden, wobei alsdann die elektrische Materie durch eine gewisse fingirte Materie, und das Newton'sche Potential durch das Logarithmische zu ersetzen ist.

In der That können wir zu sämmtlichen Sätzen der beiden vorhergehenden §§ die analogen Sätze der Ebene mit Leichtigkeit angeben und beweisen. *Und wir wollen bei unsern weiteren Betrachtungen so verfahren, als wäre dies wirklich bereits geschehen, indem wir in vorkommenden Fällen auf jene Sätze der Ebene uns berufen, gleich als wären sie wirklich hingestellt.*

Vom folgenden § ab indess wollen wir mit etwas grösserer Ausführlichkeit verfahren. Denn wenn auch die beiden in Rede stehenden Theorien der Hauptsache nach ziemlich gleichlaufend sind, so treten doch Unterschiede auf, sobald die Werthe der Potentiale für unendlich ferne Puncte in Betracht kommen.*) Sobald derartige Discrepanzen eintreten, werden wir im Folgenden eine Spaltung des Papieres eintreten lassen, indem wir (wie früher) die Sätze der Ebene oder des Logarithmischen Potentials zur Linken, die des Raumes oder Newton'schen Potentials zur Rechten schreiben. Meistentheils jedoch wird es möglich sein, die Sätze der beiderlei Theorien mit einander zu verschmelzen durch Anwendung folgender Collectivbezeichnungen.

Potential: das Logarithmische resp. Newton'sche Potential;

Conductor: eine leitende ebene Fläche resp. ein leitender Körper;

Begrenzung des Conductors: die Randcurve der leitenden Fläche resp. die Oberfläche des leitenden Körpers;

Ladung des Conductors: die Gesammtmasse des in dem Conductor enthaltenen fingirten resp. elektrischen Fluidums;

Spannung des Conductors: der constante Werth, welchen das Gesammtpotential, nach Eintritt des Gleichgewichtszustandes, in allen Puncten des Conductors besitzt.

§ 4.

Betrachtung eines einzigen Conductors.

Definition der sogenannten natürlichen Belegung. — Wir haben hier zunächst nur zu wiederholen, was schon in der Einleitung (Seite 70) bemerkt worden war:

*) Das Logarithmische Potential ist nämlich für unendlich ferne Puncte bald $= 0$, bald $= \infty$, das Newton'sche Potential hingegen stets $= 0$. Vgl. Seite 9.

Denkt man sich eine *leitende ebene Fläche*, die von der geschlossenen Curve σ begrenzt wird, mit einem Quantum *Eins* des fingirten Fluidums geladen, so kann die auf der Curve σ entstehende Belegung, falls keine äusseren Kräfte influiren, lediglich von der *geometrischen Beschaffenheit* der Curve abhängen.

Denkt man sich einen *leitenden Körper*, der von der geschlossenen Fläche σ begrenzt wird, mit einem Quantum *Eins* elektrischen Fluidums geladen, so kann die auf der Fläche σ entstehende Belegung, falls keine äusseren Kräfte influiren, lediglich von der *geometrischen Beschaffenheit* der Fläche abhängen.

Die in solcher Weise definirte Belegung soll in Zukunft die *natürliche Belegung der gegebenen Curve*, resp. die *natürliche Belegung der gegebenen Fläche* heissen. Gleichzeitig mag ihre Dichtigkeit mit γ, ihr Potential auf einen variablen Punct mit Π, und der constante Werth dieses Potentials für *innere* Puncte mit Γ bezeichnet werden. Alsdann repräsentirt also γ eine der gegebenen Curve oder Fläche eigenthümlich zugehörige Function, und Γ eine ihr eigenthümlich zugehörige Constante. 15.

Beispiel. — Für den speciellen Fall der Kreislinie oder Kugelfläche sind die Werthe von γ, Π, Γ sofort angebbar. Mit Hülfe bekannter Sätze [(32. a, i), Seite 14] findet man nämlich:

für die Kreislinie:

$$\gamma = \frac{1}{2\varpi A},$$
$$\Gamma = \log \frac{1}{A},$$
$$\Pi = \log \frac{1}{r},$$

wo A den Radius, und r die Centraldistanz des betrachteten Punctes vorstellt.

für die Kugelfläche:

$$\gamma = \frac{1}{2\varpi A^2},$$
$$\Gamma = \frac{1}{A}, \qquad 16.a$$
$$\Pi = \frac{1}{r},$$

wo A den Radius, und r die Centraldistanz des betrachteten Punctes bezeichnet.

Hieraus folgt, dass die der Kreislinie zugehörige Constante Γ *positiv, negativ, auch Null sein kann*, je nach der Grösse des Radius. So z. B. wird $\Gamma = 0$, falls der Radius $= 1$ ist.

Hieraus folgt, dass die der Kugelfläche zugehörige Constante Γ unter allen Umständen *positiv* ist. 16.b

Wiederaufnahme der allgemeinen Betrachtung. — Bezeichnen wir die gegebene geschlossene Curve oder Oberfläche nach wie vor mit σ, ferner die Puncte *ausserhalb, auf* und *innerhalb* σ respective mit a, σ und i, so ist nach (15.):

$$\Pi_i = \Gamma,$$
$$\Pi_\sigma = \Gamma,$$

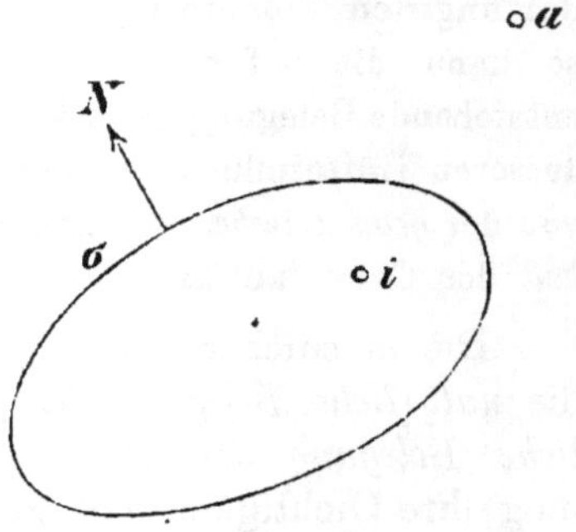

und ausserdem nach einem früheren Satz [Theorem (*A.*), Seite 33, oder auch Satz (13.), Seite 34]:

$$\text{entweder: } \Gamma > \Pi_a > \Pi_\infty,$$
$$\text{oder: } \Gamma < \Pi_a < \Pi_\infty.$$

Diese Alternative können wir mit Hülfe der Formel (6.):

$$-2\varpi\gamma = \frac{\partial\Pi}{\partial N}, \quad (N \text{ die äussere Normale})$$

noch einen Schritt weiter verfolgen, nämlich sagen: Entweder ist:

$$\Gamma > \Pi_a > \Pi_\infty, \quad \text{und gleichzeitig } \gamma \text{ überall positiv;}$$

oder es ist:

β. $$\Gamma < \Pi_a < \Pi_\infty, \quad \text{und gleichzeitig } \gamma \text{ überall negativ.}$$

Ein überall negativer Werth von γ ist aber unmöglich, weil die Gesammtmasse $\int \gamma\, d\sigma$ der natürlichen Belegung gleich *Eins* sein muss [vgl. (15.)]. Somit haben wir uns für die *erste* Alternative, nämlich für (α.) zu entscheiden.

Folglich ist für jeden Punct a:

17. $$\Gamma > \Pi_a > \Pi_\infty,$$

und γ *überall positiv*, die betrachtete Belegung also *monogen*. Auch wird γ [zufolge eines früheren Satzes (8. III), Seite 77] auf keinem noch so kleinen Theil von σ verschwinden können. Somit gelangen wir, Alles zusammengefasst, zu folgenden Sätzen:

Die natürliche Belegung einer geschlossenen Curve oder Fläche σ ist stets monogen. — Oder genauer ausgedrückt:
18. α *Die Dichtigkeit γ der natürlichen Belegung ist allenthalben positiv, und kann auf keinem noch so kleinen Theile von σ Null sein.*

Bezeichnet ferner Π das Potential der natürlichen Belegung auf einen variablen Punct, und Γ den constanten Werth 18. β
dieses Potentials für innere Puncte, so findet für jeden ausserhalb σ. gelegenen Punct a die Formel statt:

$$\Gamma > \Pi_a > \Pi_\infty \,.$$

In dieser Formel sind die Zeichen in sensu rigoroso zu nehmen, falls man jenem äussern Punct a die Beschränkung auferlegt, weder auf σ noch im Unendlichen liegen zu dürfen.

Letztere Bemerkung ist eine unmittelbare Folge des schon genannten Theorems (*A.*), Seite 33.

Bemerkung über die Constante Π_∞. — Die sogenannte *natürliche Belegung* der gegebenen Curve oder Fläche σ hat nach (15.) die Gesammtmasse *Eins*. Bezeichnen wir also nach wie vor die Dichtigkeit dieser Belegung mit γ, und ihr Potential auf einen beliebigen Punct mit Π, so ist:

$$1 = \int \gamma d\sigma, \qquad \| \qquad 1 = \int \gamma d\sigma, \tag{19.}$$

$$\Pi = \int \left(\log \frac{1}{r}\right) \gamma d\sigma, \qquad \| \qquad \Pi = \int \frac{\gamma}{r} d\sigma, \tag{20.}$$

wo r die Entfernung des betrachteten Punctes vom Elemente $d\sigma$ vorstellt. Lassen wir nun diesen Punct ins Unendliche rücken, so folgt mit Rücksicht auf (19.) sofort:

$$\Pi_\infty = -\infty. \qquad \| \qquad \Pi_\infty = 0. \tag{21.}$$

Bemerkung über die Constante Γ, d. i. über denjenigen Werth, welchen das Potential Π für innere Puncte besitzt.

Die Werthe von $\log \frac{1}{r}$ sind je nach Umständen bald positiv, bald null, bald negativ. Gleiches gilt daher nach (20.) auch von Π, und folglich auch von demjenigen speciellen Werthe Γ, welchen Π für innere Puncte besitzt.

Die Constante Γ wird also je nach Umständen bald positiv, bald null, bald negativ sein können. In der That zeigt das Beispiel

Die Werthe von $\frac{1}{r}$ sind stets positiv, und die Werthe von γ zufolge des vorhergehenden Satzes (18. α) ebenfalls überall positiv. Gleiches gilt daher nach (20.) auch von Π, und folglich auch von Γ.

Die Constante Γ ist also stets positiv, und auch stets von Null 22.
verschieden. In der That hat Γ den Werth

des Kreises, dass all' diese drei Fälle vorkommen können. Denn die der Kreislinie entsprechende Constante Γ hat nach (16. a) den Werth $\log \frac{1}{A}$, wo A den Radius bezeichnet, und ist also positiv, null oder negativ, je nachdem der Radius < 1, $= 1$ oder > 1 ist.

$$\Gamma = \int \frac{\gamma}{r} \, d\sigma,$$

wo r die Entfernungen der Elemente $d\sigma$ von einem beliebig gewählten innern Puncte vorstellen. Bezeichnet man also unter all' diesen Entfernungen die grösste mit R, so ist:

$$\Gamma > \frac{1}{R} \int \gamma \, d\sigma,$$

also nach (19.):

$$\Gamma > \frac{1}{R};$$

woraus folgt, dass Γ nicht Null sein kann.

Nennen wir also den Fall: $\Gamma = 0$ *kurzweg den singu-*
23. *lären Fall, so können wir mit Rücksicht auf* (22.) *sagen, dass dieser singuläre Fall wohl in der Ebene, niemals aber im Raume vorkommt.*

§ 5.

Betrachtung zweier Conductoren.

Erster Satz. — *Besitzen zwei Conductoren* $\mathfrak{C}$ *und* $\mathfrak{C}'$ *be-*
24. *liebige Ladungen, so wird* (falls keine äusseren Kräfte influiren) *wenigstens auf einem derselben eine monogene**) *Vertheilung stattfinden.*

Beweis. — Es sei V das Gesammtpotential; ferner seien C und C' die Spannungen der beiden Conductoren, d. i. die constanten Werthe von V innerhalb $\mathfrak{C}$ und $\mathfrak{C}'$.

Bezeichnen wir nun sämmtliche Puncte *ausserhalb* der beiden Conductoren mit a, so werden die *Extreme* der Werthe V_a durch zwei der Zahlen

$$C, \quad C', \quad V_\infty$$

dargestellt sein; also entweder dargestellt sein durch C, C', oder durch C, V_∞, oder durch C', V_∞; [wie solches sich

*) Vgl. Seite 69.

ergiebt aus dem erweiterten Theorem (*A.*), vgl. die Bemerkung (25.), Seite 39]. Wie die Sachen also auch liegen mögen, *eines* jener beiden Extreme wird stets durch C resp. durch C' dargestellt sein.

Um die Vorstellung zu fixiren, nehmen wir an, es sei durch C dargestellt. Alsdann sind entweder *sämmtliche* V_a *kleiner als* C, oder umgekehrt: *sämmtliche* V_a *grösser als* C. Im erstern Fall aber wird offenbar die mittelst der Formel (8. II)

$$-2\varpi\delta = \frac{\partial V}{\partial \mathsf{N}} \quad (\mathsf{N} \text{ die äussere Normale})$$

zu bestimmende Dichtigkeit δ der Belegung des Conductors ℭ *allenthalben positiv*, und im letztern *allenthalben negativ* sein. W. z. z. w.

Zweiter Satz. — *Besitzen zwei Conductoren* ℭ *und* ℭ' *entgegengesetzte Ladungen* $+\mathsf{M}$ *und* $-\mathsf{M}$, *so entstehen* 25.
(falls keine äusseren Kräfte vorhanden sind) *auf beiden monogene Belegungen, die übrigens unter einander entgegengesetztes Vorzeichen haben.*

Beweis. — Bedienen wir uns derselben Bezeichnungen wie vorhin, so sind im gegenwärtigen Fall die *Extreme* der V_a nothwendig durch die Zahlen

$$C,\ C'$$

dargestellt; [denn an Stelle des Theorems (*A.*) kommt gegenwärtig das Theorem (*A'.*), Seite 37 zur Geltung]. Hieraus folgt durch Anwendung der bekannten Formeln

$$-2\varpi\delta = \frac{\partial V}{\partial \mathsf{N}},$$

$$-2\varpi\delta' = \frac{\partial V}{\partial \mathsf{N}'},$$

sofort, dass δ *constantes Vorzeichen* hat, und δ' ebenfalls.

Nun soll aber

$$\int \delta\, d\sigma = +\mathsf{M},$$
$$\int \delta' d\sigma' = -\mathsf{M}$$

sein. Somit erkennen wir, dass δ *allenthalben positiv* und δ' *allenthalben negativ* sein wird, falls die gegebene Zahl M einen positiven Werth hat; und dass andererseits das Entgegengesetzte stattfinden wird, falls M negativ ist.

Dritter Satz. — *Besitzt der Conductor $\mathfrak{C}$ eine beliebige*
26. *Ladung, und der Conductor $\mathfrak{C}'$ die Ladung Null, so wird* (falls keine äusseren Kräfte influiren) *auf dem erstern eine monogene, auf dem letztern eine amphigene Vertheilung sich etabliren.*

Beweis. — Da $\mathfrak{C}'$ die Ladung Null hat, so ist:

$$\int \delta' d\sigma' = 0.$$

Hieraus folgt, dass δ' an verschiedenen Stellen verschiedenes Vorzeichen hat, und dass also die Belegung des Conductors $\mathfrak{C}'$ *amphigen* ist. Solches constatirt, ergiebt sich nun aber aus dem ersten Satz (24.) sofort, dass die Belegung von $\mathfrak{C}$ *monogen* ist.

Bemerkung. — Bei zwei gegebenen und beliebig geladenen Conductoren sind überhaupt nur drei Fälle denkbar:

Erster Fall: Beide Conductoren haben *monogene* Belegungen. Dieser Fall ist möglich, und tritt stets ein, wenn die Summe ihrer Ladungen $= 0$ ist. [Vgl. (25.).]

Zweiter Fall: Der eine Conductor hat eine *monogene,* der andere eine *amphigene* Belegung. Dieser Fall ist ebenfalls möglich, und tritt stets ein, wenn die Ladung des einen Conductors $= 0$, die des andern von 0 verschieden ist. [Vgl. (26.).]

Dritter Fall: Beide Conductoren haben *amphigene* Belegungen. *Dieser Fall ist unmöglich* [zufolge des Satzes (24.)].

Bei all' diesen Betrachtungen ist natürlich beständig vorausgesetzt, dass die Conductoren sich selber überlassen sind, dass also keine äusseren Kräfte auf dieselben einwirken.

Vierter Satz. — *Besitzt ein Conductor die Ladung* $+1$,
28. *so wird die auf ihm durch einen äussern Massenpunct* -1 *inducirte Vertheilung jederzeit monogen sein.*

Beweis. — Der Satz ergiebt sich leicht als ein Specialfall unseres zweiten Satzes (25.), indem man den äussern Massenpunct als eine unendlich kleine Kugel betrachtet.

Fünfter Satz. — *Besitzt ein Conductor die Ladung* $(\mathsf{M}+1)$,
29. *so wird die auf ihm durch einen äussern Massenpunct* -1 *inducirte Vertheilung monogen sein, falls* $\mathsf{M} \gtrless 0$ *ist.*

Beweis. — Für $\mathsf{M} = 0$ haben wir den Satz bereits in

(28.) bewiesen. Es bleibt also nur noch übrig, ihn zu beweisen für $M > 0$.

Es sei V das Gesammtpotential, ferner C sein constanter Werth im Innern des Conductors, und V_μ sein Werth in dem gegebenen äussern Massenpunct $\mu = -1$. Bezeichnen wir alle Puncte ausserhalb des gegebenen Conductors mit a, so werden [nach Theorem (A.)] die Extreme der V_a dargestellt sein durch zwei der Zahlen:

$$C, \; V_\mu, \; V_\infty . \qquad (30.)$$

Um indessen weiter hierauf eingehen zu können, müssen wir den Fall der Ebene von dem des Raumes trennen.

In der *Ebene* hat V_μ den Werth:

$$V_\mu = (-1) \log \frac{1}{r},$$

darin $r = 0$ gesetzt. Somit folgt:

$$V_\mu = -\infty.$$

Die Ladung des Conductors ist $= (M + 1)$, und die Masse des Punctes $\mu = -1$, also die *Summe* der Massen $= M$. Somit folgt:

$$V_\infty = M \log \frac{1}{r},$$

darin $r = \infty$ gesetzt. Nach unserer Annahme ist aber $M > 0$; mithin:

$$V_\infty = -\infty .$$

Aus (30.), (31.), (32.) folgt, dass die Extreme der V_a dargestellt sind durch zwei der Grössen

$$C, \; -\infty, \; -\infty .$$

Nun können offenbar jene Extreme nicht dargestellt sein durch $-\infty$, $-\infty$; denn sonst würden die V_a durchweg $= -\infty$

Im *Raume* hat V_μ den Werth:

$$V_\mu = \frac{(-1)}{r},$$

darin $r = 0$ gesetzt. Somit folgt:

$$V_\mu = -\infty. \qquad (31.)$$

Die Ladung des Conductors ist $= (M + 1)$, und die Masse des Punctes $\mu = -1$, also die *Summe* der Massen $= M$. Somit folgt:

$$V_\infty = \frac{M}{r},$$

darin $r = \infty$ gesetzt; d. i.

$$V_\infty = 0. \qquad (32.)$$

Aus (30.), (31.), (32.) folgt, dass die Extreme der V_a dargestellt sind durch zwei der Grössen:

$$C, \; -\infty, \; 0 . \qquad (33.)$$

Nun können jene Extreme nicht dargestellt sein durch C, 0, weil $-\infty$ ausserhalb des Intervalls C, 0 liegt. Auch können sie nicht sein. Folglich müssen dieselben dargestellt sein durch

$$C, -\infty.$$

Folglich sind sämmtliche V_a kleiner als C; folglich ist die Vertheilung auf dem Conductor eine *monogene*; w. z. b. w.

dargestellt sein durch $-\infty$, 0; denn sonst würden sämmtliche V_a *negativ* sein; während sie doch für sehr weit entfernte Puncte $= \frac{M}{r}$, also *positiv* sind, (denn nach unserer Annahme ist ja $M > 0$). Folglich können jene Extreme der V_a nur dargestellt sein durch

$$C, -\infty.$$

U. s. w.

Sechster Satz. — *Sind zwei Conductoren* $\mathfrak{C}$ *und* $\mathfrak{C}'$ *bis*
34. *zu irgend welchen Spannungen* C *und* C' *geladen, so sind* (immer vorausgesetzt, dass keine äusseren Kräfte influiren) *folgende Behauptungen zu machen.**)

Erste Behauptung.

Ist $C > C' > V_\infty$,
oder $C < C' < V_\infty$,

so ist die Vertheilung auf $\mathfrak{C}$ *monogen, im erstern Fall positiv, im letztern negativ.*

Bemerkung. — Der Beweis ist analog dem Beweise des Satzes rechter Hand. Selbstverständlich repräsentirt V_∞ den Werth des Gesammtpotentials V für unendlich ferne Puncte; und es ist daher dieses V_∞ je nach Umständen $+\infty$ oder $-\infty$ oder 0.

Ist $C > C' > 0$,
oder $C < C' < 0$,

so ist die Vertheilung auf $\mathfrak{C}$ *monogen, im erstern Fall positiv, im letztern negativ.*

Beweis. — Bezeichnet man alle Puncte ausserhalb der beiden Conductoren mit a, und das elektrische Gesammtpotential mit V, so sind die Extreme der V_a [Theorem (*A.*)] durch zwei der Zahlen:

$$C,\ C',\ V_\infty$$

d. i.

$$C,\ C',\ 0$$

dargestellt. Zufolge der angenommenen Relationen muss also das eine Extrem $= C$, das andere $= 0$ sein. U. s. w.

*) Der Leser wird gebeten, mit der Spalte *rechts* zu beginnen.

Zweite Behauptung.

Ist $C = C' > V_\infty$,
oder $C = C' < V_\infty$,
so sind die Vertheilungen auf beiden Conductoren monogen und von gleichem Vorzeichen. Im erstern Fall sind beide positiv, im letztern beide negativ.

Bemerkung. — Der Beweis ist ebenso wie beim Satze rechts.

Ist $C = C' > 0$,
oder $C = C' < 0$,
so sind die Vertheilungen auf beiden Conductoren monogen, und von gleichem Vorzeichen. Im erstern Fall sind beide positiv, im letztern beide negativ.

Beweis. — Die Extreme der V_a sind dargestellt durch zwei der Zahlen:

$$C,\ C',\ V_\infty,$$

d. i.

$$C,\ C',\ 0.$$

Zufolge der angenommenen Relationen muss daher das eine Extrem $= C = C'$, das andere $= 0$ sein. U. s. w.

Dritte Behauptung.

Ist $C > V_\infty > C'$,
oder $C < V_\infty < C'$,
so sind . . . . (genau dieselben Worte wie rechter Hand).

Es ist aber V_∞ gleich $+\infty$, $-\infty$ oder 0; und es kann daher der vorstehende Satz eine wirkliche Bedeutung nur in solchen Fällen haben, wo $V_\infty = 0$ ist.

Ist $C > 0 > C'$,
oder $C < 0 < C'$,
so sind die Vertheilungen auf beiden Conductoren monogen, und zwar von entgegengesetztem Vorzeichen. Im erstern Fall ist die Vertheilung auf 𝔈 *positiv, die auf* 𝔈' *negativ; im letztern umgekehrt.*

Beweis. — Die Extreme der V sind wiederum dargestellt durch zwei der Zahlen:

$$C,\ C',\ V_\infty,$$

d. i.

$$C,\ C',\ 0.$$

Zufolge der angenommenen Relationen ist daher das eine Extrem $= C$, das andere $= C'$. U. s. w.

Vierte Behauptung.

Hier ist Aehnliches zu bemerken wie bei der dritten Behauptung.

Ist $C > C' = 0$,
oder $C < C' = 0$,
so sind die Vertheilungen auf beiden Conductoren monogen und von entgegengesetztem Vorzeichen. Im erstern Fall ist die Vertheilung auf ℭ *positiv, die auf* ℭ' *negativ; im letztern umgekehrt.*

Beweis. — Die Extreme der V_a sind dargestellt durch zwei der Zahlen:

$$C, \ C', \ V_\infty,$$

d. i.

$$C, \ C', \ 0.$$

Zufolge der angenommenen Relationen ist daher das eine Extrem $= C$, das andere $= C' = 0$. U. s. w.

Siebenter Satz. — *Dieser Satz beschäftigt sich mit einem*
35. *zur Erde abgeleiteten Conductor, und lautet folgendermassen:*

Die in einem zur Erde abgeleiteten Conductor durch einen elektrischen Massenpunct — 1 inducirte Vertheilung ist stets monogen, und zwar positiv.

Beweis. — Verstehen wir unter a sämmtliche Puncte ausserhalb des gegebenen Conductors, so sind die Extreme der V_a dargestellt durch zwei der Zahlen:

$$C, \ V_\mu, \ V_\infty,$$

wo C die Spannung des Conductors und V_μ den Werth von V in dem gegebenen Massenpunct $\mu = -1$ bezeichnet. Es ist aber $C = 0$, weil der Conductor zur Erde abgeleitet ist; und andererseits $V_\mu = -\infty$. Ausserdem ist $V'_\infty = 0$. Folglich sind jene Extreme dargestellt durch zwei der Zahlen:

$$0, \ -\infty, \ 0.$$

Folglich muss das eine Extrem $= 0$, das andere $= -\infty$ sein. U. s. w.

Bemerkung. — Man kann offenbar den vorstehenden Satz auch so aussprechen:

Sind zwei für sich allein vorhandene Conductoren ℭ, μ gegeben, von denen μ unendlich klein, und besitzt ℭ die Spannung 0, *andererseits μ die Ladung* — 1, *so ist die Vertheilung auf ℭ stets monogen.*

Wollte man zum Satze rechter Hand den *gleichlautenden* Satz der Ebene aufzustellen wagen, so würde derselbe *falsch* sein, wie das Beispiel von *Kreisfläche und Punct* deutlich erkennen lässt. Denn man findet in diesem Beispiel (durch directe Ausführung der betreffenden Rechnungen), dass die Vertheilung auf der Kreisperipherie, je nach der Lage des Punctes $\mu = -1$, bald *monogen*, bald *amphigen* ist.

Achter Satz. — *Befindet sich ein Conductor ℭ im Hohlraum eines ring- oder schaalenförmigen Conductors ℭ', so werden auf der äussern Begrenzung von ℭ und auf der* 36.
*innern von ℭ' monogene Vertheilungen vorhanden sein von entgegengesetzten Vorzeichen.**)

*) Die gegebenen Conductoren sind *leitende ebene Flächen* oder *leitende Körper*. Im ersten Fall soll angenommen werden, dass der Conductor ℭ' eine *ringförmige* Gestalt besitze, z. B. begrenzt sei von zwei concentrischen Kreislinien oder zwei confocalen Ellipsen u. dgl. Im letztern Fall soll angenommen werden, dass ℭ' eine *schaalenförmige* Gestalt habe, etwa begrenzt sei von zwei concentrischen Kugelflächen u. s. w.

Beweis. — Es sei V das Gesammtpotential, ferner seien C und C' die constanten Werthe, welche V in $\mathfrak{C}$ und $\mathfrak{C}'$ besitzt. Bezeichnen wir nun die Puncte des *zwischen* $\mathfrak{C}$ und $\mathfrak{C}'$ vorhandenen schalenförmigen Raumes mit i, so sind die beiden Extreme der V_i dargestellt durch

$$C, C'.$$

U. s. w.

Bemerkung. — Der vorstehende Satz ist offenbar auch
37. dann noch gültig, wenn man den Conductor $\mathfrak{C}$ durch eine unendlich kleine Kugel oder geradezu durch einen einzelnen Massenpunct ersetzt.

§ 6.

Betrachtung beliebig vieler Conductoren.

Erster Satz. — *Sind n Conductoren $\mathfrak{C}_1, \mathfrak{C}_2, \ldots \mathfrak{C}_n$*
38. *mit beliebigen Ladungen gegeben, so wird* (falls keine äusseren Kräfte influiren) *wenigstens auf einem derselben eine monogene Vertheilung vorhanden sein.*

Beweis. Es sei V das Gesammtpotential, ferner seien $C_1, C_2, \ldots C_n$ die Spannungen der einzelnen Conductoren, d. i. die constanten Werthe von V im Innern derselben.

Bezeichnen wir sämmtliche Puncte ausserhalb der Conductoren mit a, so sind die *Extreme* der V_a dargestellt durch zwei der Zahlen:

$$C_1, C_2, \ldots C_n, V_\infty.$$

Folglich muss wenigstens *eines* dieser Extreme unter den C zu finden sein. U. s. w.

Zweiter Satz. — *Sind n Conductoren $\mathfrak{C}_1, \mathfrak{C}_2, \ldots \mathfrak{C}_n$*
39. *gegeben, und ist die Summe ihrer Ladungen $= 0$, so werden* (falls keine äusseren Kräfte influiren) *mindestens auf zweien dieser Conductoren monogene Vertheilungen stattfinden.*

Beweis. — Die Extreme der V_a sind dargestellt durch zwei der Zahlen:

$$C_1, C_2, \ldots C_n;$$

[denn an Stelle des Theorems ($A.$) kommt hier, wo die Summe der Massen $= 0$ ist, das Theorem ($A'.$) zur Anwendung]. Folglich müssen *beide* Extreme unter den C enthalten sein. U. s. w.

Dritter Satz. — *Sind n Conductoren* $\mathfrak{C}_1, \mathfrak{C}_2, \ldots \mathfrak{C}_n$
bis zu beliebigen Spannungen $C_1, C_2, \ldots C_n$ *geladen, so* 40.
gelten (falls keine äusseren Kräfte einwirken) *ähnliche Behauptungen, wie in* (34.). *Ich will mich hier darauf beschränken, die erste derselben namhaft zu machen. Sie lautet:*

Ist: $C_1 > C_2 \ldots > C_n > V_\infty$,
oder: $C_1 < C_2 \ldots < C_n < V_\infty$,
so ist die Vertheilung auf $\mathfrak{C}_1$ *monogen, und zwar im erstern Fall positiv, im letztern negativ.*

Bemerkung. — Der Beweis ist analog dem Beweise rechter Hand. Selbstverständlich repräsentirt V_∞ den Werth des Gesammtpotentials V für unendlich ferne Puncte; und es ist daher dieses V_∞ je nach Umständen $+\infty$ oder $-\infty$ oder 0.

Ist: $C_1 > C_2 \ldots > C_n > 0$,
oder: $C_1 < C_2 \ldots < C_n < 0$,
so wird die Vertheilung auf $\mathfrak{C}$ *monogen sein, und zwar positiv im ersten, negativ im letzten Fall.*

Beweis. — Die Extreme der V_a sind durch zwei der Grössen

$$C_1,\ C_2,\ \ldots\ C_n,\ V_\infty,$$

d. i. durch zwei der Grössen

$$C_1,\ C_2\ \ldots\ C_n,\ 0$$

dargestellt. Zufolge der angenommenen Relationen muss also das eine Extrem $= C_1$, das andere $= 0$ sein. U. s. w.

§ 7.

Erweiterung eines Gauss'schen Satzes.

Es sei V das Logarithmische oder Newton'sche Potential eines in der Ebene resp. im Raume beliebig gegebenen Massensystems. Ferner sei σ eine geschlossene Curve oder Fläche von beliebiger Gestalt und Lage.

Bezeichnen wir die *ausserhalb* σ befindlichen Massenelemente des gegebenen Systems mit $m, m_1, m_2, \ldots,$ und die *innerhalb* σ befindlichen mit $\mu, \mu_1, \mu_2, \ldots,$ so besitzt V in irgend einem Puncte x den Werth:

$$V_x = \Sigma m\, T_{mx} + \Sigma \mu\, T_{\mu x}\,.$$

Als Hülfsmittel für unsere Zwecke wollen wir nun die sogenannte *natürliche Belegung* der Curve oder Fläche σ uns vergegenwärtigen, und diejenigen Grössen γ, Π, Γ benutzen, welche dieser natürlichen Belegung entsprechen würden [vgl. Seite 85]. Ist $d\sigma$ irgend ein Element der Curve oder Fläche σ, und bezeichnen wir die in diesem Elemente vorhandenen Werthe von V, γ mit V_σ, γ_σ, so wird offenbar:

$$V_\sigma \gamma_\sigma d\sigma = (\Sigma m T_{m\sigma} + \Sigma \mu T_{\mu\sigma}) \gamma_\sigma d\sigma ;$$

und hieraus folgt durch Integration:

$$\int V_\sigma \gamma_\sigma d\sigma = \Sigma (m \int T_{m\sigma} \gamma_\sigma d\sigma) + \Sigma (\mu \int T_{\mu\sigma} \gamma_\sigma d\sigma).$$

Nun ist aber nach der Definition von γ, Π, Γ:

$$\int T_{m\sigma} \gamma_\sigma d\sigma = \Pi_m ,$$
$$\int T_{\mu\sigma} \gamma_\sigma d\sigma = \Gamma ,$$

weil die Puncte m ausserhalb, die Puncte μ innerhalb σ liegen. Somit folgt:

$$\int V_\sigma \gamma_\sigma d\sigma = \Sigma m \Pi_m + \Sigma \mu \Gamma .$$

Das in dieser Formel enthaltene Resultat können wir, wie sehr bald*) näher explicirt werden soll, als die Erweiterung eines gewissen *Gauss*'schen Satzes ansehen, und folgendermassen aussprechen:

Erweiterter Gauss'scher Satz.

Ist σ eine geschlossene Curve oder Fläche, und V das Potential irgend welcher Massen, von denen einige m ausserhalb, andere μ innerhalb σ liegen, so ist:

1.
$$\int V_\sigma \gamma_\sigma d\sigma = \Sigma m \Pi_m + \Sigma \mu \Gamma ,$$
$$= \Sigma m \Pi_m + \Gamma \cdot \Sigma \mu ,$$

wo γ, Π, Γ die der natürlichen Belegung von σ entsprechenden Grössen vorstellen [vgl. Seite 85].

Enthält das gegebene Massensystem Elemente, die gerade auf σ liegen, so können wir dieselben [wie der blosse Anblick
2. der vorstehenden Formel (1.) erkennen lässt] *nach Belieben den m oder auch den μ beigesellen.***)

Liegen z. B. sämmtliche Massenelemente des gegebenen

---

*) Nämlich im nachfolgenden Beispiel.

**) Rechnen wir nämlich ein solches *auf* σ befindliches Massenelement μ' zu den μ, so lautet das entsprechende Glied der Formel (1.) offenbar: $\mu'\Gamma$. Und rechnen wir andrerseits jenes Element zu den m, so lautet das entsprechende Glied: $\mu' \Pi_{\mu'}$. Wir erhalten also in beiden Fällen genau *dasselbe* Glied. Denn $\Pi_{\mu'}$ repräsentirt den Werth von Π in einem *auf* σ gelegenen Puncte, und ist also identisch mit Γ.

Systems theils auf, theils innerhalb σ, *so können wir dieselben sämmtlich zur Classe der* μ *rechnen, wodurch unsere Formel* (1) *die Gestalt gewinnt:*

$$\int V_\sigma \gamma_\sigma d\sigma = \Gamma \cdot \Sigma\mu = \Gamma M\,, \qquad (3.)$$

wo $M = \Sigma\mu$ *die Gesammtmasse des Systems bezeichnet.*

Beispiel. — Ist σ eine Kreislinie oder Kugelfläche, so haben γ, Γ, Π folgende Werthe [vgl. Seite 85]:

$\gamma = \frac{1}{2\varpi A}$,	$\gamma = \frac{1}{2\varpi A^2}$,
$\Gamma = \log\frac{1}{A}$,	$\Gamma = \frac{1}{A}$,
$m\Pi_m = m\log\frac{1}{r}$,	$m\Pi_m = \frac{m}{r}$,

wo r die Centraldistanz des Punctes m, und A den Radius bezeichnet. Für diesen speciellen Fall der Kreislinie resp. Kugelfläche gewinnt daher die Formel (1.) folgende Gestalt:

$\frac{\int V_\sigma d\sigma}{2\varpi A} =$	$\frac{\int V_\sigma d\sigma}{2\varpi A^2} =$
$= \Sigma\left(m\log\frac{1}{r}\right) + \Sigma\left(\mu\log\frac{1}{A}\right)$,	$= \Sigma\frac{m}{r} + \Sigma\frac{\mu}{A}$;

dies aber ist der *Gauss'sche Satz des arithmetischen Mittels* [vgl. Seite 25]. Und demgemäss sind wir also in der That berechtigt, unsern allgemeinen Satz (1.) als eine *Erweiterung* dieses Gauss'schen Satzes zu bezeichnen.

Bemerkung. — Für den Specialfall $M = 0$ geht die Formel (3.) über in

$$\int V_\sigma \gamma_\sigma d\sigma = 0\,. \qquad (4.)$$

Da nun γ_σ [vgl. den Satz (18.), Seite 86] überall positiv und auf keinem noch so kleinen Theil von σ Null ist, so folgt hieraus sofort, dass die Werthe V_σ theils positiv, theils negativ sein müssen. Oder genauer ausgedrückt:

Repräsentirt σ *eine geschlossene Curve oder Fläche, und befinden sich theils auf, theils innerhalb* σ *irgend welche* 5.
Massen, deren Summe $= 0$ *ist, so können die Werthe, welche das Potential dieser Massen auf* σ *besitzt, nicht alle von einerlei Vorzeichen sein; — es sei denn, dass sie sämmtlich* $= 0$ *sind.*

Zweite Bemerkung. — Aus (3.) folgt ferner:

6. $$\mathsf{M} = \frac{\int V_\sigma \gamma_\sigma \, d\sigma}{\Gamma}.$$

Nehmen wir nun an, die natürliche Belegung der Curve oder Fläche σ und die dieser Belegung zugehörigen Grössen γ_σ, Γ wären bekannt. Alsdann können wir vermittelst der Formel (6.) die Masse M berechnen, falls die Werthe V_σ gegeben sind; — es sei denn, dass $\Gamma = 0$ ist. Sollte nämlich dieser sogenannte *singuläre Fall*: $\Gamma = 0$ vorhanden sein, so könnte die Formel (6.) möglicherweise die Gestalt

$$\mathsf{M} = \frac{0}{0}$$

besitzen, mithin zur Berechnung von M unbrauchbar sein. Wir gelangen daher zu folgendem wichtigen Satz:

7. *Sollen sämmtliche Massen eines gegebenen Potentials V theils auf, theils innerhalb einer gegebenen geschlossenen Curve oder Fläche σ liegen, und sind ferner die Werthe von V auf σ gegeben, so wird hierdurch die Summe jener Massen vollständig bestimmt sein; ausser im singulären Fall.*

Das einfachste Beispiel des singulären Falles: $\Gamma = 0$ ist bekanntlich eine Kreislinie σ vom Radius 1. Und in der That erkennt man leicht, dass der vorstehende Satz (7.) für eine solche Kreislinie nicht mehr gültig ist. Setzen wir nämlich:

$$V = W,$$
$$V' = W + \mu_0 \log \frac{1}{r},$$

und verstehen wir dabei unter W das Potential irgend welcher *innerhalb* der Kreislinie σ gelegenen Massen, und unter

$$\mu_0 \log \frac{1}{r}$$

das Potential eines im Centrum gelegenen Massenpunctes μ_0, so haben die Potentiale V und V'.

Im *Raum* kann der in Rede stehende singuläre Fall: $\Gamma = 0$ *niemals vorkommen*, wie wir solches schon früher dargelegt haben. [Vgl. (23.) Seite 88.]

auf der Peripherie σ *einerlei* Werthe; und trotzdem ist die Summe der Massen für V eine andere als für V'.

§ 8.

Ueber die zur Bestimmung eines Potentials ausreichenden Bedingungen.

Wir haben im ersten Capitel gewisse Theoreme mit $(A.^{add})$, $(J.^{add})$ und $(S.^{add})$ bezeichnet, um in solcher Weise anzudeuten, dass dieselben von Potentialen handeln, deren Grenzwerthe bis auf unbestimmte *additive Constanten* vorgeschrieben sind. Wir werden gegenwärtig zu andern Theoremen übergehen, die mit jenen eine gewisse Aehnlichkeit besitzen, die aber von Potentialen handeln, deren Grenzwerthe *absolut* d. h. *vollständig* vorgeschrieben sind, und die wir dementsprechend mit $(A.^{abs})$, $(J.^{abs})$ und $(S.^{abs})$ bezeichnen wollen.

Allerdings sind wir mit einzelnen *Bruchstücken* dieser Theoreme $(A.^{abs})$, $(J.^{abs})$ und $(S.^{abs})$ bereits bekannt durch gelegentliche Excursionen im ersten Capitel.*) Zu einer vollständigen und systematischen Darstellung der in Rede stehenden Theorie war uns damals aber noch der Weg verschlossen. Und erst gegenwärtig haben wir uns diesen Weg eröffnet durch Aufstellung des *erweiterten Gauss'schen Satzes* (im vorhergehenden §).

Theorem $(A.^{abs})$.

Sollen die Massen eines Potentials V theils ausserhalb des Gebietes $\mathfrak{A}$, theils auf seiner Grenze liegen, und sollen ferner die V_σ vorgeschriebene Werthe haben, so ist hierdurch V vollständig bestimmt für alle Puncte von $\mathfrak{A}$; — ausser im singulären Fall.

---

*) Es ist uns nämlich schon von damals her derjenige *Theil* des Theorems $(A.^{abs})$ bekannt, welcher den *Raum* betrifft, desgleichen der *zweite* Beweis dieses Theorems [vgl. (14.) Seite 35]. Ausserdem ist uns bekannt das Theorem $(J.^{abs})$, nebst seinem *zweiten* Beweise [vgl. (31.) Seite 41].

Beim Beweise dieses Theorems ist es zweckmässig, mit dem *Raum* zu beginnen, und dann erst zur *Ebene* überzugehen.*)

Erster Beweis.

Nehmen wir an, es existirten *zwei* Potentiale V und V' der genannten Art. Alsdann wird offenbar die Differenz

$$U = V - V'$$

ein Potential sein, dessen Massen ebenfalls theils ausserhalb des Gebietes $\mathfrak{A}$, theils auf seiner Grenze liegen; und überdiess wird $U_\sigma = 0$ sein. Somit folgt durch Anwendung eines Green-schen Satzes [Seite 21]:

$$\int_{\mathfrak{A}}(\mathsf{E}U)\,d\tau + \int_\sigma U\frac{\partial U}{\partial \mathsf{N}}\,d\sigma = 0,$$

oder, weil die $U_\sigma = 0$ sind:

$$\int_{\mathfrak{A}}(\mathsf{E}U)\,d\tau = 0.$$

Hieraus folgt weiter, dass

$$\frac{\partial U}{\partial x},\ \frac{\partial U}{\partial y},\ \frac{\partial U}{\partial z}$$

in $\mathfrak{A}$ überall $= 0$, mithin U daselbst *constant* ist. Dieser constante Werth von U kann aber, weil die $U_\sigma = 0$ sind, kein anderer als der Werth *Null* sein. W. z. b. w.

Ein analoger Beweis in der Ebene ist *nicht möglich*, weil die betreffende Green'sche Formel [vgl. Seite 21] hier in der Ebene zur rechten Seite nicht mehr die

$$0,$$

sondern

$$0 \text{ oder } \infty$$

hat.

Zweiter Beweis.

Wir setzen wieder

$$V - V' = U.$$

Die Massen der Potentiale V, V', U

Ein analoger Beweis ist in der Ebene *nicht möglich*. Entsprechen nämlich V und V' den in un-

*) Der Leser wird demgemäss gebeten, dieselbe Reihenfolge zu beobachten.

sern Theorem genannten Bedingungen, und setzen wir:

$$V - V' = U,$$

so sind V, V', U drei Potentiale, bei denen über die *Summe der Massen* nicht das Mindeste bekannt ist. Und wir wissen daher nicht, ob

$$U_\infty = 0 \quad \text{oder} \quad = \pm \infty$$

sei.

liegen alsdann *ausserhalb* 𝔄 resp. auf σ. Oder (was dasselbe ist) sie liegen *innerhalb* 𝔍 resp. auf σ. Somit folgt:

$$U_\infty = 0;$$

ausserdem ist:

$$U_\sigma = 0,$$

mithin auch:

$$K_\sigma = G_\sigma = 0,$$

falls nämlich K_σ und G_σ den kleinsten und grössten der Werthe U_σ repräsentiren.

Nach bekanntem Satz [Theorem (*A.*), Seite 33] sind nun die Extreme der U_a dargestellt durch zwei der Grössen:

$$K_\sigma, \; G_\sigma, \; U_\infty .$$

Diese Grössen aber sind (wie eben gezeigt wurde) sämmtlich $= 0$, folglich jene Extreme ebenfalls. U. s. w.

Dritter Beweis.

Die in unserem Theorem an V gestellten Bedingungen sind folgende:

(I.) *V soll das Potential von Massen sein, die ausserhalb 𝔄, resp. auf σ, oder (was dasselbe) innerhalb 𝔍 resp. auf σ liegen.*

(II.) *Die V_σ sollen vorgeschriebene Werthe haben.*

Auf Grund dieser vorgeschriebenen Werthe V_σ können wir nun aber sofort die *Summe* M *der Massen* von V berechnen, mit Hülfe der bekannten Formel (6.):

$$\mathsf{M} = \frac{\int V_\sigma \gamma_\sigma d\sigma}{\mathsf{\Gamma}};$$

und wir können somit nachfolgende dritte Bedingung (als unmittelbare Consequenz der beiden ersten) hinzufügen:

(III.) *Die Summe der Massen des Potentials V soll einen gegebenen Werth haben.*

Nehmen wir nun an, es existirten *zwei* Potentiale V und V', welche diesen drei Bedingungen Genüge leisten, und setzen wir $V - V' = U$, so ist offenbar:

$$U_\infty = 0,$$

und ferner:

$$U_\sigma = 0,$$

mithin auch:

$$K_\sigma = G_\sigma = 0,$$

falls nämlich K_σ und G_σ den kleinsten und grössten der Werthe U_σ bezeichnen.

Nach bekanntem Satz [Theorem (*A.*) S. 33] sind die Extreme der U_a dargestellt durch zwei der Grössen

$$K_\sigma, \; G_\sigma, \; U_\infty.$$

Diese Grössen aber sind (wie eben gezeigt wurde) sämmtlich $= 0$, folglich jene Extreme ebenfalls. U. s. w.

Dieser *dritte Beweis* ist offenbar stets gültig, *ausser im singulären Fall.* Denn in diesem Fall ist $\mathsf{\Gamma} = 0$, mithin die zur Bestimmung von M benutzte Formel

$$\mathsf{M} = \frac{\int V_\sigma \gamma_\sigma d\sigma}{\mathsf{\Gamma}}$$

nicht mehr brauchbar.

9. **Bemerkung.** — *Auch ist im singulären Fall das vorstehende Theorem* ($A.^{abs}$) *nicht mehr richtig.*

Um solches darzuthun, bedarf es nur eines Beispiels. Das einfachste Beispiel aber für den sogenannten singulären Fall bietet eine Kreislinie σ vom Radius *Eins.* Setzen wir nämlich:

$$V = W,$$

$$V' = W + \mu_0 \log \frac{1}{r},$$

wo W das Potential irgend welcher innerhalb σ gelegener Massen vorstellen soll, und $\mu_0 \log \frac{1}{r}$ das

Der sogenannte singuläre Fall kann im *Raume* niemals vorkommen [vergl. (23.) Seite 88], so dass also die Gültigkeit des Theorems ($A.^{abs}$) im *Raume* keinerlei Einschränkung unterliegt.

Potential eines im Centrum befindlichen Massenpunctes μ_0 bezeichnet, so werden die Potentiale V und V' auf der Peripherie σ *einerlei* Werthe haben, trotzdem aber verschiedene Werthe besitzen in den Puncten ausserhalb σ. W. z. z. w.

Zweite Bemerkung. — Bringen wir unser Theorem ($A.^{abs}$) auf den speciellen Fall in Anwendung, dass V auf der Grenze von $\mathfrak{A}$ d. i. auf σ constant ist, so gelangen wir zu folgendem Resultat:

Sollen die Massen eines Potentials V theils ausserhalb des Gebietes $\mathfrak{A}$, theils auf seiner Grenze liegen, und sollen die V_σ einen vorgeschriebenen constanten Werth C besitzen, so folgt hieraus mit Nothwendigkeit, dass V in allen Puncten des 10.
Gebietes $\mathfrak{A}$ identisch ist mit

$$\frac{C\Pi}{\Gamma},$$

— *ausser im singulären Fall.*

Beweis. — Dass

$$V = \frac{C\Pi}{\Gamma}$$

den gestellten Anforderungen genügt, erkennt man sofort. Zugleich aber folgt aus dem Theorem ($A.^{abs}$), dass dieses V, insoweit es sich um die Puncte des Gebietes $\mathfrak{A}$ handelt, die *einzige* Function ist, welche jenen Anforderungen entspricht. W. z. b. w.

Theorem ($J.^{abs}$).

Sollen die Massen eines Potentials V theils ausserhalb des
Gebietes $\mathfrak{J}$, theils auf seiner Grenze liegen, und sollen ferner 11.
die V_σ vorgeschriebene Werthe haben, so ist hierdurch V vollständig bestimmt für alle Puncte von $\mathfrak{J}$, — ohne Ausnahme.

Erster Beweis.

Nehmen wir an, es existirten *zwei* Potentiale V und V' der verlangten Art. Alsdann wird die Differenz $U = V - V'$

ein Potential sein, dessen Massen ebenfalls theils ausserhalb des Gebiets $\mathfrak{J}$, theils auf seiner Grenze liegen, und überdies wird $U_\sigma = 0$ sein. Somit folgt durch Anwendung eines Green'schen Satzes (S. 19):

$$\int_{\mathfrak{J}}(\mathsf{E}\, U)\, d\tau + \int_\sigma U \frac{\partial U}{\partial \nu}\, d\sigma = 0,$$

oder weil $U_\sigma = 0$ ist:

$$\int_{\mathfrak{J}}(\mathsf{E}\, U)\, d\tau = 0.$$

U. s. w.

Zweiter Beweis.

Bilden wir wiederum die Differenz $U = V - V'$, so wird:

$$U_\sigma = 0,$$

mithin auch

$$K_\sigma = G_\sigma = 0,$$

falls nämlich K_σ den kleinsten und G_σ den grössten der Werthe U_σ bezeichnet. — Nach bekanntem Satz [Theorem ($J.$), S. 40] sind nun aber die Extreme der U_i dargestellt durch

$$K_\sigma,\ G_\sigma,$$

und folglich $= 0$. U. s. w.

Bemerkung. — Wenden wir das vorstehende Theorem an auf den Specialfall $V_\sigma =$ Const., so gelangen wir zu folgendem Resultat:

Sollen die Massen eines Potentials V theils ausserhalb des Gebietes $\mathfrak{J}$, theils auf seiner Grenze liegen, und sollen die V_σ
12. *einen vorgeschriebenen constanten Werth C haben, so folgt hieraus mit Nothwendigkeit, dass V in allen Puncten des Gebietes $\mathfrak{J}$ identisch mit C ist.*

Theorem ($S.^{abs}$).

Soll die Massenbelegung einer geschlossenen Curve oder Fläche σ von solcher Art sein, dass ihr Potential auf σ selber
13. *vorgeschriebene Werthe f_σ besitzt, so ist jene Belegung hierdurch eindeutig bestimmt, — ausser im singulären Fall.*

Beweis. — Ist V das Potential der Belegung, so sind [vgl. die Theoreme ($A.^{abs}$) und ($J.^{abs}$)] sämmtliche V_a und V_i, in Folge der getroffenen Festsetzung $V_\sigma = f_\sigma$, eindeutig bestimmt, — ausser im singulären Fall. Und Gleiches gilt daher auch von der Dichtigkeit δ jener Belegung, welche sich bestimmt durch die bekannte Formel:

$$-2\varpi\delta = \frac{\partial V_i}{\partial \nu} + \frac{\partial V_a}{\partial N}.$$

W. z. b. w.

§ 9.

Nachträgliche Erörterungen.

Die in den beiden letzten §§ aufgestellten allgemeinen Sätze unterliegen insofern einem gewissen Bedenken, als dabei von einer Function γ Gebrauch gemacht wurde, deren *Existenz* theils durch unsere physikalische Anschauung, theils durch einen gewissen Analogieschluss*), *nicht* aber durch *mathematische Conclusionen* verbürgt ist.

In manchen Fällen, z. B. für Kreislinie und Kugelfläche, Ellipse und Ellipsoid, kann ein solches Bedenken durch die *wirkliche Aufstellung* jener Function γ beseitigt werden. Auch 1.
wird die Anzahl der speciellen Fälle, in denen man dem geäusserten Bedenken gegenüber in dieser besonders günstigen Lage sich befindet, durch eines der späteren Capitel**) noch bedeutend vermehrt werden.

Wollen wir aber jenem Bedenken nicht in speciellen Fällen, sondern *allgemein* entgegenzutreten versuchen, so haben wir zu beweisen,

dass die ***Masseneinheit*** *des fingirten* ***Fluidums*** *auf einer ge-*	*dass die* ***Masseneinheit*** *des elektrischen* ***Fluidums*** *auf einer*	
schlossenen Curve σ stets in	*geschlossenen* ***Fläche*** *σ stets in*	2.

*) Wir haben nämlich (Seite 85) γ die Dichtigkeit derjenigen Vertheilung genannt, welche die Elektricitätsmenge Eins auf einem gegebenen Conductor annimmt, falls keine äusseren Kräfte einwirken. Und es beruht also die Existenz der Function γ oder (was dasselbe) die Existenz der in Rede stehenden elektrischen Vertheilung nur auf unseren physikalischen Vorstellungen, *nicht* aber auf *mathematischer Evidenz*. — Noch schlimmer sieht es in der *Ebene* aus. Denn hier beruht unsere Ueberzeugung von der Existenz der Function γ nur auf einem Analogieschluss, nämlich auf der Vorstellung, dass für das fingirte Fluidum in der Ebene Analoges gelten müsse, wie für das elektrische Fluidum im Raume.

**) Nämlich durch dasjenige Capitel, welches von der *Methode des arithmetischen Mittels* handelt.

solcher Weise sich ausbreiten lässt, dass ihr Potential auf σ überall c o n s t a n t *ist.*	*solcher Weise sich ausbreiten lässt, dass ihr Potential auf σ überall* c o n s t a n t *ist.*

Denn gelingt es uns, die Existenz einer solchen Massenausbreitung nachzuweisen, so wird die Dichtigkeit derselben die in Zweifel gezogene Function γ sein, jener Zweifel also verschwinden.

Um nun die Existenz einer solchen die Anforderungen (2.) erfüllenden Vertheilung nachzuweisen, werden wir — nach dem Vorgange von *Gauss**) — zuerst die Existenz einer gewissen (noch näher zu bezeichnenden) *Minimal-Vertheilung* darthun, und sodann zeigen, dass diese Minimal-Vertheilung jenen Anforderungen (2.) entspricht.

Die Existenz der Gauss'schen Minimal-Vertheilung. — Denkt man sich die Massen*einheit* auf der gegebenen Curve oder Fläche σ in stetiger Weise ausgebreitet, und bezeichnet man die Dichtigkeit dieser Belegung mit γ, ferner ihr Potential auf einen variablen Punct x mit V_x, so ist:

3. $$1 = \int \gamma_\sigma d\sigma,$$

4. $$V_x = \int T_{x\sigma} \gamma_\sigma d\sigma,$$

oder, falls man x nach irgend einer auf σ gelegenen Stelle s rücken lässt:

5. $$V_s = \int T_{s\sigma} \gamma_\sigma d\sigma .$$

Ist nun ferner Ω das sogenannte *Potential der Belegung auf sich selbst*, so wird:

6. $$\Omega = \int V_\sigma \gamma_\sigma d\sigma,$$

oder, falls man den Buchstaben σ durch s ersetzt:

7. $$\Omega = \int V_s \gamma_s ds,$$

oder, falls man für V_s den Werth (5.) substituirt:

8. $$\Omega = \iint T_{s\sigma} \gamma_s \gamma_\sigma ds d\sigma .$$

Bezeichnen wir nun die gegenseitige Entfernung zweier auf der gegebenen Curve oder Fläche σ gelegenen Puncte s, σ mit r, und den *grössten* Werth, welchen diese Entfernung

*) Allg. Lehrsätze, Art. 29—32. Aus der nachfolgenden Reproduction dieser Gauss'schen Methode wird ersichtlich werden, dass dieselbe nicht nur im *Raume* beim Newton'schen Potential, sondern ebenso auch in der *Ebene* beim Logarithmischen Potential anwendbar ist.

bei einer beliebigen Bewegung der beiden Puncte annehmen kann, mit R, so ist offenbar:

$$T_{s\sigma} = \log\frac{1}{r}, \qquad\qquad \Bigg\| \qquad\qquad T_{s\sigma} = \frac{1}{r},$$

$$T_{s\sigma} \geqq \log\frac{1}{R}, \qquad\qquad \Bigg\| \qquad\qquad T_{s\sigma} \geqq \frac{1}{R}.$$

Setzen wir also zur augenblicklichen Abkürzung:

$$K = \log\frac{1}{R}, \qquad\qquad \Bigg\| \qquad\qquad K = \frac{1}{R},$$

so ist allgemein (in der Ebene und im Raum):

$$T_{s\sigma} \geqq K, \tag{9.}$$

wo K eine der gegebenen Curve oder Fläche eigenthümliche *Constante* vorstellt.

Wir wollen nun voraussetzen, die Dichtigkeit γ sei *überall positiv, resp. null.* Alsdann folgt aus (5.) und (9.) sofort: 10.

$$V_s > K\int\gamma_\sigma d\sigma,$$

also nach (3.)

$$V_s > K. \tag{11.}$$

Und nunmehr folgt aus (6.) mit Rücksicht auf (10.), (11.):

$$\Omega > K\int\gamma_\sigma d\sigma,$$

d. i. nach (3.)

$$\Omega > K. \tag{12.}$$

Halten wir also fest an der Voraussetzung (10.), oder (mit anderen Worten) beschränken wir uns auf sogenannte *monogene* Belegungen*), so werden die diesen Belegungen entsprechenden Potentiale Ω sämmtlich *grösser* sein, als eine gewisse der gegebenen Curve oder Fläche zugehörige Constante K.

Unter allen monogenen Vertheilungen, welche die gegebene Masse Eins auf unserer Curve oder Fläche annehmen kann, 13.
muss also eine existiren, deren Ω jener Constanten K am nächsten kommt, mithin ein Minimum ist.

---

*) Es ist nämlich die Gesammtmasse der Belegung gleich *Eins* [vgl. (3.)]. Soll also die Belegung *monogen* sein, so folgt daraus von selber, dass die Dichtigkeit γ überall *positiv* resp. *null* sein muss.

Nachdem die *Existenz* einer solchen Minimal-Vertheilung*) durch den Satz (13.) constatirt ist, handelt es sich nun gegenwärtig um die Untersuchung ihrer *Eigenschaften*.

Die Eigenschaften der Gauss'schen Minimal-Vertheilung. — Die einer beliebigen Variation $\delta\gamma$ entsprechende Variation $\delta\Omega$ lautet nach (8.):

$$\delta\Omega = \iint T_{s\sigma}(\gamma_\sigma \delta\gamma_s + \gamma_s \delta\gamma_\sigma)\, ds\, d\sigma,$$

oder, etwas anders geschrieben:

$$\delta\Omega = \int (ds(\delta\gamma_s) \int d\sigma \gamma_\sigma T_{s\sigma}) + \int (d\sigma(\delta\gamma_\sigma) \int ds \gamma_s T_{s\sigma}),$$

also mit Rücksicht auf (5.):

$$\delta\Omega = \int ds(\delta\gamma_s) V_s + \int d\sigma(\delta\gamma_\sigma) V_\sigma,$$

oder, was dasselbe ist:

14. $$\delta\Omega = 2\int V_\sigma(\delta\gamma_\sigma)\, d\sigma.$$

Offenbar muss nun aber für jene *Minimal-Vertheilung* der
15. Ausdruck $\delta\Omega$ stets *positiv* sein, falls man nur die $\delta\gamma$ gewissen Beschränkungen unterwirft, die aus der Natur unserer Betrachtungen sich leicht ergeben.

Wir haben nämlich [man blicke zurück auf (13.)] nur solche Belegungen mit einander in Vergleich gebracht, welche die Gesammtmasse *Eins* und den Charakter der *Monogeneität* besitzen, also nur solche, deren Dichtigkeiten γ den Bedingungen entsprechen:

$$\int \gamma_\sigma d\sigma = 1,$$

$$\gamma_\sigma \geqq 0.$$

Hieraus aber ergeben sich analoge Bedingungen für die $\delta\gamma$, nämlich folgende.

Erste Bedingung: $\delta\gamma$ muss der Relation entsprechen
16.α $\int (\delta\gamma_\sigma)\, d\sigma = 0$.

Zweite Bedingung: $\delta\gamma$ darf an solchen Stellen, wo die Curve oder Fläche *un*belegt, mithin $\gamma = 0$ ist,
16.β keinen negativen Werth annehmen, sondern nur positiv resp. null sein.

Jene Minimal-Vertheilung wird also, wie schon bemerkt [vgl. (14.), (15.)], der Formel

---

*) Es mag nämlich gestattet sein, jene Vertheilung, deren Existenz durch (13.) constatirt ist, kurzweg die *Minimal-Vertheilung* zu nennen.

$$\delta\Omega = \text{pos.}, \tag{17.}$$

d. i. der Formel

$$\int V_\sigma(\delta\gamma_\sigma)d\sigma = \text{pos.} \tag{18.}$$

zu entsprechen haben, jedoch nur für solche $\delta\gamma$, welche den Bedingungen (16. α, β) Genüge leisten.

Nun sind, was die noch gänzlich unbekannte Beschaffenheit der in Rede stehenden Minimal-Vertheilung betrifft, von vorne herein zwei Fälle denkbar. Es werden nämlich bei dieser Vertheilung entweder *sämmtliche* Theile von σ mit Masse belegt, oder einzelne Theile *un*belegt sein.

Erster Fall: Sämmtliche Theile von σ sind mit Masse belegt, mithin γ überall > 0, das Zeichen genommen *in sensu rigoroso.* — Alsdann muss V auf σ *constant* sein. — Denn wäre V an einer Stelle von σ kleiner als an einer andern, und dächten wir uns an der Stelle der *kleineren* und an derjenigen der *grösseren* Werthe zwei gleichgrosse Flächenelemente abgegrenzt, und respective mit $d\sigma'$ und $d\sigma''$ bezeichnet, so würden wir den Ausdruck (18.), ohne Verletzung der Bedingungen (16. α, β), dadurch *negativ* machen können, dass wir $\delta\gamma$ auf $d\sigma'$ positiv, auf $d\sigma''$ negativ und sonst überall gleich Null machen.

Zweiter Fall: Bei jener Minimal-Vertheilung ist nur ein gewisser Theil σ_1 von σ mit Masse belegt, der übrige Theil σ_0 unbelegt, so dass also auf σ_1 die Relation $\gamma > 0$, hingegen auf σ_0 die Relation $\gamma = 0$ stattfindet. — Alsdann muss V auf σ_1 *constant*, etwa $= C$ sein, wie solches aus den Betrachtungen des vorhergehenden Falles unmittelbar sich ergiebt; — gleichzeitig aber muss alsdann V auf σ_0 Werthe besitzen, die *grösser* als jene Constante C, oder mindestens *eben so gross* sind. — Denn wäre V in irgend einem Element $d\sigma_0$ des Theiles σ_0 *kleiner* als C, und bezeichneten wir ein gleichgrosses Element des Theiles σ_1 mit $d\sigma_1$, so würden wir den Ausdruck (18.), ohne Verletzung der Bedingungen (16. α, β), dadurch *negativ* machen können, dass wir $\delta\gamma$ auf $d\sigma_0$ positiv, auf $d\sigma_1$ negativ, und sonst überall gleich Null nehmen.

Um die Hauptsache zusammenzufassen: In dem hier betrachteten zweiten Fall ist nur eine gewisse *un*geschlossene Curve oder Fläche σ_1 mit Masse belegt, und das Potential

V dieser Belegung *auf* σ_1 *selber* constant, nämlich $= C$, hingegen *ausserhalb* σ_1 (nämlich auf σ_0) mit Werthen behaftet, die $\geqq C$ sind. — Solches aber widerspricht einem früher gefundenen allgemeinen Satz [Theorem (*a.*), Seite 48]. Folglich ist dieser zweite Fall unmöglich.

Resultat. — Demgemäss ist der erste Fall der einzig mögliche. D. h. *die in Rede stehende Minimal-Vertheilung hat die Eigenschaft, ein Potential zu besitzen, welches auf der gegebenen Curve oder Fläche* σ *überall constant ist.* Die Existenz dieser Minimal-Vertheilung kann aber nach (13.) keinem Zweifel unterliegen. Und durch ihre Existenz ist also dargethan, dass eine den Anforderungen (2.) entsprechende Vertheilung in der That existirt.

Schlussbemerkung. — Dass die im Vorstehenden reproducirte Gauss'sche Beweisführung des Satzes (2.) auch dann noch gültig sei, wenn die geschlossene Curve oder Fläche σ *unendlich viele* Ecken besitzt, wird Niemand behaupten wollen. — Hiermit will ich keineswegs das Verdienst von Gauss schmälern, sondern nur auf das Ziel hinweisen, welches bei derartigen Untersuchungen im Auge zu behalten ist. Dieses Ziel nämlich kann nach meiner Ansicht nicht in dem Suchen nach einem absolut strengen Beweise für ganz *nebelhaft* vorschwebende Curven oder Flächen bestehen, sondern nur in einer genaueren Determination derjenigen Curven und Flächen, für welche ein absolut strenger Beweis überhaupt möglich ist. Und selbst diese Aufgabe würde unfruchtbar sein, wenn man es dabei auf eine *völlige Erschöpfung* der bezeichneten Curven und Flächen absehen wollte. Aussicht auf Erfolg wird man nur dann haben, wenn man unter diesen Curven und Flächen *möglichst umfangreiche Classen* festzustellen sich bescheidet.

Viertes Capitel.

Die Theorie der sogenannten Doppelbelegungen.

Gauss hat im Jahre 1813 einen Satz aufgestellt*), den man folgendermassen aussprechen kann:

Bezeichnet $d\sigma$ das Element einer g e s c h l o s s e n e n *Fläche, ferner v die innere Normale von $d\sigma$, ferner E den Abstand des Elementes $d\sigma$ von einem beliebig gegebenen Puncte x, endlich ϑ den Winkel, unter welchem diese Entfernung $E\ (d\sigma \rightarrow x)$ gegen v geneigt ist**), so wird das über die ganze geschlossene Fläche ausgedehnte Integral*

$$\int \frac{\cos\vartheta \,.\, d\sigma}{E^2}$$

den Werth 0 oder 2π oder 4π haben, je nachdem der Punct x a u s s e r h a l b *σ, oder* a u f *σ, oder* i n n e r h a l b *σ liegt.*

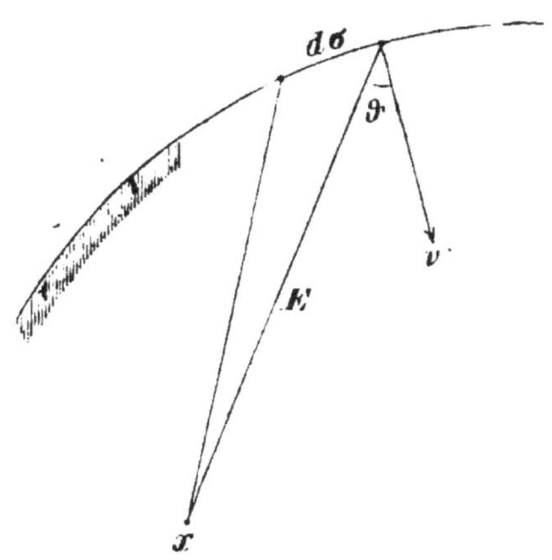

Lassen wir also den Punct x in der Richtung von Aussen nach Innen die gegebene Fläche durchschreiten, so wird das Integral zwei kurz auf einander folgende sprungweise Veränderungen erleiden; denn es wird in *dem* Augenblick, wo der von Aussen kommende Punct die Fläche *erreicht*, plötzlich von 0 auf 2π, und unmittelbar

*) In der *Theoria attractionis corp. sphaer. ell.*; Gauss' Werke, Bd. 5, Seite 9.

**) Diese Bezeichnungen werden einigermassen illustrirt durch die beigefügte Figur, in welcher jedoch von der gegebenen *geschlossenen* Fläche nur ein *Theil* angedeutet ist.

darauf in *dem* Augenblick, wo der Punct, nach Innen strebend, die Fläche *verlässt*, von 2π auf 4π anwachsen.

Wir werden nun im gegenwärtigen Capitel zeigen, dass analoge Discontinuitäten auch stattfinden bei dem *allgemeinern* Integral:

$$\int \frac{\mu \cdot \cos \vartheta \cdot d\sigma}{E^2},$$

wo μ eine auf der Fläche ausgebreitete Function vorstellt von beliebiger Beschaffenheit, von welcher jedoch vorausgesetzt sein mag, dass sie auf der Fläche überall *stetig* ist.

Lassen wir nämlich wiederum den variablen Punct x die gegebene Fläche σ an irgend einer Stelle s durchschreiten, und bezeichnen wir den Werth der Function μ an dieser Stelle s mit μ_s, so wird das Integral in *dem* Augenblick, wo der Punct von Aussen kommend die Fläche *erreicht*, plötzlich um $2\pi\mu_s$ anwachsen, und unmittelbar darauf in *dem* Augenblick, wo der Punct, nach Innen strebend, die Fläche *verlässt*, nochmals um $2\pi\mu_s$ anwachsen. Bezeichnen wir also den Werth des Integrals, um seine Abhängigkeit von dem variablen Puncte x einigermassen anzudeuten, mit W_x:

$$W_x = \int \frac{\mu \cdot \cos \vartheta \cdot d\sigma}{E^2},$$

so besitzt diese Function W_x auf der gegebenen Fläche σ im Ganzen *dreierlei* Werthsysteme, nämlich ein erstes auf der *äussern Seite* der Fläche, ein zweites direct auf der Fläche *selber*, endlich ein drittes auf ihrer *innern Seite**).

Benennen wir sämmtliche Puncte des ganzen unendlichen Raumes, je nachdem sie *ausserhalb*, *auf* oder *innerhalb* σ liegen, respective mit a, s und i, und die in diesen Puncten vorhandenen Werthe des Integrals respective mit W_a, W_s und W_i, so besteht offenbar das erste von jenen drei Werthsystemen aus den Grenzwerthen der W_a, das zweite direct

---

*) Man unterscheidet zuweilen zwischen den drei Grössen:

$$x - 0, \qquad x, \qquad x + 0.$$

In ganz analoger Weise und auch in ganz analogem Sinne unterscheiden wir hier zwischen der *äussern Seite* der Fläche, zwischen der *Fläche selber*, und zwischen ihrer *innern Seite.*

aus den W_s selber, endlich das dritte aus den Grenzwerthen der W_i.

Bedienen wir uns endlich, was die genannten *Grenzwerthe* betrifft, der Symbole W_{as} und W_{is}, indem wir unter W_{as} den Werth in einem Puncte a verstehen, welcher dem Puncte s unendlich nahe liegt, andererseits unter W_{is} den Werth in einem Puncte i, der ebenfalls unendlich nahe an s liegt, so können wir die zwischen den dreierlei Werthsystemen vorhandenen Beziehungen durch folgende Formeln aussprechen:

$$W_{as} = W_s - 2\pi\mu_s,$$
$$W_{is} = W_s + 2\pi\mu_s.$$

Auch ist zu bemerken, dass die W_s für sich allein betrachtet überall stetig sind, ebenso die W_a, und ebenso die W_i; so dass wir also, Alles zusammengefasst, sagen können, die Function W besitze — immer vorausgesetzt, dass μ stetig ist — folgende Eigenschaften:

Erste Eigenschaft. — Die W_s sind auf der gegebenen Fläche σ überall stetig.

Zweite Eigenschaft. — Die W_a bilden ein stetig zusammenhängendes Werthsystem, dessen Grenzwerthe W_{as} mit den W_s durch die Relation

$$W_{as} = W_s - 2\pi\mu_s$$

verbunden sind.

Dritte Eigenschaft. — Die W_i bilden ein stetig zusammenhängendes Werthsystem, dessen Grenzwerthe W_{is} mit den W_s durch die Relation

$$W_{is} = W_s + 2\pi\mu_s$$

verknüpft sind.

Denken wir uns also, um den eigentlichen Charakter der beiden letzten Eigenschaften noch schärfer und anschaulicher hervortreten zu lassen, zwei im Raume ausgebreitete Functionen φ, ψ, die eine definirt durch die Formeln:

$$\varphi_a = W_a,$$
$$\varphi_s = W_s - 2\pi\mu_s,$$

die andere durch die Formeln:

$$\psi_i = W_i,$$
$$\psi_s = W_s + 2\pi\mu_s,$$

so wird die Function φ *stetig sein für die Gesammtheit aller Puncte a, s*, und andererseits ψ *stetig sein für die Gesammtheit aller Puncte i, s.*

Sobald wir die in Rede stehenden drei Eigenschaften, welche den eigentlichen Kern des gegenwärtigen Capitels ausmachen, constatirt haben werden, ergeben sich alsdann ohne Mühe folgende weitere Sätze:

Soll W für alle Puncte ausserhalb der Fläche constant sein, so muss μ ebenfalls constant sein.

Soll W für alle Puncte innerhalb der Fläche constant sein, so muss μ ebenfalls constant sein.

Soll W auf der äussern Seite der Fläche vorgeschriebene Werthe besitzen, so wird hierdurch μ bestimmt sein, bis auf eine unbestimmte additive Constante.

Soll W auf der innern Seite der Fläche vorgeschriebene Werthe haben, so ist hierdurch μ vollständig bestimmt.

Kehren wir zurück zu dem zu Anfang genannten *Gauss*schen Integral, und bezeichnen wir dasselbe mit w_x:

$$w_x = \int \frac{\cos\vartheta \cdot d\sigma}{E^2},$$

so ist, wie schon erwähnt wurde:

$$w_a = 0,$$
$$w_s = 2\pi,$$
$$w_i = 4\pi.$$

Von diesen Formeln bedarf die mittlere zuweilen einer gewissen Modification. Es ist nämlich, wie Gauss selber schon bemerkt hat*), jene mittlere Formel $w_s = 2\pi$ nur insofern richtig, als die Stetigkeit der Krümmung der Fläche im Puncte s nicht verletzt wird. Eine solche Verletzung findet aber statt, wenn der Punct s in einer *Kante* oder *Ecke* liegt; und dann muss, wie Gauss sich ausdrückt, anstatt 2π der *Inhalt derjenigen Figur* gesetzt werden, welche durch die sämmtlichen von s ausgehenden, die Fläche tangirenden geraden Linien aus einer um s als Mittelpunct mit dem Halbmesser Eins beschriebenen Kugelfläche ausgeschieden wird.

---

*) Gauss' Allgemeine Lehrsätze, Art. 22.

Der Inhalt dieser sphärischen Figur ist offenbar nichts Anderes, als die Oeffnung desjenigen Kegels oder körperlichen Winkels, welcher von der Fläche im Puncte s gebildet wird. Demgemäss mag der Inhalt jener Figur kurzweg das *Winkelmaass* der Fläche im Punct s genannt, und mit ϖ_s bezeichnet werden, so dass also die in Rede stehende Formel $w_s = 2\pi$, falls sie allen Fällen entsprechen soll, in $w_s = \varpi_s$ umzuändern ist.

Analoge Modificationen sind natürlich bei der Theorie des *allgemeinern* Integrals

$$W_x = \int \frac{\mu \cdot \cos\vartheta \cdot d\sigma}{E^2}$$

ebenfalls erforderlich, wie in der That im gegenwärtigen Capitel näher explicirt werden soll. — Uebrigens werden wir dem von *Helmholtz**) eingeführten sehr zweckmässigen Sprachgebrauch uns anschliessen, indem wir sowohl das Gauss'sche Integral w_x als auch das allgemeinere Integral W_x als das Potential einer gewissen auf der Fläche ausgebreiteten *Doppelbelegung* ansehen.

Zu bemerken ist endlich, dass wir im Folgenden auch die analogen Sätze in der *Ebene* entwickeln werden, wobei sich, abgesehen von dem schon früher erwähnten *singulären Fall***), eine vollständige Uebereinstimmung mit den Sätzen des Raumes ergeben wird.

§ 1.

Das Potential einer sogenannten Doppelbelegung.

Positive Seite und positive Normale. — Bei einer gegebenen Curve oder Fläche pflegt man eine bestimmte Seite als *positiv* festzusetzen, indem man alsdann gleichzeitig die 1. auf dieser Seite errichtete Normale die *positive* Normale nennt. Und umgekehrt: Hat man eine bestimmte Normale als *positiv* festgesetzt, so pflegt man mit demselben Namen auch die entsprechende Seite zu bezeichnen.

---

*) In seinem Aufsatz: *Ueber die Gesetze der Vertheilung elektrischer Ströme in körperlichen Leitern, mit Anwendung auf die thierisch-elektrischen Versuche.* 1853. Poggend. Annal. Bd. 89. Seite 224—228.

**) Vgl. z. B. Seite 72 und 88.

Potential einer Doppelbelegung. — Denken wir uns auf allen positiven Normalen ν einer gegebenen Fläche σ ein und dieselbe unendlich kleine Strecke λ aufgetragen, so entsteht eine neue mit σ parallel laufende Fläche σ'. *Correspondirende Puncte* dieser beiden Flächen σ und σ' wollen wir solche nennen, die auf derselben Normale liegen, und *correspondirende Elemente* solche, die aus correspondirenden Puncten bestehen*).

Diese beiden Flächen σ und σ' mögen nun in continuirlicher Weise mit Masse belegt sein, und zwar der Art, dass

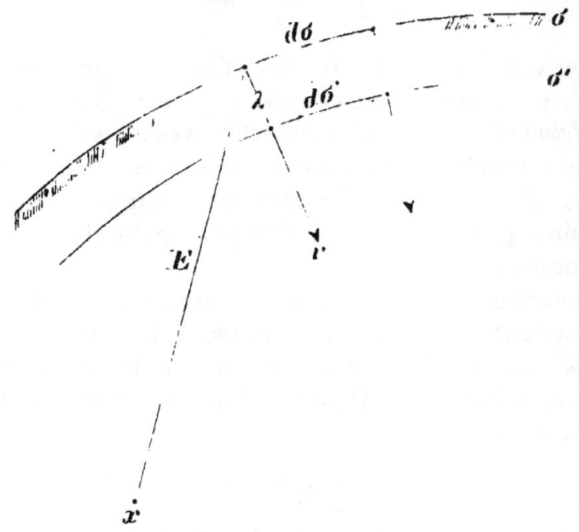

die auf je zwei *correspondirenden* Elementen $d\sigma$ und $d\sigma'$ vorhandenen Massen einander *entgegengesetzt gleich* sind. Bezeichnet man also die auf $d\sigma$ und $d\sigma'$ angehäuften Massen respective mit

$$- \zeta \, d\sigma$$
$$+ \zeta' d\sigma',$$

so soll die Relation stattfinden**):

---

*) In der obenstehenden Figur ist die *positive* Seite von σ (auf welche die *positive* Normale ν aufgesetzt ist) durch Schraffirung ausgezeichnet.

**) Die Dichtigkeiten $(-\zeta)$ und $(+\zeta')$ der beiden Belegungen stehen

$$\zeta d\sigma = \zeta' d\sigma'. \qquad 3.$$

Für das Potential W dieser beiden Flächen auf einen beliebigen Punct x erhalten wir die Formel:

$$W = \int \left(-\frac{\zeta d\sigma}{E} + \frac{\zeta' d\sigma'}{E'} \right), \qquad 4.$$

d. i. mit Rücksicht auf (3.):

$$W = \int \left(\frac{1}{E'} - \frac{1}{E} \right) \zeta d\sigma, \qquad 5.$$

wo E, E' die Entfernungen der Elemente $d\sigma$, $d\sigma'$ von x vorstellen. Nun ist aber, weil λ *unendlich klein* angenommen wurde:

$$\frac{1}{E'} = \frac{1}{E} + \lambda \frac{\partial \frac{1}{E}}{\partial \nu},$$

wo ν die positive Normale des Elementes $d\sigma$ bezeichnet. Somit folgt:

$$W = \int \frac{\partial \frac{1}{E}}{\partial \nu} \lambda \zeta d\sigma = \int \frac{\partial \frac{1}{E}}{\partial \nu} \mu d\sigma, \qquad 6.$$

wo zur Abkürzung

$$\lambda \zeta = \mu \qquad 7.$$

gesetzt ist.

Das betrachtete Flächenpaar σ, σ', dessen correspondirende Elemente *entgegengesetzt gleiche* Massen haben, und dessen *Gesammtmasse daher stets* $= 0$ *ist*, wollen wir — mit Helmholtz — eine *Doppelschicht* oder eine *Doppelbelegung*,

---

zu einander in einer Beziehung, die leicht näher angebbar ist. Wir erhalten nämlich aus (3.):

$$\zeta : \zeta' = d\sigma' : d\sigma.$$

Die Elemente $d\sigma$ und $d\sigma'$ sind aber von *denselben* Normalen umhüllt, und verhalten sich daher zu einander wie $R_1 R_2$ zu $R_1' R_2'$, falls man nämlich unter R_1, R_2 die Hauptkrümmungsradien der Fläche σ, andererseits unter R_1', R_2' diejenigen der Fläche σ' versteht. Somit folgt:

$$\zeta : \zeta' = R_1' R_2' : R_1 R_2,$$

d. i.

$$\zeta : \zeta' = \frac{1}{R_1 R_2} : \frac{1}{R_1' R_2'}.$$

D. h. *die absoluten Werthe der Dichtigkeiten verhalten sich zu einander wie die Gauss'schen Krümmungsmaasse der beiden Flächen.*

und gleichzeitig das Product (7.) $\lambda\zeta = \mu$ das *Moment* dieser Doppelbelegung nennen.

Beispiele. — *Elektrische Doppelschichten* treten bekanntlich auf bei der Berührung heterogener Metalle. Noch geläufiger vielleicht ist uns die Vorstellung *magnetischer Doppelschichten.* Denn wir wissen, dass ein geschlossener elektrischer Strom durch eine magnetische Doppelbelegung der von ihm begrenzten Fläche (der sogenannten Stromfläche) ersetzbar ist.

Als drittes Beispiel können endlich die Green'schen Formeln dienen, — etwa die Formel (41. ε), S. 19. Dieselbe lautet nämlich:

$$2\varpi V_i = -\int \frac{1}{E}\frac{\partial V}{\partial \nu}\, d\sigma + \int \frac{\partial \frac{1}{E}}{\partial \nu}\, V d\sigma,$$

und zeigt also, dass $2\varpi V_i$ als Differenz zweier Integrale ausdrückbar ist. Von diesen beiden Integralen ist das *eine* das Potential einer *einfachen Belegung* $\left(\text{von der Dichtigkeit } \frac{\partial V}{\partial \nu}\right)$, das *andere* das Potential einer *Doppelbelegung* (vom Momente V), wie letzteres durch einen Blick auf die Formel (6.) sofort erkannt wird.

Analoges in der Ebene. — Ganz analoge Betrachtungen lassen sich offenbar auch anstellen in der *Ebene.* Doch wollen wir auf die betreffenden Formeln erst eingehen am Schluss des *folgenden* §.

§ 2.

Fortsetzung. Transformation des Potentials.

Bezeichnen wir die Coordinaten des Punctes x und des Elementes $d\sigma$ respective mit x, y, z und α, β, γ, so ist:

$$E^2 = (x-\alpha)^2 + (y-\beta)^2 + (z-\gamma)^2,$$

mithin:

$$E\frac{\partial E}{\partial \nu} = -\left[(x-\alpha)\frac{\partial \alpha}{\partial \nu} + \cdots\right];$$

und hieraus folgt:

8. $$\frac{\partial \frac{1}{E}}{\partial \nu} = -\frac{1}{E^2}\frac{\partial E}{\partial \nu} = +\frac{1}{E^2}\left[\frac{x-\alpha}{E}\frac{\partial \alpha}{\partial \nu} + \cdots\right]$$

d. i.

$$\frac{\partial \frac{1}{E}}{\partial \nu} = \frac{\cos \vartheta}{E^2},$$

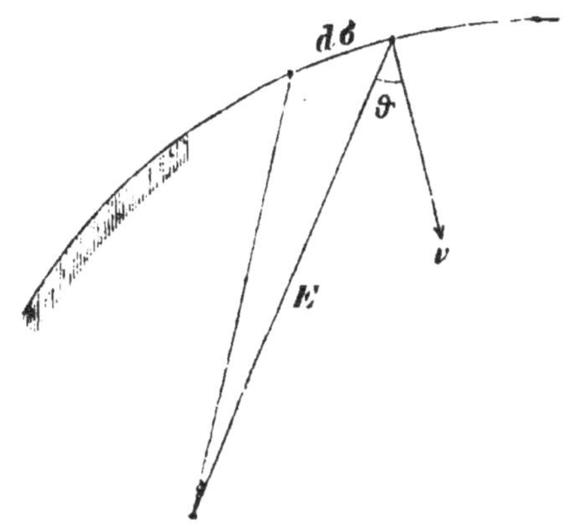

wo ϑ den Neigungswinkel von E ($d\sigma \rightarrow x$) gegen ν vorstellt*). — Somit können wir die Formel (6.) auch so schreiben:

$$W = \int \frac{\cos \vartheta}{E^2} \mu \, d\sigma = \int \mu (d\sigma)_x. \qquad 10.$$

Der hier mit $(d\sigma)_x$ bezeichnete Ausdruck

$$\frac{\cos \vartheta \cdot d\sigma}{E^2} \qquad 11.$$

repräsentirt offenbar die *scheinbare Grösse* des Elementes $d\sigma$ für einen in x befindlichen Beobachter, — abgesehen vom Vorzeichen. In der That ist dieser Ausdruck (11.) gleich der genannten scheinbaren Grösse, dieselbe noch multiplicirt mit einem Factor $\varepsilon = \pm 1$. Und zwar wird $\varepsilon = +1$ oder $= -1$ sein, je nachdem $\cos \vartheta$ positiv oder negativ, d. i. je nachdem ϑ zwischen $0^0 \ldots 90^0$ oder zwischen $90^0 \ldots 180^0$ liegt, d. i. *je nachdem der in x befindliche Beobachter die positive oder negative Seite des Elementes $d\sigma$ vor Augen hat.*

Bemerkung. — Wir haben vor wenig Augenblicken bemerkt, dass der Ausdruck W als das Potential einer *elektrischen* oder *magnetischen* Doppelschicht angesehen werden darf. Aus der Formel (10.) aber geht hervor, dass diesem Ausdruck W noch eine andere physikalische Bedeutung beigelegt werden kann. Nehmen wir nämlich an, die Fläche σ besitze an verschiedenen Stellen verschiedene Temperatur, und es sei μ das (von der Temperatur abhängende) *Wärmeausstrahlungs-Vermögen* der Fläche σ an der Stelle des Elementes $d\sigma$; alsdann repräsentirt W, abgesehen von einem constanten Factor, diejenige *Wärmemenge*, welche einer in x befindlichen

*) In der Figur ist wiederum die *positive* Seite der Fläche σ (d. i. die Seite der *positiven* Normale ν) durch Schraffirung kenntlich gemacht.

kleinen Kugel während der Zeiteinheit von der Fläche zugestrahlt wird; wie solches aus Formel (10.), auf Grund des bekannten *Fourier'schen Wärmeausstrahlungs-Gesetzes*, sofort zu erkennen ist.

Im Raum und in der Ebene. — Ganz analoge Betrachtungen lassen sich offenbar auch anstellen in der *Ebene*, so dass wir, Alles zusammengefasst, zu folgenden Resultaten gelangen:

Ist σ eine gegebene Curve oder Fläche mit der positiven Normale ν, und ist auf σ eine Doppelbelegung ausgebreitet vom Momente μ, so besitzt das Potential dieser Doppelbelegung auf einen beliebig gegebenen Punct x den Werth:

12. a

$W = \int \frac{\partial \log \frac{1}{E}}{\partial \nu} \mu d\sigma,$	$W = \int \frac{\partial \frac{1}{E}}{\partial \nu} \mu d\sigma,$
$= \int \mu \frac{\cos \vartheta \,.\, d\sigma}{E},$	$= \int \mu \frac{\cos \vartheta \,.\, d\sigma}{E^2},$
$= \int \mu (d\sigma)_x .$	$= \int \mu (d\sigma)_x .$

Hier) bezeichnet E die Entfernung des Punctes x vom Element $d\sigma$, ferner ϑ den Winkel der Linie E ($d\sigma \rightarrow x$) gegen die Normale ν; und demgemäss repräsentirt der Ausdruck:*

12. b

$(d\sigma)_x = \frac{\cos \vartheta \,.\, d\sigma}{E} = \frac{\partial \log \frac{1}{E}}{\partial \nu} d\sigma$	$(d\sigma)_x = \frac{\cos \vartheta \,.\, d\sigma}{E^2} = \frac{\partial \frac{1}{E}}{\partial \nu} d\sigma$

die mit ε multiplicirte scheinbare Grösse des Elementes $d\sigma$ für einen in x befindlichen Beobachter, wobei $\varepsilon = +1$ oder $= -1$ ist, je nachdem jener Beobachter die positive oder negative Seite des Elementes vor Augen hat.

Dass die Formeln links und rechts unter Anwendung der schon früher festgesetzten Bezeichnungen (Seite 16):

12. c

$h = 1,$	$h = 2,$
$T = \log \frac{1}{E},$	$T = \frac{1}{E},$

sich leicht zusammenziehen lassen, bedarf kaum der Bemerkung.

---

*) Vgl. die vorhergehende Figur.

§ 3.

Fortsetzung. Ueber die Bestimmtheit der Potentialwerthe.*)

Wir wollen den Ausdruck $(d\sigma)_x$ in (12. b) einer nähern Betrachtung unterwerfen, indem wir dabei beginnen mit dem Fall der *Ebene* als dem einfacheren.

In der Ebene. — Sind α, β die beiden Endpuncte des unendlich kleinen Curvenelementes $d\sigma$, so lassen sich durch α, β unendlich viele Kreise legen, deren Mittelpuncte theils auf die positive, theils auf die negative Seite von $d\sigma$ fallen werden. Da nun $(d\sigma)_x$ die mit ± 1 multiplicirte *scheinbare Grösse* des Elementes $d\sigma$ für einen in x befindlichen Beobachter vorstellt, so bleibt $(d\sigma)_x$ *constant*, sobald x längs einer solchen Kreisperipherie fortschreitet**). Und hieraus folgt, dass $(d\sigma)_x$ an der gemeinschaftlichen Stelle all' dieser Kreisperipherien, d. i. in $d\sigma$ selber, *unendlich viele Werthe* hat.

Um genauer hierauf einzugehen, benutzen wir die Formel (21. b):

$$(d\sigma)_x = \frac{\cos\vartheta}{E}\, d\sigma\,. \qquad 13.$$

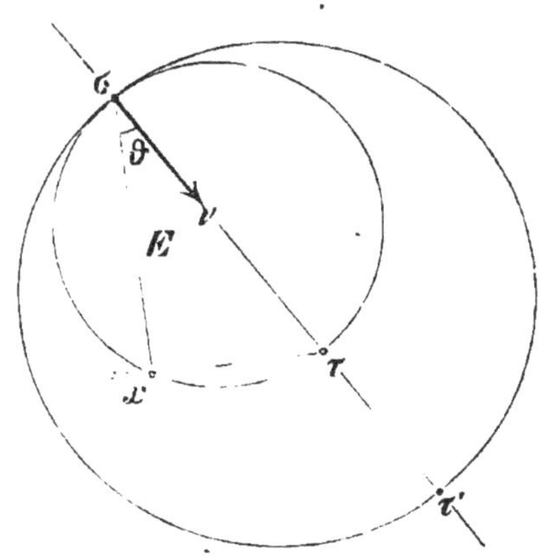

Ist (in nebenstehender Figur) σ der Mittelpunct des Elementes $d\sigma$, ferner ν die positive Normale von $d\sigma$, und endlich $\sigma x \tau$ einer der vorhin genannten Kreise, so wird offenbar:

$$(\sigma x) = (\sigma\tau)\cos\vartheta\,,$$

d. i.

$$E = (\sigma\tau)\cos\vartheta,$$

mithin:

$$\frac{\cos\vartheta}{E} = \frac{1}{(\sigma\tau)}\,. \qquad 14.$$

Lassen wir also x fortschreiten längs des genannten Kreises, so bleibt die Function $\frac{\cos\vartheta}{E}$ *constant*, nämlich gleich $\frac{1}{(\sigma\tau)}$, d. i.

---

*) Ich habe diesen etwas beschwerlichen § erst später eingeschaltet; und der Leser wird wahrscheinlich gut thun, denselben zu Anfang zu überschlagen.

**) Nach dem bekannten Satz über die Gleichheit der Peripheriewinkel.

gleich dem reciproken Durchmesser des Kreises. Ebenso wird sie, wenn wir x längs des in der Figur angegebenen *grössern* Kreises fortschreiten lassen, den *constanten* Werth $\frac{1}{(\sigma\tau')}$ besitzen. U. s. w.*)

Lassen wir also den variablen Punct x nach σ (d. i. nach dem Ort des gegebenen Elementes $d\sigma$) rücken, so wird der Werth, mit welchem die Function $\frac{\cos\vartheta}{E}$ daselbst eintrifft,
15. wesentlich abhängen von dem dabei benutzten *Wege*, und je nach der Natur dieses Weges alle Abstufungen zwischen 0 und ∞, sowie auch zwischen 0 und $-\infty$ darbieten können. Nehmen wir z. B. zu solchen Wegen die von uns construirten Kreislinien, so entsprechen die positiven Werthe $0 \ldots \infty$ denjenigen Kreislinien, deren Mittelpuncte auf der positiven Seite von $d\sigma$ liegen, und die negativen Werthe $0 \ldots -\infty$

---

*) Es wird angemessen sein, hier sogleich auf die analogen Verhältnisse im *Raume* aufmerksam zu machen. Statt der Formel (13.)

$$(\mathfrak{E}.)\qquad (d\sigma)_x = \frac{\cos\vartheta}{E}\,d\sigma$$

haben wir [vgl. (12. b)] im Raume die Formel:

$$(\mathfrak{R}.)\qquad (d\sigma)_x = \frac{\cos\vartheta}{E^2}\,d\sigma\,.$$

Und demgemäss erhalten wir an Stelle des in unserer letzten Zeichnung angedeuteten, durch die Gleichung

$$(\mathfrak{E}'.)\qquad \frac{\cos\vartheta}{E} = \text{Const.}$$

dargestellten *Kreissystemes*, im Raume ein durch die Gleichung

$$(\mathfrak{R}'.)\qquad \frac{\cos\vartheta}{E^2} = \text{Const.}$$

ausgedrücktes *Flächensystem.* Dieses System besteht nicht aus Kugelflächen, sondern aus gewissen Flächen dritten Grades. Um dieselben zu construiren, kann man etwa folgendermassen verfahren.

Man construire zunächst das in der letzten Figur angedeutete Kreissystem, und verlängere alsdann jede Linie σx über x hinaus bis zu einem Puncte y, so dass $(\sigma x) = (\sigma y)^2$. In solcher Weise verwandelt sich jeder aus Puncten x bestehende Kreis in eine gewisse aus Puncten y bestehende Curve. Setzt man sodann dieses ganze Curvensystem um seine Symmetrielinie $\sigma\tau\tau'$ in Rotation, so erhält man das durch die Gleichung ($\mathfrak{R}'$.) repräsentirte Flächensystem.

denjenigen, deren Mittelpuncte auf der negativen Seite von $d\sigma$ sich befinden.

All' diese Betrachtungen über die Function $\frac{\cos\vartheta}{E}$ (14.) übertragen sich sofort auf den Ausdruck $(d\sigma)_x$ in (13.).

Wenn wir bisher das Element $d\sigma$ festgehalten und x variirt haben, so wollen wir nun umgekehrt den Punct x festhalten, hingegen das Element $d\sigma$ längs der gegebenen Curve verschieben.

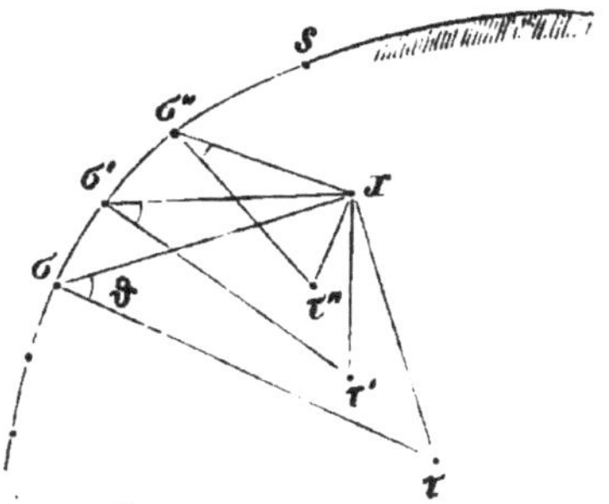

Es sei xs der kürzeste Abstand des Punctes von der Curve. Ferner sei $x\sigma\tau$ ein bei x rechtwinkliges Dreieck, dessen Hypotenuse $\sigma\tau$ durch die in σ auf der Curve errichtete positive Normale dargestellt wird. Alsdann ist:

$$(x\sigma) = (\sigma\tau)\cos\vartheta,$$

d. i.

$$E = (\sigma\tau)\cos\vartheta,$$

mithin:

$$\frac{\cos\vartheta}{E} = \frac{1}{(\sigma\tau)}.$$

Lassen wir nun jenes rechtwinklige Dreieck $x\sigma\tau$ um x sich drehen, während die Ecke σ auf der Curve fortläuft, und die Hypotenuse $\sigma\tau$ beständig durch die in σ errichtete Normale dargestellt bleibt, so erhalten wir für die Function $\frac{\cos\vartheta}{E}$ die aufeinander folgenden Werthe:

$$\frac{\cos\vartheta}{E} = \frac{1}{(\sigma\tau)},\quad \frac{1}{(\sigma'\tau')},\quad \frac{1}{(\sigma''\tau'')},\quad \frac{1}{(sx)},\ \ldots\ldots \qquad 16.$$

In dem Augenblick nämlich, wo σ über σ', σ'' nach s gelangt, geht $(\sigma\tau)$ über in (sx).

Die Werthe der Function $\frac{\cos\vartheta}{E}$ sind, wie wir aus (16.) erkennen, *durchweg endlich*, so lange der Punct x von der Curve *entfernt* ist. Doch müssen wir befürchten, dass diese Endlichkeit verloren geht, sobald x in die Curve hineinfällt, weil alsdann $(sx) = 0$, mithin $\frac{1}{(sx)} = -\infty$ wird. Eine genauere Betrachtung wird indessen zeigen, dass diese Befürchtung unbegründet ist.

Wir können nämlich, wenn x *auf* der Curve liegt (vgl. die folgende Figur) genau dieselbe Construction wie früher ausführen, indem wir wiederum ein rechtwinkliges Dreieck

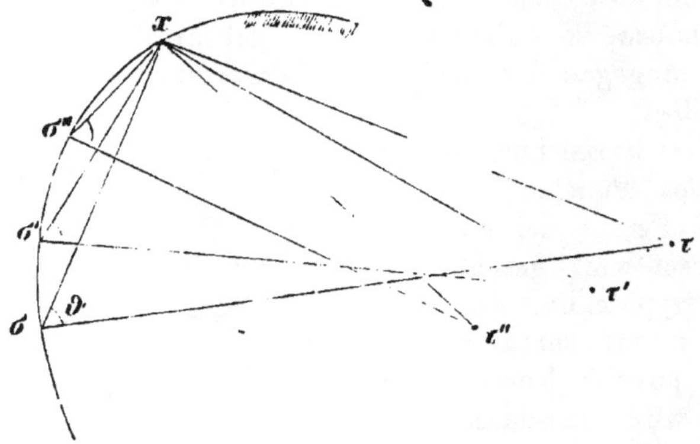

$x\sigma\tau$ (dessen Hypotenuse die in σ errichtete Normale darstellt) um x sich drehen lassen; und erhalten alsdann für die Function $\frac{\cos\vartheta}{E}$ folgende Werthe:

17. $$\frac{\cos\vartheta}{E} = \frac{1}{(\sigma\tau)},\quad \frac{1}{(\sigma'\tau')},\quad \frac{1}{(\sigma''\tau'')},\quad \frac{1}{D},\ \ldots\ldots$$

Denn in dem Augenblick, wo σ über σ', σ'' nach x gelangt, geht $(\sigma\tau)$ über in den Durchmesser D des der Curve im Puncte x zugehörigen Krümmungskreises*).

*) In der That wird, falls σ'' dem Puncte x unendlich nahe kommt, die Linie $x\tau''$ in den *Durchmesser* (nicht in den Radius) des Krümmungskreises übergehen. Denn es ist zu beachten, dass $\sigma''\tau''$ eine Normale der Curve ist, $x\tau''$ aber *nicht*. Vielmehr ist $x\tau''$ ein Perpendikel auf der Sehne $x\sigma''$.

Es mag hier zugleich der analogen Betrachtungen im *Raume* gedacht werden. Wir können uns dabei beschränken auf einen *Hauptschnitt* der gegebenen Fläche, d. h. auf eine Ebene, welche, falls x von der Fläche entfernt ist, durch die Linie xs des kürzesten Abstandes, und, falls x auf der Fläche liegt, durch die in x errichtete Normale gelegt ist.

An Stelle der Function $\frac{\cos\vartheta}{E}$ kommt im *Raume* die Function $\frac{\cos\vartheta}{E^2}$

Mag also der Punct x *ausserhalb* oder *auf* der Curve liegen, immer werden die Werthe der Function $\frac{\cos\vartheta}{E}$ durchweg *endliche* sein. Aus dieser Endlichkeit folgt, dass das Integral

$$W_x = \int \mu (d\sigma)_x = \int \frac{\cos\vartheta}{E}\, \mu d\sigma \qquad 18.$$

im einen wie im andern Falle einen *bestimmten endlichen* Werth hat, vorausgesetzt, dass die gegebene Function μ überall endlich ist. Und solches wird offenbar auch dann noch gelten, wenn x in einem *Endpunct* der Curve liegt, oder auch in einem *Eckpunct* derselben. Denn wir können den zweiten Fall auf den ersten reduciren, indem wir die Curve in *zwei* Curven zerlegen, welche mit ihren Endpuncten in der gegebenen Ecke zusammenstossen*).

Aus jener Endlichkeit der Werthe von $\frac{\cos\vartheta}{E}$ (17.) folgt ferner, dass man bei der Berechnung des Integrals (18.) für einen *auf* der Curve gelegenen Punct x einen *unendlich kleinen* Theil der Curve, z. B. denjenigen, welcher die unmittelbare Umgebung des Punctes repräsentirt, fortlassen darf, ohne dabei einen andern als *unendlich kleinen* Fehler zu begehen.

---

in Betracht. Für diese Function ergiebt sich nun in einem solchen Hauptschnitt entweder die Werthenreihe

$$\frac{\cos\vartheta}{E^2} = \frac{1}{(\sigma x)(\sigma \tau)},\quad \frac{1}{(\sigma' x)(\sigma' \tau')},\quad \frac{1}{(sx)^2},\ \ldots\ldots,$$

oder die Werthenreihe:

$$\frac{\cos\vartheta}{E^2} = \frac{1}{(\sigma x)(\sigma \tau)},\quad \frac{1}{(\sigma' x)(\sigma' \tau')},\quad \frac{1}{D^2},\ \ldots\ldots;$$

nämlich die erstere, falls x von der Fläche entfernt, die letztere, falls x auf der Fläche liegt. Dabei repräsentirt D den Durchmesser des Krümmungskreises des Hauptschnittes im Puncte x.

*) Uebrigens haben wir bei all' diesen Betrachtungen stillschweigend vorausgesetzt, dass die Durchmesser D von Null verschieden sind, *dass also die gegebene Curve, abgesehen von einzelnen Ecken, überall von stetiger Krümmung sei.*

Resultate in der Ebene und im Raume. — Ganz ähnliche Betrachtungen*) lassen sich im *Raume* anstellen, und wir gelangen daher, Alles zusammengefasst, zu folgendem Satz:

*Es sei σ eine beliebig gegebene Curve oder Fläche, welche, abgesehen von einzelnen Ecken, resp. Ecken und Kanten, einer stetigen Krümmung**) sich erfreut; ferner sei*

19. $$W_x = \int \mu (d\sigma)_x$$

das Potential einer auf σ ausgebreiteten Doppelbelegung, deren Moment μ überall endlich *ist. Alsdann wird dieses Potential in jedem gegebenen Punct x, einerlei ob derselbe von σ entfernt oder auf σ liegt, einen* bestimmten endlichen *Werth haben.*

Liegt x auf σ, so kann man, ohne einen angebbaren Fehler zu befürchten, bei Berechnung des Integrals (19.) *denjenigen unendlich kleinen Theil von σ, welcher die unmittelbare Umgebung von x repräsentirt, vernachlässigen.*

Wichtige Bemerkung. — Wir sehen in (16.) und (17.), dass zwei derselben Function entsprungene Werthreihen des gegenseitigen Zusammenhanges entbehren. In der That ist es unmöglich, die Werthreihe (16.) durch ein allmähliges Herandrücken des Punctes x an die Curve in die Werthreihe (17.) überzuführen. Denn bei einem solchen Herandrücken würde (sx) in 0, mithin $\frac{1}{(sx)}$ in ∞, nicht aber in $\frac{1}{D}$ übergehen.

Da nun zwischen diesen Werthreihen (16.) und (17.) kein stetiger Uebergang vorhanden ist, auf diesen Reihen aber die Berechnung derjenigen Werthe fusst, welche das Potential W (18.) respective *in der Nähe* der Curve und *auf*
20. derselben besitzt, so steht zu vermuthen, dass zwischen diesen Potentialwerthen ebenfalls kein stetiger Uebergang vorhanden sein werde. Analoges ist zu vermuthen im Raume. Und diese Vermuthungen werden sich weiterhin bestätigen.

Um die Verschiedenheit der beiden Werthreihen (16.) und (17.) noch deutlicher hervortreten zu lassen, mag das *Beispiel des Kreises* dienen. — Ist die gegebene Curve dar-

---

*) Auf gewisse Unterschiede ist bereits hingewiesen durch die vorhergehenden Noten.

**) Vgl. die letzte Note der vorhergehenden Seite.

gestellt durch eine mit dem Radius A um c beschriebene Kreisperipherie (vgl. die Figur), so folgt aus dem Dreieck $cx\sigma$ sofort: $R^2 = E^2 + \mathsf{A}^2 - 2E\mathsf{A}\cos\vartheta$, mithin:

$$\frac{\cos\vartheta}{E} = \frac{1}{2\mathsf{A}}\left(1 + \frac{\mathsf{A}^2 - R^2}{E^2}\right). \tag{21.}$$

Liegt x *auf* der Curve, so wird $R = \mathsf{A}$, so dass man also für diesen Fall die Formel erhält:

$$\frac{\cos\vartheta}{E} = \frac{1}{2\mathsf{A}}. \tag{22.}$$

Wir sehen somit, dass jene Werthreihen (16.) und (17.), resp. (21.) und (22.) sich zu einander verhalten wie die Werthe von

$$K + \frac{L}{E^2}$$

zu denen von

K, wo K, L *Constanten* sind.

§ 4.

Einige geometrische Festsetzungen.

Das Winkelmaass. — Es sei σ eine gegebene Curve oder Fläche mit festgesetzter positiver Seite, und s ein auf σ gelegener Punct.

Die von s nach den Nachbarpuncten der *Curve* σ hinlaufenden und über dieselben hinaus verlängerten Strahlen bilden einen *Winkel*, durch welchen eine mit dem Radius Eins um s beschriebene *Kreislinie* in zwei Theile zerlegt wird. Von diesen beiden Theilen mag der auf der positiven Seite der Curve liegende *das Winkel-*

Die von s nach den Nachbarpuncten der *Fläche* σ hinlaufenden und über dieselben hinaus 23.
fortgesetzten Strahlen bilden einen *Kegelmantel*, durch welchen eine mit dem Radius Eins um s beschriebene *Kugelfläche* in zwei Theile zerlegt wird. Von diesen beiden Theilen mag der auf der positiven Seite der Fläche liegende *das Winkel-*

maass der Curve im Puncte s genannt, und mit ϖ_s bezeichnet werden.

Ist z. B. σ die Peripherie eines gleichseitigen Dreiecks, und setzt man als positive Seite die innere fest, so wird für jeden Punct s

$$\varpi_s = \varpi \text{ oder } = \frac{2\varpi}{3}$$

sein, je nachdem der Punct s in einer *Seite* oder in einer *Ecke* des Dreiecks liegt.

maass der Fläche im Puncte s genannt, und mit ϖ_s bezeichnet werden.

Ist z. B. σ die Oberfläche eines Würfels, und setzt man als positive Seite die innere fest, so wird für jeden Punct s

$$\varpi_s = \varpi \text{ oder } = \frac{\varpi}{2} \text{ oder } = \frac{\varpi}{4}$$

sein, je nachdem der Punct s in einer *Seite*, oder in einer *Kante*, oder in einer *Ecke* des Würfels liegt.

Das supplementare Winkelmaass. — Die mit ϖ_s durch die Relation

24. $$\varpi_s + ȣ_s = \varpi$$

verbundene Grösse $ȣ_s$ mag das *Supplement des Winkelmaasses*, oder kürzer *das supplementare Winkelmaass* genannt werden.

Bemerkung. — Aus diesen Definitionen geht hervor, dass ϖ_s gewöhnlich $= \varpi$, und $ȣ_s$ gewöhnlich $= 0$ ist, und dass Abweichungen von diesen *gewöhnlichen* Werthen nur dann stattfinden, wenn der Punct s in einer Kante oder Ecke liegt. Mit Rücksicht auf jene *gewöhnlichen* Werthe sind die Bezeichnungen ϖ_s und $ȣ_s$ gewählt. Denn ebenso wie ϖ_s an ϖ erinnert, ebenso soll $ȣ_s$ an das griechische Wort ȣδέν (οὐδέν) d. i. an die Zahl 0 erinnern.*)

§ 5.

Das Potential einer Doppelbelegung vom Momente Eins.**)

Betrachtung im Raume. — Eine geschlossene Fläche σ, deren innere Seite als *positive* festgesetzt ist, sei versehen mit einer Doppelbelegung vom Momente

---

*) Man kann den Buchstaben ȣ ein *Omikron-Ypsilon* oder kürzer ein *Omikron* nennen. Letzteres ist nicht ganz richtig, empfiehlt sich aber als das Bequemere.

**) Ich werde in diesem § stets voraussetzen, jene Doppelbelegung vom Momente Eins sei ausgebreitet auf einer *geschlossenen* Curve oder Fläche.

$$\mu = 1.$$

Wir stellen uns die Aufgabe, das Potential dieser Doppelbelegung auf einen beliebigen Punct x:

$$W = W_x = \int (d\sigma)_x$$

näher zu untersuchen [vgl. 12. a, b, c)].

Bedienen wir uns der Bezeichnungen $\mathfrak{A}$, a, α, $\mathfrak{J}$, i, j und s, σ genau in demselben Sinne wie früher [Seite 31], so sind drei Fälle zu unterscheiden, je nachdem $x = a$ oder $= i$ oder $= s$ ist; und es sind also der Reihe nach zu berechnen die drei Werthe:

$$W_a = \int (d\sigma)_a\,,$$
$$W_i = \int (d\sigma)_i\,,$$ 25.
$$W_s = \int (d\sigma)_s\,.$$

Erstens: Berechnung von W_a. — Wir beschreiben um den gegebenen Punct a eine Kugelfläche $\varkappa$ vom Radius Eins, theilen dieselbe in unendlich kleine Elemente, und projiciren ein solches Element $d\varkappa$ von a aus auf σ. Die dabei anzuwendenden Projectionsstrahlen treffen die Fläche σ im Allgemeinen *mehrmals*, und zwar (weil a ausserhalb σ liegt) stets eine *gerade* Anzahl von Malen. Demgemäss sind die sich ergebenden Projectionen des Elementes $d\varkappa$ der Reihe nach zu bezeichnen mit

$$d\sigma_1\,,\ d\sigma_2\,,\ d\sigma_3\,,\ \ldots\ldots\ d\sigma_{2n}\,.$$

Ein in a befindlicher Beobachter hat die *negative* Seite von $d\sigma_1$, hingegen die *positive* von $d\sigma_2$ vor Augen, sodann wieder die *negative* Seite von $d\sigma_3$, u. s. w.*) Somit folgt [vgl. (12. b)]:

$$(d\sigma_1)_a = -\,d\varkappa\,,$$
$$(d\sigma_2)_a = +\,d\varkappa\,,$$
$$(d\sigma_3)_a = -\,d\varkappa\,,$$
$$\ldots\ldots\ldots$$

Die Summe dieser $2n$ Grössen ist offenbar $= 0$, weil alle sich paarweise zerstören. Also:

*) Es ist nämlich wohl zu beachten, dass wir die *innere* Seite der geschlossenen Fläche σ als *positive*, mithin ihre äussere Seite als *negative* festgesetzt haben.

$$(d\sigma_1)_a + (d\sigma_2)_a + (d\sigma_3)_a + \ldots . = 0.$$

Denken wir uns diese Gleichung der Reihe nach hingeschrieben für jedes $d\varkappa$, so erhalten wir durch Addition all' dieser Gleichungen:

$$\int (d\sigma)_a = 0,$$

wo linker Hand die Summe *sämmtlicher* $(d\sigma)_a$ steht. Hierdurch gewinnt die erste der Formeln (25.) die Gestalt:

26. $$W_a = 0.$$

Zweitens: Berechnung von W_i. — Ist $\varkappa$ eine mit dem Radius Eins um i beschriebene Kugelfläche, und projicirt man irgend ein Element $d\varkappa$ dieser Kugelfläche von i aus auf die gegebene Fläche σ, so erhält man eine *ungerade* Anzahl von Projectionen:

$$d\sigma_1,\ d\sigma_2,\ d\sigma_3,\ \ldots .\ d\sigma_{2n-1}.$$

Ein in i befindlicher Beobachter hat offenbar die *positive* Seite von $d\sigma_1$ vor Augen, die *negative* von $d\sigma_2$, u. s. w. Somit folgt:

$$(d\sigma_1)_i = + d\varkappa,$$
$$(d\sigma_2)_i = - d\varkappa,$$
$$(d\sigma_3)_i = + d\varkappa,$$
$$\ldots\ldots\ldots$$

Die Summe dieser $2n - 1$ Grössen ist offenbar gleich der *ersten*, d. i. $= d\varkappa$, weil alle übrigen sich paarweise zerstören. Also:

$$(d\sigma_1)_i + (d\sigma_2)_i + (d\sigma_3)_i + \ldots . = d\varkappa.$$

Schreiben wir diese Gleichung der Reihe nach hin für *jedes* Element $d\varkappa$, so erhalten wir durch Addition all' dieser Gleichungen:

$$\int (d\sigma)_i = \varkappa, \quad \text{d. i.} \quad = 2\varpi,$$

also mit Rücksicht auf (25.):

27. $$W_i = 2\varpi.$$

Drittens: Berechnung von W_s. — Ziehen wir von s aus Strahlen nach sämmtlichen Nachbarpuncten, so erhalten wir einen Kegelmantel, durch welchen eine mit dem Radius

Eins um s beschriebene Kugelfläche $\varkappa$ in zwei Calotten zerlegt wird*):

$$\varkappa = 2\varpi = \varpi_s + (2\varpi - \varpi_s);$$

von diesen beiden Calotten ϖ_s und $(2\varpi - \varpi_s)$ heisst die erstere das *Winkelmaass der gegebenen Fläche σ im Puncte s* [vgl. (23.)].

Denken wir uns vom Puncte s unendlich viele Strahlen auslaufend, nach allen möglichen Richtungen, so wird jeder solcher Strahl eine der beiden Calotten treffen. — Trifft er die Calotte ϖ_s, so wird er seinen Ursprung (d. i. sein erstes unendlich kleines Element) im Gebiete $\mathfrak{J}$ haben, und folglich die gegebene Fläche σ eine *ungerade* Anzahl von Malen durchbohren. Denn, da er in $\mathfrak{J}$ entspringt, so gelangt er nach *einer* Durchbohrung in das Gebiet $\mathfrak{A}$, nach zwei Durchbohrungen in das Gebiet $\mathfrak{J}$, u. s. w. Und er wird also, weil er schliesslich im Gebiete $\mathfrak{A}$ endigen (nämlich zu einem unendlich fernen Punct dieses Gebietes gelangen) muss, im Ganzen eine *ungerade* Anzahl solcher Durchbohrungen auszuführen haben. — Trifft andererseits der von s ausgehende Strahl die Calotte $(2\varpi - \varpi_s)$, so wird er seinen Ursprung im Gebiete $\mathfrak{A}$ haben, und folglich die Fläche σ eine *gerade* Anzahl**) von Malen durchbohren.

Denken wir uns also die um s beschriebene Kugelfläche $\varkappa$ in unendlich kleine Elemente zerlegt, und bezeichnen wir die Projectionen eines solchen Elementes $d\varkappa$ auf die gegebene Fläche σ der Reihe nach mit

$$d\sigma_1, \; d\sigma_2, \; d\sigma_3, \; \ldots \ldots,$$

so ist die Anzahl dieser Projectionen *ungerade* oder *gerade*, je nachdem $d\varkappa$ der Calotte ϖ_s oder der Calotte $(2\varpi - \varpi_s)$ zugehört. Demgemäss erhalten wir für jedes zu ϖ_s gehörige $d\varkappa$:

$$(d\sigma_1)_s + (d\sigma_2)_s + (d\sigma_3)_s + \cdots = d\varkappa,$$

hingegen für jedes zu $(2\varpi - \varpi_s)$ gehörige $d\varkappa$:

$$(d\sigma_1)_s + (d\sigma_2)_s + (d\sigma_3)_s + \cdots = 0.$$

---

*) Selbstverständlich ist die Grenzcurve dieser beiden Calotten im Allgemeinen eine Curve doppelter Krümmung.

**) Häufig ist diese Zahl $= 0$. Doch kann man leicht auch Beispiele angeben, in denen sie $= 2$, oder $= 4$, u. s. w. ist.

Denken wir uns diese Gleichungen (die eine resp. die andere) gebildet für *jedes* Element $d\varkappa$, so erhalten wir durch Addition all' dieser Gleichungen:

$$\int (d\sigma)_s = \left(\begin{matrix}\text{der Summe derjenigen } d\varkappa\text{, welche}\\ \text{der Calotte } \varpi_s \text{ angehören}\end{matrix}\right),$$

d. i.

$$\int (d\sigma)_s = \varpi_s ,$$

also mit Rücksicht auf (25.):

28. $$W_s = \varpi_s .$$

Zusammenstellung der erhaltenen Formeln. — Beachten wir, dass, nach (24.), $\varpi_s = \varpi - \varepsilon_s$ ist, so können wir die Formeln (25.), (26.), (27.), (28.) folgendermassen schreiben:

29. $$\begin{aligned} W_a &= \int (d\sigma)_a = 0, \\ W_i &= \int (d\sigma)_i = 2\varpi, \\ W_s &= \int (d\sigma)_s = \varpi_s = \varpi - \varepsilon_s , \end{aligned}$$

wo ϖ_s das Winkelmaass, und ε_s das supplementare Winkelmaass der gegebenen Fläche σ im Puncte s bezeichnet.

Im Raum und in der Ebene. — Ganz analoge Resultate werden offenbar in der *Ebene* sich ergeben.

Verstehen wir also, um Alles zusammenzufassen, unter σ eine geschlossene Curve oder Fläche mit positiver innerer Seite, und ferner unter

30. $$W_x = \int (d\sigma)_x$$

das Potential einer auf σ ausgebreiteten Doppelbelegung vom Momente Eins, so gelten die Formeln:

31. $$\begin{aligned} &\int (d\sigma)_a = 0, \\ &\int (d\sigma)_i = 2\varpi; \\ &\int (d\sigma)_s = \varpi_s = \varpi - \varepsilon_s , \end{aligned}$$

wo ϖ_s das Winkelmaass und ε_s das supplementare Winkelmaass der Curve oder Fläche σ im Puncte s bezeichnet.

Ist die gegebene Curve oder Fläche σ überall stetig gebogen, mithin frei von Ecken und Kanten, so wird ε_s überall $= 0$ sein [vgl. Seite 129], wodurch die vorstehenden Formeln die einfachere Gestalt gewinnen:

$$\int (d\sigma)_a = 0,$$
$$\int (d\sigma)_i = 2\varpi,$$
$$\int (d\sigma)_s = \varpi.$$

Hieraus erkennen wir, dass in dem genannten Specialfall die Function $W_x = \int (d\sigma)_x$ im Ganzen drei constante Werthe hat, nämlich den constanten Werth 0 *ausserhalb* σ, den constanten Werth ϖ *auf* σ, und den constanten Werth 2ϖ *innerhalb* σ; so dass also diese Function beim Uebergange von Aussen nach Innen zwei unmittelbar auf einander folgende Sprünge erleidet, zuerst von 0 auf ϖ, sodann von ϖ auf 2ϖ.

Gehen wir nun über zu dem allgemeinen Fall, dass die gegebene Curve oder Fläche σ *nicht* überall stetig gebogen, sondern mit irgend welchen Ecken resp. Ecken und Kanten behaftet ist, so wiederholt sich hier genau dasselbe wie in jenem Specialfall; nur mit dem Unterschiede, dass die Function $W_x = \int (d\sigma)_x$ in den Eck- und Kanten-Puncten nicht mehr den Werth ϖ, sondern gewisse andere Werthe besitzt. Bezeichnet nämlich s einen solchen Eck- oder Kanten-Punct, und ϑ_s das supplementare Winkelmaass von σ in diesem Puncte, so wird jene Function in s nicht mehr den Werth ϖ, sondern Werth $\varpi - \vartheta_s$ besitzen.

§ 6.

Das Potential einer Doppelbelegung von beliebigem Moment.*) Die allgemeinen Eigenschaften eines solchen Potentials.

Betrachtung im Raum. — Es sei σ eine geschlossene Fläche mit positiver innerer Seite; und auf σ sei eine Doppelbelegung ausgebreitet, deren Moment μ eine *stetige* Function des Ortes auf σ ist. Wir stellen uns die Aufgabe, das Potential dieser Doppelbelegung auf einen variablen Punct x: 32.

$$W_x = \int \mu (d\sigma)_x \qquad 33.$$

näher zu untersuchen.

Offenbar wird dieses Potential in jedem Puncte a, und

*) Ich werde in diesem § voraussetzen, dass die zu betrachtende Doppelbelegung auf einer *geschlossenen* Curve oder Fläche ausgebreitet ist, und dass ihr Moment auf dieser Curve oder Fläche überall *stetig* sei.

ebenso in jedem Puncte i *stetig* sein.*) Fraglich aber ist sein Verhalten in den Puncten s, und namentlich auch sein Verhalten in zwei einander *benachbarten* Puncten s, a oder s, i.

Um hierauf näher einzugehen, markiren wir auf σ einen beliebigen Punct s_0, und beschreiben um s_0 als Mittelpunct eine Kugelfläche $\varkappa$ von solcher Kleinheit, dass die stetige
34. Function μ (32.) innerhalb $\varkappa$ als *constant* angesehen werden darf**). Bezeichnen wir diesen constanten Werth mit C, und bezeichnen wir ferner den innerhalb von $\varkappa$ gelegenen Theil von σ mit σ', den ausserhalb $\varkappa$ befindlichen mit σ'', so ist nach (33.):

$$W_x = \int \mu (d\sigma')_x + \int \mu (d\sigma'')_x \,,$$

also mit Rücksicht auf (34.):

$$W_x = C\int (d\sigma')_x + \int \mu (d\sigma'')_x \,,$$

oder, falls wir die identische Gleichung

$$0 = C\int (d\sigma'')_x - C\int (d\sigma'')_x$$

hinzuaddiren:

35. $$W_x = C\int (d\sigma)_x + \int (\mu - C)(d\sigma'')_x \,;$$

wofür zur Abkürzung geschrieben werden mag:

36. $$W_x = C\int (d\sigma)_x + F_x \,.$$

Hier bezeichnet alsdann F_x das Potential einer nur auf σ'' ausgebreiteten Doppelbelegung, also das Potential von Massen,
37. die *ausserhalb* $\varkappa$ liegen. Folglich ist F_x *innerhalb* $\varkappa$ überall *stetig*.

Aus (35.) folgt für $x = a,\ i,\ s$ und mit Rücksicht auf (31.) sofort:

38. $$\begin{aligned} W_a &= 0 && + F_a \,, \\ W_i &= 2\varpi C && + F_i \,, \\ W_s &= (\varpi - \omega_s) C && + F_s \,; \end{aligned}$$

und hieraus folgt weiter, wenn man die Coordinaten der variablen Puncte a und i respective mit x_a, y_a, z_a und x_i, y_i, z_i bezeichnet:

---

*) Ich bezeichne die Puncte *auf* σ mit s, s_0, s_1 u. s. w., ferner die Puncte *ausserhalb* und *innerhalb* σ respective mit a und i, und halte dabei fest an den früher getroffenen Determinationen, vgl. S. 31.

**) Die Function μ ist auf der Fläche σ ausgebreitet. Wenn wir daher vom Verhalten dieser Function *innerhalb* $\varkappa$ sprechen, so haben wir dabei selbstverständlich nur ihr Verhalten *auf dem innerhalb* $\varkappa$ *befindlichem Theil der Fläche* σ im Auge.

$$\frac{\partial W_a}{\partial x_a} = \frac{\partial F_a}{\partial x_a}, \quad \frac{\partial W_a}{\partial y_a} = \frac{\partial F_a}{\partial y_a}, \quad \frac{\partial W_a}{\partial z_a} = \frac{\partial F_a}{\partial z_a},$$
$$\frac{\partial W_i}{\partial x_i} = \frac{\partial F_i}{\partial x_i}, \quad \frac{\partial W_i}{\partial y_i} = \frac{\partial F_i}{\partial y_i}, \quad \frac{\partial W_i}{\partial z_i} = \frac{\partial F_i}{\partial z_i}. \qquad 39.$$

Beschränken wir uns bei Anwendung dieser Formeln auf solche Puncte a, i, s, die *innerhalb* $\varkappa$ liegen, und für welche die Function F (37.) also *stetig* ist, so erkennen wir sofort, dass W im Puncte s *drei verschiedene* Werthe hat. Denn lassen wir in der *ersten* der Formeln (38.) den Punct a nach s rücken, so erhalten wir:

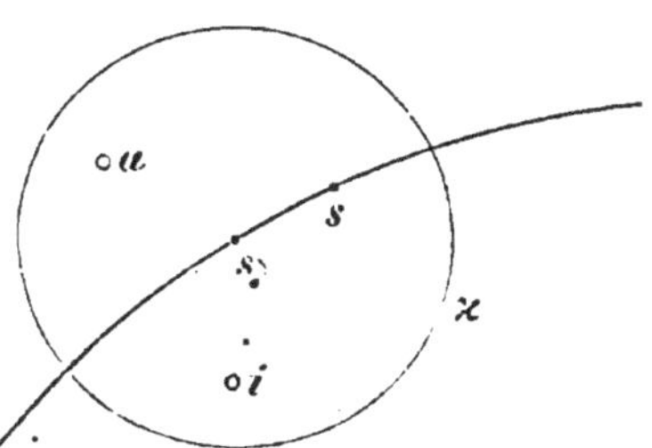

$$W_s = F_s,$$

und lassen wir in der *zweiten* i nach s rücken, so folgt:

$$W_s = 2\varpi C + F_s;$$

während endlich die *dritte* wiederum einen andern Werth liefert:

$$W_s = (\varpi - \vartheta_s)C + F_s.$$

Wollen wir nun (was durchaus nothwendig ist) zwischen diesen drei Werthen unterscheiden, so werden wir die *beiden ersten* als *Grenzwerthe* der Functionen W_a und W_i, d. i. als diejenigen Werthe bezeichnen, welche diese Functionen annehmen, sobald die Puncte a und i dem Puncte s unendlich nahe rücken. Und andererseits werden wir den *dritten* Werth als den *directen*, d. i. als denjenigen Werth bezeichnen können, welcher sich ergiebt, sobald man (ohne Vermittelung der Puncte a, i) das Potential W *direct* für den Punct s bildet. Benutzen wir für jene Grenzwerthe die Symbole W_{as} und W_{is}, hingegen für diesen directen Werth kurzweg das Symbol W_s, so wird also:

$$\begin{aligned} W_{as} &= F_s, \\ W_{is} &= 2\varpi C + F_s, \\ W_s &= (\varpi - \vartheta_s)C + F_s; \end{aligned} \qquad 40.$$

woraus durch Subtraction folgt:

$$\begin{aligned} W_{as} - W_s &= \vartheta_s C - \varpi C, \\ W_{is} - W_s &= \vartheta_s C + \varpi C. \end{aligned} \qquad 41.$$

Nun haben wir unter C den constanten Werth der stetigen

Function μ innerhalb $\varkappa$ verstanden. Folglich ist: $C = \mu_{s_0}$ oder auch: $C = \mu_s$ [vgl. die vorhergehende Figur]. Substituiren wir den Werth $C = \mu_s$ in die letzte der Formeln (40.), so erhalten wir:

42. $$W_s + \vartheta_s \mu_s = F_s + \varpi \mu_s;$$

und hieraus folgt, dass die Function

43. $$W_s + \vartheta_s \mu_s,$$

ebenso wie μ_s (32.) und F_s (37.), *innerhalb* $\varkappa$ *stetig ist.*

Substituiren wir ferner den Werth $C = \mu_s$ in die Formel (41.), so folgt:

44 $$W_{as} = (W_s + \vartheta_s \mu_s) - \varpi \mu_s,$$
$$W_{is} = (W_s + \vartheta_s \mu_s) + \varpi \mu_s;$$

wodurch die Beziehungen der Grenzwerthe W_{as}, W_{is} *zum directen Werth* W_s *dargelegt sind*).*

F_x (37.) repräsentirt das von irgend welchen *ausserhalb* $\varkappa$ gelegenen Massen auf den variablen Punct x oder x, y, z ausgeübte Potential. Folglich sind F, $\frac{\partial F}{\partial x}$, $\frac{\partial F}{\partial y}$, $\frac{\partial F}{\partial z}$ *innerhalb* $\varkappa$ überall stetig. Und hieraus folgt mit Hinblick auf (39.), dass die Ableitungen $\frac{\partial W_a}{\partial x_a}$, $\frac{\partial W_a}{\partial y_a}$, $\frac{\partial W_a}{\partial z_a}$ und $\frac{\partial W_i}{\partial x_i}$, $\frac{\partial W_i}{\partial y_i}$, $\frac{\partial W_i}{\partial z_i}$ unter einander identisch werden, sobald man die Puncte a und i nach s rücken lässt [vgl. die vorhergehende Figur]. *Es sind also* — um den Satz kürzer auszudrücken — *die Grenz-*

45. *werthe von* $\frac{\partial W_a}{\partial x_a}$, $\frac{\partial W_a}{\partial y_a}$, $\frac{\partial W_a}{\partial z_a}$ *ebensogross wie die Grenzwerthe von* $\frac{\partial W_i}{\partial x_i}$, $\frac{\partial W_i}{\partial y_i}$, $\frac{\partial W_i}{\partial z_i}$. Oder, was auf dasselbe hinauskommt: *Bezeichnet p eine beliebig gegebene Richtung, so sind die Grenzwerthe von* $\frac{\partial W_a}{\partial p}$ und $\frac{\partial W_i}{\partial p}$ *unter einander identisch.*

Die eben gemachten Bemerkungen (43.), (44.), (45.) beziehen sich auf das Innere der Kugel $\varkappa$, und werden daher, weil der Mittelpunct von $\varkappa$ auf der gegebenen Fläche σ ganz *beliebig* gewählt war, gültig sein für alle Stellen dieser Fläche. Somit gelangen wir zu folgenden Resultaten:

---

*) Bei all' diesen Formeln ist es zweckmässig, zu Anfang stets *den* Fall sich zu denken, dass die gegebene Fläche σ *ohne* Ecken und Kanten ist. Denn alsdann sind die Grössen ϑ_s (vgl. Seite 130) sämmtlich *Null*, wodurch die Formeln sich bedeutend vereinfachen.

Erstens. Die Werthe $W_s + \vartheta_s \mu_s$ sind auf der gegebenen Fläche σ überall stetig.

Zweitens. Die Werthe W_a bilden ein stetig zusammenhängendes System, dessen Grenzwerthe W_{as} mit den directen Werthen W_s durch die Relation verbunden sind:

$$W_{as} = (W_s + \vartheta_s \mu_s) - \varpi \mu_s .$$

Drittens. Die Werthe W_i bilden ein stetiges System, dessen Grenzwerthe W_{is} mit den W_s verknüpft sind durch die Relation:

$$W_{is} = (W_s + \vartheta_s \mu_s) + \varpi \mu_s ;$$

so dass also, beiläufig bemerkt, $W_{is} - W_{as} = 2\varpi \mu_s$ ist.

Viertens. Bezeichnet p eine beliebig gegebene Richtung, so sind die Grenzwerthe von $\frac{\partial W_a}{\partial p}$ und $\frac{\partial W_i}{\partial p}$ unter einander identisch.

Im Raum und in der Ebene. — Ganz analoge Sätze werden, wie leicht zu übersehen, in der *Ebene* sich ergeben. Und wir gelangen daher, Alles zusammengefasst, zu folgendem Resultat:

Bezeichnet σ eine geschlossene Curve oder Fläche mit positiver innerer Seite, und denkt man sich auf σ eine Doppelbelegung ausgebreitet, deren Moment μ überall stetig ist, so wird das von dieser Doppelbelegung auf einen variablen Punct x ausgeübte Potential:

$$W_x = \int \mu (d\sigma)_x \qquad 47.$$

folgende Eigenschaften haben.

Erste Eigenschaft: Die von s abhängende Function:

$$W_s + \vartheta_s \mu_s \qquad 48.\alpha$$

ist auf σ überall stetig.

Zweite Eigenschaft: Die Werthe W_a bilden ein stetig zusammenhängendes System, dessen Grenzwerthe W_{as} mit den 48.β
directen Werthen W_s durch die Relation verknüpft sind:

$$W_{as} = (W_s + \vartheta_s \mu_s) - \varpi \mu_s .$$

Dritte Eigenschaft: Die Werthe W_i bilden ein stetiges System, dessen Grenzwerthe W_{is} mit den directen Werthen W_s 48.γ
durch die Relation verbunden sind:

$$W_{is} = (W_s + \vartheta_s \mu_s) + \varpi \mu_s .$$

Vierte Eigenschaft: Bezeichnet p eine beliebig gegebene
48. δ *Richtung, so sind die Grenzwerthe von* $\frac{\partial W_a}{\partial p}$ *und* $\frac{\partial W_i}{\partial p}$ *unter einander identisch, was angedeutet werden mag durch die Formel:*

$$\frac{\partial W_{as}}{\partial p} = \frac{\partial W_{is}}{\partial p}.$$

Bequemere Bezeichnung. — Wir haben die W_{as} *und* W_{is} *als Grenzwerthe der* W_a *und* W_i, *andererseits die* W_s *als die directen Werthe bezeichnet. Doch wird es in Zukunft*
48. ε *häufig bequemer sein, einer andern Ausdrucksweise uns zu bedienen, indem wir die* W_{as} *als solche Werthe bezeichnen, welche auf der äussern Seite von* σ, *die* W_{is} *als solche, die auf der innern Seite von* σ, *und endlich die* W_s *als solche, die geradezu auf* σ *sich befinden.*

Diese Unterscheidungen in (48. ε) dürften im ersten Augenblick eben so befremdlich erscheinen, wie etwa jene bekannten Dirichlet'schen Unterscheidungen zwischen $x + 0$, $x - 0$ und x selber. Doch dürften sie, ebenso wie jene, durch die aus ihnen für die Ausdrucksweise entspringenden Vortheile gerechtfertigt sein.

Bemerkung. — Aus den vorstehenden Formeln folgt sofort:

48. ζ $$W_s - W_{as} = (\varpi - \vartheta_s)\mu_s,$$

48. η $$W_{is} - W_s = (\varpi + \vartheta_s)\mu_s,$$

48. θ $$W_{is} - W_{as} = 2\varpi\mu_s.$$

Das Potential W erleidet also [wie aus (48. θ) folgt] bei Ueberschreitung von σ einen *plötzlichen Zuwachs*, welcher gleich ist dem Moment der Doppelbelegung, multiplicirt mit 2ϖ. Und dieser plötzliche Zuwachs besteht bei genauerer Betrachtung [wie aus (48. ζ, η) folgt] aus *zweien*, die kurz hintereinander erfolgen, der eine beim Uebergang von *Aussen* nach der *Grenze*, d. i. nach σ, der andere beim Uebergang von hier nach *Innen*.

Diese beiden letzteren Zuwüchse werden [wie ebenfalls aus (48. ζ, η) ersichtlich] von *gleicher* Grösse, nämlich jeder $= \varpi\mu_s$ sein, sobald die gegebene Curve oder Fläche an der betrachteten Stelle eine stetige Biegung besitzt.

Schlussbemerkung. — Die Zuverlässigkeit der von uns aufgestellten Eigenschaften (48. α, β, γ, δ) ist leider beeinträchtigt

durch die von uns gemachte Annahme, dass μ auf einem sehr 48. ι
kleinen Theil der Curve oder Fläche σ als *constant* angesehen werden dürfe. Wir werden daher in § 8 und § 9 für jene Eigenschaften eine strengere Begründung zu geben versuchen.

§ 7.

Betrachtung einer ungeschlossenen Curve oder Fläche.

Im Raume. — Denkt man sich die bisher betrachtete *geschlossene* Fläche σ durch irgend welche Curve in zwei Theile zerlegt:

$$\sigma = \sigma' + \sigma'',$$

so zerfällt das Potential (47.) in zwei entsprechende Theile:

$$W_x = W_x' + W_x''.$$

Für alle Puncte x, die *auf* σ' oder in *unmittelbarer Nähe* von σ' liegen, und vom Rande dieses Flächentheils σ' *entfernt* sind, wird offenbar W_x'' *stetig*, also das Verhalten von W_x' identisch mit dem von W_x sein. Unsere allgemeinen Eigenschaften (48. α, β, γ, δ) übertragen sich also unmittelbar auf σ' und W_x', unter der Voraussetzung, dass die betrachteten Puncte x vom Rande des Flächentheils σ' durch irgend welche wenn auch noch so kleine Entfernungen getrennt bleiben.

Im Raum und in der Ebene. — Analoges gilt in der Ebene; und wir gelangen daher schliesslich zu folgendem Resultat:

Die allgemeinen Eigenschaften (48. α, β, γ, δ) *gelten auch*
für eine ungeschlossene Curve oder Fläche, — abgesehen 49.
von solchen Puncten, die hart an den Endpuncten der Curve, resp. hart am Rande der Fläche gelegen sind.

§ 8.

Einige Hülfssätze.*)

Erster Hülfssatz. — *Ausserhalb einer gegebenen Kugelfläche vom Radius ϱ und Centrum s mögen zwei variable*

*) Diese Hülfssätze sind erforderlich, um im folgenden § einen *strengeren* Beweis der allgemeinen Eigenschaften (48. α, β . . .) geben zu können.

Puncte x, x_1 mit den Centraldistanzen r, r_1 gedacht werden, welche beständig ausserhalb der Kugelfläche zu bleiben gezwungen sind. Alsdann finden für jede beliebige vom Centrum s ausgehende Richtung R und für jede beliebige positive ganze Zahl m die Formeln statt:

50. α $$\text{abs}\,(\cos(r, R) - \cos(r_1, R)) < \frac{(xx_1)}{\varrho},$$

50. β $$\text{abs}\left(\frac{1}{r^m} - \frac{1}{r_1^{\,m}}\right) < \frac{m\,(xx_1)}{\varrho^{m+1}},$$

50. γ $$\text{abs}\left(\frac{\cos(r, R)}{r^m} - \frac{\cos(r_1, R)}{r_1^{\,m}}\right) < \frac{(m+1)\,(xx_1)}{\varrho^{m+1}},$$

wo (xx_1) die gegenseitige Entfernung der Puncte x, x_1 bezeichnet.

Die variablen Puncte x, x_1 sollen stets *ausserhalb* der Kugelfläche bleiben. Folglich unterliegen ihre Centraldistanzen r, r_1 den Bedingungen:

51. $$r > \varrho, \qquad \frac{1}{r} < \frac{1}{\varrho},$$
$$r_1 > \varrho, \qquad \frac{1}{r_1} < \frac{1}{\varrho}.$$

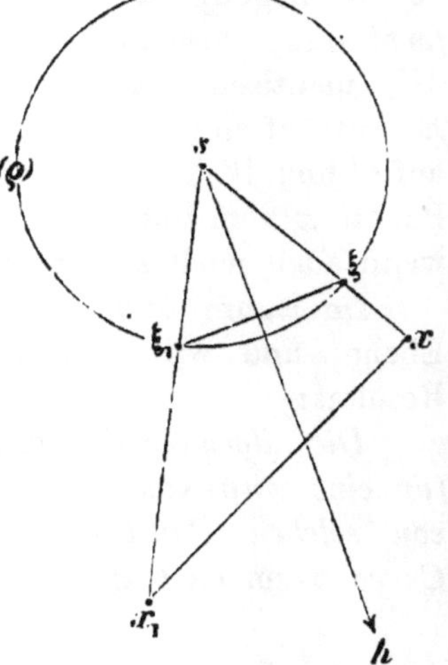

Beweis der Formel (50. α). Um die Differenz

52. $$\Delta = \cos(r, R) - \cos(r_1, R)$$

zu untersuchen, bezeichnen wir die Puncte, in denen die gegebene um s beschriebene Kugelfläche von den Strahlen r, r_1 getroffen wird, mit ξ, ξ_1, und ferner die Halbirungslinie des Winkels r, r_1 mit h (vgl. die Figur). Alsdann folgt durch Construction auf der Kugelfläche*) sofort:

$$\cos(r, R) = \cos(r, h)\cos(R, h) + \sin(r, h)\sin(R, h)\cos\varepsilon,$$
$$\cos(r_1, R) = \cos(r, h)\cos(R, h) - \sin(r, h)\sin(R, h)\cos\varepsilon,$$

wo ε den Neigungswinkel der Ebene rh gegen die Ebene Rh

*) Man wird diese sphärische Figur, welche hier *nicht* gezeichnet ist, sich sofort vorstellen können.

bezeichnet. Hieraus folgt durch Subtraction und mit Hinblick auf (52.):

$$\Delta = 2 \sin (r, h) \sin (R, h) \cos \varepsilon ,$$

folglich:

$$\text{abs } \Delta < 2 \cdot \text{abs} \sin (r, h) ,$$

d. i.

$$\text{abs } \Delta < 2 \cdot \frac{\frac{1}{2}(\xi \xi_1)}{\varrho} ,$$

d. i.

$$\text{abs } \Delta < \frac{(\xi \xi_1)}{\varrho} ,$$

oder, weil die Entfernung $(\xi \xi_1)$ offenbar kleiner als $(x x_1)$ ist:

$$\text{abs } \Delta < \frac{(x x_1)}{\varrho} ,$$

w. z. b. w.

Beweis der Formel (50. β). — Wir bezeichnen die zu untersuchende Differenz wiederum mit Δ, und setzen also diesmal:

$$\Delta = \frac{1}{r^m} - \frac{1}{r_1{}^m} .$$

Hieraus folgt:

$$\begin{aligned} \Delta &= \frac{r_1{}^m - r^m}{(r_1 r)^m} , \\ &= \frac{(r_1 - r)(r_1{}^{m-1} + r_1{}^{m-2} r + r_1{}^{m-3} r^2 \ldots\ldots + r^{m-1})}{(r_1 r)^m} , \\ &= (r_1 - r)\left(\frac{1}{r_1 r^m} + \frac{1}{r_1{}^2 r^{m-1}} + \frac{1}{r_1{}^3 r^{m-2}} \cdots + \frac{1}{r_1{}^m r}\right) . \end{aligned} \tag{53.}$$

Denken wir uns [vgl. die vorhergehende Figur] durch den Punct x eine mit der gegebenen concentrische Kugelfläche gelegt, so repräsentirt offenbar $r_1 - r$ den kürzesten Abstand des (andern) Punctes x_1 von dieser Kugelfläche. Folglich ist: $r_1 - r \leq (x x_1)$; oder, falls wir uns *genauer* und in *allgemein* gültiger Weise ausdrücken wollen:

$$\text{abs } (r_1 - r) \leq (x x_1) .$$

Achten wir hierauf, und beachten wir ferner, dass [nach (51.)] $\frac{1}{r}$ und $\frac{1}{r_1}$ kleiner als $\frac{1}{\varrho}$ sind, so folgt aus (53.) sofort:

$$\text{abs } \Delta < (x x_1) \cdot \frac{m}{\varrho^{m+1}} ,$$

w. z. b. w.

Beweis der Formel (50. γ). — Die gegenwärtig zu untersuchende Differenz:

54. $$\Delta = \frac{\cos(r, R)}{r^m} - \frac{\cos(r_1, R)}{r_1^m}$$

kann offenbar auch so geschrieben werden:

$$\Delta = \frac{\cos(r, R) - \cos(r_1, R)}{r^m} + \left(\frac{1}{r^m} - \frac{1}{r_1^m}\right) \cos(r_1, R).$$

Hieraus folgt mit Rücksicht auf (51.):

$$\text{abs}\, \Delta < \frac{\text{abs}\,(\cos(r, R) - \cos(r_1, R))}{\varrho^m} + \text{abs}\left(\frac{1}{r^m} - \frac{1}{r_1^m}\right),$$

also mit Rücksicht auf die schon bewiesenen Formeln (50. α, β):

$$\text{abs}\, \Delta < \frac{(x x_1)}{\varrho^{m+1}} + \frac{m(x x_1)}{\varrho^{m+1}};$$

w. z. b. w.

Zweiter Hülfssatz. — *Ist $d\sigma$ ein gegebenes Curven- oder Flächenelement, und sind x, x_1 irgend zwei Puncte, deren Entfernungen von jenem Element grösser als ϱ sind, so ist:*

55. $$\text{abs}\,((d\sigma)_x - (d\sigma)_{x_1}) < \frac{(h+1)\,(x x_1)}{\varrho^{h+1}}\, d\sigma,$$

wo $(x x_1)$ die gegenseitige Entfernung der genannten beiden Puncte vorstellt. — Selbstverständlich soll h die früher (Seite 16) eingeführte Zahl bezeichnen, welche $= 1$ ist bei Betrachtungen in der *Ebene*, $= 2$ bei Betrachtungen im *Raume*.

Beweis. — Bekanntlich ist [vgl. (12. b, c), Seite 122]:

$$(d\sigma)_x = \frac{\cos(r, \nu) \cdot d\sigma}{r^h},$$

$$(d\sigma)_{x_1} = \frac{\cos(r_1, \nu) \cdot d\sigma}{r_1^h},$$

wo r, r_1 die Entfernungen der Puncte x, x_1 vom Element $d\sigma$, und ν die Normale dieses Elementes bezeichnen. Somit folgt:

$$(d\sigma)_x - (d\sigma)_{x_1} = \left(\frac{\cos(r, \nu)}{r^h} - \frac{\cos(r_1, \nu)}{r_1^h}\right) d\sigma.$$

Da nun nach unserer Voraussetzung r und r_1 grösser als ϱ sein sollen, die Puncte x, x_1 also gezwungen sind, ausserhalb einer um $d\sigma$ mit dem Radius ϱ beschriebenen Kugelfläche zu bleiben, so folgt mit Rücksicht auf den früheren Hülfssatz (50. γ) sofort:

$$\text{abs}\,((d\sigma)_x - (d\sigma)_{x_1}) < \frac{(h+1)(xx_1)}{\varrho^{h+1}}\,d\sigma\,;$$

w. z. b. w.

Dritter Hülfssatz. — *Es sei σ eine gegebene Curve oder Fläche, und s ein auf σ gelegener fester Punct*). Denkt man sich nun auf σ eine stetige Function μ ausgebreitet, und bezeichnet man den Werth dieser Function in jenem festen Punct s mit μ_s, so wird die von dem variablen Punct x abhängende Function*

$$\Omega_x = \int \mu (d\sigma)_x - \mu_s \int (d\sigma)_x \tag{56.}$$

im Bereich von s stetig sein.

Bezeichnet nämlich ε einen beliebig gegebenen Kleinheitsgrad, so wird sich um s als Mittelpunct stets eine Kreislinie oder Kugelfläche von solcher Kleinheit beschreiben lassen, dass für alle innerhalb dieser Kreislinie oder Kugelfläche gelegenen Puncte x die Formel stattfindet:

$$\text{abs}\,(\Omega_x - \Omega_s) < \varepsilon\,.$$

Dabei sind unter „allen" innerhalb der Kreislinie oder Kugelfläche gelegenen Puncten x sowohl diejenigen zu verstehen, welche auf σ, als auch diejenigen, welche nicht auf σ liegen.

Beweis im Raume. — Bezeichnet $d\sigma$ ein Element der gegebenen Fläche σ, und bildet man die Integrale:

$$\begin{aligned} \int d\sigma &= C, \\ \int (d\sigma)_x &= \Phi_x, \\ \int \text{abs}\,(d\sigma)_x &= \Psi_x, \end{aligned} \tag{57.}$$

so repräsentirt C eine der Fläche zugehörige Constante (ihren sogenannten Flächeninhalt), während Φ_x, Ψ_x Functionen des variablen Punctes x sind. Setzen wir nun (wie immer) voraus, dass die gegebene Fläche von *endlicher* Ausdehnung, und abgesehen von einzelnen Ecken und Kanten von *stetiger* Biegung sei, so werden Φ_x, Ψ_x für alle denkbaren Lagen des Punctes x *endliche* Werthe haben. Bezeichnen wir also z. B. den Maximalwerth der Function Ψ_x mit M:

*) Der *feste* Punct s soll auf der Curve oder Fläche σ eine ganz beliebige Lage haben, und kann also, falls σ *un*geschlossen ist, auch in einem *Endpunct* der Curve, resp. am *Rande* der Fläche liegen. In der That ist der vorstehende Satz für solche Fälle ohne Weiteres *gültig*, wie aus dem nachfolgenden Beweise erhellen wird.

58. $$\int \text{abs}\,(d\sigma)_x = \Psi_x \leq M,$$

so wird M eine der gegebenen Fläche eigenthümliche Constante von *endlichem* Werthe vorstellen.

Repräsentirt α irgend einen *Theil* der gegebenen Fläche σ, so folgt aus (57.), (58.) sofort:

59. $$\int d\alpha < C,$$
$$\int \text{abs}\,(d\alpha)_x < M,$$

die Integration ausgedehnt gedacht über alle Elemente $d\alpha$ des Theiles α.

Solches vorangeschickt, wenden wir uns nun zu der zu untersuchenden Differenz: $\Omega_x - \Omega_s$. Nach (56.) ist:

$$\Omega_x = \int \mu (d\sigma)_x - \mu_s \int (d\sigma)_x ,$$

oder, falls man den Werth von μ im Elemente $d\sigma$ genauer mit μ_σ bezeichnet:

$$\Omega_x = \int \mu_\sigma (d\sigma)_x - \mu_s \int (d\sigma)_x ,$$

d. i. $$\Omega_x = \int (\mu_\sigma - \mu_s)(d\sigma)_x .$$

Hieraus ergiebt sich, falls man x in den gegebenen *festen* Punct s hineinfallen lässt:

$$\Omega_s = \int (\mu_\sigma - \mu_s)(d\sigma)_s ,$$

60. folglich: $$\Omega_x - \Omega_s = \int (\mu_\sigma - \mu_s)\big((d\sigma)_x - (d\sigma)_s\big) .$$

Um das Verhalten dieser Differenz im Bereich des Punctes s zu untersuchen, bedarf es nun mehrerer aufeinander folgender Operationen.

Wir beschreiben zunächst um s als Mittelpunct eine kleine Kugelfläche

61. $$(A).$$

Hierdurch zerfällt die Fläche σ in einen Theil α, der innerhalb (A), und in einen Theil β, der ausserhalb (A) liegt; und dem entsprechend zerfällt das Integral (60.) ebenfalls in zwei Theile:

62. $$\Omega_x - \Omega_s = J_\alpha + J_\beta ;$$
$$J_\alpha = \int (\mu_\alpha - \mu_s)\big((d\alpha)_x - (d\alpha)_s\big) ,$$
$$J_\beta = \int (\mu_\beta - \mu_s)\big((d\beta)_x - (d\beta)_s\big) ;$$

das eine erstreckt sich über alle Elemente $d\alpha$ des Theiles α, das andere über alle Elemente $d\beta$ des Theiles β*).

Aus (62.) folgt sofort:

$$\text{abs}\, J_\alpha < \int \text{abs}\,(\mu_\alpha - \mu_s) \cdot \text{abs}\,((d\alpha)_x - (d\alpha)_s)\,,$$

also *a fortiori:*

$$\text{abs}\, J_\alpha < G \int \text{abs}\,((d\alpha)_x - (d\alpha)_s)\,,$$

wo G den grössten Werth von abs $(\mu_\alpha - \mu_s)$ bezeichnet. Aus der letzten Formel folgt weiter:

$$\text{abs}\, J_\alpha < G \int (\text{abs}\,(d\alpha)_x + \text{abs}\,(d\alpha)_s)\,,$$

also mit Rücksicht auf (59.):

$$\text{abs}\, J_\alpha < 2GM\,. \qquad 63.$$

Die Function μ ist nach unserer Voraussetzung [vgl. den Satz (56.)] eine *stetige*. Ihre Werthe auf dem innerhalb der Kugelfläche (A) gelegenen Flächentheile α sind mit μ_α, und ihr Werth im Centrum s der Kugel (A) mit μ_s bezeichnet. *Durch Verkleinerung der Kugelfläche* (A) können wir daher das Maximum G des Ausdruckes abs $(\mu_\alpha - \mu_s)$ beliebig klein machen, *also nach* (63.) *auch* abs J_α *unter einen beliebig gegebenen Kleinheitsgrad* $\frac{1}{2}\varepsilon$ *hinabdrücken; — und zwar ohne* 64
dabei die Lage des variablen Punctes x irgendwie zu beschränken.

Solches ausgeführt gedacht, lassen wir jetzt die Kugelfläche (A) und die durch sie determinirten Theile α, β *er-* 65.
*starren***), und gehen über zur Betrachtung von J_β. — Nach (62.) ist:

$$\text{abs}\, J_\beta < \int \text{abs}\,(\mu_\beta - \mu_s) \cdot \text{abs}\,((d\beta)_x - (d\beta)_s)\,,$$

also *a fortiori:*

$$\text{abs}\, J_\beta < G' \int \text{abs}\,((d\beta)_x - (d\beta)_s)\,, \qquad 66.$$

wo G' den grössten Werth von abs $(\mu_\beta - \mu_s)$ vorstellt. Denken wir uns nun gegenwärtig den Punct x eingeschlossen in eine mit (A) concentrische, aber noch kleinere Kugel

---

*) Ebenso wie in (60.) der Werth der Function μ im Elemente $d\sigma$ mit μ_σ bezeichnet ist, ebenso sind in (62.) ihre Werthe in den Elementen $d\alpha$ und $d\beta$ resp. mit μ_α und μ_β benannt.

**) Von diesem Augenblick an, wo die Operation (64.) vollendet ist, soll mithin der Radius der Kugelfläche (A) bei unseren weiteren Betrachtungen *constant* bleiben; desgleichen also auch α und β.

67. $$(a),$$

so ist nach unserm Hülfssatz (55.):

68. $$\text{abs}\,((d\beta)_x - (d\beta)_s) < \frac{(h+1)\,(xs)}{(A-a)^{h+1}}\,d\beta,$$

wo $h = 2$ ist, während A, a die Radien der beiden Kugelflächen (A), (a) vorstellen*). Somit erhalten wir aus (66.):

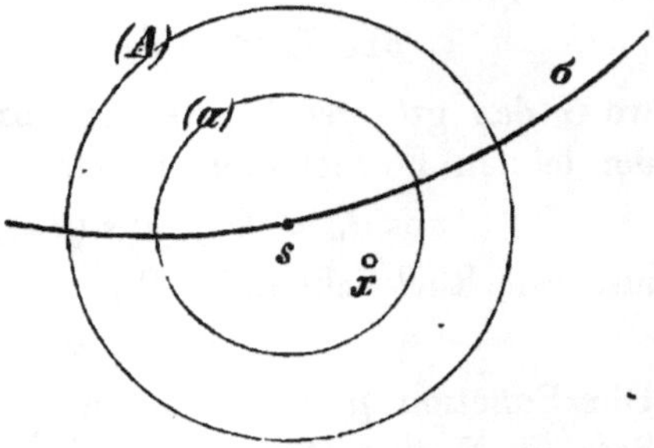

69. $$\text{abs}\,J_\beta < G' \frac{(h+1)\,(xs)}{(A-a)^{h+1}} \int d\beta.$$

Es ist aber: $\int d\beta < \int d\sigma$, mithin nach (57.):

$$\int d\beta < C.$$

Auch ist $(xs) \leqq a$, weil der Punct x in die Kugelfläche (a) eingeschlossen wurde. Somit folgt:

70. $$\text{abs}\,J_\beta < CG' \frac{(h+1)\,a}{(A-a)^{h+1}}.$$

Hier sind die Zahlen h, C ihrer Natur nach unveränderlich. Gleiches gilt aber auch von den Zahlen A, G', weil wir die Kugelfläche (A) und die durch sie bestimmten Theile α, β schon lange haben *erstarren* lassen [vgl. (65.)]. Hingegen ist der Radius a der *kleinern* Kugelfläche (a), in welche der Punct x eingeschlossen wurde, noch *veränderlich. Und durch*
71. *Verkleinerung dieses Radius a können wir offenbar, wie aus* (70.) *ersichtlich, den Werth von* abs J_β *beliebig klein machen, z. B. kleiner als* $\frac{1}{2}\varepsilon$.

Solches ausgeführt, ist alsdann für jedweden innerhalb der Kugel (a) gelegenen Punct x:

$$\text{abs}\,J_\alpha < \tfrac{1}{2}\varepsilon, \quad \text{nach (64.)},$$

und gleichzeitig auch:

---

*) Die Puncte x, s liegen nämlich *innerhalb* der *kleinen* Kugel (a), während sämmtliche Elemente $d\beta$ [vgl. (65.)] *ausserhalb* der *grossen* Kugel (A) sich befinden. Folglich sind die Entfernungen jener Puncte x, s von irgend einem Element $d\beta$ nothwendig grösser als die Differenz der Radien der beiden Kugeln, d. i. grösser als $(A - a)$.

$$\text{abs}\, J_\beta < \tfrac{1}{2}\varepsilon, \quad \text{nach (71.);}$$

und folglich:

$$\text{abs}\,(J_\alpha + J_\beta) < \varepsilon,$$

d. i. nach (62.):

$$\text{abs}\,(\Omega_x - \Omega_s) < \varepsilon;$$ 72.

w. z. b. w.

Beweis in der Ebene. — Dieser ist offenbar völlig analog. Sogar die Formeln sind genau dieselben wie im Raume, nur mit dem Unterschiede, dass die in (68.), (69.), (70.) auftretende Zahl h in der Ebene nicht mehr $= 2$, sondern $= 1$ ist.

§ 9.

Strengerer Beweis für die allgemeinen Eigenschaften des Potentials einer Doppelbelegung.

Da die für diese allgemeinen Eigenschaften (48. $\alpha, \beta, \gamma, \delta$) gegebene Begründung keine unbedingt zuverlässige war [vgl. die Schlussbemerkung, Seite 140], so wollen wir gegenwärtig ein strengeres Verfahren einzuschlagen versuchen.

Es sei ebenso wie damals σ eine *geschlossene* Curve oder Fläche mit positiver innerer Seite, und μ das Moment einer auf σ ausgebreiteten Doppelbelegung, endlich

$$W_x = \int \mu\, (d\sigma)_x$$ 73.

das Potential dieser Doppelbelegung auf einen variablen Punct
x. Auch sei, ebenso wie damals, vorausgesetzt, dass μ auf 74.
σ überall *stetig* ist.

Bezeichnet man irgend welche *auf* σ gelegenen Puncte mit $s, s_1, \ldots$, ferner die Puncte *ausserhalb* und *innerhalb* σ respective mit $a, a_1, \ldots$ und $i, i_1, \ldots$, so ist*) nach bekanntem Satz [Seite 134]:

$$\begin{aligned} \int (d\sigma)_a &= 0, \\ \int (d\sigma)_i &= 2\varpi, \\ \int (d\sigma)_s &= \varpi - \vartheta_s, \\ \int (d\sigma)_{s_1} &= \varpi - \vartheta_{s_1}. \end{aligned}$$ 75.

*) Es sollen die Bezeichnungen $a, a_1, \ldots, i, i_1, \ldots, s, s_1, \ldots$ genau in dem Sinne gebraucht werden, der früher (Seite 31) festgesetzt wurde.

Solches vorangeschickt, markiren wir auf σ einen beliebigen Punct s, und bilden den von s und x abhängenden Ausdruck:

76. $$\Omega_x = \Omega'_x = \int \mu (d\sigma)_x - \mu_s \int (d\sigma)_x \,,$$

welcher mit Rücksicht auf (73.) auch so geschrieben werden kann:

77. $$\Omega_x = \Omega'_x = W_x - \mu_s \int (d\sigma)_x \,.$$

Hieraus folgt für $x = a, i, s, s_1$ und mit Rücksicht auf (75.) sofort:

78. $$\Omega_a = W_a \,,$$

79. $$\Omega_i = W_i - 2\varpi \mu_s \,,$$

80. $$\Omega_s = W_s + \vartheta_s \mu_s - \varpi \mu_s \,,$$

$$\Omega_{s_1} = W_{s_1} + \vartheta_{s_1} \mu_s - \varpi \mu_s \,,$$

wo die letzte Formel offenbar auch so geschrieben werden kann:

81. $$\vartheta_{s_1} (\mu_{s_1} - \mu_s) + \Omega_{s_1} = W_{s_1} + \vartheta_{s_1} \mu_{s_1} - \varpi \mu_s \,.$$

Vermittelst dieser Formeln wird es nun leicht sein, unser Ziel zu erreichen.

Beweis der ersten Eigenschaft (48. α). — Diese Eigenschaft betrifft die auf σ ausgebreitete Function:

82. α $$f_s = W_s + \vartheta_s \mu_s \,,$$

und besteht in dem Satz, *dass diese Function auf σ überall stetig sei.*

Nun folgt aber durch Subtraction der Formeln (80.), (81.) sofort:

$$\vartheta_{s_1} (\mu_{s_1} - \mu_s) + (\Omega_{s_1} - \Omega_s) = f_{s_1} - f_s \,.$$

Die beiden Differenzen linker Hand können durch Annäherung von s_1 an s *beliebig klein* gemacht werden, wie theils aus der vorausgesetzten Stetigkeit von μ (74.), theils aus der Beschaffenheit des Ausdruckes Ω [Hülfssatz (56.)] hervorgeht. Gleiches gilt daher auch von der Differenz rechter Hand; w. z. b. w.

Beweis der zweiten Eigenschaft (48. β). — Denken wir uns *auf* und *ausserhalb* σ eine Function φ ausgebreitet, entsprechend den Formeln:

82. β $$\varphi_s = (W_s + \vartheta_s \mu_s) - \varpi \mu_s \,,$$

$$\varphi_a = W_a \,;$$

alsdann besteht jene zweite Eigenschaft in dem Satz, *dass diese Function* φ *überall stetig sei, also stetig sei für sämmtliche Puncte* s, a.

Soll dieser Satz richtig sein, so müssen die Differenzen

$$\begin{aligned}\Delta' &= \varphi_{a_1} - \varphi_a\,,\\ \Delta'' &= \varphi_{s_1} - \varphi_s\,,\\ \Delta''' &= \varphi_a - \varphi_s\end{aligned}$$

unendlich klein werden, sobald man resp. a_1 dem a, s_1 dem s, und a dem s sich nähern lässt.

Dass die Differenz Δ' dieser Anforderung entspricht, folgt unmittelbar aus der Definition von φ_a. Denn dieses φ_a ist nach (82. β) identisch mit W_a, und repräsentirt also das Potential einer gewissen auf σ ausgebreiteten Belegung auf den variablen Punct a.

Ferner entspricht die Differenz Δ'' ebenfalls der genannten Anforderung. Denn aus (82. α, β) folgt sofort:

$$\varphi_s = f_s - \varpi\mu_s\,;$$

und wir wissen bereits, dass μ^s und f_s *stetig* sind, vgl. (74.) und (82. α).

Was endlich die Differenz Δ''' betrifft, so nehmen die Formeln (78.) und (80.) mit Rücksicht auf (82. β) folgende Gestalt an:

$$\begin{aligned}\Omega_a &= \varphi_a\,,\\ \Omega_s &= \varphi_s\,,\end{aligned}$$

woraus folgt:

$$\Omega_a - \Omega_s = \varphi_a - \varphi_s\,.$$

Nach unserm Hülfssatz (56.) kann nun aber die linke Seite dieser Formel durch Annäherung von a an s beliebig klein gemacht werden; und Gleiches gilt daher auch von der rechten Seite.

W. z. b. w.

Beweis der dritten Eigenschaft (48. γ). — Denken wir uns *auf* und *innerhalb* σ eine Function ψ ausgebreitet, entsprechend den Formeln:

$$\begin{aligned}\psi_s &= (W_s' + \vartheta_s\mu_s) + \varpi\mu_s\,,\\ \psi_i &= W_i\,;\end{aligned}$$ 82. γ

so besteht jene dritte Eigenschaft in dem Satz, *dass diese*

Function ψ überall stetig sei, also stetig sei für sämmtliche Puncte s, i.

Soll dieser Satz richtig sein, so müssen die Differenzen

$$\Theta' = \psi_{i_1} - \psi_i,$$
$$\Theta'' = \psi_{s_1} - \psi^s,$$
$$\Theta''' = \psi_i - \psi_s$$

unendlich klein werden, sobald man i_1 dem i, s_1 dem s, und i dem s sich nähern lässt.

Dass die Differenz Θ' dieser Anforderung entspricht, folgt unmittelbar aus der Definition von ψ_i. Denn dieses ψ_i ist nach (82. γ) identisch mit W_i, und repräsentirt also das Potential einer gewissen auf σ vorhandenen Massenbelegung auf den variablen Punct i.

Die Differenz Θ'' entspricht ebenfalls der genannten Anforderung. Denn nach (82. α, γ) ist:

$$\psi_s = f_s + \varpi \mu_s;$$

und wir wissen bereits, dass f_s und μ_s stetig sind, vgl. (74.) und (82. α).

Was endlich die Differenz Θ''' betrifft, so nehmen die Formeln (79.), (80.) mit Rücksicht auf (82. β) folgende Gestalt an:

$$\Omega_i = \psi_i - 2\varpi \mu_s,$$
$$\Omega_s = \psi_s - 2\varpi \mu_s;$$

woraus folgt:

$$\Omega_i - \Omega_s = \psi_i - \psi_s.$$

Nach unserm Hülfssatz (56.) kann aber die linke Seite dieser Formel durch Annäherung von i an s beliebig klein gemacht werden; und Gleiches gilt daher auch von der rechten Seite. W. z. b. w.

Bemerkung. Man kann die eben besprochenen drei Eigenschaften noch weiter verschärfen, indem man sagt:

Ist die gegebene Function μ auf der gegebenen Curve oder Fläche σ gleichmässig stetig, so haben die in (82. α, β, γ) genannten Functionen f, φ, ψ analoge Eigenschaften. Es
83. *wird nämlich alsdann f gleichmässig stetig sein für die Gesammtheit der Puncte s, ferner φ gleichmässig stetig sein für die Gesammtheit der Puncte s, a, endlich ψ gleichmässig stetig sein für die Gesammtheit der Puncte s, i.*

In der That habe ich die Sätze in dieser schärferen Form durch sorgfältige Rechnungen als *richtig* erkannt. Doch möchte ich diese Rechnungen (schon ihres zu grossen Umfangs willen) hier nicht weiter mittheilen.

Ueber die vierte Eigenschaft (48. δ). — Für diese bin ich einen Beweis von hinlänglicher Strenge mitzutheilen vorläufig nicht im Stande. Glücklicherweise ist indessen diese vierte Eigenschaft für meine späteren Zwecke auch nur von untergeordneter Bedeutung.

§ 10.

Die betreffenden Helmholtz'schen Untersuchungen.

Helmholtz dürfte wohl der *Erste* gewesen sein, welcher die sogenannten *Doppelbelegungen* einer nähern Betrachtung unterworfen hat; und es mag mir daher gestattet sein, die betreffenden *Helmholtz*'schen Untersuchungen hier wortgetreu folgen zu lassen. Nur werde ich, um unnöthige Discontinuitäten zu vermeiden, statt der von *Helmholtz* benutzten Buchstaben diejenigen nehmen, von denen in den vorhergehenden §§ Gebrauch gemacht wurde. — *Helmholtz* drückt sich folgendermassen aus [Poggendorff's Annalen, Bd. 89, Seite 224, vom Jahre 1853]:

„In einer frühern Abhandlung (Ueber die Erhaltung der „Kraft. Berlin 1847. Seite 47) habe ich schon die Thatsache, „dass elektromotorisch differente Körper, welche sich be- „rühren, eine constante Spannungsdifferenz zeigen, mathe- „matisch so ausgesprochen, dass die Potentialfunction aller „freien Elektricität in ihnen um eine constante Differenz „verschieden sein müsse, unabhängig von der Gestalt und „Grösse der beiden Leiter. — — — — —“

„Später hat *Kirchhoff* dasselbe auf die elektromotorisch „differenten Körper in geschlossenen Galvanischen Kreisen aus- „gedehnt, und nachgewiesen, dass dasjenige, was man bisher „als verschiedene Spannung oder Dichtigkeit der Elektricität „in durchströmten Körpern bezeichnet hatte, der verschiedene „Werth der Potentialfunction sei; und dass in constant durch- „strömten homogenen Leitern diese Function nur solcher freier

„Elektricität angehören könne, welche auf der Oberfläche und „ausserhalb der Leiter vertheilt sei.“

. „*Gauss* hat gezeigt (Resultate des magnet. Vereins 1839. „Seite 27), dass wenn Elektricität (oder Magnetismus) in einer „Fläche verbreitet sei, und zwar die Menge ζ auf der Flächen„einheit, die Potentialfunction auf beiden Seiten einer solchen „Fläche keine verschiedenen Werthe habe, wohl aber ihr „Differentialquotient, in der Richtung senkrecht gegen die „Fläche genommen. Nennen wir diesen $\frac{\partial V}{\partial n_1}$ auf der einen, „und $\frac{\partial V}{\partial n_2}$ auf der andern Seite der Fläche, wobei vorausgesetzt „wird, dass die Normalen der Fläche von ihrem Fusspunct „in dieser nach entgegengesetzten Richtungen hin gemessen „werden, so ist nach *Gauss*:

1. $$\frac{\partial V}{\partial n_1} + \frac{\partial V}{\partial n_2} = -4\pi\zeta. \text{“}$$

„Ein solcher Fall kommt gemäss *Kirchhoff*'s zweiter Be„dingung für das dynamische Gleichgewicht der Elektricität „in durchströmten Leitersystemen an den Berührungsflächen „zweier Leiter von *verschiedenem Widerstande* und *gleicher* „*elektromotorischer Kraft* vor. Hier ist die Potentialfunction „auf beiden Seiten der Fläche von gleichem Werthe, aber ihr „Differentialquotient verschieden.“

„Denken wir uns dagegen eine Fläche auf einer Seite „mit positiver Elektricität, auf der andern mit einer gleichen „Quantität negativer belegt, beide Schichten in verschwindend „kleiner Entfernung von einander, so werden der Gleichung „(1.) entsprechend, die Differentialquotienten der Potential„function auf beiden Seiten der belegten Flächen *gleich**), „die Werthe dieser Function selbst aber *verschieden* sein. „Nehmen wir an, um die Grösse ihres Unterschiedes zu be„stimmen, dass zunächst nur eine solche Schicht da sei, „welche in der Fläche σ selbst liege. Ihre Potentialfunction „in einem Puncte der Oberfläche von der Dichtigkeit ζ sei V, „deren Differentialquotienten nach der einen Seite $\frac{\partial V}{\partial n_1}$, nach

*) In solcher Art beweist Helmholtz die sogenannte *vierte Eigenschaft* (48. δ) Seite 140.

„der andern $\frac{\partial V}{\partial n_2}$. Verlegen wir nun die elektrische Schicht „in die verschwindend kleine Entfernung ε von der Fläche σ „nach der Seite der Normale n_1 hin, so entsteht dadurch „eine verschwindend kleine Variation der Potentialfunction. „Der Werth dieser Function in der elektrischen Schicht selbst „wird also nun $V + \varepsilon\delta V$, und in einer unendlich kleinen Ent- „fernung Δn_1 von der Fläche σ (oder $\Delta n_1 - \varepsilon$ von der „elektrischen Schicht):

$$W_1 = V + \varepsilon\delta V + \frac{\partial V}{\partial n_1}(\Delta n_1 - \varepsilon) + \frac{\partial \delta V}{\partial n_1}\varepsilon(\Delta n_1 - \varepsilon) \quad . \\ + \tfrac{1}{2}\frac{\partial^2 V}{\partial n_1^2}(\Delta n_1 - \varepsilon)^2 + \cdots\cdot;$$

„in der unendlich kleinen Entfernung Δn_2 nach der andern „Seite von σ dagegen:

$$W_2 = V + \varepsilon\delta V + \frac{\partial V}{\partial n_2}(\Delta n_2 + \varepsilon) + \frac{\partial \delta V}{\partial n_2}\varepsilon(\Delta n_2 + \varepsilon) \\ + \tfrac{1}{2}\frac{\partial^2 V}{\partial n_2^2}(\Delta n_2 + \varepsilon)^2 + \cdots\cdots \quad .\text{“}$$

„Nehmen wir nun die gleichzeitige Existenz von Schichten „an, eine von der Dichtigkeit $+\zeta$ in der Entfernung $+\varepsilon$, „die andere von der Dichtigkeit $-\zeta$ in der Entfernung $-\varepsilon$ „von der Fläche σ, so wird mit Weglassung der unendlich „kleinen Glieder höherer Ordnung:

$$W_1 = 2\varepsilon\delta V - 2\varepsilon\frac{\partial V}{\partial n_1},$$

$$W_2 = 2\varepsilon\delta V + 2\varepsilon\frac{\partial V}{\partial n_2},$$

„also [mit Rücksicht auf (1.)]:

$$W_1 - W_2 = -2\varepsilon\left(\frac{\partial V}{\partial n_1} + \frac{\partial V}{\partial n_2}\right) = 8\pi\zeta\varepsilon,$$

„und wenn wir nach Analogie der Magneten die Grösse $2\varepsilon\zeta = \mu$ „*das elektrische Moment der Flächeneinheit* nennen:

$$W_1 - W_2 = 4\pi\mu.\text{“} \qquad 2.$$

„Ist also der Unterschied der Potentialfunctionen ge- „geben*), so ist dadurch auch das elektrische Moment des be- „treffenden Theils der Fläche gegeben.“

---

*) Die Formel (2.) entspricht derjenigen, welche wir aus der zweiten und dritten Eigenschaft abgeleitet, und auf Seite 140 mit (48. ϑ) bezeichnet haben.

„Ein entsprechender Fall tritt in durchströmten Leiter-„systemen an solchen Flächen ein, wo sich Leiter von *glei-„chem Widerstande* und *verschiedener elektromotorischer Kraft* „berühren. Hier hat die Potentialfunction nach *Kirchhoff's* „dritter Bedingungsgleichung auf beiden Seiten verschiedene „Werthe, und die Grösse ihres Unterschiedes ist gleich der „elektromotorischen Kraft der betreffenden Stelle. Diese letztere „muss also gleich $4\pi\mu$ sein. Dagegen ist der Differential-„quotient der Spannung, nach beliebiger Richtung genommen, „auf beiden Seiten gleich."

„Wo sich Leiter von *ungleicher elektromotorischer Kraft* „und *ungleichem Leitungsvermögen* berühren, müssen dagegen „sowohl die Potentialfunction als ihr Differentialquotient auf „beiden Seiten der Fläche verschiedene Werthe haben, was „sich erreichen lässt, wenn an die entgegengesetzten Seiten „der Fläche Schichten von entgegengesetzten Elektricitäten „und ungleicher Dichtigkeit angelagert werden."

„Ich werde im Folgenden unter einer *elektrischen Doppel-„schicht* stets nur solche zwei Schichten verstehen, welche an „den entgegengesetzten Seiten einer Fläche in unendlich kleiner „Entfernung von ihr liegen, und deren eine *ebenso viel* posi-„tive Elektricität enthält, als die andere negative."

— — — — — — — — — — — —

Man sieht, dass ich an der sehr zweckmässigen *Helmholtz*'schen Bezeichnungsweise genau festgehalten habe, indem ich sowohl das Wort „*Moment*" als auch das Wort „*Doppelschicht*" resp. „*Doppelbelegung*" in demselben Sinne gebraucht habe, wie *Helmholtz* im Vorstehenden festgesetzt hat.

§ 11.

Weitere Sätze über die Doppelbelegungen einer geschlossenen Curve oder Fläche.

Bezeichnet σ eine *geschlossene Curve oder Fläche* mit positiver innerer Seite, und bezeichnet ferner

1. $$W_x = \int \mu (d\sigma)_x$$

das Potential einer auf σ ausgebreiteten Doppelbelegung, deren Moment μ überall *stetig* ist, so gelten, wie wir gefunden haben [vgl. Seite 140] die Formeln:

$$W_{is} - W_{as} = 2\varpi\mu_s\,, \qquad 2.$$

$$\frac{\partial W_{is}}{\partial p} = \frac{\partial W_{as}}{\partial p}\,.$$

Aus letzterer folgt:

$$\frac{\partial W_{is}}{\partial \nu} = \frac{\partial W_{as}}{\partial \nu}\,,$$

oder was dasselbe ist:

$$\frac{\partial W_{is}}{\partial \nu} + \frac{\partial W_{as}}{\partial \mathrm{N}} = 0\,, \qquad 3.$$

falls wir nämlich die *innere* oder *positive* Normale von σ mit ν, andrerseits die *äussere* Normale mit N bezeichnen.

Solches vorangeschickt, wollen wir nun übergehen zur Aufstellung einiger neuer Sätze, indem wir dabei die Bezeichnungen $\mathfrak{A}$, a, α, $\mathfrak{J}$, i, j und s, σ in dem früher [S. 31] festgesetzten Sinne verwenden.

Erster Satz. — *Die Gesammtmasse einer auf σ ausgebreiteten Doppelbelegung ist stets* $= 0$. 4.

Beweis. — Die Richtigkeit des Satzes ergiebt sich unmittelbar aus der Definition einer Doppelbelegung [vgl. S. 119].

Zweiter Satz. — *Ist das Potential W einer auf σ ausgebreiteten Doppelbelegung für alle Puncte a constant (mithin $= 0$), so wird ihr Moment ebenfalls durch eine Constante, aber durch eine Constante von ganz unbestimmtem Werthe dargestellt sein.* 5.

Beweis. — Ist $W_a =$ Const., so kann dieser constante Werth bekanntlich kein anderer sein als *Null**). Unsere Voraussetzung: $W_a =$ Const. ist also gleichbedeutend mit

$$W_a = 0\,. \qquad 6.$$

Hieraus folgt sofort: $\frac{\partial W_{as}}{\partial \mathrm{N}} = 0$, also mit Hinblick auf (3.) auch: $\frac{\partial W_{is}}{\partial \nu} = 0$. Durch diese letzte Relation gewinnt die bekannte Green'sche Formel [Seite 19]:

---

*) Es kann nämlich jener constante Werth kein anderer als W_∞, d. i. 0 oder ∞ sein; vgl. Seite 9. Den constanten Werth ∞ annehmen zu wollen, würde aber absurd sein.

$$\int_{\mathfrak{J}}(\mathsf{E}W)\,d\tau + \int W\frac{\partial W}{\partial \nu}\,d\sigma = 0$$

die einfachere Gestalt:

$$\int_{\mathfrak{J}}(\mathsf{E}W)\,d\tau = 0;$$

und hieraus folgt sofort:

7. $$W_i = \text{Const.}, = C.$$

Schliesslich folgt durch Substitution der Werthe (6.), (7.)
8. in (2.):

$$\mu_s = \frac{C}{2\varpi}, \qquad \text{w. z. b. w.}$$

Der Werth der Constanten C bleibt *völlig unbestimmt.* Denn welchen constanten Werth das Moment der Doppelbelegung auch haben mag, stets wird ihr Potential auf äussere Puncte der verlangten Bedingung entsprechen, nämlich $= 0$ sein [vgl. die Sätze Seite 134].

Dritter Satz. — *Ist das Potential W einer auf σ aus-*
9. *gebreiteten Doppelbelegung für alle Puncte i constant, etwa $= K$, so wird ihr Moment ebenfalls constant, und zwar $= \frac{K}{2\varpi}$ sein.*

Beweis. — Aus der Voraussetzung

10. $$W_i = \text{Const.}, = K$$

folgt sofort: $\frac{\partial W_{is}}{\partial \nu} = 0$, also nach (3.) auch: $\frac{\partial W_{as}}{\partial \mathsf{N}} = 0$. Beachtet man diese letzte Gleichung, und beachtet man gleichzeitig, dass die Gesammtmasse der Doppelbelegung $= 0$ ist [vgl. (4.)], so nimmt die bekannte Green'sche Formel [S. 21]:

$$\int_{\mathfrak{A}}(\mathsf{E}W)\,d\tau + \int W\frac{\partial W}{\partial \mathsf{N}}\,d\sigma = \begin{cases}0\\ \infty\end{cases}$$

das einfachere Aussehen an:

$$\int_{\mathfrak{A}}(\mathsf{E}W)\,d\tau = 0;$$

woraus folgt:

$$W_a = \text{Const.}$$

Dieser constante Werth von W_a kann aber offenbar*) kein anderer sein als *Null.* Wir erhalten also:

11. $$W_a = 0;$$

*) Vgl. die vorhergehende Note.

und nunmehr durch Substitution der Werthe (10.), (11.) in (2.):

$$\mu_s = \frac{K}{2\varpi}\,; \qquad 12.$$

w. z. b. w.

Vierter Satz. — *Soll eine Doppelbelegung von σ der Art sein, dass ihr Potential auf der äussern Seite von σ vorgeschriebene Werthe f besitzt, so ist hierdurch ihr Moment* 13. *bis auf eine additive Constante eindeutig bestimmt, — ausser im singulären Fall.*

Beweis. — Existiren *zwei* Doppelbelegungen μ und μ' der verlangten Art, so wird die Doppelbelegung $\mu - \mu'$ ein Potential besitzen, welches auf der *äussern* Seite von σ *Null* ist. Hieraus aber folgt, wenn wir vom singulären Fall abstrahiren, dass dieses Potential Null ist für sämmtliche Puncte a [Theorem ($A.^{abs}$), Seite 101]; und hieraus folgt weiter [mit Rücksicht auf (5.)]:

$$- n\,\mu' = \text{Const.}$$

W. z. b. w.

Fünfter Satz. — *Soll eine Doppelbelegung von σ der Art sein, dass ihr Potential auf der innern Seite von σ vorgeschriebene Werthe f besitzt, so ist hierdurch ihr Moment* 14. *eindeutig bestimmt.*

Beweis. — Existiren *zwei* Doppelbelegungen μ und μ' der verlangten Art, so wird die Doppelbelegung $\mu - \mu'$ ein Potential haben, welches auf der *innern* Seite von σ *Null* ist. Hieraus aber folgt, dass dieses Potential Null ist für sämmtliche Puncte i [Theorem ($J.^{abs}$), Seite 105]; und hieraus folgt weiter [nach (9.)]:

$$\mu - \mu' = 0\,.$$

W. z. b. w.

Fünftes Capitel.

Die Methode des arithmetischen Mittels.*)

Fast alle Aufgaben der Elektrostatik (sowie auch des Wärmegleichgewichts) können auf zwei Fundamentalprobleme reducirt werden. Diese beiden Probleme beziehen sich auf eine beliebig gegebene geschlossene Fläche σ, und lauten, wenn man sämmtliche Puncte des unendlichen Raumes, jenachdem sie *ausserhalb, auf*, oder *innerhalb* σ liegen, respective mit a, s und i bezeichnet, folgendermassen:

Das äussere Problem. — Es soll ein Potential auf äussere Puncte: Φ_a *ermittelt werden, dessen Massen auf*
1. *oder innerhalb* σ *liegen, und dessen Werthe auf* σ *von*
daselbst vorgeschriebenen Werthen f *nur durch eine unbestimmte additive Constante sich unterscheiden.* Dabei mag stets vorausgesetzt werden, dass jene vorgeschriebenen Werthe f auf σ überall *stetig* sind.

Das innere Problem. — Es soll ein Potential auf innere Puncte: Ψ_i *gefunden werden, dessen Massen auf oder*
2. *ausserhalb* σ *liegen, und dessen Werthe auf* σ *von den*
daselbst vorgeschriebenen Werthen f *nur durch eine unbestimmte additive Constante sich unterscheiden.* Dabei mögen der Bequemlichkeit willen die vorgeschriebenen Werthe f *dieselben* sein, wie beim ersten Problem.

Mit Hülfe der früher von uns aufgestellten allgemeinen Theoreme ($A.^{add}$), ($A.^{abs}$) und ($J.^{abs}$) würde sich leicht angeben

---

*) In ihren Hauptumrissen habe ich diese *Methode des arithmetischen Mittels* bereits früher angegeben, in den Ber. der Kgl. Sächs. Ges. d. Wiss. vom 21. April und 31. October 1870. Die dabei erforderlichen Begründungen, Entwickelungen und Beweise aber habe ich damals *nicht* mitgetheilt, sondern einer ausführlicheren Exposition vorbehalten. Als eine solche ist das gegenwärtige Capitel anzusehen.

lassen, inwieweit die gesuchten Potentiale Φ_a und Ψ_i durch die gestellten Anforderungen wirklich *bestimmt* sind. Ohne indessen hierauf näher einzugehen, wollen wir sogleich an die *Auffindung* jener Potentiale denken. Zu diesem Zweck erinnern wir uns an das im vorhergehenden Capitel behandelte *Gauss*'sche Integral*):

$$w_x = \int \frac{\cos\vartheta \cdot d\sigma}{E^2}, \quad 3.$$

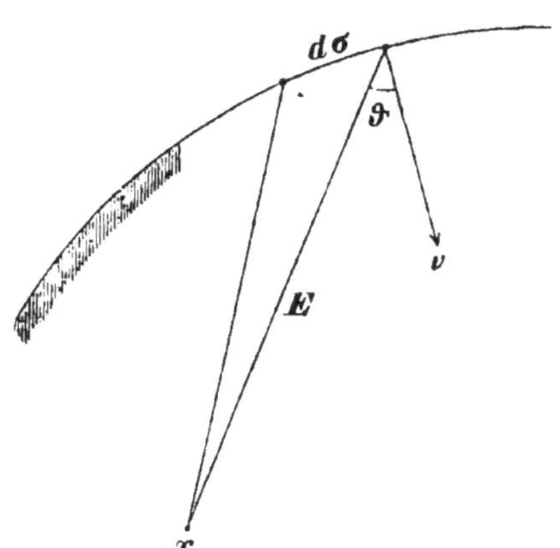

sowie auch an das allgemeinere Integral:

$$W_x = \int \frac{\mu \cdot \cos\vartheta \cdot d\sigma}{E^2}, \quad 4.$$

wo μ irgend welche Function vorstellt, die auf der Fläche**) σ ausgebreitet und daselbst stetig ist.

Wir haben gefunden, dass diese Integrale als die Potentiale gewisser auf σ ausgebreiteter *Doppelbelegungen* angesehen werden können, deren Momente respective 1 und μ sind. Auch haben wir gefunden, dass das Potential w_x (falls σ frei von Kanten und Ecken ist) folgende Werthe hat***):

$$\begin{aligned} w_a &= 0, \\ w_s &= \varpi, \\ w_i &= 2\varpi; \end{aligned} \qquad \text{(Seite 116 und 134.)} \quad 5.$$

woraus folgt:

$$\begin{aligned} w_a &= w_s - \varpi, \\ w_i &= w_s + \varpi, \end{aligned} \quad 6.$$

und dass andererseits das allgemeinere Potential W_x den Formeln entspricht†):

*) x soll ein ganz *beliebiger* Punct sein, der also ganz nach Belieben zur Gattung der a, der s oder der i gehören kann.

**) Von dieser Fläche σ ist in der vorstehenden Figur nur ein *Theil* angedeutet. Denn die Fläche σ ist eine gegebene *geschlossene* Fläche.

***) Wir verstehen unter ϖ die Grösse der *halben Kugelfläche vom Radius Eins*, so dass also $\varpi = 2\pi$ ist. Vergl. die Collectivbezeichnungen auf Seite 16.

†) s ist ein beliebiger Punct auf der Fläche σ. Andererseits sollen

7. $$W_{as} = W_s - \varpi \mu_s, \quad W_{is} = W_s + \varpi \mu_s. \qquad \text{(Seite 115 und 139.)}$$

Um nun das Potential W_x unseren Zwecken dienstbar zu machen, wollen wir der noch disponiblen Function μ den Werth zuertheilen:

8. $$\mu = \frac{f}{\varpi},$$

wo f die in den Problemen (1.), (2.) *vorgeschriebene Function* sein soll. Alsdann ist*) nach (4.):

9. $$W_x = \frac{1}{\varpi} \int \frac{f \cdot \cos \vartheta \cdot d\sigma}{E^2},$$

und nach (7.)

10. $$W_{as} = W_s - f_s, \quad W_{is} = W_s + f_s.$$

Denken wir uns nun ein Potential W_x' gebildet, welches zu den Werthen W_s in derselben Beziehung steht, wie W_x zu den f_s; sodann ein Potential W_x'', welches zu den Werthen W_s' wiederum in der nämlichen Beziehung steht; u. s. w. u. s. w.:

11. $$W_x = \frac{1}{\varpi} \int \frac{f \cdot \cos \vartheta \cdot d\sigma}{E^2}, \quad W_x' = \frac{1}{\varpi} \int \frac{W \cdot \cos \vartheta \cdot d\sigma}{E^2}, \quad W_x'' = \frac{1}{\varpi} \int \frac{W' \cdot \cos \vartheta \cdot d\sigma}{E^2}, \quad \ldots$$

so werden offenbar, analog der *ersten* Formel (10.), folgende Relationen stattfinden:

12. $$-W_{as} = f_s - W_s, \quad -W_{as}' = W_s - W_s', \quad -W_{as}'' = W_s' - W_s'', \quad \ldots$$

---

die Symbole *as* und *is* zwei Puncte *a* und *i* bezeichnen, welche jenem Puncte *s* unendlich nahe liegen. Genaueres auf Seite 115 und 137.

*) Die Formel (9.) kann bekanntlich, falls man die innere Seite von σ als die positive festsetzt, einfacher so geschrieben werden:

$$W_x = \frac{1}{\varpi} \int f (d\sigma)_x.$$

Vergl. Seite 122.

woraus z. B. folgt:

$$-(W_{as} + W'_{as} + W''_{as} + W'''_{as}) = f_s - W_s'''. \qquad 13.$$

Und gleichzeitig ergeben sich alsdann, analog der *zweiten* Formel (10.), folgende weitere Relationen:

$$\begin{aligned} W_{is} &= f_s + W_s, \\ W'_{is} &= W_s + W'_s, \\ W''_{is} &= W'_s + W''_s, \\ &\ldots\ldots\ldots \end{aligned} \qquad 14.$$

woraus z. B. folgt:

$$+(W_{is} - W'_{is} + W''_{is} - W'''_{is}) = f_s - W_s'''. \qquad 15.$$

Nehmen wir nun für den Augenblick an, die Function W_s''' sei auf der Fläche σ allenthalben *ausserordentlich klein*; so dass also der in (13.), (15.) auf der rechten Seite befindliche Ausdruck

$$f_s - W_s'''$$

nur *ausserordentlich wenig* von f_s abweicht. Alsdann würde aus (13.) folgen, dass das Potential

$$\Phi_a = -(W_a + W_a' + W_a'' + W_a'''), \qquad 16.$$

abgesehen von einem *sehr kleinen* Fehler, den Anforderungen des Problems (1.) entspricht. Und Analoges würde alsdann nach (15.) hinsichtlich des Potentials

$$\Psi_i = +(W_i - W_i' + W_i'' - W_i''') \qquad 17.$$

zu sagen sein in Bezug auf das Problem (2.).

Die Lösungen unserer beiden Probleme werden daher, wie aus diesen einfachen Bemerkungen bereits mit einiger Sicherheit hervorgeht, durch die unendlichen Reihen:

$$\Phi_a = - W_a - W_a' - W_a'' - W_a''' - \cdots\cdots \text{in inf.} \qquad 18.$$

$$\Psi_i = (W_i - W_i') + (W_i'' - W_i''') + (W_i^{IV} - W_i^{V}) + \cdots\cdots \text{in inf.} \qquad 19.$$

dargestellt sein, falls sich nur nachweisen lässt, dass die Werthe der auf σ ausgebreiteten Function

$$W_s^{(n)} \qquad 20.$$

mit wachsendem n gegen *Null* oder überhaupt gegen eine *Constante* convergiren.

Diesen Nachweis werde ich nun im Folgenden in der That führen, jedoch nur unter der Voraussetzung, dass die gegebene Fläche σ überall convex und keine zweisternige *ist.* Zur Erläuterung dieser Ausdrucksweise sei sogleich bemerkt, dass ich mit dem Namen *„zweisternig“* jede Fläche bezeichne, die aus zwei Kegelflächen zusammengesetzt ist, so z. B. diejenige, welche durch Rotation eines Rhombus um die eine Diagonale entsteht, und ferner bemerkt, dass ich die Scheitelpuncte der beiden Kegelflächen als die beiden *„Sterne“* der Fläche bezeichne*).

Um den in Rede stehenden Nachweis führen zu können, bin ich genöthigt, auf eine der gegebenen Fläche σ eigenthümliche Constante λ aufmerksam zu machen, deren Werth lediglich abhängt von der Gestalt der Fläche, und stets ein *ächter Bruch* ist, sobald die Fläche *überall convex* und keine *zweisternige* ist. Diese Constante λ, welche ich die *Configurationsconstante* der gegebenen Fläche nennen werde, wird zugleich auch von Wichtigkeit sein für die Convergenz der für Φ_a, Ψ_i angegebenen Reihen (18.), (19.); denn diese Reihen sind, wie sich herausstellen wird, im Wesentlichen geometrische Reihen, — nämlich Reihen, deren Glieder fortschreiten nach den Potenzen von λ.

Die Definition und nähere Untersuchung dieser Configurationsconstanten λ bilden den Ausgangspunct, und zugleich das eigentliche Fundament des gegenwärtigen Capitels; denn erst hierdurch wird uns der Weg eröffnet werden zu einem tieferen Eindringen in die Natur der aufeinanderfolgenden Functionen $W^{(n)}$. — Und erst nach Vollendung dieser Vorarbeiten werden wir übergehen können zur eigentlichen Inangriffnahme der gestellten beiden Probleme (1.), (2.).

Was nun die ausführliche und systematisch geordnete Exposition all' dieser ziemlich complicirten Untersuchungen betrifft, so mag es zuvörderst gestattet sein, noch einige Bemerkungen voranzuschicken, theils beiläufigen Inhalts, theils zur leichtern Orientirung bei jenen ausführlicheren Expositionen.

Erste Bemerkung. — Bezogen auf den Punct i können wir die Formel (9.) *so* schreiben:

---

*) Den Ausdruck: *„überall convex“* brauche ich hier nur provisorisch. Ich werde denselben später durch einen mehr geeigneten ersetzen, vgl. namentlich den Schluss des § 1, Seite 168.

$$W_i = \frac{1}{\varpi}\int\frac{f \cdot \cos\vartheta \cdot d\sigma}{E^2}, \qquad 21.$$

oder auch so:

$$W_i = \frac{1}{\varpi}\int f(d\sigma)_i, \qquad 22.$$

wo $(d\sigma)_i = \frac{\cos\vartheta \cdot d\sigma}{E^2}$ die Oeffnung des unendlich dünnen von i nach $d\sigma$ gelegten Kegelmantels vorstellt.

Denken wir uns also um i eine Kugelfläche $\varkappa$ vom Radius Eins beschrieben, so ist $(d\sigma)_i$ das auf dieser Kugelfläche durch jenen Kegelmantel markirte Element. Denken wir uns nun ferner, indem wir i zum Centrum der Perspective nehmen, die Fläche σ mit allen darauf ausgebreiteten Werthen f auf die Kugelfläche $\varkappa$ projicirt, so wird das arithmetische Mittel all' dieser auf $\varkappa$ ausgebreiteten Werthe f lauten:

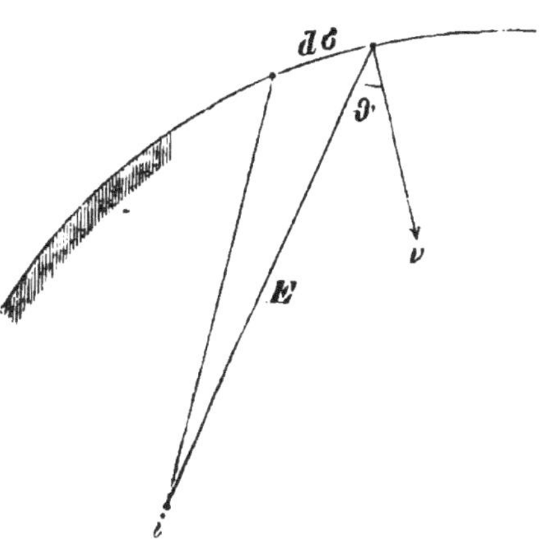

$$\frac{\int f(d\sigma)_i}{2\varpi}; \qquad 23.$$

denn $(d\sigma)_i$ ist, wie schon bemerkt, ein Element der Kugelfläche $\varkappa$, und die Summe all' dieser Elemente ist gleich der Kugelfläche selber, also $= 2\varpi$.

Der Bruch (23.) repräsentirt aber nach (22.) den Werth von $\frac{1}{2}W_i$. Und demgemäss kann man $\frac{1}{2}W_i$ das *arithmetische Mittel aller auf σ ausgebreiteten Werthe f in Bezug auf den Punct i* nennen. Und mit Rücksicht hierauf endlich kann man die in diesem Capitel zu exponirende Methode, bei welcher die aufeinander folgenden arithmetischen Mittel $\frac{1}{2}W_i$, $\frac{1}{2}W_i'$, $\frac{1}{2}W_i''$, ... eine wichtige Rolle spielen, die *Methode des arithmetischen Mittels* heissen. Dies ist in der That die schon früher von mir gebrauchte Ausdrucksweise*), an der ich auch gegenwärtig festhalten will.

Zweite Bemerkung. — Ob die gegebene Fläche σ überall stetig gebogen, oder mit Kanten und Ecken behaftet ist, bleibt bei den gegenwärtigen Betrachtungen ziemlich gleichgültig. Nur werden, wie sich zeigen wird, die Functionen**)

24. $$W_s,\ W_s',\ W_s'',\ \ldots\ldots\ W_s^{(n)},\ \ldots\ldots,$$

welche im ersten Fall auf σ allenthalben stetig sind, im letztern Fall in den vorhandenen Kanten und Ecken unstetig sein, jedoch in solcher Art, dass durch Abänderung ihrer Werthe in jenen Kanten und Ecken die Stetigkeit wiederherstellbar ist. Die in solcher Weise abgeänderten Functionen (24.) sollen im Folgenden der Reihe nach mit

25. $$f_s',\ f_s'',\ f_s''',\ \ldots\ldots\ f_s^{(n+1)},\ \ldots\ldots$$

benannt werden. — Es findet also, wie ich absichtlich zur leichtern Orientirung in den nachfolgenden Untersuchungen gleich von Anfang hervorheben möchte, zwischen den beiderlei Functionen (24.) und (25.) nur ein *höchst geringfügiger* Unterschied statt. Denn die Function $W_s^{(n)}$ geht durch Abänderung ihrer Werthe in gewissen einzelnen Linien und Puncten (Kanten und Ecken) in die Function $f_s^{(n+1)}$ über. Die letztere Function ist überall stetig, die erstere hingegen (um einer Riemann'schen Ausdrucksweise mich zu bedienen) eine solche, deren Unstetigkeit hebbar ist durch Abänderung ihrer Werthe in einzelnen Linien und Puncten.

Dritte Bemerkung. — Ich werde bei den nachfolgenden Untersuchungen vorzugsweise die in (1.), (2.) genannten Probleme des *Raumes* ins Auge fassen, bemerke aber, dass all' diese Untersuchungen (ohne die geringste Mühe) auf die analogen Probleme der *Ebene* übertragbar sind.

---

*) Vgl. die Ber. der Kgl. Sächs. Ges. d. Wiss., 21. April 1870, S. 53.

**) Es soll hier nicht von den Functionen W_a oder W_i, sondern ausschliesslich von der Function W_s die Rede sein. Mit anderen Worten: Es soll nur von denjenigen Werthen die Rede sein, welche W *auf der gegebenen Fläche* σ besitzt. Analoges ist zu bemerken über W_s', W_s'' u. s. w.

§ 1.

Ueber den Rang einer Curve oder Fläche.

Wir können, falls es uns beliebt, zwischen *Punct* und *Stelle* unterscheiden, indem wir z. B. von der Ellipse sagen, dass dieselbe mit ihrer Tangente *zwei* Puncte, aber nur *eine* Stelle gemein habe, ferner von der Lemniscate, dass dieselbe mit ihrer Doppeltangente *vier* Puncte, aber nun *zwei* Stellen gemein habe. Ebenso können wir auch, was die Peripherie eines regulären Polygons betrifft, sagen, dass dieselbe mit derjenigen unendlich langen geraden Linie, welche durch zwei aufeinander folgende Ecken gelegt ist, *unendlich viele* Puncte (nämlich sämmtliche Puncte der betreffenden Seite), aber nur *eine* Stelle gemein habe. Daneben würde etwa zu erwähnen sein, dass die Peripherie eines solchen Polygons mit jeder durch seinen Mittelpunct gelegten unendlich langen geraden Linie *zwei* Stellen gemein habe.

In der That wollen wir diesen Sprachgebrauch uns aneignen, indem wir jedes *Continuum von Puncten* (einerlei, ob die Anzahl der darin enthaltenen Puncte endlich oder unendlich gross ist) kurzweg als *Stelle* bezeichnen. *Gleichzeitig wollen wir eine gegebene Curve oder Fläche vom R^{ten} Range nennen, wenn sie mit einer unendlich langen geraden Linie, welche Lage man dieser Linie auch zuertheilen mag, niemals mehr als R Stellen gemein hat.*

Von besonderer Wichtigkeit für unsere weiteren Untersuchungen ist der Specialfall: $R = 2$. Eine Curve oder Fläche *zweiten* Ranges kann offenbar niemals einspringende Ecken oder Kanten haben. Oder genauer ausgedrückt:

Welche Tangente man an eine Curve *zweiten* Ranges auch legen mag, stets werden sämmtliche Puncte der Curve auf *derselben* Seite der Tangente liegen.	Welche Tangential-Ebene man an eine Fläche *zweiten* Ranges auch legen mag, stets werden sämmtliche Puncte der Fläche auf *derselben* Seite der Tangential-Ebene liegen.

Als Beispiele von Curven oder Flächen *zweiten* Ranges würden zu erwähnen sein:

die Kreislinie, die Ellipse, die Peripherie eines Rechtecks*); die Peripherie eines regulären Polygons, die Peripherie eines Kreissegmentes, welches theils von einem Kreisbogen, theils von einer geraden Linie begrenzt ist.

die Kugelfläche, die Ellipsoidfläche, die Oberfläche eines Tetraeders, Würfels, Dihexaeders, Granatoeders, Ikosaeders u. s. w., ferner die Oberfläche eines Kugelsegmentes, welches theils von einer Kugelcalotte, theils von einer Kreisfläche begrenzt wird.

Eine geschlossene Curve oder Fläche *zweiten* Ranges würde man zur Noth als eine *überall convexe* Curve oder Fläche bezeichnen können**), nur müsste man alsdann hinzufügen, dass einzelne Theile der Curve oder Fläche *geradlinig*, resp. *eben* sein dürfen.

§ 2.

Die mit sogenannten Sternen behafteten Curven und Flächen.

Einsternige Curven und Flächen.

1. *Lässt sich auf einer gegebenen Curve ein Punct M markiren von solcher Lage, dass sämmtliche Tangenten der Curve durch M gehen, so mag die Curve einsternig, und M ihr Stern heissen.*

Eine einsternige Curve wird daher stets ein *Winkel* sein, nämlich dargestellt sein durch zwei von demselben Punct auslaufende (begrenzte oder unbegrenzte) gerade Linien.

Lässt sich auf einer gegebenen Fläche ein Punct M markiren von solcher Lage, dass sämmtliche Tangentialebenen der Fläche durch M gehen, so mag die Fläche einsternig, und M ihr Stern heissen.

Eine einsternige Fläche wird daher stets ein *Kegelmantel* sein, nämlich dadurch erhalten werden, dass man einen von einem gegebenen Punct ausgehenden (begrenzten oder unbegrenzten) Strahl um seinen Ausgangspunct in beliebiger Weise sich drehen lässt.

---

*) Ein *beliebiges Viereck* darf *nicht* als Beispiel aufgeführt werden. Denn denken wir uns z. B. ein Viereck mit einspringendem Winkel, so wird die Peripherie dieses Vierecks eine Curve *vierten* Ranges sein.

**) Dieser Bezeichnung habe ich mich früher bedient, namentlich z. B. in den Ber. d. Kgl. Sächs. Ges. d. Wiss., April 1870, Seite 56.

Zweisternige Curven und Flächen.

Lassen sich auf einer gegebenen Curve zwei Puncte ***M***, *N markiren von solcher Lage, dass jedwede Tangente der Curve durch einen dieser beiden Puncte geht, so mag die Curve* ***zweisternig*** *heissen, und* ***M***, *N ihre* ***Sterne.***

Lassen sich auf einer gegebenen Fläche zwei Puncte ***M***, *N markiren von solcher Lage, dass
jedwede Tangentialebene der Fläche 2.
durch einen dieser beiden Puncte geht, so mag die Fläche* ***zweisternig*** *heissen, und* ***M***, *N ihre* ***Sterne.***

Eine zweisternige Curve wird daher stets aus *zwei Winkeln* zusammengesetzt, mithin ein *Viereck* sein. Doch kann der eine Winkel des Vierecks 180^0 betragen, wodurch sich alsdann dasselbe in ein *Dreieck* verwandelt. — Beim Viereck liegen die Sterne in zwei gegenüberliegenden Ecken, während beim Dreieck der eine Stern in einer Ecke, der andere in einem beliebigen Punct der gegenüberliegenden Seite sich befindet.

Eine zweisternige Fläche wird daher stets aus *zwei Kegelmänteln* zusammengesetzt sein. Als Beispiele würden anzuführen sein die Oberfläche desjenigen Körpers, der durch Rotation eines Rhombus um eine Diagonale entsteht, ferner die Oberflächen des *Dihexaeders*, des *Octaeders*, des *Rhomboeders*, des *Parallelepipedums*, des *Würfels*, und endlich auch diejenige des *Tetraeders*. Bei der letztern Fläche befindet sich der eine Stern in einer Ecke, der andere in einem beliebigen Puncte der gegenüberliegenden Seite.

Vielsternige Curven und Flächen.

In ähnlicher Weise könnte man allgemein n-sternige Curven und Flächen definiren. Doch ist solches für unsere Zwecke von keinem Belang.

§ 3.

Die Configurationsconstante einer geschlossenen Curve oder Fläche zweiten Ranges.

Voraussetzung: *Es sei σ eine geschlossene Curve oder
Fläche* ***zweiten Ranges***, *und die innere Seite dieser Curve 3.
oder Fläche mag als* ***positiv*** *festgesetzt sein.* Aus der geometrischen Anschauung, die wir von einer solchen Curve oder

Fläche uns bereits gebildet haben (vgl. § 1), folgt unmittelbar, dass ein im Innern von σ befindlicher Beobachter, nach welchem Element von σ er auch hinsehen mag, stets die *positive* Seite dieses Elementes vor Augen hat. Hieraus folgt, dass für jedes Element $d\sigma$ und für jede beliebige Lage des innern Punctes i

4. $$(d\sigma)_i = \text{pos.}$$

ist [vgl. (12. b), Seite 122]. Und Gleiches wird offenbar auch dann noch stattfinden, wenn i nach irgend einer Stelle s der gegebenen Curve oder Fläche rückt, so dass wir also schreiben können

5. $$(d\sigma)_s = \text{pos.},$$

oder, was dasselbe:

6. $$\varpi_s = \varpi - \vartheta_s = \text{pos.}$$

Denn nach einer bekannten Formel [vgl. S. 134] ist stets:

7. $$\int (d\sigma)_s = \varpi_s = \varpi - \vartheta_s\,.$$

Aus unserer geometrischen Anschauung ergiebt sich ferner, dass für jede Lage*) des Punctes s das sogenannte *Winkelmaass* ϖ_s zwischen 0 und ϖ liegt, und hieraus folgt mit Rücksicht auf die bekannte Relation

8. $$\varpi_s + \vartheta_s = \varpi,$$

dass das sogenannte *supplementare* Winkelmass ϑ_s zwischen denselben Grenzen liegt. Wir können also notiren:

9. $$0 \leqq \varpi_s \leqq \varpi, \qquad 0 \leqq \vartheta_s \leqq \varpi,$$

folglich mit Rücksicht auf (7.)

10. $$0 \leqq \int (d\sigma)_s < \varpi.$$

Definition der Configurationsconstanten. — Wir zerlegen die gegebene Curve oder Fläche σ in irgend zwei Theile α und β:

11. $$\sigma = \alpha + \beta\,,$$

von denen jeder aus beliebig vielen einzelnen Stücken bestehen mag**); und bilden sodann die Ausdrücke:

---

*) Selbstverständlich sollen die Puncte i, s, s_1 u. s. w. immer den früher gemachten Determinationen (Seite 31, 32) entsprechen. Es sollen also z. B. s, s_1, s_2 . . . Puncte sein, welche *auf* σ liegen.

**) Ist z. B. σ eine Kugelfläche, und denken wir uns auf dieser

$$\xi = \int (d\alpha)_s + \int (d\beta)_{s_1}\,,$$

$$\eta = \frac{\xi}{2\varpi} = \frac{\int (d\alpha)_s + \int (d\beta)_{s_1}}{2\varpi}\,,$$ 12.

$$\zeta = 1 - \frac{\xi}{2\varpi} = 1 - \frac{\int (d\alpha)_s + \int (d\beta)_{s_1}}{2\varpi}\,,$$

wo das Integral $\int (d\alpha)_s$ über alle Elemente des Theiles α, und das Integral $\int (d\beta)_{s_1}$ über alle Elemente des Theiles β ausgedehnt sein soll. — Wir stellen uns die Aufgabe, diese Ausdrücke ξ, η, ζ für beliebige Lagen der Puncte s, s_1 näher zu untersuchen*).

Da die Glieder der Integrale $\int (d\alpha)_s$, $\int (d\beta)_{s_1}$ und $\int (d\sigma)_s$, $\int (d\sigma)_{s_1}$ sämmtlich positiv sind [nach (5.)], so ergiebt sich:

$$\int (d\alpha)_s \leqq \int (d\sigma)_s\,,$$
$$\int (d\beta)_{s_1} \leqq \int (d\sigma)_{s_1}\,.$$ 13.

Hieraus aber erhält man mit Rücksicht auf (10.):

$$0 \leqq \int (d\alpha)_s \leqq \varpi\,,$$
$$0 \leqq \int (d\beta)_{s_1} \leqq \varpi\,;$$ 14.

und hieraus endlich durch Addition und mit Rücksicht auf (12.):

$$0 \leqq \xi \leqq 2\varpi\,,$$

mithin: $$0 \leqq \eta \leqq 1\,,$$ 15.

und folglich: $$1 \geqq \zeta \geqq 0\,;$$

woraus hervorgeht, dass η, ζ *positive ächte Brüche* sind.

Von besonderer Wichtigkeit ist (für unsere späteren Untersuchungen) die Frage, ob ξ, η ihre untere Grenze, die 0, wirklich *erreichen* können. Die Grösse

$$\xi = \int (d\alpha)_s + \int (d\beta)_{s_1}$$

ist eine Summe von lauter *positiven* Gliedern, zum Nullwerden von ξ also erforderlich, dass sämmtliche Glieder einzeln $= 0$ seien. Nun kann aber ein Glied von der Form $(d\alpha)_s$ offenbar nur dann $= 0$ sein,

Kugelfläche die Karte unserer Erdoberfläche aufgemalt, so können wir, falls es uns beliebt, unter α alle mit Wasser bedeckten Gebiete, andrerseits unter β den Continent und die Inseln verstehen.

*) Vgl. die erste Note Seite 170.

wenn die in $d\alpha$ an die gegebene Curve gelegte Tangente durch s geht.	wenn die in $d\alpha$ an die gegebene Fläche gelegte Tangentialebene durch s geht.

Analoges gilt für die Glieder von der Form $(d\beta)_{s_1}$. Soll also ξ verschwinden, so müssen sämmtliche Tangenten resp. Tangentialebenen des Theiles α durch s, und andrerseits sämmtliche Tangenten resp. Tangentialebenen des Theiles β durch s_1 gehen. Folglich werden ξ, η ihre untere Grenze, die 0, nur dann erreichen können, wenn die Curve resp. Fläche σ eine *ein-* oder *zweisternige* ist*).

Nehmen wir also an, σ sei weder *ein-* noch *zweisternig*, so wird, was die Formeln (15.) betrifft, der positive ächte Bruch η nothwendig von *Null*, mithin der positive ächte Bruch ξ nothwendig von *Eins* verschieden sein, so dass also die letzte jener Formeln folgende Gestalt erhält**):

16. $$1 > \xi \geqq 0.$$
(sic!)

Der Fall der *Einsternigkeit* verbietet sich übrigens von selber, weil er in Widerspruch steht mit der schon früher gemachten Voraussetzung (3.), dass σ geschlossen sei. Wir brauchen also nur den Fall der *Zweisternigkeit* auszuschliessen, und gelangen daher, um die Hauptsache zusammenzufassen, zu folgendem Satz:

Zerlegt man eine geschlossene Curve oder Fläche σ mit positiver innerer Seite in zwei Theile α und β (von denen jeder aus beliebig vielen einzelnen Stücken bestehen kann), *und versteht man unter s, s_1 zwei auf σ frei bewegliche Puncte, so wird die Grösse*

17. $$\xi = 1 - \frac{\int(d\alpha)_s + \int(d\beta)_{s_1}}{2\varpi}$$

---

*) Ist nämlich σ *zweisternig*, so wird ξ verschwinden können, wenn man s in den einen, s_1 in den andern Stern hineinfallen lässt, und gleichzeitig die Zerlegung von σ in die beiden Theile α und β in geeigneter Weise bewerkstelligt. — Ist andrerseits σ *einsternig*, so wird ξ verschwinden können, sobald man die Puncte s und s_1 beide in diesen einen Stern hineinfallen lässt.

**) In der Formel (16.) soll das zugefügte (sic!) die Aufmerksamkeit auf das darüber befindliche Zeichen lenken, welches nicht $\geqq$ sondern $>$ lautet.

variiren mit der Art und Weise jener Zerlegung, sowie auch mit der Lage der Puncte s, s_1.

Setzt man aber voraus, die Curve oder Fläche σ sei zweiten Ranges und keine zweisternige, so wird ζ dem Spielraum unterworfen sein):*

$$0 \leqq \zeta < 1. \qquad \text{(sic!)}$$ 18.

Was von der Variablen ζ gilt, gilt aber nothwendig auch von jedem Specialwerth dieser Variablen. Bezeichnet man also den Maximalwerth von ζ mit λ, so folgt aus der vorstehenden Formel sofort:

$$0 \leqq \zeta \leqq \lambda < 1. \qquad \text{(sic!)}$$ 19.

*Dieses λ, welches stets **positiv** und **kleiner als Eins** ist, repräsentirt eine der gegebenen Curve oder Fläche σ eigenthümliche Constante, welche die **Configurationsconstante** heissen mag.*

Wir wollen im Folgenden diese Configurationsconstante näher zu bestimmen suchen für einige mehr oder weniger specielle Fälle.

§ 4.

Nähere Bestimmung der Configurationsconstanten in einigen speciellen Fällen.

Die Configurationsconstante eines Kreises. — Ist σ ein Kreis, so ist in Betreff des Ausdruckes (17.)

$$\zeta = 1 - \frac{1}{2\varpi}\left(\int (d\alpha)_s + \int (d\beta)_{s_1}\right)$$

zu bemerken, dass nach dem bekannten Satz über die Peripheriewinkel die Relation stattfindet: $\int (d\beta)_{s_1} = \int (d\beta)_s$. Somit folgt:

$$\zeta = 1 - \frac{1}{2\varpi}\left(\int (d\alpha)_s + \int (d\beta)_s\right),$$

d. i.

$$\zeta = 1 - \frac{1}{2\varpi}\int (d\sigma)_s,$$

also nach (7.):

---

*) Ueber das in (18.) und (19.) zugefügte (sic!) vergl. die vorhergehende Note.

$$\zeta = 1 - \tfrac{1}{2} = \tfrac{1}{2},$$

folglich auch*):

20. $$\lambda = \tfrac{1}{2}.$$

Die Configurationsconstante eines Kreises ist mithin stets $= \frac{1}{2}$.

Die Configurationsconstante einer geschlossenen Curve zweiten Ranges. — Ob die Curve stetig gebogen oder mit Ecken behaftet ist, bleibt gleichgültig. Hingegen wollen wir voraussetzen, dass sie keine *geradlinigen* Strecken enthalte, oder (schärfer ausgedrückt), dass alle Kreise, welche irgend drei (benachbarte oder nicht benachbarte) Puncte mit der Curve gemein haben, von *endlicher* Grösse sind. Zugleich
21. wollen wir unter all' diesen Kreisen den *grössten* uns aufgesucht denken, und seinen Durchmesser mit Δ bezeichnen.

Wir beschreiben nun, was den Ausdruck

22. $$\int (d\alpha)_s + \int (d\beta)_{s_1}$$

betrifft, um jeden der Puncte s, s_1 einen kleinen Kreis, bezeichnen den *ausserhalb* dieser Kreise befindlichen Theil der
23. gegebenen Curve σ mit σ', und denken uns die beiden Kreise (zur bessern Fixirung unserer Vorstellungen) von solcher Grösse, dass $\sigma' = \frac{9}{10}\sigma$ ist, wo selbstverständlich σ, σ' die Bogenlängen sein sollen. Ausserdem bezeichnen wir diejenigen Theile von α und β, welche zu σ' gehören, mit α' und β'. Alsdann wird:

24. $$\int (d\alpha)_s + \int (d\beta)_{s_1} \geq \int (d\alpha')_s + \int (d\beta')_{s_1},$$

wo in den beiden letzten Integralen die Integrationen ausgedehnt zu denken sind über alle Elemente $d\alpha'$ des Theiles α', respective über alle Elemente $d\beta'$ des Theiles β'.

Nun ist bekanntlich für jedes Element $d\sigma$ und für jeden Punct s (vergl. Seite 122):

25. $$(d\sigma)_s = \frac{d\sigma \cdot \cos\vartheta}{E},$$

wo E die Entfernung ($d\sigma \rightarrowtail s$), und ϑ den Winkel dieser Entfernung gegen die Normale von $d\sigma$ bezeichnet. Denken wir uns durch den Punct s und durch die beiden Endpuncte des Elementes $d\sigma$ einen Kreis gelegt, und den Durchmesser dieses Kreises mit D bezeichnet, so wird offenbar $E = D\cos\vartheta$; folglich:

---

*) Denn λ ist der Maximalwerth von ζ, vgl. Seite 173.

$$(d\sigma)_s = \frac{d\sigma}{D}; \tag{26.}$$

also, weil nach (21.) $D < \Delta$ ist:

$$(d\sigma)_s > \frac{d\sigma}{\Delta}. \tag{27.}$$

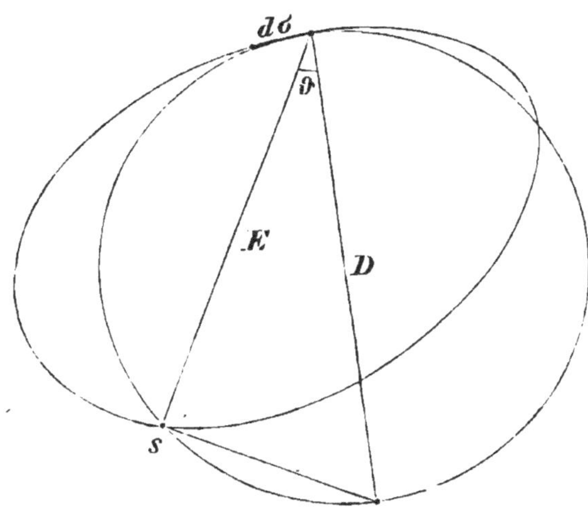

Es könnten Zweifel entstehen, ob diese Formel auch dann noch gültig sei, wenn der Punct s *im* Element $d\sigma$ (z. B. in der Mitte des Elementes) liegt. Um solchen Erörterungen, welche mehr ermüdend als schwierig oder nützlich sein würden, aus dem Wege zu gehen, wollen wir bei Anwendung der Formel (27.) auf solche Elemente $d\sigma$ uns beschränken, welche den Punct s *nicht* enthalten. Dieser Bedingung entsprechen nach (23.) sämmtliche $d\sigma'$, also auch die $d\alpha'$ und $d\beta'$; und wir erhalten also mit voller Sicherheit die Formel:

$$(d\alpha')_s > \frac{d\alpha'}{\Delta},$$

und hieraus durch Integration über sämmtliche $d\alpha'$:

$$\int (d\alpha')_s > \frac{\alpha'}{\Delta}; \tag{28. a}$$

und in analoger Weise

$$\int (d\beta')_s > \frac{\beta'}{\Delta}. \tag{28. b}$$

Durch Substitution dieser Werthe (28.a, b) in die Formel (24.) erhalten wir sofort:

$$\int (d\alpha)_s + \int (d\beta)_{s_1} > \frac{\alpha' + \beta'}{\Delta} = \frac{\sigma'}{\Delta},$$

also mit Rücksicht auf (23.):

$$\int (d\alpha)_s + \int (d\beta)_s > \frac{9}{10} \frac{\sigma}{\Delta};$$

also nach (17.):

$$\xi < 1 - \frac{9}{10} \frac{\sigma}{2\varpi\Delta},$$

folglich auch (vgl. die Note, Seite 174):

$$\lambda < 1 - \frac{9}{10} \frac{\sigma}{2\varpi\Delta}.$$

Statt des Bruches $\frac{9}{10}$ hätten wir offenbar ebensogut [vergl. (23.)] den Bruch $\frac{99}{100}$ oder $\frac{999}{1000}$ wählen können, u. s. w. Somit gelangen wir zu dem Resultat, *dass die Configurationsconstante λ der gegebenen Curve der Formel entspricht:*

29. $$\lambda \leqq 1 - \frac{\sigma}{2\varpi\Delta},$$

wo σ die Bogenlänge der Curve, und Δ den Durchmesser des grössten Kreises vorstellt, welcher irgend drei Puncte mit der Curve gemein hat.

Die Configurationsconstante einer Ellipse. — Sind $a > b$ die beiden Halbaxen der Ellipse, so ergeben sich für die in (29.) enthaltenen Grössen σ, Δ im gegenwärtigen Fall die Relationen:

$$\sigma > 2\varpi \frac{b^2}{a},$$
$$\Delta < 2 \frac{a^2}{b};$$

denn es repräsentiren $\frac{b^2}{a}$ und $\frac{a^2}{b}$ die Radien des kleinsten und grössten Krümmungskreises der Ellipse. Hieraus folgt sofort:

$$\frac{\sigma}{2\varpi\Delta} > \frac{1}{2}\left(\frac{b}{a}\right)^3,$$

und hierdurch gewinnt die Formel (29.) folgende Gestalt:

30. $$\lambda \leqq 1 - \frac{1}{2}\left(\frac{b}{a}\right)^3.$$

Bemerkung. — Hieraus folgt für den Fall des *Kreises*, d. i. für $a = b$, sofort $\lambda \leqq \frac{1}{2}$; was mit unserm frühern Ergebniss $\lambda = \frac{1}{2}$ [vgl. (20.)] in Einklang ist.

Die Configurationsconstante einer geschlossenen Fläche zweiten Ranges. — Wir wollen dahingestellt sein lassen, ob
die Fläche mit Ecken und Kanten behaftet oder überall von
stetiger Biegung ist, aber voraussetzen, dass sie keine *ebenen*
Theile enthalte, oder (genauer ausgedrückt) voraussetzen,
dass alle Kugelflächen, welche irgend vier (benachbarte oder
nicht benachbarte) Puncte mit der gegebenen Fläche gemein
haben, von *endlicher* Grösse sind. Zugleich wollen wir unter
all' diesen Kugelflächen die *grösste* uns aufgesucht, und deren 31.
Durchmesser mit Δ bezeichnet denken.

Wir beschreiben nun, was den Ausdruck

$$\int (d\alpha)_s + \int (d\beta)_{s_1}$$ 32.

betrifft, um jeden der Puncte s, s_1 eine kleine Kugelfläche,
bezeichnen den *ausserhalb* dieser Kugelflächen befindlichen
Theil der gegebenen Fläche σ mit σ', und denken uns die 33.
beiden Kugelflächen von solcher Grösse, dass $\sigma' = \frac{9}{10}\sigma$ ist.
Ausserdem bezeichnen wir diejenigen Theile von α, β, welche
zu σ' gehören, mit α', β'. Alsdann wird:

$$\int (d\alpha)_s + \int (d\beta)_{s_1} \geqq \int (d\alpha')_s + \int (d\beta')_{s_1}.$$ 34.

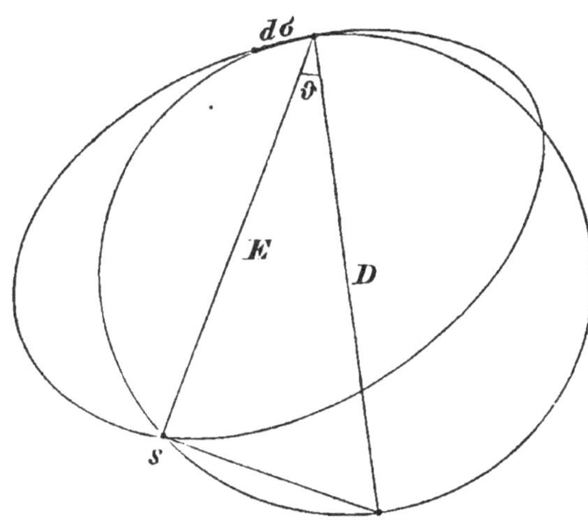

Bekanntlich ist für jedes Element $d\sigma$ und jeden Punct s (vgl. Seite 122):

35. $$(d\sigma)_s = \frac{d\sigma \cdot \cos\vartheta}{E^2},$$

wo E die Entfernung ($d\sigma \rightarrowtail s$), und ϑ den Winkel dieser Entfernung gegen die innere Normale von $d\sigma$ bezeichnet. Denken wir uns nun durch den Punct s und durch irgend *drei* Puncte des Elementes $d\sigma$ eine Kugelfläche gelegt, und den Durchmesser derselben mit D bezeichnet, so wird offenbar $E = D\cos\vartheta$; folglich:

36. $$(d\sigma)_s = \frac{d\sigma}{ED} > \frac{d\sigma}{D^2};$$

also, weil nach (31.) $D < \Delta$ ist:

37. $$(d\sigma)_s > \frac{d\sigma}{\Delta^2}.$$

Um etwaigen Zweifeln vorzubeugen, bringen wir diese Formel nur auf solche Elemente $d\sigma$ in Anwendung, welche den Punct s *nicht* in sich enthalten. Hierher gehören z. B. die Elemente $d\alpha'$, so dass wir also mit voller Sicherheit schreiben können:

$$(d\alpha')_s > \frac{d\alpha'}{\Delta^2},$$

woraus durch Integration über sämmtliche $d\alpha'$ sich ergiebt:

38. a $$\int (d\alpha')_s > \frac{\alpha'}{\Delta^2}.$$

Desgleichen wird offenbar:

38. b $$\int (d\beta')_{s_1} > \frac{\beta'}{\Delta^2}.$$

Durch Substitution der Werthe (38. a, b) in die Formel (34.) erhalten wir nun sofort:

$$\int (d\alpha)_s + \int (d\beta)_{s_1} > \frac{\alpha' + \beta'}{\Delta^2} = \frac{\sigma'}{\Delta^2},$$

also mit Rücksicht auf (33.):

$$\int (d\alpha)_s + \int (d\beta)_{s_1} > \frac{9}{10}\,\frac{\sigma}{\Delta^2},$$

also nach (17.)

$$\xi < 1 - \frac{9}{10}\,\frac{\sigma}{2\varpi\Delta^2},$$

folglich auch (vgl. die Note, Seite 174):

$$\lambda < 1 - \frac{9}{10}\,\frac{\sigma}{2\varpi\Delta^2}.$$

Beachten wir nun, dass wir statt des Bruches $\frac{9}{10}$ ebensogut den Bruch $\frac{99}{100}$ oder $\frac{999}{1000}$ u. s. w. hätten wählen können [vgl. (33.)], so gelangen wir also schliesslich zu dem Resultat, *dass die Configurationsconstante λ der betrachteten Fläche der Formel entsprechen muss:*

$$\lambda \leqq 1 - \frac{\sigma}{2\varpi\Delta^2}, \qquad 39.$$

wo σ die Grösse der gegebenen Fläche (ihren Quadratinhalt), und Δ den Durchmesser der grössten Kugelfläche vorstellt, die irgend vier Puncte mit der Fläche gemein hat.

§ 5.

Die aufeinanderfolgenden Functionen $W^{(n)}$, $f^{(n)}$.

Durch die geometrischen Betrachtungen der vorhergehenden §§ haben wir uns den Weg eröffnet zu einem tiefern Eindringen in die Natur der schon in der Einleitung (Seite 162 und 166) erwähnten Functionen $W^{(n)}$, $f^{(n)}$.

Wir wollen [wie auch schon früher geschehen, vgl. S. 160 (1), (2)] voraussetzen, dass die auf der geschlossenen Fläche σ vorgeschriebenen Werthe f daselbst überall *stetig* sind. Ueber 1.
jene Fläche selber hingegen wollen wir vorläufig *keine* Voraussetzung machen, also z. B. dahingestellt sein lassen, ob sie stetig gebogen oder mit irgend welchen Kanten und Ecken behaftet ist. Uebrigens mag ihre innere Seite als die positive festgesetzt sein.

Setzt man nun:

$$W_x = \frac{1}{\varpi}\int f(d\sigma)_x, \qquad 2.$$

so ist W_x das Potential einer auf σ ausgebreiteten Doppelbelegung vom Momente $\mu = \frac{f}{\varpi}$, und entspricht den Relationen:

$$\begin{aligned} W_{as} &= \left(W_s + \frac{\vartheta_s f_s}{\varpi}\right) - f_s, \\ W_{is} &= \left(W_s + \frac{\vartheta_s f_s}{\varpi}\right) + f_s, \end{aligned} \qquad \text{[vgl. S. 139].} \qquad 3.$$

d. i. den Relationen:

$$W_{as} = f_s' - f_s,$$

4. $$W_{is} = f_s' + f_s,$$

wo alsdann f_s' die Bedeutung hat:

5. $$f_s' = W_s + \frac{\vartheta_s f_s}{\varpi};$$

während ϑ_s das supplementare Winkelmaass der Fläche σ im Puncte s vorstellt. Auch besitzt dieses Potential W_x (vgl. Seite 139] folgende Eigenschaften:

6. *Erste Eigenschaft: Die auf σ ausgebreiteten Werthe f_s' (5.) sind daselbst überall stetig.*

7. *Zweite Eigenschaft: Die ausserhalb σ ausgebreiteten Werthe W_a sind inclusive ihrer Grenzwerthe W_{as} überall stetig. Diese Grenzwerthe stehen zu den W_s in der Beziehung* (3.), (4.).

8. *Dritte Eigenschaft: Die innerhalb σ ausgebreiteten Werthe W_i sind inclusive ihrer Grenzwerthe W_{is} überall stetig. Diese Grenzwerthe stehen zu den W_s in der Beziehung* (3.), (4.).

9. *Vierte Eigenschaft: Bezeichnet p eine beliebig gegebene Richtung, so ist immer:* $\frac{\partial W_{as}}{\partial p} = \frac{\partial W_{is}}{\partial p}$.

Wir gehen über zur Bildung weiterer Functionen. Ebenso nämlich, wie

aus den f die Functionen W, f'

entstanden sind, ebenso mögen nun

aus den f' zwei neue Functionen W', f'',

und sodann

aus den f'' wiederum zwei neue Functionen W'', f'''

abgeleitet werden, u. s. w., u. s. w., entsprechend den Formeln:

10.

(a.)	$W_x = \frac{1}{\varpi}\int f(d\sigma)_x,$	(α.)	$f_s' = W_s + \frac{\vartheta_s f_s}{\varpi},$
(b.)	$W_x' = \frac{1}{\varpi}\int f'(d\sigma)_x,$	(β.)	$f_s'' = W_s' + \frac{\vartheta_s f_s'}{\varpi},$
(c.)	$W_x'' = \frac{1}{\varpi}\int f''(d\sigma)_x,$	(γ.)	$f_s''' = W_s'' + \frac{\vartheta_s f_s''}{\varpi},$
	. . . .		. . . . .

Offenbar besitzen all' diese Potentiale $W_x^{(n)}$ analoge Eigenschaften wie W_x selber, und entsprechen also z. B. den mit (4.) analogen Formeln:

$$\begin{aligned}
W_{as} &= -f_s + f_s', & W_{is} &= f_s + f_s',\\
W_{as}' &= -f_s' + f_s'', & W_{is}' &= f_s' + f_s'',\\
W_{as}'' &= -f_s'' + f_s''', & W_{is}'' &= f_s'' + f_s''',\\
&\cdot\;\cdot\;\cdot\;\cdot & &\cdot\;\cdot\;\cdot\;\cdot\\
W_{as}^{(n)} &= -f_s^{(n)} + f_s^{(n+1)}, & W_{is}^{(n)} &= f_s^{(n)} + f_s^{(n+1)}.
\end{aligned} \qquad 11.$$

Hieraus folgt sofort:

$$\begin{aligned}
W_{as} &= -f_s + f_s',\\
W_{as} + W_{as}' &= -f_s + f_s'',\\
W_{as} + W_{as}' + W_{as}'' &= -f_s + f_s''',\\
&\cdot\;\cdot\;\cdot\;\cdot\;\cdot\;\cdot\;\cdot\;\cdot\;\cdot\;\cdot\;\cdot\;\cdot\;\cdot\\
W_{as} + W_{as}' + W_{as}'' \cdots\cdots + W_{as}^{(n)} &= -f_s + f_s^{(n+1)}
\end{aligned} \qquad 12.$$

und ferner:

$$\begin{aligned}
W_{is} &= f_s + f_s',\\
W_{is} - W_{is}' &= f_s - f_s'',\\
W_{is} - W_{is}' + W_{is}'' &= f_s + f_s''',\\
&\cdot\;\cdot\;\cdot\;\cdot\;\cdot\;\cdot\;\cdot\;\cdot\;\cdot\;\cdot\;\cdot\;\cdot\;\cdot\\
W_{is} - W_{is}' + W_{is}'' \cdots + (-1)^n W_{is}^{(n)} &= f_s + (-1)^n f_s^{(n+1)}.
\end{aligned} \qquad 13.$$

Ferner folgt aus den Formeln (11.) *linker* Hand durch Addition aller *geraden*, resp. aller *ungeraden* W_{as}:

$$\begin{aligned}
W_{as} + W_{as}'' + W_{as}^{\mathrm{IV}} \cdots + W_{as}^{(2n)} &= -f_s + f_s' - f_s'' \cdots\cdots + f_s^{(2n+1)},\\
W_{as}' + W_{as}''' + W_{as}^{\mathrm{V}} \cdots + W_{as}^{(2n+1)} &= -f_s' + f_s'' - f_s''' \cdots\cdots + f_s^{(2n+2)};
\end{aligned} \qquad 14.$$

und in analoger Weise aus den Formeln (11.) *rechter* Hand:

$$\begin{aligned}
W_{is} + W_{is}'' + W_{is}^{\mathrm{IV}} \cdots\cdots + W_{is}^{(2n)} &= f_s + f_s' + f_s'' \cdots\cdots + f_s^{(2n+1)},\\
W_{is}' + W_{is}''' + W_{is}^{\mathrm{V}} \cdots\cdots + W_{is}^{(2n+1)} &= f_s' + f_s'' + f_s''' \cdots\cdots + f_s^{(2n+2)}.
\end{aligned} \qquad 15.$$

Endlich sind analog mit (6.), (7.), (8.), (9.) folgende Sätze zu erwähnen:

Erstens: Die auf σ ausgebreiteten Werthe $f^{(n)}$ sind daselbst überall stetig. 16.

Zweitens: Die ausserhalb σ ausgebreiteten Werthe $W_a^{(n)}$ sind incl. ihrer Grenzwerthe $W_{as}^{(n)}$ überall stetig. 17.

Drittens: Die innerhalb σ ausgebreiteten Werthe $W_i^{(n)}$ sind incl. ihrer Grenzwerthe $W_{is}^{(n)}$ überall stetig. 18.

19. *Viertens: Bezeichnet p eine beliebig gegebene Richtung, so ist stets:* $\frac{\partial W_{as}^{(n)}}{\partial p} = \frac{\partial W_{is}^{(n)}}{\partial p}$.

Beiläufige Bemerkung über die Formeln (10.). — Nach (10. a) ist:

20. a
$$W_x = \frac{1}{\omega}\int f(d\sigma)_x\,;$$

und ferner ersehen wir aus (10. α), dass die Function f_s' mit W_s überall identisch ist, ausser in den Kanten und Ecken der Fläche*). Demgemäss können wir in dem Integral (10. b), unbeschadet seines Werthes, f_s' durch W_s ersetzen, wodurch sich ergiebt:

20. b
$$W_x' = \frac{1}{\omega}\int W(d\sigma)_x\,.$$

Nun folgt ferner aus (10. β), dass f_s'' mit W_s' überall identisch ist, ausser in den Kanten und Ecken; und wir können daher im Integral (10. c) die Function f_s'' durch W_s' ersetzen, wodurch sich ergiebt:

20. c
$$W_x'' = \frac{1}{\omega}\int W'(d\sigma)_x\,.$$

Gleichzeitig folgt aus (10. γ), dass f_s''' mit W_s'' überall identisch ist, ausser in den Kanten und Ecken. U. s. w., u. s. w.

Wir können somit die in (10.) angegebenen Functionen W_x, W_x', W_x'', ..., falls es uns beliebt, auch durch die Formeln (20, a, b, c, . . .) definiren, und erkennen zugleich, dass die Functionen

$$f_s',\ f_s'',\ f_s''',\ \ldots\ldots\ f_s^{(n+1)},\ \ldots\ldots,$$

abgesehen von einzelnen Linien und Puncten (Kanten und Ecken), identisch sind mit

$$W_s,\ W_s',\ W_s'',\ \ldots\ldots\ W_s^{(n)},\ \ldots\ldots$$

In solcher Weise bestätigt sich, was schon in der Einleitung dieses Capitels (Seite 166) behauptet wurde.

---

*) Es ist nur von den Functionen f_s' und W_s, also nur von solchen Werthen die Rede, welche *auf der gegebenen Fläche* σ ausgebreitet sind. Dass diese Functionen aber das genannte Verhalten zeigen, ergiebt sich aus (10. α) sofort, falls man nur beachtet, dass das sogenannte supplementare Winkelmaass ϑ_s, mit Ausnahme der Kanten und Ecken, überall $= 0$ ist; vgl. Seite 130.

§ 6.

Nähere Untersuchung der Functionen $W^{(n)}$, $f^{(n)}$ für den Fall, dass die gegebene Fläche zweiten Ranges und keine zweisternige ist.

Zu unseren schon früher gemachten Voraussetzungen [Seite 179 (1.)] wollen wir jetzt noch *die* hinzutreten lassen,
dass die gegebene geschlossene Fläche σ *zweiten Ranges* und 21.
keine zweisternige sei. — Alsdann gelten für jedes Element $d\sigma$ und für jeden Punct s die Formeln [vgl. Seite 170 (5.), (7.), (9.)]

$$(d\sigma)_s = \text{pos.},$$
$$\int (d\sigma)_s = \varpi_s = \varpi - \varepsilon_s,$$
$$0 \leqq \varpi_s \leqq \varpi, \text{ mithin: } \varpi_s = \text{pos.},$$ 22.
$$0 \leqq \varepsilon_s \leqq \varpi, \text{ mithin: } \varepsilon_s = \text{pos.},$$

wo ϖ_s das Winkelmaass und ε_s das supplementare Winkelmaass von σ im Puncte s bezeichnet.

Was ferner die auf σ *überall stetigen* Werthe f betrifft, so wollen wir ihren kleinsten mit K, ihren grössten mit G, das arithmetische Mittel von K und G mit M, und endlich die sogenannte *Schwankung**) der Werthe f mit Df bezeichnen. Also:

$$\text{Min } f = K,$$
$$\text{Max } f = G,$$
$$Df = G - K,$$ 23.
$$M = \frac{G+K}{2},$$
$$(M - K) = (G - M) = \frac{G-K}{2}.$$

Gleichzeitig wollen wir die Fläche σ in zwei Theile α und β zerlegen, von denen jeder aus beliebig vielen einzelnen Stücken bestehen kann [vgl. die zweite Note, Seite 170]:

$$\sigma = \alpha + \beta;$$ 24.

*) Unter der *Schwankung* einer gegebenen Function verstehe ich (nach *Riemann's* Vorgang) die Differenz zwischen ihrem *kleinsten* und *grössten* Werthe.

und zwar in solcher Weise, dass alle auf α vorhandenen f zwischen K und M, andrerseits alle auf β vorhandenen zwischen M und G liegen. Bezeichnet man also die auf α und β vorhandenen f respective mit f_α und f_β, so sind die Formeln zu notiren:

25. $$K \leqq f_\alpha \leqq M, \qquad M \leqq f_\beta \leqq G.$$

Ob dabei diejenigen Elemente $d\sigma$, in denen f gerade *gleich* M ist, zu α oder zu β gezählt werden, bleibt gleichgültig.

Nach den Formeln (10.a, α) ist:

$$\varpi W_s = \int f (d\sigma)_s, \qquad \varpi f_s' = f_s \vartheta_s + \varpi W_s;$$

hieraus folgt durch Elimination von ϖW_s:

26. $$\varpi f_s' = f_s \vartheta_s + \int f (d\sigma)_s,$$

also nach (24.):

27. $$\varpi f_s' = f_s \vartheta_s + \int f (d\alpha)_s + \int f (d\beta)_s.$$

Beachtet man nun, dass die hier auf der rechten Seite auftretenden Grössen:

$$\vartheta_s, \quad (d\alpha)_s, \quad (d\beta)_s$$

nach (22.) lauter *positive* Grössen sind, so folgt mit Rücksicht auf (25.) sofort:

$$\varpi f_s' \leqq G \vartheta_s + M \int (d\alpha)_s + G \int (d\beta)_s,$$
$$\varpi f_s' \geqq K \vartheta_s + K \int (d\alpha)_s + M \int (d\beta)_s,$$

oder, was dasselbe ist:

$$\varpi f_s' \leqq G [\vartheta_s + \int (d\alpha)_s + \int (d\beta)_s] + (M - G) \int (d\alpha)_s,$$
$$\varpi f_s' \geqq K [\vartheta_s + \int (d\alpha)_s + \int (d\beta)_s] + (M - K) \int (d\beta)_s.$$

Offenbar ist der in den eckigen Klammern enthaltene Ausdruck

$$= \vartheta_s + \int (d\sigma)_s,$$

also nach (22.):

$$= \varpi.$$

Somit folgt:

$$\varpi f_s' \leqq \varpi G + (M - G) \int (d\alpha)_s,$$
$$\varpi f_s' \geqq \varpi K + (M - K) \int (d\beta)_s,$$

oder mit Rücksicht auf (23.):

$$f_s' \leqq G - \frac{(G-K)\int(d\alpha)_s}{2\varpi}, \qquad f_s' \geqq K + \frac{(G-K)\int(d\beta)_s}{2\varpi}, \tag{28.}$$

also *a fortiori*:

$$f_s' \leqq G, \qquad f_s' \geqq K. \tag{29.}$$

Die hier entwickelten Formeln gelten für *sämmtliche* Puncte s der Curve oder Fläche σ, d. h. für *sämmtliche* Werthe, welche f' auf σ überhaupt besitzt. Nehmen wir also an, der kleinste K' dieser Werthe sei vorhanden im Puncte s_0, und der *grösste* G' im Puncte s_1, so erhalten wir durch Anwendung der *ersten* Formel (28.) auf G':

$$G' = f_{s_1}' \leqq G - \frac{(G-K)\int(d\alpha)_{s_1}}{2\varpi},$$

und durch Anwendung der *zweiten* Formel (28.) auf K':

$$K' = f_{s_0}' \geqq K + \frac{(G-K)\int(d\beta)_{s_0}}{2\varpi};$$

woraus durch Subtraction folgt:

$$G' - K' \leqq (G-K)\left(1 - \frac{\int(d\alpha)_{s_1} + \int(d\beta)_{s_0}}{2\varpi}\right).$$

Die Curve oder Fläche σ ist nach unserer Voraussetzung (21.) *geschlossen*, *zweiten Ranges*, und *keine zweisternige*. Wie also die Theile α und β auch beschaffen sein mögen, und wo die Puncte s_0 und s_1 auch liegen mögen, — stets wird (vgl. Seite 173) die Relation stattfinden:

$$1 - \frac{\int(d\alpha)_{s_1} + \int(d\beta)_{s_0}}{2\varpi} \leqq \lambda,$$

wo λ einen *positiven ächten Bruch*, die sogenannte *Configurationsconstante* von σ, vorstellt. — Somit erhalten wir:

$$G' - K' \leqq (G-K)\lambda. \tag{30.}$$

Die Formeln (29.), (30.) nehmen, unter Anwendung der [zum Theil schon in (23.) erwähnten] Bezeichnungen:

$$\begin{aligned} K &= \text{Min}\, f, & K' &= \text{Min}\, f', \\ G &= \text{Max}\, f, & G' &= \text{Max}\, f', \\ G - K &= Df, & G' - K' &= Df', \end{aligned} \tag{31.}$$

folgende Gestalt an:

32. $$\text{Min}\, f \leq f' \leq \text{Max}\, f, \qquad Df' \leq (Df)\lambda.$$

Hieraus ergiebt sich, weil f' zu f in derselben Beziehung steht, wie f'' zu f', wie f''' zu f'', u. s. w., folgendes System von Formeln:

33. $$\begin{array}{ll} \text{Min}\, f \leq f' \leq \text{Max}\, f, & Df' \leq (Df)\lambda, \\ \text{Min}\, f' \leq f'' \leq \text{Max}\, f', & Df'' \leq (Df')\lambda, \\ \text{Min}\, f'' \leq f''' \leq \text{Max}\, f'', & Df''' \leq (Df'')\lambda, \\ \dots\dots\dots & \dots\dots \\ \text{Min}\, f^{(n-1)} \leq f^{(n)} \leq \text{Max}\, f^{(n-1)}, & Df^{(n)} \leq (Df^{(n-1)})\lambda; \end{array}$$

und nunmehr folgt durch Multiplication sämmtlicher Formeln

34. rechter Hand: $$Df^{(n)} \leq (Df)\lambda^n,$$

also, weil λ ein *ächter Bruch* ist:

35. $$Df^{(\infty)} = 0,$$

mithin:

36. $$f^{(\infty)} = \text{Const.}$$

Doch fragt sich, ob dieser constante Werth ein *völlig bestimmter* sei; — denn es wäre ja z. B. denkbar, dass $f^{(2n)}$ und $f^{(2n+1)}$ mit wachsendem n gegen *verschiedene* Constanten convergiren; u. dgl.

Markiren wir, um näher hierauf einzugehen, auf irgend einer Axe zwei Puncte mit den Abscissen K und G, so wird

37. 

das zwischen diesen Puncten liegende Intervall die Schwankung Df ihrer *Grösse* und *Lage* nach ausdrücken.

Denken wir uns nun in solcher Weise die Schwankungen Df', Df'', Df''', ... der Reihe nach geometrisch dargestellt, so zeigt ein Blick auf die Formeln (33.) linker Hand, dass all' diese Schwankungen *in einander geschachtelt* sind, indem jede *innerhalb* (oder wenigstens *in Erstreckung*) der vorhergehenden liegt*):

*) Hinsichtlich dieser Ausdrucksweise vgl. man die erste Note auf Seite 50.

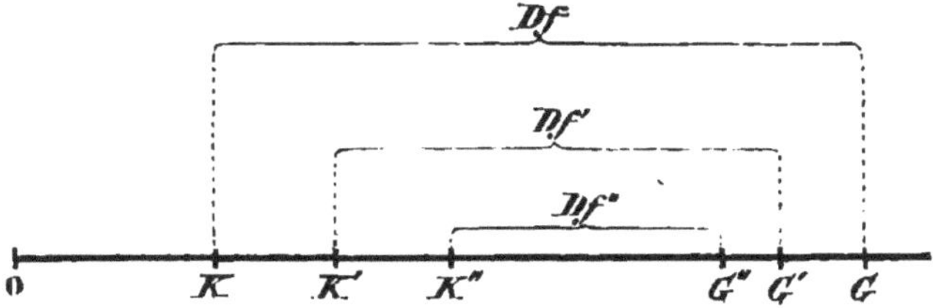

38.

Und hieraus folgt sofort, dass die in Rede stehende Constante (36.) eine *völlig bestimmte* ist; sie mag hinfort mit C bezeichnet werden:

$$f^{(\infty)} = C. \tag{39.}$$

Weiteres über die Functionen $f^{(n)}$. — Denken wir uns in Figur (38.) auf der horizontalen Axe irgend zwei Puncte α und α' markirt, von denen der eine zwischen K und G, der andere zwischen K' und G' liegt, so wird offenbar der gegenseitige Abstand dieser beiden Puncte *kleiner* als Df, höchstens *gleich* Df sein. Diese Bemerkung aber können wir, weil die Puncte α und α' irgend zwei Werthe der Functionen f und f' repräsentiren, durch folgende Formel ausdrücken:

$$\text{abs}\,(f' - f) \leqq Df, \tag{40.}$$

wobei es vollkommen gleichgültig ist, ob jene Werthe f und f' auf der Fläche σ an der *nämlichen* Stelle sich befinden, oder an *verschiedenen*. Desgleichen wird offenbar:

$$\text{abs}\,(f'' - f') \leqq Df',$$
$$\text{abs}\,(f''' - f'') \leqq Df'',$$
$$\cdot\quad\cdot\quad\cdot\quad\cdot\quad\cdot\quad\cdot\quad\cdot\quad\cdot$$
$$\text{abs}\,(f^{(n+1)} - f^{(n)}) \leqq Df^{(n)};$$

und hieraus folgt mit Rücksicht auf (34.):

$$\text{abs}\,(f^{(n+1)} - f^{(n)}) \leqq (Df)\,\lambda^n. \tag{41.}$$

In ähnlicher Weise können wir leicht zu einer *allgemeinern* Formel gelangen. Beachten wir nämlich, dass [im Sinne unserer geometrischen Anschauungsweise (38.)] $Df^{(n+p)}$ innerhalb $Df^{(n)}$ liegt, so ergiebt sich sofort:

$$\text{abs}\,(f^{(n+p)} - f^{(n)}) \leqq Df^{(n)},$$

also nach (34.):

$$\text{abs}\,(f^{(n+p)} - f^{(n)}) \leqq (Df)\,\lambda^n; \tag{42.}$$

wobei wiederum gleichgültig, ob die betrachteten Werthe $f^{(n+p)}$ und $f^{(n)}$ an *derselben*, oder an *verschiedenen* Stellen der Fläche σ sich befinden*).

Setzt man in dieser letzten Formel, in welcher selbstverständlich p eine positive ganze Zahl bedeutet, die Zahl $p = \infty$, so folgt mit Rücksicht auf (39.):

43. $$\text{abs}\,(C - f^{(n)}) \leqq (Df)\,\lambda^n\,;$$

und hieraus folgt weiter, *dass sämmtliche Werthe, welche die Function $f^{(n)}$ auf der gegebenen Fläche σ überhaupt besitzt, der Formel entsprechen:*

44. $$C - (Df)\,\lambda^{(n)} \leqq f^{(n)} \leqq C + (Df)\,\lambda^n\,.$$

Dieser Satz giebt über die Beschaffenheit der Function $f^{(n)}$ eine anschauliche Vorstellung, und ist zugleich deshalb von Wichtigkeit, weil er die früheren Formeln (40.), (41.), (42.), (43.) *überflüssig macht.* In der That können jene Formeln als eine unmittelbare Consequenz dés Satzes (44.) angesehen, und mit Hülfe dieses Satzes in jedem Augenblick reproducirt werden.

Untersuchung der Functionen $W_a^{(n)}$. — Nach (11.) ist:

$$W_{as}^{(n)} = f_s^{(n+1)} - f_s^{(n)}\,,$$

also nach (41.):

45. $$\text{abs}\; W_{as}^{(n)} \leqq (Df)\,\lambda^n\,.$$

Nun repräsentirt $W_a^{(n)}$ das Potential einer auf σ ausgebreiteten Doppelbelegung, mithin einer Belegung, deren Gesammtmasse *Null*. Hieraus folgt [Theorem (*A.'*) Seite 37], dass die *Extreme* der $W_a^{(n)}$ auf σ liegen, also dargestellt sind durch zwei Specialwerthe der $W_{as}^{(n)}$. Die für sämmtliche $W_{as}^{(n)}$ gültige Formel (45.) wird offenbar auch gelten für diese beiden Specialwerthe, also gelten für die beiden *Extreme* der $W_a^{(n)}$, und *a fortiori* also auch gelten für die *übrigen* $W_a^{(n)}$. Somit folgt:

46. $$\text{abs}\; W_a^{(n)} \leqq (Df)\,\lambda^n.$$

*) Jene Formel (42.) würde also genauer *so* zu schreiben sein:

$$\text{abs}\,\left(f_s^{(n+p)} - f_{s_1}^{(n)}\right) \leqq (Df)\,\lambda^n\,,$$

wo s und s_1 zwei *beliebige* Puncte der Fläche σ vorstellen.

Aus (45.), (46.) ergiebt sich sofort, *dass sämmtliche Werthe* $W_a'^{(n)}$, $W_{as}^{(n)}$ *der Formel entsprechen:*

$$-(Df)\lambda^n \leq \left\{ \begin{matrix} W_a'^{(n)} \\ W_{as}^{(n)} \end{matrix} \right\} \leq +(Df)\lambda^n. \qquad 47.$$

Dieser Satz giebt eine deutliche Vorstellung über die Function $W_a^{(n)}$; *so zeigt er z. B., dass*

$$W_a^{(\infty)} = W_{as}^{(\infty)} = 0 \qquad 48.$$

ist. Auch macht dieser Satz die früheren Formeln (45.), (46.) *überflüssig, indem er jeden Augenblick zur Reproduction derselben dienen kann.*

Untersuchung der Functionen $W_i^{(n)}$. — Nach (11.) ist:

$$W_{is}^{(n+1)} - W_{is}^{(n)} = f_s^{(n+2)} - f_s^{(n)};$$

und hieraus folgt mit Rücksicht auf (42.):

$$\text{abs}\,(W_{is}^{(n+1)} - W_{is}^{(n)}) \leq (Df)\lambda^n, \qquad 49.$$

und folglich auch:

$$\text{abs}\,(W_i^{(n+1)} - W_i^{(n)}) \leq (Df)\lambda^n, \qquad 50.$$

wo in Betreff des Ueberganges von (49.) zu (50.) Aehnliches zu bemerken ist wie beim Uebergange von (45.) zu (46.).

Ferner ist nach (11.):

$$W_{is}^{(n)} = f_s^{(n)} + f_s^{(n+1)},$$

oder, was dasselbe:

$$2C - W_{is}^{(n)} = (C - f_s^{(n)}) + (C - f_s^{(n+1)}),$$

also mit Rücksicht auf (43.):

$$\text{abs}\,(2C - W_{is}^{(n)}) < (Df)\lambda^n + (Df)\lambda^{n+1},$$

also *a fortiori*:

$$\text{abs}\,(2C - W_{is}^{(n)}) \leq 2(Df)\lambda^n, \qquad 51.$$

und folglich auch:

$$\text{abs}\,(2C - W_i^{(n)}) \leq 2(Df)\lambda^n, \qquad 52$$

wo der Uebergang von (51.) zu (52.) wieder in analoger Weise zu bewerkstelligen ist, wie der von (45.) zu (46.). — Aus (51.), (52.) ergiebt sich sofort, *dass sämmtliche Werthe* $W_i'^{(n)}$, $W_{is}^{(n)}$ *der Formel unterthan sind:*

53. $$2C - 2(Df)\lambda^n \leqq \left\{ \begin{matrix} W_i^{(n)} \\ W_{is}^{(n)} \end{matrix} \right\} \leqq 2C + 2(Df)\lambda^n.$$

Dieser Satz giebt über die Function $W_i^{(n)}$ eine deutliche Vorstellung, und zeigt z. B., dass

54. $$W_i^{(\infty)} = W_{is}^{(\infty)} = 2C$$

ist. Auch kann man diesen Satz in jedem Augenblick verwerthen zur Reproduction der früheren Formeln (49.), (50.), (51.), (52.).

Bemerkung. — Die gefundenen Sätze (44.), (47.), (53.) zeigen, dass die Functionen

$$W_a^{(n)}, \quad f_s^{(n)}, \quad W_i^{(n)}$$

mit wachsendem n gegen die *constanten* Werthe

$$0, \quad C, \quad 2C$$

convergiren, — was sich z. B. bestätigt bei Betrachtung des Specialfalles $f = \text{Const.}$

§ 7.

Ueber den kleinsten und grössten Werth, welchen das Potential einer gegebenen Doppelbelegung annehmen kann.

Nach den Formeln (4.), (5.) ist:

55. $$\begin{aligned} W_s &= f_s' - \frac{\vartheta_s f_s}{\varpi}, \\ W_{as} &= f_s' - f_s, \\ W_{is} &= f_s' + f_s; \end{aligned}$$

ferner nach (22.), (23.), (29.):

56. $$\begin{aligned} 0 &\leqq \frac{\vartheta_s}{\varpi} \leqq 1, \\ K &\leqq f \leqq G, \\ K &\leqq f' \leqq G. \end{aligned}$$

Bezeichnet man die grösste der vier Zahlen

$$-K, \; +K, \; -G, \; +G$$

mit L, so folgt aus (55.), (56.) sofort:

57. $$\begin{aligned} -2L &\leqq W_s \leqq +2L, \\ -2L &\leqq W_{as} \leqq +2L, \\ -2L &\leqq W_{is} \leqq +2L. \end{aligned}$$

Aus den beiden letzten Formeln aber ergeben sich [durch Anwendung der bekannten Theoreme ($A.'$) und ($J.$), vgl. den Uebergang von (45.) zu (46.)] sofort die weiteren Formeln:

$$-2L \leqq W_a \leqq +2L\,,$$
$$-2L \leqq W_i \leqq +2L\,. \qquad 58.$$

Nun repräsentirt W [vgl. (2.)] das Potential einer Doppelbelegung vom Momente $\frac{f}{\varpi}$. Beachten wir, dass dieses Moment [nach (56.)] zwischen $\frac{K}{\varpi}$ und $\frac{G}{\varpi}$ liegt, sein absolut grösster Werth also $\frac{L}{\varpi}$ ist, so gelangen wir durch die Formeln (57.), (58.) zu folgendem allgemeinen Satz:

Variirt das Moment der auf einer geschlossenen Fläche σ ausgebreiteten Doppelbelegung zwischen den Grenzen 59.

$$-\frac{L}{\varpi}\cdots\cdots+\frac{L}{\varpi}\,,$$

und bezeichnet W_x das von dieser Doppelbelegung auf einen beliebigen Punct x ausgeübte Potential, so werden sämmtliche Werthe W_a, W_s, W_i, W_{as}, W_{is} zwischen

$$-2L\cdots\cdots+2L$$

gelegen sein. — Bei Ableitung dieses Satzes ist indessen vorausgesetzt, dass die Fläche σ zweiten Ranges und keine zweisternige sei, und ausserdem vorausgesetzt, dass das Moment der betrachteten Doppelbelegung auf σ überall stetig sei [vgl. (1.) und (21.)].

Bemerkung. — Man kann leicht die Werthe W_s, W_{as}, W_{is} in noch engere Grenzen einschliessen. Denn aus (55.), (56.) folgt direct*):

$$K-\frac{\vartheta_s}{\varpi}G \leqq W_s \leqq G-\frac{\vartheta_s}{\varpi}K\,,$$
$$K-G \leqq W_{as} \leqq G-K\,, \qquad 60.$$
$$2K \leqq W_{is} \leqq 2G\,;$$

*) Obwohl $\frac{\vartheta_s}{\varpi}$ [nach (56.)] zwischen 0 und 1 liegt, so würde es dennoch nicht gestattet sein, in der *ersten* Formel (60.) auf der linken Seite $\frac{\vartheta_s}{\varpi}G$ schlechtweg durch G zu ersetzen. Denn jener Ausdruck $\frac{\vartheta_s}{\varpi}G$ wird offenbar bald *kleiner*, bald *grösser* als G sein, jenachdem G selber *positiv* oder *negativ* ist.

woraus dann weiter folgt:

61. $$K - G \leq W_a \leq G - K\,,$$
$$2K \leq W_i \leq 2G\,.$$

All' diese Formeln finden eine angenehme Bestätigung durch Betrachtung des Specialfalles $f =$ Const.

§ 8.

Ueber die beiden zu Anfang des Capitels genannten Probleme.

Bei der Behandlung dieser beiden Probleme (Seite 160) halten wir fest an den schon gemachten Voraussetzungen,
1. indem wir die *innere* Seite der gegebenen geschlossenen Fläche σ als die positive betrachten, ferner annehmen, dass diese Fläche σ *zweiten Ranges* und *keine zweisternige* sei, endlich annehmen, dass die auf σ vorgeschriebenen Werthe f daselbst *überall stetig* seien.

Bezeichnen wir also die *Configurationsconstante* der Fläche
2. σ mit λ, so wird dieses λ ein positiver *ächter Bruch* sein (Seite 173). Und bezeichnen wir andrerseits den kleinsten und grössten jener vorgeschriebenen Werthe f respective mit K und G, so wird die sogenannte Schwankung

$$Df = G - K$$

sein.

Setzen wir nun:

3. $$\Phi_a = - W_a - W_a' - W_a'' \cdots\cdots\cdots - W_a^{(n)}\,,$$
$$\Psi_i = + W_i - W_i' + W_i'' \cdots + (-1)^n W_i^{(n)}\,,$$

so ist offenbar Φ_a (ebenso wie W_a, W_a', ...) das Potential einer gewissen auf σ ausgebreiteten Doppelbelegung in Bezug auf den Punct a, während Ψ_i das Potential einer gewissen *andern* daselbst ausgebreiteten Doppelbelegung auf den Punct i darstellt. Die Grenzwerthe dieser Potentiale lauten:

4. $$\Phi_{as} = - W_{as} - W_{as}' - W_{as}'' \cdots\cdots\cdots - W_{as}^{(n)}$$
$$\Psi_{is} = + W_{is} - W_{is}' + W_{is}'' \cdots + (-1)^n W_{is}^{(n)}\,,$$

und gewinnen mit Rücksicht auf bekannte Formeln (Seite 181) die einfacheren Gestalten:

5. $$\Phi_{as} = f_s - f_s^{(n+1)}\,,$$
$$\Psi_{is} = f_s + (-1)^n f_s^{(n+1)}\,.$$

Nun wissen wir aber, dass die Function $f_s^{(n)}$ mit wachsendem n gegen eine *Constante* convergirt:

$$f_s^{(\infty)} = C. \quad \text{[vgl. Seite 187].} \tag{6.}$$

Und es kann daher kaum noch zweifelhaft sein, dass die durch die Formeln (3.) definirten Potentiale Φ_a, Ψ_i die gesuchten Lösungen unserer beiden Probleme darstellen werden, sobald wir die in jenen Formeln enthaltene Zahl n ins Unendliche anwachsen lassen. Hierbei aber haben wir die Wahl, ob wir diese ins Unendliche anwachsende Zahl als eine *ungerade* oder als eine *gerade* Zahl uns vorstellen wollen. Und jenachdem wir das eine oder das andere thun, gelangen wir zu verschiedenen Lösungen.

§ 9.

Erste Lösung der beiden Probleme. (Ungerades n.)

Für ein *ungerades* n lauten die Formeln (3.), (5.) folgendermassen:

$$\begin{aligned} \Phi_a &= - W_a - W_a' - W_a'' \cdots\cdots - W_a^{(n)}, \\ \Psi_i &= (W_i - W_i') + (W_i'' - W_i''') \cdots\cdots + (W_i^{(n-1)} - W_i^{(n)}), \end{aligned} \tag{7.}$$

$$\begin{aligned} \Phi_{as} &= f_s - f_s^{(n+1)}, \\ \Psi_{is} &= f_s - f_s^{(n+1)}, \end{aligned} \tag{8.}$$

oder, falls man n ins Unendliche wachsen lässt und Rücksicht auf (6.) nimmt:

$$\begin{aligned} \Phi_a &= - W_a - W_a' - W_a'' - - \cdots\cdots \text{in inf.}, \\ \Psi_i &= (W_i - W_i') + (W_i'' - W_i''') + + \cdots\cdots \text{in inf.}, \end{aligned} \tag{9.}$$

$$\begin{aligned} \Phi_{as} &= f_s - C, \\ \Psi_{is} &= f_s - C. \end{aligned} \tag{10.}$$

Die unendlichen Reihen (9.) schreiten fort nach Potenzen des ächten Bruches λ, und sind also *convergent*, wie solches aus den früher gefundenen Formeln:

$$\begin{aligned} &\text{abs } W_a^{(n)} \leqq (G - K)\lambda^n, \quad \text{[vgl. (46.) Seite 188]}, \\ &\text{abs } (W_i^{(n+1)} - W_i^{(n)}) \leqq (G - K)\lambda^n, \quad \text{[vgl. (50.) Seite 189]} \end{aligned} \tag{11.}$$

sofort ersichtlich. Und die durch diese Reihen definirten Potentiale Φ_a, Ψ_i besitzen Grenzwerthe, welche nach (10.)

mit den vorgeschriebenen Werthen f bis auf eine additive Constante übereinstimmen. *Folglich sind jene Potentiale* Φ_a, Ψ_i *die gesuchten.*

Transformation der gefundenen Potentiale. — Bekanntlich ist:

12. $$\begin{aligned} \varpi W_a^{(n)} &= \int f^{(n)} (d\sigma)_a, \\ \varpi W_i^{(n)} &= \int f^{(n)} (d\sigma)_i, \end{aligned} \qquad \text{[vgl. (10.) Seite 180],}$$

und ferner:

13. $$\begin{aligned} W_{as}^{(n)} &= -f_s^{(n)} + f_s^{(n+1)}, \\ W_{is}^{(n)} &= +f_s^{(n)} + f_s^{(n+1)}. \end{aligned} \qquad \text{[vgl. (11.) Seite 181].}$$

Wir können daher die gefundenen Potentiale Φ_a, Ψ_i (9.) mit Rücksicht auf (12.) auch so schreiben:

14. $$\begin{aligned} \Phi_a &= \frac{1}{\varpi}\int [-f - f' - f'' - \cdots](d\sigma)_a, \\ \Psi_i &= \frac{1}{\varpi}\int [(f - f') + (f'' - f''') + \cdots](d\sigma)_i, \end{aligned}$$

oder mit Rücksicht auf (13.) auch so:

15. $$\begin{aligned} \Phi_a &= -\frac{1}{\varpi}\int [W_{is} + W_{is}'' + W_{is}^{IV} + \cdots](d\sigma)_a, \\ \Psi_i &= -\frac{1}{\varpi}\int [W_{as} + W_{as}'' + W_{as}^{IV} + \cdots](d\sigma)_i, \end{aligned}$$

oder (was dasselbe) auch so:

16. $$\begin{aligned} \Phi_a &= -\frac{1}{\varpi}\int [W_{is} + W_{is}'' + W_{is}^{IV} + \cdots] \frac{\partial T^a}{\partial \nu} d\sigma, \\ \Psi_i &= -\frac{1}{\varpi}\int [W_{as} + W_{as}' + W_{as}^{IV} + \cdots] \frac{\partial T^i}{\partial \nu} d\sigma, \end{aligned}$$

wo T^a und T^i den Entfernungen $(d\sigma \rightarrowtail a)$ und $(d\sigma \rightarrowtail i)$ entsprechen, und ν die *innere* oder *positive* Normale von σ vorstellt*).

Nun ist ferner nach bekannten Green'schen Sätzen:

17. $$\begin{aligned} &\int \left(W_{is} \frac{\partial T^a}{\partial \nu} - T^a \frac{\partial W_{is}}{\partial \nu} \right) d\sigma = 0, \quad \text{[vgl. (41. }\delta\text{) Seite 19],} \\ &\int \left(W_{as} \frac{\partial T^i}{\partial \nu} - T^i \frac{\partial W_{as}}{\partial \nu} \right) d\sigma = 0; \quad \text{[vgl. (42. }\delta\text{) Seite 21];} \end{aligned}$$

---

*) Die *innere* Normale der Fläche σ ist zugleich die *positive*. Denn wir haben ausdrücklich [vgl. z. B. (1.)] die *innere* Seite dieser Fläche als die *positive* festgesetzt.

und ähnliche Formeln gelten für W', W'', W''', ... Somit können wir unsere Potentiale (16.) auch so darstellen:

$$\Phi_a = -\frac{1}{\varpi}\int\left\{\frac{\partial(W_{is} + W''_{is} + W^{IV}_{is} + \cdots)}{\partial\nu}\right\} T^a d\sigma,$$
$$\Psi_i = -\frac{1}{\varpi}\int\left\{\frac{\partial(W_{as} + W''_{as} + W^{IV}_{as} + \cdots)}{\partial\nu}\right\} T^i d\sigma,$$ 18.

wo die in den geschweiften Klammern $\{\ \}$ enthaltenen Ausdrücke *einerlei* Werth haben; denn es ist:

$$\frac{\partial W^{(n)}_{is}}{\partial\nu} = \frac{\partial W^{(n)}_{as}}{\partial\nu} \quad \text{[vgl. (19.) Seite 182].}$$ 19.

Weitere Betrachtungen. — Da bekanntlich $\int(d\sigma)_a = 0$ ist*), so können wir die Formeln (14.) auch so schreiben:

$$\Phi_a = \frac{1}{\varpi}\int[(C-f) + (C-f') + (C-f'') + \cdots](d\sigma)_a,$$
$$\Psi_i = \frac{1}{\varpi}\int[(f-f') + (f''-f''') + (f^{IV}-f^{V}) + \cdots](d\sigma)_i,$$ 20.

wo C die bekannte *Constante* (6.) bezeichnen soll. Setzen wir also zur Abkürzung:

$$\Phi_a = \int\Xi(d\sigma)_a,$$
$$\Psi_i = \int\mathrm{H}(d\sigma)_i,$$ 21.

so haben Ξ, H folgende Werthe:

$$\Xi = \frac{1}{\varpi}[(C-f) + (C-f') + (C-f'') + \cdots],$$
$$\mathrm{H} = \frac{1}{\varpi}[(f-f') + (f''-f''') + (f^{IV}-f^{V}) + \cdots];$$ 22.

wofür mit Rücksicht auf (13.) auch geschrieben werden kann:

$$\Xi = \frac{1}{\varpi}[(2C - W_{is}) + (2C - W''_{is}) + (2C - W^{IV}_{is}) + \cdots],$$
$$\mathrm{H} = \frac{1}{\varpi}[-W_{as} - W''_{as} - W^{IV}_{as} - - \cdots].$$ 23.

Zufolge (21.) *können die gefundenen Potentiale* Φ_a, Ψ_i *angesehen werden als die Potentiale zweier* ***Doppelbelegungen***, *deren Momente* Ξ, H *sind.*

In den Formeln (18.) haben, wie schon bemerkt, die in

*) Vgl. Seite 134.

den geschweiften Klammern enthaltenen Ausdrücke *einerlei* Werth. Somit können wir jene Formeln auch so schreiben:

24. $$\Phi_a = \int T^a \mathsf{P} d\sigma\,,\qquad \Psi_i = \int T^i \mathsf{P} d\sigma\,,$$

wo alsdann P die Bedeutung hat:

25. $$\mathsf{P} = -\frac{1}{\varpi}\frac{\partial(W_{is} + W''_{is} + W^{IV}_{is} + \cdots)}{\partial\nu}\,, \qquad = -\frac{1}{\varpi}\frac{\partial(W_{as} + W''_{as} + W^{IV}_{as} + \cdots)}{\partial\nu}\,.$$

Folglich können Φ_a, Ψ_i auch angesehen werden als die Potentiale ein und derselben einfachen Belegung, deren Dichtigkeit P ist.

§ 10.

Zweite Lösung der beiden Probleme. (Gerades n.)

Wir werden hier genau in derselben Weise operiren, wie im vorhergehenden §, nur mit dem Unterschiede, dass wir statt des *ungeraden* n ein *gerades* n anwenden. Gleichzeitig wollen wir zur bequemern Unterscheidung statt der vorhin gebrauchten Buchstaben Φ, Ψ, Ξ, H, P gegenwärtig die entsprechenden kleinen Buchstaben φ, ψ, ξ, η, ϱ anwenden. — Für ein *gerades* n lauten die Formeln (3.), (5.) folgendermassen:

26. $$\varphi_a = -W_a - W'_a - W''_a \cdots\cdots - W_a^{(n)}\,,\qquad \psi_i = W_i + (W''_i - W'_i) + (W^{IV}_i - W'''_i) \cdots\cdots + (W_i^{(n)} - W_i^{(n-1)})\,,$$

27. $$\varphi_{as} = f_s - f_s^{(n+1)}\,,\qquad \psi_{is} = f_s + f_s^{(n+1)}\,,$$

oder falls man n ins Unendliche wachsen lässt, und Rücksicht auf (6.) nimmt:

28. $$\varphi_a = -W_a - W'_a - W''_a - - \cdots\cdots \text{ in inf.}\,,\qquad \psi_i = W_i + (W''_i - W'_i) + (W^{IV}_i - W'''_i) + + \cdots\cdots \text{ in inf.}\,,$$

29. $$\varphi_{as} = f_s - C\,,\qquad \psi_{is} = f_s + C\,.$$

Die unendlichen Reihen (28.) schreiten fort nach Potenzen des ächten Bruches λ, und sind also *convergent*, wie solches aus den Formeln (11.) sofort ersichtlich. Und die durch diese Reihen definirten Potentiale φ_a, ψ_i besitzen Grenzwerthe, welche nach (29.) von den vorgeschriebenen Werthen f nur durch additive Constanten sich unterscheiden. *Folglich sind jene Potentiale φ_a, ψ_i die gesuchten.*

Transformation der erhaltenen Potentiale. — Wir können die gefundenen Potentiale (28.) mit Rücksicht auf (12.) auch so schreiben:

$$\begin{aligned} \varphi_a &= -W_a - \frac{1}{\varpi}\int [f' + f'' + f''' + \cdots] (d\sigma)_a , \\ \psi_i &= +W_i + \frac{1}{\varpi}\int [(f'' - f') + (f^{\text{iv}} - f''') + \cdots] (d\sigma)_i , \end{aligned} \qquad 30.$$

oder mit Rücksicht auf (13.) auch so:

$$\begin{aligned} \varphi_a &= -W_a - \frac{1}{\varpi}\int [W'_{is} + W'''_{is} + W^{\text{v}}_{is} + \cdots] (d\sigma)_a , \\ \psi_i &= +W_i + \frac{1}{\varpi}\int [W'_{as} + W'''_{as} + W^{\text{v}}_{as} + \cdots] (d\sigma)_i , \end{aligned} \qquad 31.$$

oder (was dasselbe) auch so:

$$\begin{aligned} \varphi_a &= -W_a - \frac{1}{\varpi}\int [W'_{is} + W'''_{is} + W^{\text{v}}_{is} + \cdots] \frac{\partial T^a}{\partial \nu}\, d\sigma , \\ \psi_i &= +W_i + \frac{1}{\varpi}\int [W'_{as} + W'''_{as} + W^{\text{v}}_{as} + \cdots] \frac{\partial T^i}{\partial \nu}\, d\sigma , \end{aligned} \qquad 32.$$

wo T^a und T^i den Entfernungen ($d\sigma \rightarrow a$) und ($d\sigma \rightarrow i$) entsprechen, und ν die *innere* Normale von σ bezeichnet. — Aus (32.) folgt weiter durch Benutzung der Formeln (17.):

$$\begin{aligned} \varphi_a &= -W_a - \frac{1}{\varpi}\int \left\{ \frac{\partial (W'_{is} + W'''_{is} + W^{\text{v}}_{is} + \cdots)}{\partial \nu} \right\} T^a\, d\sigma , \\ \psi_i &= +W_i + \frac{1}{\varpi}\int \left\{ \frac{\partial (W'_{as} + W'''_{as} + W^{\text{v}}_{as} + \cdots)}{\partial \nu} \right\} T^i\, d\sigma , \end{aligned} \qquad 33.$$

wo die in den geschweiften Klammern enthaltenen Ausdrücke, nach (19.), einerlei Werth besitzen.

Weitere Betrachtungen. — Die Formeln (30.) können mit Rücksicht auf (12.) und mit Rücksicht darauf, dass $\int (d\sigma)_a = 0$ ist, auch so geschrieben werden:

$$\begin{aligned} \varphi_a &= \frac{1}{\varpi}\int [-f + (C - f') + (C - f'') + (C - f''') + \cdots] (d\sigma)_a , \\ \psi_i &= \frac{1}{\varpi}\int [+f + (f'' - f') + (f^{\text{iv}} - f''') + (f^{\text{vi}} - f^{\text{v}}) + \cdots] (d\sigma)_i . \end{aligned} \qquad 34.$$

Setzen wir also zur Abkürzung:

35.
$$\begin{aligned} \varphi_a &= \int \xi (d\sigma)_a , \\ \psi_i &= \int \eta (d\sigma)_i , \end{aligned}$$

so werden ξ, η die Werthe haben:

36.
$$\begin{aligned} \xi &= \frac{1}{\varpi} [-f + (C - f') + (C - f'') + (C - f''') + \cdots], \\ \eta &= \frac{1}{\varpi} [+f + (f'' - f') + (f^{\mathrm{IV}} - f''') + (f^{\mathrm{VI}} - f^{\mathrm{V}}) + \cdots], \end{aligned}$$

oder mit Rücksicht auf (13.) auch so darstellbar sein:

37.
$$\begin{aligned} \xi &= \frac{1}{\varpi} [-f + (2C - W'_{is}) + (2C - W'''_{is}) + \cdots], \\ \eta &= \frac{1}{\varpi} [+f + W'_{as} + W'''_{as} + W^{\mathrm{V}}_{as} + \cdots]. \end{aligned}$$

Die gefundenen Potentiale φ_a, ψ_i (35.) sind mithin die Potentiale gewisser Doppelbelegungen, deren Momente ξ, η sind.

Von einigem Interesse sind ausserdem die Formeln (33.), welche mit Rücksicht auf (12.) die Gestalt annehmen:

38.
$$\begin{aligned} \varphi_a &= -\int \frac{f}{\varpi} (d\sigma)_a - \int T^a \varrho d\sigma , \\ \psi_i &= +\int \frac{f}{\varpi} (d\sigma)_i + \int T^i \varrho d\sigma , \end{aligned}$$

wo alsdann ϱ die Bedeutung hat:

39.
$$\begin{aligned} \varrho &= \frac{1}{\varpi} \frac{\partial (W'_{is} + W'''_{is} + W^{\mathrm{V}}_{is} + \cdots)}{\partial \nu} , \\ &= \frac{1}{\varpi} \cdot \frac{\partial (W'_{as} + W'''_{as} + W^{\mathrm{V}}_{as} + \cdots)}{\partial \nu} . \end{aligned}$$

Denn wir erkennen hieraus, *dass $(-\varphi_a)$ und $(+\psi_i)$ angesehen werden können als die Potentiale ein und derselben Masse; diese Masse besteht aus einer einfachen Belegung von der Dichtigkeit ϱ, und aus einer Doppelbelegung vom Momente $\frac{f}{\varpi}$.*

§ 11.

Rückblick auf die soeben erhaltenen Lösungen.

Vergleichung zwischen der ersten und zweiten Lösung. Blickt man zurück auf die Formeln (9.) und (28.), so ergiebt sich sofort:

$$\varphi_a = \Phi_a ,$$
$$\psi_i = \Psi_i + W_i^{(\infty)},$$

oder, weil $W_i^{(\infty)} = 2C$ ist [(54.) Seite 190]:

$$\varphi_a = \Phi_a ,$$
$$\psi_i = \Psi_i + 2C .$$

In der That kann das *äussere Problem**), so lange wir uns auf Potentiale von *Doppelbelegungen*, also auf Potentiale, deren Gesammtmasse *Null* ist, beschränken, nur *eine* Lösung haben, zufolge des Theorems ($A.^{add}$), Seite 38. Und andrerseits darf es nicht befremden, dass das *innere Problem mehrere* Lösungen zulässt, denn das Theorem ($J.^{add}$) existirt nicht, vgl. Seite 42.

Einige Bedenken gegen die Zuverlässigkeit der erhaltenen Lösungen. — Dass die Ausdrücke (7.):

$$\Phi_a = - W_a - W_a' - W_a'' \cdot\cdot\cdot\cdot\cdot - W_a^{(n)} ,$$
$$\Psi_i = (W_i - W_i') + (W_i'' - W_i''') \cdot\cdot\cdot\cdot\cdot + (W_i^{(n-1)} - W_i^{(n)})$$

die Potentiale gewisser Doppelbelegungen sind, und dass diese Potentiale den Relationen (8.):

$$\Phi_{as} = f_s - f_s^{(n+1)},$$
$$\Psi_{is} = f_s - f_s^{(n+1)}$$

entsprechen, kann, so lange die Zahl n *endlich* bleibt, nicht bestritten werden. Hingegen können in der einen wie in der andern Beziehung Bedenken entstehen, sobald man übergeht zu einem *unendlich grossen* n. Derartige Bedenken übertragen sich von selber auf alle folgenden Formeln, und lassen eine genauere Prüfung der erhaltenen Resultate wünschenswerth erscheinen.

§ 12.

Sorgfältige Prüfung der gefundenen Lösungen.

Disposition. — Wir werden zunächst die im Vorhergehenden für Ξ, H aufgestellten Reihen untersuchen, die Convergenz derselben darthun, und überhaupt nachweisen,

*) Wir bedienen uns der schon auf Seite 160 eingeführten Namen.

dass die durch diese Reihen definirten Functionen Ξ, H auf der gegebenen Fläche σ überall stetig sind. — Sodann werden wir auf der Fläche σ uns zwei Doppelbelegungen von den Momenten Ξ und H ausgebreitet denken, und zeigen, dass die Potentiale dieser Doppelbelegungen den in unseren Problemen gestellten Anforderungen Genüge leisten. — Auf diese Weise wird alsdann das Resultat der *ersten* Lösung in voller Strenge als richtig bewiesen sein; und dass man hinsichtlich der *zweiten* Lösung Analoges durchführen könne, wird sodann keiner weiteren Erläuterung bedürfen.

Die für Ξ, H aufgestellten Reihen (22.) lauten:

40.
$$\Xi = \frac{1}{\varpi}\,[(C - f) + (C - f') + (C - f'') + \cdots\cdots \text{ in inf.}],$$
$$\mathsf{H} = \frac{1}{\varpi}\,[(f - f') + (f'' - f''') + (f^{\mathrm{IV}} - f^{\mathrm{V}}) + \cdots\cdot \text{ in inf.}].$$

Wir wollen diese Reihen folgendermassen darstellen:

41.
$$\Xi = \Xi^{(n)} + \mathsf{P}^{(n)},$$
$$\mathsf{H} = \mathsf{H}^{(n)} + \Sigma^{(n)},$$

indem wir dabei den sogenannten *Restgliedern* $\mathsf{P}^{(n)}$, $\Sigma^{(n)}$ die Bedeutung zuertheilen:

42.
$$\mathsf{P}^{(n)} = \frac{1}{\varpi}\,[(C - f^{(n+1)}) + (C - f^{(n+2)}) + \cdots\cdots\cdots \text{ in inf.}],$$
$$\Sigma^{(n)} = \frac{1}{\varpi}\,[(f^{(n+1)} - f^{(n+2)}) + (f^{(n+3)} - f^{(n+4)}) + \cdots \text{ in inf.}].$$

Durch Anwendung der bekannten Formeln:

$$\left.\begin{aligned}\text{abs}\,(C - f^{(n)}) &\leq (G - K)\,\lambda^n,\\ \text{abs}\,(f^{(n+p)} - f^{(n)}) &\leq (G - K)\,\lambda^n,\end{aligned}\right\}\quad \text{[vgl. (42.), (43.) S. 187]},$$

folgt alsdann sofort:

$$\text{abs}\,\mathsf{P}^{(n)} \leq \frac{G - K}{\varpi}\,[\lambda^{n+1} + \lambda^{n+2} + \lambda^{n+3} + \cdots\cdot \text{ in inf}],$$
$$\text{abs}\,\Sigma^{(n)} \leq \frac{G - K}{\varpi}\,[\lambda^{n+1} + \lambda^{n+3} + \lambda^{n+5} + \cdots\cdot \text{ in inf.}],$$

mithin *a fortiori*:

43.
$$\text{abs}\,\mathsf{P}^{(n)} \leq \frac{G - K}{\varpi}\,\frac{\lambda^{n+1}}{1 - \lambda},$$
$$\text{abs}\,\Sigma^{(n)} \leq \frac{G - K}{\varpi}\,\frac{\lambda^{n+1}}{1 - \lambda},$$

wo der Ausdruck rechts in beiden Formeln *derselbe* ist. Denkt man sich nun diesen Ausdruck (was offenbar stets möglich ist) durch Vergrösserung von n unter einen beliebig gegebenen Kleinheitsgrad ε hinabgedrückt, so sind die Restglieder $\mathsf{P}^{(n)}$, $\Sigma^{(n)}$ ihrem absoluten Betrage nach in *sämmtlichen* Puncten der Fläche σ kleiner als jenes ε. Hieraus folgt sofort: nicht allein die *Convergenz* der Reihen (40.), sondern auch, dass die durch diese Reihen definirten Functionen Ξ, H auf der Fläche σ *überall stetig* sind*).

Die Potentiale Φ_a, Ψ_i der durch Ξ, H definirten Doppelbelegungen. — Denken wir uns auf der Fläche σ zwei Doppelbelegungen ausgebreitet, deren Momente resp. Ξ und H sind, und bezeichnen wir die Potentiale dieser Doppelbelegungen auf äussere resp. innere Puncte mit Φ_a und Ψ_i:

$$\Phi_a = \int \Xi (d\sigma)_a ,$$
$$\Psi_i = \int \mathsf{H} (d\sigma)_i , \qquad 41.$$

und erinnern wir uns endlich an die schon bewiesene Stetigkeit von Ξ, H, so ergiebt sich aus den allgemeinen Eigenschaften der Potentiale von Doppelbelegungen (vgl. Seite 139 und

*) Hat man nämlich n so weit vergrössert, dass abs $\mathsf{P}^{(n)}$ für *sämmtliche* Puncte der Fläche σ kleiner als ε ist, so werden z. B. für irgend zwei solche Puncte s und s_1 die Formeln stattfinden:

$$(\alpha.) \qquad \text{abs } \mathsf{P}_s^{(n)} < \varepsilon,$$

$$(\beta.) \qquad \text{abs } \mathsf{P}_{s_1}^{(n)} < \varepsilon.$$

Nun kann andrerseits kein Zweifel darüber stattfinden, dass der *geschlossene* Ausdruck

$$\Xi^{(n)} = \frac{1}{\varpi} [(C - f) + (C - f') + \cdots + (C - f^{(n)})]$$

eine Function repräsentirt, welche (ebenso wie f, f', f'', ...) auf σ *überall stetig* ist; und man kann daher durch gegenseitige Annäherung der (bis jetzt beliebig gelassenen) Puncte s und s_1 dafür sorgen, dass

$$(\gamma.) \qquad \text{abs } \left(\Xi_s^{(n)} - \Xi_{s_1}^{(n)}\right) < \varepsilon$$

wird. Sodann aber folgt aus $(\alpha.)$, $(\beta.)$, $(\gamma.)$ sofort:

$$(\delta.) \qquad \text{abs } \left[\left(\Xi_s^{(n)} + \mathsf{P}_s^{(n)}\right) - \left(\Xi_{s_1}^{(n)} + \mathsf{P}_{s_1}^{(n)}\right)\right] < 3\,\varepsilon ,$$

oder, was dasselbe ist:

$$(\varepsilon.) \qquad \text{abs } (\Xi_s - \Xi_{s_1}) < 3\,\varepsilon .$$

D. h. Ξ ist im Puncte s *stetig*; s war aber ein beliebiger Punct der Fläche. W. z. z. w.

namentlich 150), dass die Function $\Phi_s + \varepsilon_s \Xi_s$ auf σ *überall*
44.a *stetig* ist, und sodann, dass die Φ_a inclusive der Φ_{as} ein *stetig zusammenhängendes* Werthsystem bilden. Gleiches gilt natürlich von $\Psi_s + \varepsilon_s \mathsf{H}_s$ und von den Ψ_i, Ψ_{is}.

Die Grenzwerthe Φ_{as} und Ψ_{is} der Potentiale Φ_a und Ψ_i. — Nach (40.), (41.), (42.) ist offenbar:

45. $$\Xi = \frac{1}{\varpi} [(C - f) + (C - f') + \cdots\cdots \text{ in inf.}],$$

46. $$\Xi^{(n)} = \frac{1}{\varpi} [(C - f) + (C - f') + \cdots + (C - f^{(n)})],$$

und ferner:

$$\mathsf{P}^{(n)} = \Xi - \Xi^{(n)}.$$

Somit folgt aus (43.):

47. $$\text{abs}\,(\Xi - \Xi^{(n)}) \leq \frac{G - K}{\varpi} \frac{\lambda^{n+1}}{1 - \lambda}.$$

Nun repräsentirt Φ das Potential einer Doppelbelegung vom Momente Ξ. Versteht man also in analoger Weise unter $\Phi^{(n)}$ das Potential einer Doppelbelegung vom Momente $\Xi^{(n)}$, mithin unter $\Phi - \Phi^{(n)}$ das Potential einer Doppelbelegung vom Momente $\Xi - \Xi^{(n)}$, so sind folgende Formeln zu notiren:

48. $$\Phi_a = \int \Xi \, (d\sigma)_a,$$

49. $$\Phi_a^{(n)} = \int \Xi^{(n)} (d\sigma)_a,$$

50. $$\Phi_a - \Phi_a^{(n)} = \int (\Xi - \Xi^{(n)}) (d\sigma)_a.$$

Solches vorangeschickt, kommen wir nun zu unserm eigentlichen Gegenstand. — Nach den Untersuchungen der vorhergehenden §§ steht zu vermuthen, dass die Grenzwerthe Φ_{as} gleich $f_s - C$ sein werden. Um uns hierüber zu vergewissern, wollen wir die Differenz

51. $$\Phi_{as} - (f_s - C)$$

einer nähern Betrachtung unterwerfen, wobei zunächst zu bemerken ist, dass diese Differenz in die beiden Theile

52. $$\Phi_{as} - \Phi_{as}^{(n)} \quad \text{und} \quad \Phi_{as}^{(n)} - (f_s - C)$$

zerlegt werden kann. — Was den *ersten* Theil betrifft, so repräsentirt $\Phi - \Phi^{(n)}$ (50.) das Potential einer Doppelbelegung, deren Moment $\Xi - \Xi^{(n)}$ der in (47.) genannten Relation entspricht. Hieraus resultirt [nach einem allgemeinen Satz, Seite 191] eine entsprechende Relation für das Potential selber, nämlich folgende:

$$\operatorname{abs}(\Phi - \Phi^{(n)}) \leqq 2(G-K)\frac{\lambda^{n+1}}{1-\lambda}; \qquad 53.$$

Und zwar ergiebt sich [aus dem erwähnten Satze] die Gültigkeit dieser Relation für *sämmtliche* Puncte des ganzen unendlichen Raumes, also z. B. auch ihre Gültigkeit für die Puncte a und as. Mit Bezug auf letztere erhalten wir also:

$$\operatorname{abs}(\Phi_{as} - \Phi_{as}^{(n)}) \leqq 2(G-K)\frac{\lambda^{n+1}}{1-\lambda}. \qquad 54.$$

Was andrerseits den *zweiten* der Theile (52.) betrifft, so ist nach (49.), (46.):

$$\Phi_a^{(n)} = \frac{1}{\varpi}\int[(C-f)+(C-f')+\cdots+(C-f^{(n)})]\,(d\sigma)_a, \qquad 55.\text{a}$$

oder, was dasselbe ist [man erinnere sich an die Formel $\int(d\sigma)_a = 0$, sowie auch an die Formeln (10.), Seite 180]:

$$\Phi_a^{(n)} = -W_a - W_a' - W_a'' \cdots\cdots - W_a^{(n)}, \qquad 55.\text{b}$$

mithin:

$$\Phi_{as}^{(n)} = -W_{as} - W_{as}' - W_{as}'' \cdots\cdots - W_{as}^{(n)}; \qquad 55.\text{c}$$

hieraus folgt [vgl. (11.), (12.), Seite 181] sofort:

$$\Phi_{as}^{(n)} = f_s - f_s^{(n+1)}, \qquad 55.\text{d}$$

oder, was dasselbe ist:

$$\Phi_{as}^{(n)} - (f_s - C) = C - f_s^{(n+1)}, \qquad 55.\text{e}$$

und hieraus mit Rücksicht auf eine bekannte Formel [(43.) Seite 188]:

$$\operatorname{abs}[\Phi_{as}^{(n)} - (f_s - C)] \leqq (G-K)\lambda^{n+1}. \qquad 55.\text{f}$$

Schliesslich folgt*) durch Combination der Formeln (54.) und (55.f):

$$\operatorname{abs}[\Phi_{as} - (f_s - C)] \leqq \frac{(G-K)(3-\lambda)\lambda^{n+1}}{1-\lambda}. \qquad 56.$$

Nun besitzen aber Φ_{as} und $f_s - C$ für jeden Punct s *bestimmte endliche* Werthe (44.a), die selbstverständlich durchaus

---

*) Ist $\operatorname{abs} x \leqq A$, und $\operatorname{abs} y \leqq B$, so folgt hieraus sofort:

$$\operatorname{abs}(x+y) \leqq A + B.$$

In solcher Weise entsteht aus (54.) und (55.f.) die Formel (56.).

unabhängig sind von der willkührlichen Zahl n. Somit folgt aus (56.), dass diese beiden Grössen für jeden Punct s *einander gleich* sind. Denn wollte Jemand behaupten, es existire zwischen ihnen ein Unterschied von irgend welchem Kleinheitsgrade ε, so würde man die Unrichtigkeit einer solchen Behauptung mit Hülfe der Formel (56.) sofort nachzuweisen im Stande sein, indem man in derselben die rechte Seite durch Vergrösserung von n unter jenes ε hinabdrückt. — Aus (56.) folgt also, dass für jeden Punct s die Relation stattfindet*):

57. $$\Phi_{as} = f_s - C.$$

In analoger Art wird man offenbar auch zeigen können, dass die Gleichung stattfindet:

58. $$\Psi_{is} = f_s - C.$$

---

*) Man wird vielleicht der Ansicht sein, dass diese Relation (57.) auf kürzerem Wege hätte hergeleitet werden können, dass es nämlich dazu nur der (von dem Uebrigen unabhängigen) Formeln (55. a, b., . . . f) bedurft hätte; denn aus der letzten dieser Formeln, nämlich aus (55. f) ergebe sich, sobald man $n = \infty$ setze, sofort die in Rede stehende Relation.

Um genauer hierauf einzugehen, sei zunächst bemerkt, dass die Functionen Ξ, Φ, nach (45.), (48.), ausführlicher zu bezeichnen sein würden mit $\Xi^{(\infty)}$, $\Phi^{(\infty)}$. Unsere Aufgabe bestand in der Ermittelung derjenigen Werthe, welche die Function Φ oder $\Phi^{(\infty)}$ für die Puncte as annimmt; und hierüber haben wir durch die Relation (57.) in der That Auskunft erhalten; denn dieselbe lautet:

(α.) $$\left(\Phi^{(\infty)}\right)_{as} = f_s - C.$$

Aus der Formel (55. f) hingegen würde sich für $n = \infty$ ein ganz *anderes* Resultat ergeben haben, nämlich folgendes:

(β.) $$\left(\Phi^{(n)}_{as}\right)_{n=\infty} = f_s - C.$$

In solcher Weise geschrieben, dürfte der Unterschied klar zu Tage liegen. — Wir können uns so ausdrücken: Die linken Seiten der Relationen (α.), (β.) beziehen sich beide auf den Ausdruck $\Phi^{(n)}_a$, jedoch mit dem Unterschiede, dass die linke Seite von (α.) denjenigen Werth bezeichnet, welchen dieser Ausdruck annimmt, sobald man darin *zuerst* $n = \infty$, und *sodann* a unendlich nahe an s rücken lässt, während die linke Seite von (β.) denjenigen Werth bezeichnet, welchen der Ausdruck annimmt, sobald man die genannten Operationen in *umgekehrter* Reihenfolge vornimmt.

Hiermit ist alsdann aber dargethan, dass die Potentiale Φ_a und Ψ_i die in unseren Problemen gestellten Anforderungen *wirklich befriedigen.*

§ 13.

Einigermassen übersichtliche Darstellung der Hauptresultate dieses Capitels.

Ueber das äussere Problem. — Ist σ eine geschlossene Fläche, und bezeichnet man die Puncte *ausserhalb*, *auf* und *innerhalb* σ respective mit a, s und i, so lautet das früher besprochene Theorem ($A.^{add}$), oder wenigstens ein specieller Fall desselben folgendermassen [vgl. Seite 38]:

Sollen die Massen eines Potentials Φ_a auf oder innerhalb σ liegen, und die Summe Null haben, und sollen ferner 1.
die Φ_{as} von irgend welchen vorgeschriebenen Werthen f_s nur durch eine unbestimmte additive Constante sich unterscheiden: $\quad \Phi_{as} = f_s + Const.;$
so sind hierdurch sämmtliche Werthe Φ_a eindeutig bestimmt.

Das sogenannte *äussere Problem* besteht nun in der *wirklichen Berechnung* des Potentials Φ_a, sowie der zugehörigen *Const.* Und diese Berechnung sind wir vermittelst der im Vorhergehenden exponirten Methode in der That auszuführen im Stande, falls die gegebene Fläche σ *zweiten Ranges* und *keine zweisternige* ist, und falls ausserdem die vorgeschriebenen Werthe f auf σ *überall stetig* sind. Jene

Methode zur Lösung des äussern Problems ist folgende: Von den vorgeschriebenen Werthen f ausgehend, bilde man zunächst gewisse aufeinanderfolgende Functionen $W^{(n)}$, $f^{(n)}$, indem man zur Bildung der $W^{(n)}$ die Formeln der Columne I., andrerseits zur Bildung der $f^{(n)}$, ganz nach Belieben, die Columne II. oder III. verwendet:

I.	II.	III.	
$W_x = \frac{1}{\varpi}\int f(d\sigma)_x,$	$W_{as} = f_s' - f_s,$	$W_{is} = f_s' + f_s,$	
$W_x' = \frac{1}{\varpi}\int f'(d\sigma)_x,$	$W_{as}' = f_s'' - f_s',$	$W_{is}' = f_s'' + f_s',$	2.
$W_x'' = \frac{1}{\varpi}\int f''(d\sigma)_x,$	$W_{as}'' = f_s''' - f_s'',$	$W_{is}'' = f_s''' + f_s'',$	
etc. etc.	etc. etc.	etc. etc.	

Hier ist zur Abkürzung gesetzt:

$$\frac{\partial T^x}{\partial \nu} d\sigma = (d\sigma)_x .$$

Dabei bezeichnet x einen ganz beliebigen Punct, und ν die *innere* Normale der gegebenen Fläche σ.

Die in solcher Weise erhaltenen Functionen $f^{(n)}$ haben alsdann die Eigenschaft, dass $f^{(\infty)}$ eine Constante ist:

3. $$f^{(\infty)} = C.$$

Vermittelst dieser Constante C und vermittelst der Functionen $W^{(n)}$ können wir die Lösung des Problems unmittelbar angeben. Es ist nämlich:

4. $$\Phi_a = - W_a - W_a' - W_a'' - W_a''' - - \cdots\cdots ,$$

5. $$Const. = - C = - f^{(\infty)} ,$$

wo selbstverständlich unter *Const.* die früher in (1.) erwähnte additive Constante zu verstehen ist.

Uebrigens können wir das Potential Φ_a (4.) noch in *anderer Form* darstellen, nämlich so:

6. $$\Phi_a = \int \Xi \, (d\sigma)_a ,$$

wo Ξ den Werth hat:

7. $$\Xi = \frac{1}{\varpi} [(C - f) + (C - f') + (C - f'') + \cdots\cdot] ,$$

$$= \frac{1}{\varpi} [(2C - W_{is}) + (2C - W_{is}'') + (2C - W_{is}^{IV}) + \cdots\cdot] .$$

Hierdurch ist alsdann Φ_a dargestellt als das Potential einer auf σ ausgebreiteten *Doppelbelegung* vom Momente Ξ.

Endlich können wir Φ_a noch in einer *dritten Form* darstellen, nämlich so:

8. $$\Phi_a = \int T^a \mathsf{P} \, d\sigma ,$$

wo P den Werth hat:

9. $$\mathsf{P} = - \frac{1}{\varpi} \frac{\partial (W_{is} + W_{is}'' + W_{is}^{IV} + \cdots\cdot)}{\partial \nu} ,$$

$$= - \frac{1}{\varpi} \frac{\partial (W_{as} + W_{as}'' + W_{as}^{IV} + \cdots\cdot)}{\partial \nu} ,$$

wo wiederum ν die innere Normale von σ bezeichnet. Hierdurch ist alsdann Φ_a dargestellt als das Potential einer auf σ ausgebreiteten *einfachen Belegung* von der Dichtigkeit P.

Bemerkung. — Sollte etwa zufälliger Weise die *natürliche Belegung* von σ bekannt sein, so würde man die *Const.* (5.), statt durch $-C$, d. i. $-f^{(\infty)}$, noch in anderer Weise darzustellen im Stande sein. Bezeichnet nämlich γ oder γ_s die Dichtigkeit jener natürlichen Belegung im Puncte s, und $d\sigma$ ein bei s liegendes Flächenelement, so ergiebt sich durch Multiplication der Formel (1.) mit $\gamma_s d\sigma$ und Integration:

$$\int \Phi_{as}\gamma_s d\sigma = \int f_s \gamma_s d\sigma + (Const.) \int \gamma_s d\sigma \, .$$

Nach dem erweiterten Gauss'schen Satz (Seite 98) ist aber $\int \Phi_{as}\gamma_s d\sigma$ gleich einer gewissen Constanten Γ, multiplicirt mit der Gesammtmasse des Potentials Φ_a, also $= 0$; während andrerseits $\int \gamma_s d\sigma = 1$ ist. Somit folgt:

$$0 = \int f_s \gamma_s d\sigma + Const.,$$

d. i.

$$Const. = -\int f_s \gamma_s d\sigma \, .$$ 10.

Ist also die natürliche Belegung der Fläche σ *bekannt*, so kann man die in (1.) erwähnte *Const.* nach Belieben durch (5.) oder durch (10.) ausdrücken. — Uebrigens ergiebt sich durch Combination der beiden Formeln (5.) und (10.) ein Satz, welcher (ganz abgesehen von dem gegenwärtigen Problem) von einigem Interesse sein dürfte, und folgendermassen lautet:

Denkt man sich auf einer geschlossenen Fläche σ (die zweiten Ranges und keine zweisternige ist) irgend welche Function f ausgebreitet, die daselbst überall stetig ist, und denkt man sich ferner, von f aus, die aufeinanderfolgenden Functionen

$$f', f'', f''', \ldots f^{(n)}, \ldots .$$

in solcher Weise gebildet, wie in (2.) angegeben, so wird die 11.
Function $f^{(\infty)}$ eine Constante sein. Und zwar wird der Werth dieser Constanten ausdrückbar sein durch das Integral:

$$\int f_s \gamma_s d\sigma ,$$

wo γ die Dichtigkeit der natürlichen Belegung von σ be- 12.
zeichnet. Nun ergeben sich aber offenbar die Functionen (11.) auch dann, wenn man, statt von den f, von den f' oder von den f'' u. s. w. ausgeht. Somit folgt:

$$f^{(\infty)} = \int f_s \gamma_s d\sigma = \int f_s' \gamma_s d\sigma = \int f_s'' \gamma_s d\sigma = \cdots ,$$ 13.

wo überall γ die schon genannte Bedeutung hat.

Ueber das innere Problem. — Ebenso wie das vorhergehende Problem dem Theorem ($A.^{add}$) sich anschliesst, in ähnlicher Weise lässt das gegenwärtige dem Theorem ($J.^{abs}$) sich anlehnen. Dieses lautet [vgl. Seite 105]:

Sollen die Massen eines Potentials Ω_i auf oder ausser-
14. *halb σ liegen, und sollen ferner die Ω_{is} irgend welche vorgeschriebenen Werthe f_s besitzen:*

$$\Omega_{is} = f_s,$$

so sind hierdurch sämmtliche Werthe Ω_i eindeutig bestimmt.

Das sogenannte *innere Problem* besteht nun in der *wirklichen Berechnung* des Potentials Ω_i. Und diese Berechnung sind wir vermittelst der im Vorhergehenden exponirten Methode in der That auszuführen im Stande, falls die gegebene Fläche σ *zweiten Ranges* und *keine zweisternige* ist, und falls ausserdem die vorgeschriebenen Werthe f auf σ *überall stetig* sind. Jene **Methode zur Lösung des innern Problems** ist folgende*): Man bilde, von den vorgeschriebenen Werthen f ausgehend, wiederum die in (2.) genannten Functionen $W^{(n)}$, $f^{(n)}$, sowie auch die in (3.) erwähnte Constante C. Alsdann hat das gesuchte Potential Ω_i folgenden Werth:

15. $$\Omega_i = C + (W_i - W_i') + (W_i'' - W_i''') + (W_i^{IV} - W_i^{V}) + + \cdots$$

Wir können, falls es uns beliebt, diesen Werth noch in *anderer Form* darstellen, nämlich so:

16. $$\Omega_i = C + \int \mathsf{H}(d\sigma)_i,$$

oder (was auf dasselbe hinauskommt) auch so:

17. $$\Omega_i = \int \left(\frac{C}{2\varpi} + \mathsf{H}\right)(d\sigma)_i,$$

wo $(d\sigma)_i$ die schon bei (2.) erwähnte Bedeutung hat, und H den Werth besitzt:

18. $$\mathsf{H} = \frac{1}{\varpi}[(f - f') + (f'' - f''') + (f^{IV} - f^{V}) + \cdots\cdots],$$

$$= -\frac{1}{\varpi}[W_{as} + W''_{as} + W^{IV}_{as} + W^{VI}_{as} + \cdots\cdot].$$

---

*) Man bemerkt sofort, dass das gegenwärtige Ω_i zu unserm frühern Ψ_i in der Beziehung steht:

$$\Omega_i = \Psi_i + C.$$

Hierdurch ist alsdann Ω_i dargestellt als das Potential einer auf σ ausgebreiteten *Doppelbelegung*, deren Moment $= \frac{C}{2\varpi} + \mathsf{H}$.

Endlich können wir das Potential Ω_i (15.) noch in einer *dritten Form* darstellen, nämlich so:

$$\Omega_i = C + \int T^i \mathsf{P} d\sigma, \qquad 19.$$

wo P den Werth besitzt:

$$\mathsf{P} = -\frac{1}{\varpi} \frac{\partial (W_{is} + W''_{is} + W^{IV}_{is} + \cdots)}{\partial \nu}, \qquad 20.$$

$$= -\frac{1}{\varpi} \frac{\partial (W_{as} + W''_{as} + W^{IV}_{as} + \cdots)}{\partial \nu},$$

unter ν wiederum die innere Normale von σ verstanden. Hierdurch ist alsdann Ω_i, abgesehen von der Constanten C, dargestellt als das Potential einer auf σ ausgebreiteten *einfachen Belegung* von der Dichtigkeit P.

§ 14.

Anwendungen der Methode des arithmetischen Mittels. Elektrostatische Aufgaben.

Bei den nachfolgenden Untersuchungen wollen wir annehmen, die gegebene geschlossene Fläche σ (die Oberfläche des zu betrachtenden Conductors) sei *zweiten Ranges* und 1.
keine zweisternige. Denn andernfalls würde unsere Methode des arithmetischen Mittels nicht brauchbar, oder wenigstens ihre Brauchbarkeit nicht erwiesen sein.

Erste Aufgabe: *Es soll die Vertheilung der Elektricitätsmenge* E i n s *auf einem isolirten Conductor bestimmt werden,* 2.
falls keine äusseren Kräfte einwirken.

Mit anderen Worten: *Es soll die sogenannte* n a t ü r l i c h e *Belegung des Conductors ermittelt werden.*

Wir bezeichnen, ebenso wie früher, die Dichtigkeit der natürlichen Belegung mit γ, ihr Potential mit Π, und den constanten Werth von Π im Innern des Conductors mit Γ. Auch bedienen wir uns der Bezeichnungen $\mathfrak{A}$, a, α, $\mathfrak{J}$, i, j und s, σ in dem früher (Seite 31) festgesetzten Sinn.

Offenbar gelten für das unbekannte Potential Π die Bedingungen:

3. $$\begin{cases} (\text{Gesammtmasse von } \Pi) = 1\,, \\ \Pi_\sigma = \Gamma\,, \end{cases}$$

wo Γ eine noch unbekannte Constante ist. Trotz dieser mangelnden Kenntniss von Γ sind die Werthe Π_a durch jene beiden Bedingungen *vollständig bestimmt* [zufolge des Theorems ($A.^{add}$) Seite 38]. Durch Bestimmung der Π_a ist Γ aber mitbestimmt; und wir können daher sagen, *dass durch jene beiden Bedingungen* (3.) *sowohl die* Π_a *als auch* Γ *eindeutig bestimmt seien.*

Wir wollen nun Π *wirklich zu berechnen* versuchen, mit Hülfe unserer Methode des arithmetischen Mittels; wobei allerdings zu bemerken, dass wir vermittelst jener Methode immer nur Potentiale von *Doppelbelegungen*, also nur solche Potentiale ermitteln können, deren Gesammtmasse $= 0$ ist: während für Π die Gesammtmasse den Werth 1 hat [nach (3.)].

Um diesem Uebelstande abzuhelfen, führen wir statt Π die Differenz ein:

4. $$U_a = T_a^q - \Pi_a\,,$$

wo q irgend einen *festen* Punct innerhalb des Conductors vorstellen soll*). Dieses U_a ist alsdann das Gesammtpotential der mit (-1) multiplicirten natürlichen Belegung und eines in q gedachten Massenpunctes $(+1)$; und entspricht daher den beiden Bedingungen:

5. $$\begin{cases} (\text{Gesammtmasse von } U_a) = 0\,, \\ U_\sigma = T_\sigma^q - \Gamma\,, \end{cases}$$

wo Γ eine unbekannte Constante vorstellt. Trotz dieser mangelnden Kenntniss von Γ sind die Werthe U_a durch die Bedingungen (5.) *eindeutig bestimmt* [zufolge des Theorems ($A.^{add}$), Seite 38]. Denn wir können jenes Theorem mit Bezug auf die hier vorliegenden Verhältnisse folgendermassen aussprechen:

---

*) Der Ausdruck T_a^q repräsentirt das Potential einer in q concentrirten Masse *Eins*. Doch können wir ebensogut diese Masse *Eins* im Innern der Fläche σ beliebig vertheilen, oder auf der Fläche selber nach einem beliebigen Gesetz ausbreiten. Stets wird das Potential P_a dieser Massen dieselben Dienste zu leisten im Stande sein, wie T_a^q. In der That kann man in den folgenden Betrachtungen durchweg jenes specielle Potential T_a^q durch dieses allgemeinere Potential P_a ersetzen.

Sollen die Massen eines Potentials U theils auf, theils innerhalb σ liegen, und die gegebene Summe Null besitzen, und sollen ferner die U_σ von den vorgeschriebenen Werthen T_σ^q nur durch eine unbekannte additive Constante differiren, so sind hierdurch die U_a eindeutig bestimmt. 6.

Gelingt es uns also, ein Potential U_a zu ermitteln, welches den Bedingungen (6.) *genügt*, so werden wir sicher sein, das *richtige* zu haben. Ein jenen Bedingungen genügendes Potential U_a kann nun aber in der That gefunden werden, mit Hülfe der Methode des arithmetischen Mittels.

Setzen wir nämlich:

$$f_\sigma = T_\sigma^q\,, \qquad 7.$$

und bilden wir nun, von diesen *vorgeschriebenen* f ausgehend, in bekannter Weise die sich anlehnenden Functionen:

$$W,\; f',$$
$$W',\; f'',$$
$$W'',\; f''',$$
$$\cdot\;\cdot\;\cdot\;\cdot$$

so werden die Bedingungen (5.), (6.) erfüllt durch folgende Werthe:

$$U_a = -W_a - W_a' - W_a'' - W_a''' - - \cdots\cdot \text{ in inf.}\,, \qquad 8.$$

$$\Gamma = f^{(\infty)}. \quad \text{[vgl. Seite 206]}. \qquad 9.$$

Hieraus aber ergiebt sich mit Rücksicht auf (4.):

$$\Pi_a = T_a^q + W_a + W_a' + W_a'' + W_a''' + \cdots\cdot \text{ in inf.}\,, \qquad 10.$$

$$\Gamma = f^{(\infty)}; \qquad 11.$$

und schliesslich:

$$-2\varpi\gamma = \frac{\partial\Pi}{\partial N}\,, \quad \text{oder:} \quad +2\varpi\gamma = \frac{\partial\Pi}{\partial\nu}\,, \qquad 12.$$

wo N die äussere, und ν die innere Normale vorstellt.

Diese Formeln (10.), (11.), (12.) liefern sämmtliche Grössen Π, Γ, γ, um deren Berechnung es sich handelte.

Bemerkung. — Man kann mit Hülfe der vorstehenden Formeln sehr leicht die Dichtigkeiten derjenigen Belegungen angeben, welche resp. die Potentiale Π_a, U_a und T_a^q hervorrufen. Zunächst folgt aus (12.) durch Substitution des Werthes von Π (10.):

13. $$\gamma = \frac{1}{2\varpi} \frac{\partial(T^q + W + W' + W'' + W''' + \cdots)}{\partial\nu},$$

so dass man also die Formel $\Pi_a = \int T_a \gamma d\sigma$ folgendermassen schreiben kann*):

14. $$\Pi_a = \frac{1}{2\varpi} \int T_a \frac{\partial(T^q + W + W' + W'' + W''' + \cdots)}{\partial\nu} d\sigma.$$

Was ferner das Potential U_a (8.) betrifft, so kann man dasselbe nach den bei der Methode des arithmetischen Mittels entwickelten allgemeinen Sätzen [vgl. (8.), (9.) Seite 206] auch so darstellen:

15. $$U_a = -\frac{1}{\varpi} \int T_a \frac{\partial(W + W'' + W^{\text{IV}} + W^{\text{VI}} + \cdots)}{\partial\nu} d\sigma.$$

Endlich folgt durch Addition von (14.), (15.) und mit Rücksicht auf (4.):

16. $$T_a^q = \frac{1}{2\varpi} \int T \frac{\partial(T^q - W + W' - W'' + W''' - + \cdots)}{\partial\nu} d\sigma.$$

Demgemäss repräsentirt also

17. $$\zeta = \frac{1}{2\varpi} \frac{\partial(T^q - W + W' - W'' + W''' - + \cdots)}{\partial\nu}$$

die Dichtigkeit derjenigen Belegung, welche in Bezug auf alle äusseren Puncte äquipotential ist mit einer in q concentrirt gedachten Masse Eins. — Die analytischen Ausdrücke der Dichtigkeiten γ und ζ [(13.) und (17.)] zeigen eine merkwürdige Aehnlichkeit.

Zweite Aufgabe: *Es soll die Vertheilung der Elektricitätsmenge*
18. *Null auf einem isolirten Conductor berechnet werden, falls von Aussen her unveränderliche Kräfte einwirken, deren Potential F gegeben ist.*

Bei Behandlung dieser Aufgabe werden wir die in der vorhergehenden Aufgabe bereits berechneten Werthe von Π, Γ, γ als *bekannt* voraussetzen dürfen.

---

*) Ob man in (13.) und (14.) unter W, W', ... die *äusseren* Grenzwerthe W_{as}, W'_{as}, ... oder die *inneren* Grenzwerthe W_{is}, W'_{is}, ... verstehen will, ist ganz gleichgültig, zufolge des Satzes (48. δ), S. 140. Gleiches ist zu bemerken hinsichtlich der Formeln (15.) und (16.)

Bezeichnen wir die Puncte *ausserhalb*, *auf* und *innerhalb* des Conductors respective mit a, σ und i, so muss das Potential Ω der gesuchten Belegung den Bedingungen entsprechen:

$$\begin{aligned} \Omega_i + F_i &= \mathsf{K}, \\ \Omega_\sigma + F_\sigma &= \mathsf{K}, \end{aligned} \qquad 19.$$

wo K eine unbekannte Constante vorstellt. Um K zu ermitteln, multipliciren wir die letzte Gleichung mit $\gamma_\sigma d\sigma$ und integriren. In der so entstehenden Formel:

$$\int \Omega_\sigma \gamma_\sigma d\sigma + \int F_\sigma \gamma_\sigma d\sigma = \mathsf{K} \int \gamma_\sigma d\sigma$$

ist das erste Integral gleich der mit Γ multiplicirten Gesammtmasse des Potentials Ω, also $= 0$ [vgl. den erweiterten Gauss-schen Satz, Seite 98]; ausserdem ist $\int \gamma_\sigma d\sigma = 1$. Somit folgt:

$$\mathsf{K} = \int F_\sigma \gamma_\sigma d\sigma, \qquad 20.$$

womit K berechnet ist.

Was nun ferner Ω betrifft, so ist [zufolge des Theorems ($A.^{add}$), Seite 38] Ω_a *eindeutig bestimmt* durch die beiden Bedingungen:

$$\begin{cases} (\text{Gesammtmasse von } \Omega) = 0, \\ \Omega_\sigma = - F_\sigma + \mathsf{K}. \end{cases} \qquad 21.$$

Gelingt es uns also, ein diesen beiden Bedingungen genügendes Potential Ω_a zu ermitteln, so sind wir sicher, das *richtige* zu haben. Ein solches den Bedingungen (21.) entsprechendes Ω_a sind wir nun aber in der That zu ermitteln im Stande, mit Hülfe unserer allgemeinen Methode des arithmetischen Mittels.

Setzen wir nämlich:

$$f_\sigma = - F_\sigma,$$

und bilden wir, von diesen Werthen f ausgehend, die sich anschliessenden Functionen:

$$\begin{aligned} &W, \ f', \\ &W', \ f'', \\ &\dots \end{aligned}$$

so werden die Bedingungen (13.) erfüllt durch die Werthe:

$$\begin{aligned} \Omega_a &= - W_a - W'_a - W''_a - W'''_a - - \cdots \\ \mathsf{K} &= - f^{(\infty)}; \quad \text{[vgl. Seite 206]}; \end{aligned} \qquad 22.$$

wodurch K zum *zweiten* Mal bestimmt ist; denn eine *erste* Bestimmung haben wir schon in (20.) erhalten.

Gleichzeitig mit Ω_a und K ergiebt sich auch die *Dichtigkeit* δ der gesuchten Belegung. Diese nämlich ist:

23. $$\delta = -\frac{1}{\varpi}\frac{\partial(W + W'' + W^{\text{IV}} + \cdots)}{\partial \nu}, \text{ [vgl. S. 206]},$$

wo ν die innere Normale von σ bezeichnet*).

Dritte Aufgabe: *Es soll die Vertheilung einer gegebenen*
24. *Elektricitätsmenge* M *auf einem isolirten Conductor ermittelt werden, falls von Aussen her unveränderliche Kräfte einwirken, deren Potential F gegeben ist.*

Bei Behandlung dieser Aufgabe werden wir die in den beiden vorhergehenden Aufgaben bereits berechneten Werthe von Π, Γ, γ und Ω, K, δ als *bekannt* voraussetzen dürfen.

Das Potential U der gesuchten Belegung hat für alle Puncte i, σ den Gleichungen zu entsprechen:

25. $$U_i + F_i = \text{Const.},\qquad U_\sigma + F_\sigma = \text{Const.};$$

so dass sich also für U die Bedingungen ergeben:

26. $$\left\{\begin{aligned}&(\text{Gesammtmasse von } U) = \mathsf{M},\\ &U_\sigma = -F_\sigma + \text{Const.}\end{aligned}\right.$$

Durch diese beiden Bedingungen ist U_a *eindeutig bestimmt*, zufolge des bekannten Theorems ($A.^{add}$).

Diesen Bedingungen (26.) wird aber genügt, sobald man setzt:

27. $$U_a = \Omega_a + \mathsf{M}\Pi_a;$$

wie sich solches sofort ergiebt, falls man nur beachtet, dass Ω und Π die Eigenschaften besitzen [vgl. (21.) und (3.)]:

28. $$\left\{\begin{aligned}&(\text{Gesammtmasse von } \Omega) = 0,\\ &\Omega_\sigma = -F_\sigma + \mathsf{K};\end{aligned}\right.\qquad \left\{\begin{aligned}&(\text{Gesammtmasse von } \Pi) = 1,\\ &\Pi_\sigma = \Gamma.\end{aligned}\right.$$

Nachdem U_a gefunden ist, kann man nun leicht auch die *Dichtigkeit* der in Rede stehenden Belegung ermitteln.

Vierte Aufgabe: *Es soll die elektrische Vertheilung auf einem zur Erde abgeleiteten Conductor ermittelt werden, falls*

---

*) In Betreff der Formel (23.) ist dieselbe Bemerkung zu wiederholen, wie in der Note auf Seite 212.

auf denselben von Aussen her unveränderliche Kräfte einwirken, deren Potential F gegeben ist.

Bei Behandlung dieser Aufgabe können wir wiederum die in den beiden ersten Aufgaben bereits berechneten Werthe von Π, Γ, γ und Ω, K, δ als *bekannt* voraussetzen.

Das Potential V der gesuchten elektrischen Belegung muss für alle Puncte i, σ den Gleichungen entsprechen:

$$V_i + F_i = 0,$$
$$V_\sigma + F_\sigma = 0; \qquad 30.$$

so dass sich für V die Bedingung ergiebt:

$$V_\sigma = - F_\sigma . \qquad 31.$$

Durch diese Bedingung ist V_a, ausser im singulären Fall*), *eindeutig bestimmt* [zufolge des Theorems ($A.^{abs}$), Seite 101].

Dieser Bedingung (31.) wird aber entsprochen, wenn man setzt:

$$V_a = \Omega_a - \frac{K}{\Gamma} \dot{\Pi}_a ; \qquad 32.$$

wie ein Blick auf die Formeln (28.) augenblicklich erkennen lässt. — U. s. w.

§ 15.

Weitere Anwendungen der Methode des arithmetischen Mittels. Elektrodynamische Aufgaben.**)

Wir wollen nach wie vor annehmen, dass die geschlossene Fläche σ *zweiten Ranges* und *keine zweisternige* sei. Zugleich 33.
wollen wir ihre *innere* oder *positive* Normale mit ν, ihre äussere Normale mit N bezeichnen. Auch die übrigen Bezeichnungen $\mathfrak{A}$, a, α, $\mathfrak{J}$, i, j und s, σ mögen in genau demselben Sinn wie früher uns dienen (Seite 31). Solches vorausgeschickt, gehen wir über zu einer neuen Classe von Aufgaben.

Erste Aufgabe. — *Auf σ ist eine* e i n f a c h e *Belegung* 34.
von der Gesammtmasse 0 ausgebreitet. Gesucht wird eine auf

---

*) Selbstverständlich kommt diese Restriction nur dann zur Geltung, wenn es sich um die analogen Betrachtungen in der *Ebene* handelt.

**) In der That wird man leicht erkennen, dass die Aufgaben, welche wir in diesem § behandeln werden, in unmittelbarer Beziehung stehen zu gewissen Problemen der *Elektrodynamik*. Vgl. übrigens die nächstfolgende Note.

σ ausgebreitete Doppelbelegung, die mit jener in Bezug auf alle Puncte a äquipotential ist.

Ist V das Potential der gegebenen einfachen Belegung, so können wir mit Hülfe der Methode des arithmetischen Mittels eine Doppelbelegung finden, deren Potential W der Bedingung entspricht:

$$W_{as} = V_s + \text{Const.}$$

Solches ausgeführt gedacht, haben die Potentiale W_a und V_a *einerlei* Gesammtmasse (nämlich die Gesammtmasse 0), und bis auf eine additive Constante auch *einerlei* Werthe an der äussern Seite von σ. Hieraus aber folgt, dass jene Potentiale für alle Puncte a identisch sind [nach dem Theorem ($A.^{add}$), Seite 38].

Die von uns durch die Methode des arithmetischen Mittels bestimmte Doppelbelegung, deren Potential W genannt wurde, ist also die gesuchte.

Zweite Aufgabe. — *Auf oder ausserhalb σ sollen*
35. *irgend welche Massen ausgebreitet werden, deren Potential U auf der innern Seite von σ der Bedingung entspricht:*

$$\frac{\partial U}{\partial \nu} = f,$$

*wo die f vorgeschriebene Werthe bezeichnen**).

Soll diese Aufgabe überhaupt lösbar sein, so müssen die gegebenen Werthe f der Voraussetzung entsprechen:

36. $$\int f d\sigma = 0;$$

wie solches aus einem der *Green*'schen Sätze [(41. α), S. 19] augenblicklich folgt.

Denken wir uns auf σ eine *einfache* Belegung von der Dichtigkeit $\frac{f}{2\varpi}$, und gleichzeitig eine *Doppel*belegung von noch unbestimmtem Moment μ ausgebreitet, und bezeichnen wir die Potentiale dieser Belegungen respective mit V und W, so ist nach bekannten Sätzen:

*) Wir können offenbar diese Aufgabe (35.) auch so aussprechen: Es soll die Vertheilung des *elektrischen Stromes* in einem homogenen Conductor bestimmt werden, falls die Einströmungen an der Oberfläche des Conductors allenthalben gegeben sind.

$$\frac{\partial V}{\partial \nu} + \frac{\partial V}{\partial \mathrm{N}} = -f,$$

$$\frac{\partial W}{\partial \nu} + \frac{\partial W}{\partial \mathrm{N}} = 0 \qquad \text{[vgl. (48. δ), S. 140]};$$

und folglich:

$$\frac{\partial (W-V)}{\partial \nu} + \frac{\partial (W-V)}{\partial \mathrm{N}} = f. \qquad 37.$$

Nun ist aber nach (36.) die Gesammtmasse der *einfachen* Belegung gleich 0; folglich können wir, nach der bei (34.) exponirten Methode, die noch disponible *Doppel*belegung*) so bestimmen, dass die Potentiale beider Belegungen V und W für alle Puncte a identisch sind.

Solches ausgeführt gedacht, ist offenbar $\frac{\partial (W-V)}{\partial \mathrm{N}} = 0$; so dass die Formel (37.) übergeht in:

$$\frac{\partial (W-V)}{\partial \nu} = f. \qquad 38.$$

Folglich ist das gesuchte Potential $U = W - V$, mithin die Aufgabe gelöst**).

Dritte Aufgabe. — *Auf σ ist eine* e i n f a c h e *Belegung von beliebiger Gesammtmasse ausgebreitet. Gesucht wird eine auf σ ausgebreitete* D o p p e l *belegung, die mit jener in Bezug auf alle Puncte i äquipotential ist.* 39.

Ist V das Potential der einfachen Belegung, so können wir nach der Methode des arithmetischen Mittels eine Doppelbelegung finden, deren Potential W der Bedingung entspricht:

$$W_{is} = V_s.$$

Solches ausgeführt gedacht, haben die Potentiale W_i und V_i *einerlei* Werthe auf der *innern* Seite von σ; woraus folgt,

---

*) D. h. das noch disponible Moment μ dieser Doppelbelegung.

**) Blicken wir nochmals zurück auf die eben bewerkstelligte Lösung, so besteht unsere Methode im Wesentlichen in der Reduction der gegebenen Aufgabe auf eine gewisse *andere* Aufgabe, welche letztere so lautet: *Es soll auf der gegebenen Fläche σ eine Doppelbelegung ausgebreitet werden, welche mit einer daselbst bereits vorhandenen einfachen Belegung für alle äusseren Puncte äquipotential ist.* — Das Verdienst, auf diese Reduction zuerst aufmerksam gemacht zu haben, ist *Helmholtz* zuzuschreiben. Vgl. den schon früher citirten Aufsatz in Poggendorff's Annalen, Bd. 89, Seite 230.

dass jene Potentiale für alle Puncte i unter einander identisch sind [Theorem ($J.^{abs}$), Seite 105]. U. s. w.

Vierte Aufgabe. — *Auf oder innerhalb* σ *sollen irgend*
40. *welche Massen ausgebreitet werden, deren Potential* U *auf der äussern Seite von* σ *der Bedingung entspricht:*

$$\frac{\partial U}{\partial \mathrm{N}} = f,$$

wo die f *vorgeschriebene Werthe bezeichnen.*

Eine besondere Bedingung, wie früher in (36.), in Betreff der Werthe f hinzuzufügen, ist hier kein Grund vorhanden.

Denken wir uns auf σ eine *einfache* Belegung von der Dichtigkeit $\frac{f}{2\varpi}$, und gleichzeitig eine *Doppel*belegung von noch unbestimmtem Moment μ ausgebreitet, und bezeichnen wir die Potentiale dieser Belegungen respective mit V und W, so ist:

$$\frac{\partial V}{\partial \nu} + \frac{\partial V}{\partial \mathrm{N}} = -f,$$

$$\frac{\partial W}{\partial \nu} + \frac{\partial W}{\partial \mathrm{N}} = 0; \quad \text{[vgl. (48. }\delta\text{), S. 140]};$$

und folglich:

41. $$\frac{\partial (W - V)}{\partial \nu} + \frac{\partial (W - V)}{\partial \mathrm{N}} = f.$$

Nun können wir, nach der in (39.) angegebenen Methode, die noch disponible Doppelbelegung der Art bestimmen, dass ihr Potential W für alle Puncte i identisch wird mit V.

Solches ausgeführt gedacht, ist alsdann $\frac{\partial (W - V)}{\partial \nu} = 0$; so dass die Formel (41.) übergeht in:

42. $$\frac{\partial (W - V)}{\partial \mathrm{N}} = f.$$

Folglich ist das gesuchte Potential $U = W - V$.

§ 16.

Die analogen Probleme in der Ebene.

Mit Bezug auf eine in der Ebene gegebene *geschlossene Curve* σ können wir offenbar vier Probleme aussprechen, welche den im vorhergehenden § behandelten analog, und, ebenso wie jene, vollständig bestimmt sind. Zur Lösung dieser Probleme können, wie leicht zu übersehen, *genau dieselben* Methoden, und auch *genau dieselben* Formeln, wie im vorhergehenden § benutzt werden. Nur ist natürlich darauf zu achten, dass die Grössen

$$\varpi, \quad T^x, \quad (d\sigma)_x = \frac{\partial T^x}{\partial \nu} d\sigma$$ 43.

in der *Ebene* andere Bedeutungen haben, als im *Raume*; wie solches aus unseren früheren Festsetzungen (Seite 16) sofort ersichtlich.

Unter den analogen Aufgaben der Ebene mag insbesondere *eine* erwähnt werden, welche eine gewisse physikalische Bedeutung besitzt und folgendermassen lautet:

Auf oder ausserhalb einer geschlossenen Curve σ sollen irgend welche Massen ausgebreitet werden, deren Logarith- 44.
misches Potential U auf der innern Seite von σ der Bedingung entspricht:

$$\frac{\partial U}{\partial \nu} = f,$$

wo die f vorgeschriebene Werthe bezeichnen, und ν die innere Normale von σ vorstellt.

In der That erkennt man sofort, dass diese Aufgabe in unmittelbarer Beziehung steht zu einem bekannten Probleme der *Elektrodynamik**). Zugleich aber erkennt man, dass diese Aufgabe genau in derselben Weise behandelt werden kann wie die Aufgabe (35.).

---

*) Dieses Problem besteht in der Bestimmung der Vertheilung des *elektrischen Stromes* in einer von σ begrenzten leitenden ebenen Fläche, falls die beiden Stellen, an denen der Strom in die Fläche ein- und austritt, beliebig gegeben sind.

Sechstes Capitel.

Ueber die von Beer angegebenen approximativen Methoden.

Als Einleitung in dieses Capitel mag es gestattet sein, den kurzen aber wichtigen Aufsatz, welchen *Beer* im Jahre 1856 veröffentlicht hat*), mit unbedeutenden Modificationen**) von Neuem zu reproduciren. In demselben heisst es:

„Eins der wichtigsten Probleme in der Statik der Elek-„tricität und des Magnetismus besteht darin, die Vertheilung „auf oder in einem Körper zu finden, der keine Coërcitiv-„kräfte hat und unveränderlichen inducirenden Kräften unter-„worfen ist; auf dasselbe lässt sich die Bestimmung der Ver-„theilung bei einem Systeme zurückführen, das aus indu-„cirenden und inducirten Körpern beliebig zusammengesetzt „ist. Ich habe mich bisher vergeblich nach einer allgemeinen „und directen Methode, jene Aufgabe zu lösen, umgesehen, „und theile daher hier eine solche mit, auf die ich durch das „Princip der elektrischen und magnetischen Bilder hingeführt „wurde, mittelst dessen *Thomson* auf äusserst elegante Weise „die elektrischen Verhältnisse zweier Kugeln, sowie die „magnetische Vertheilung in einer unbegrenzten ebenen Platte „behandelt hat. Ich betrachte zunächst die *elektrische* In-„duction.“

---

*) Nämlich in Poggendorff's Annalen, Bd. 98, Seite 137, unter dem Titel: *Allgemeine Methode zur Bestimmung der elektrischen und magnetischen Induction.*

**) Ich lasse diese Modificationen, welche sich namentlich auf die in den Formeln angewendeten Buchstaben beziehen, nur eintreten, um eine bessere Uebereinstimmung mit den übrigen Theilen des vorliegenden Werkes hervorzubringen, und durch diese Uebereinstimmung unnöthigen Schwierigkeiten vorzubeugen.

„Es sei also σ eine leitende Fläche; eine solche verhält „sich wie die Oberfläche eines Conductors, wenn die inducirenden Massen ausserhalb des letztern liegen, und sie „verhält sich, wenn sie abgeleitet wird, wie die Fläche einer „Höhlung, welche inducirende Massen einschliesst. Das „Potential des inducirenden Idioelektricums sei F. Die von „irgend einem Puncte ausgehenden Leitstrahlen mögen mit „r bezeichnet werden. Ferner sei ν die *innere*, und N die „*äussere* Normale der Fläche σ."

„Wenn nun *erstlich* der idioelektrische Körper *ausserhalb* „der Fläche σ liegt, so findet nach einem bekannten *Green*-„schen Satz für jeden Punct des von σ umschlossenen Raumes „die Formel statt:

$$F = -\frac{1}{4\pi}\int\frac{\partial F}{\partial \nu}\frac{d\sigma}{r} + F', \qquad 1.$$

„wo F' den Werth hat:

$$F' = +\frac{1}{4\pi}\int F\,\frac{\partial\,\frac{1}{r}}{\partial \nu}\,d\sigma\,.$$

„Die Function F' ist offenbar selbst wiederum eine Potential-„function, und der Ausdruck $\Delta F'$ verschwindet allenthalben „im Innern von σ. Dabei leuchtet ein, dass F' — welches „innerhalb σ zwischen dem grössten und kleinsten Werthe „liegt, den die Function F auf der Fläche σ selbst an-„nimmt*) — im Allgemeinen *gleichförmiger* als F verläuft"**).

„Wenden wir auf F' den Satz (1.) an, so kommt:

$$F' = -\frac{1}{4\pi}\int\frac{\partial F'}{\partial \nu}\frac{d\sigma}{r} + F'', \qquad 2.$$

---

*) Diese von *Beer* hier ohne Beweis aufgestellte Behauptung ist *nicht* allgemein richtig. In der That ist es leicht, bestimmte Beispiele anzugeben, in denen sie *unrichtig* ist. *Beer* hat wahrscheinlich stillschweigend die Voraussetzung gemacht, dass der in der letzten Formel unter dem Integralzeichen enthaltene Ausdruck $\frac{\partial\,\frac{1}{r}}{\partial \nu}$ für alle Elemente $d\sigma$ *einerlei* Vorzeichen habe, — was offenbar im Allgemeinen *nicht* der Fall ist.

**) Die Hinfälligkeit der vorhergehenden Behauptung überträgt sich auf diese Behauptung der grössern Gleichförmigkeit.

„wo

$$F'' = + \frac{1}{4\pi} \int F' \frac{\partial \frac{1}{r}}{\partial \nu} d\sigma ;$$

„und die Function F'' zeigt innerhalb σ eine geringere Ver-„änderlichkeit als F'."

„Die Fortsetzung der bisher vorgenommenen Operationen „und die Combination der allmählig zum Vorschein kommen-„den Gleichungen liefert:

3. $$F = - \frac{1}{4\pi} \int \frac{\partial (F + F' + F'' \cdots + F^{(n-1)})}{\partial \nu} \frac{d\sigma}{r} + F^{(n)} .$$

„Wenn die Anzahl der Operationen, d. i. die Zahl n wächst, „so nähert sich der letzte Ausdruck rechter Hand $F^{(n)}$ einer „*constanten Grösse* K, und somit ergiebt sich folgende be-„merkenswerthe Entwicklung der Potentialfunction:

4. $$F = K - \frac{1}{4\pi} \int \frac{\partial (F + F' + F'' + \cdots \text{in inf})}{\partial \nu} \frac{d\sigma}{r} ,$$

„wo man hat:

5. $$F' = + \frac{1}{4\pi} \int F \frac{\partial \frac{1}{r}}{\partial \nu} d\sigma ,$$

$$F'' = + \frac{1}{4\pi} \int F' \frac{\partial \frac{1}{r}}{\partial \nu} d\sigma ,$$

$$\cdot \quad \cdot \quad \cdot \quad \cdot \quad \cdot \quad \cdot \quad \cdot \quad \cdot \quad \cdot \quad \cdot$$

$$K = F^{(\infty)} . \text{ "}$$

„Ohne Weiteres ergiebt sich aus Obigem für die Dichtig-„keit H derjenigen particulären Ladung des Conductors, bei „welcher im Innern des Conductors das Potential den Werth „K hat:

6. $$\mathsf{H} = + \frac{1}{4\pi} \frac{\partial (F + F' + F'' + \cdots \text{in inf.})}{\partial \nu} .$$

„Und eben diese Ladung erzeugt in einem ausserhalb des „Leiters gelegenen Puncte das Potential:

7. $$U = + \int \frac{\mathsf{H} d\sigma}{r} . \text{ "}$$

„Wenn nun *zweitens* die inducirenden Massen *innerhalb* „der Fläche σ liegen, so findet man für die ausserhalb gelege-„nen Puncte mittelst eines *Green*'schen Satzes die Gleichung:

$$F = -\frac{1}{4\pi}\int \frac{\partial(F + F' + F'' + \cdots F^{(n-1)})}{\partial N}\frac{d\sigma}{r} + F^{(n)}, \qquad 8.$$

„wo

$$F' = +\frac{1}{4\pi}\int F \frac{\partial \frac{1}{r}}{\partial N} d\sigma,$$

$$F'' = +\frac{1}{4\pi}\int F' \frac{\partial \frac{1}{r}}{\partial N} d\sigma, \qquad 9.$$

. . . .

„Im Gegensatz zu dem vorhin behandelten Falle nähert sich „hier das $F^{(n)}$ mit wachsendem n der Grenze *Null*. Es er„giebt sich also hier, wie dies auch zu erwarten war, nur „eine einzige Lösung, nämlich:

$$F = -\frac{1}{4\pi}\int \frac{\partial(F + F' + F'' + \cdots \text{ in inf.})}{\partial N}\frac{d\sigma}{r}. \qquad 10.$$

„Für die Dichtigkeit H der Elektricität, die auf der Fläche „σ inducirt wird, wenn letztere abgeleitet wird oder als Be„grenzung einer Höhlung anzusehen ist, findet man ferner:

$$\mathrm{H} = +\frac{1}{4\pi}\frac{\partial(F + F' + F'' + \cdots)}{\partial N}. \qquad 11.$$

„Und das Potential der inducirten Elektricität für den ganzen „ausserhalb σ befindlichen Raum ist $= -F$."

„Zur Verification der obigen Resultate eignet sich vor„züglich ein *sphärischer* Conductor. Bei einem solchen lässt „sich F stets nach den *Laplace*'schen Kugelfunctionen ent„wickeln, und kann man mit Hülfe der für diese bestehenden „Theoreme die sämmtlichen Integrationen leicht ausführen."

„Eine besonders nahe liegende Anwendung findet die „gelieferte Entwicklung der Potentialfunction bei der Frage „nach der Anordnung der Elektricität auf einem Systeme von „geladenen Conductoren. So ergiebt sich z. B. Folgendes „für einen einzigen isolirten Conductor: Man denke sich die „Oberfläche desselben gleichförmig mit positiver Elektricität „von der Dichtigkeit *Eins* belegt. Das aus dieser Belegung „entspringende Potential sei $\mathfrak{F}$. Alsdann drückt sich die „Dichtigkeit η der Ladung, welche allenthalben im Innern „des Leiters das Potential $\mathfrak{A}$ erzeugt, wie folgt aus:

12. $$\eta = \frac{\mathfrak{A}}{\mathfrak{K}}\left(1 + \frac{1}{4\pi}\,\frac{\partial(\mathfrak{F} + \mathfrak{F}' + \mathfrak{F}'' + \cdots \text{in inf.})}{\partial \nu}\right).$$

„Hier bedeuten $\mathfrak{F}'$, $\mathfrak{F}''$, $\mathfrak{F}'''$, ... und $\mathfrak{K}$ diejenigen Grössen, „welche zu dem gegebenen Potential $\mathfrak{F}$ genau in derselben „Beziehung stehen, wie in (5.) F', F'', F''' .... und K „zum Potential F."

„In Betreff der *magnetischen* Induction begnügen wir „uns hier mit der Mittheilung des Resultates, welches sich „in dem Falle ergiebt, wo der inducirte Körper nicht „krystallinisch ist, und der inducirende Körper ganz ausserhalb des inducirten liegt."

„Es sei wiederum F das inducirende Potential, σ die „Oberfläche des inducirten Körpers. Die Inductionsconstante, „solche in dem Sinne genommen, wie sie *Green* in seinem „*Essay* nimmt, werde durch g bezeichnet. Zunächst findet „man dann, dass Alles sich genau so verhält, als ob das „einzelne Element des inducirten Körpers für sich genommen, „lediglich dem folgenden Potentiale ausgesetzt wäre:

13. $$\frac{1}{4\pi}\left[\varkappa F + \varkappa^2 F' + \varkappa^3 F'' + \cdots\right],$$

„wo $\varkappa$, F', F'', ... die Bedeutungen haben*):

$$\varkappa = \frac{4\pi g}{1 + \frac{8\pi g}{3}},$$

14. $$F' = + \frac{1}{4\pi}\int F\,\frac{\partial \frac{1}{r}}{\partial \nu}\,d\sigma,$$

$$F'' = + \frac{1}{4\pi}\int F'\,\frac{\partial \frac{1}{r}}{\partial \nu}\,d\sigma,$$

. . . .

---

*) An einer andern Stelle, nämlich in seiner „*Einleitung in die Elektrostatik, die Lehre vom Magnetismus und die Elektrodynamik*" (Braunschweig 1865, Seite 169) bemerkt *Beer*, dass die Constante $\varkappa$ zur *Poisson*'schen Magnetisirungsconstante k in der Beziehung stände:

$$\varkappa = \frac{3k}{1 + 2k};$$

so dass also offenbar $\frac{4\pi g}{3} = k$ ist.

„Ferner ergiebt sich folgende einfache Darstellung der Wir-„kung des inducirten und des inducirenden Körpers. Man „belege die Oberfläche σ mit magnetischem Fluidum von der „Dichtigkeit:

$$+\frac{\varkappa}{4\pi}\,\frac{\partial(F+\varkappa F'+\varkappa^2 F''+\cdots)}{\partial\nu}\,, \qquad 15.$$

„und bezeichne das von dieser Belegung herrührende Potential „durch Q. Ausserhalb des inducirten Körpers herrscht als-„dann das Gesammtpotential:

$$F+Q\,. \qquad 16.$$

„Und der magnetische Zustand des einzelnen Elementes im „inducirten Körper ist genau derselbe, als ob das Element „keinem andern Einflusse unterworfen wäre, als dem des „Potentials:

$$\frac{3-2\varkappa}{3\,(1-\varkappa)}\,(F+Q)\,. \qquad 17.$$

„Die drei letzten Formeln gehen natürlich, wenn $\varkappa = 1$ ge-„setzt wird, in die der statischen Elektricität über."

„Wendet man die obige Methode auf den Fall einer un-„begrenzten ebenen Platte an, so stösst man sofort auf die „von *Thomson* für eine solche gelieferte Entwicklung."

So weit *Beer*. — Meine Untersuchungen im gegenwärtigen Capitel werden nun der Hauptsache nach in zwei Theile zerfallen.

Erster Theil: *Ueber die Beer'sche Methode zur Bestimmung der elektrischen Induction.* — Diese Methode ist von der im vorhergehenden Capitel exponirten Methode des arith- 18.
metischen Mittels *wesentlich verschieden*, wie sich z. B. deutlich herausstellt bei Behandlung des sogenannten äussern und innern Problems (Seite 160). Denn während man vermittelst der Beer'schen Methode nur das eine Problem auf das andere zu *reduciren* vermag, gelangt man, wie früher gezeigt wurde, durch die Methode des arithmetischen Mittels zur *wirklichen Lösung* der beiden Probleme*). — Vor allen Dingen ist nun aber die *Unsicherheit* der Beer'schen Argumentationen zu urgiren**), und zu untersuchen, ob (trotz dieser Unsicherheit) die von Beer gegebenen Entwicklungen convergent und brauchbar sind. Ich werde zeigen, dass solches

*) Man findet die betreffenden Sätze auf Seite 235 und 243.

**) Vgl. die Noten auf Seite 221.

19. in der That der Fall ist, sobald die Oberfläche des inducirten Körpers *überall convex* und *keine zweisternige* ist*).

Zweiter Theil: *Ueber die Beer'sche Methode zur Bestimmung der magnetischen Induction***). — Ich werde
20. nachweisen, dass die Convergenz und Gültigkeit dieser Methode keinem Zweifel unterliegt, sobald die Oberfläche des inducirten Körpers den eben genannten Bedingungen (19.) entspricht, welchen Werth die Magnetisirungsconstante***) des Körpers auch immer haben mag. Sodann aber werde ich weiter zeigen, dass diese Methode auf jede *beliebige* Fläche anwendbar ist, falls nur jene Magnetisirungsconstante einen gewissen, durch die Natur der Fläche bedingten Kleinheitsgrad nicht überschreitet.

Bemerkung. — Alle Untersuchungen des gegenwärtigen Capitels beziehen sich zunächst nur auf den *Raum*, sind aber leicht übertragbar auf die analogen Probleme der *Ebene*.

§ 1.

Die elektrische Induction durch äussere Massen, behandelt nach der Methode von Beer.

Erste Aufgabe. — *Es soll die Vertheilung der Elektricitäts-*
1. *menge Null auf einem isolirten Conductor bestimmt werden, falls von Aussen her unveränderliche Kräfte einwirken, deren Potential F gegeben ist.*

Nach einem bekannten Green'schen Satz [(41. ε), S. 19] ist der Werth des gegebenen Potentials F in irgend einem Puncte i darstellbar durch†):

---

*) Es sind dies dieselben Einschränkungen, wie bei der Methode des arithmetischen Mittels. Vgl. Seite 163, 164, namentlich auch die *Note* auf Seite 164.

**) Der Kürze willen mag es mir gestattet sein, diesen Namen zu brauchen. Denn genau genommen ist die *hier zu besprechende* Methode allerdings mit der *Beer*'schen nahe verwandt, aber doch nicht unmittelbar identisch mit derselben.

***) Ich verstehe unter der *Magnetisirungsconstante* eine Constante K, welche zur *Poisson*'schen Constante k in der Beziehung steht

$$K = \frac{3k}{4\pi(1-k)} .$$

†) Die Oberfläche des Conductors mag σ, ihre *innere* Normale ν,

$$F_i = -\frac{1}{2\varpi}\int T_i \frac{\partial F}{\partial \nu} d\sigma + F_i', \qquad 2.$$

wo F_i' die Bedeutung hat

$$F_i' = \frac{1}{2\varpi}\int F \frac{\partial T_i}{\partial \nu} d\sigma = \frac{1}{2\varpi}\int F(d\sigma)_i . \qquad 3.$$

Dieses F_i' ist das Potential einer gewissen auf σ ausgebreiteten Doppelbelegung, und kann offenbar in gleicher Weise behandelt werden, wie F_i. Hierbei wird alsdann ein neues Potential F_i'' zu Tage treten, welches wiederum wie F_i behandelt werden kann. U. s. w. U. s. w. Wir gelangen daher zu folgenden Formeln:

$$\begin{aligned}
F_i &= -\frac{1}{2\varpi}\int T_i \frac{\partial F}{\partial \nu} d\sigma + F_i', & F_i' &= \frac{1}{2\varpi}\int F(d\sigma)_i, \\
F_i' &= -\frac{1}{2\varpi}\int T_i \frac{\partial F'}{\partial \nu} d\sigma + F_i'', & F_i'' &= \frac{1}{2\varpi}\int F'(d\sigma)_i, \qquad 4. \\
&\cdots\cdots\cdots & &\cdots\cdots \\
F_i^{(n-1)} &= -\frac{1}{2\varpi}\int T_i \frac{\partial F^{(n-1)}}{\partial \nu} d\sigma + F_i^{(n)}, & F_i^{(n)} &= \frac{1}{2\varpi}\int F^{(n-1)}(d\sigma)_i ;
\end{aligned}$$

und finden hieraus durch Addition:

$$F_i = -\frac{1}{2\varpi}\int T_i \frac{\partial(F + F' + F'' \cdots + F^{(n-1)})}{\partial \nu} d\sigma + F_i^{(n)} . \qquad 5.$$

Gleichzeitig ergeben sich, ebenfalls auf Grund eines bekannten Green'schen Satzes [(41. α), Seite 19], die Formeln:

$$\begin{aligned}
&\int \frac{\partial F}{\partial \nu} d\sigma = 0, \\
&\int \frac{\partial F'}{\partial \nu} d\sigma = 0, \qquad 6. \\
&\quad \cdots\cdots
\end{aligned}$$

woraus folgt:

$$\int \frac{\partial(F + F' + F'' \cdots + F^{(n-1)})}{\partial \nu} d\sigma = 0 . \qquad 7.$$

Wollten wir nun — mit *Beer* — die jedenfalls noch einer nähern Discussion bedürftige Annahme machen, *dass*

---

und ihre *äussere* Normale N heissen. Ferner mögen alle Puncte des ganzen unendlichen Raumes, jenachdem sie *ausserhalb*, *auf* oder *innerhalb* σ liegen, respective mit a, s oder i bezeichnet sein. Auch mag das Gebiet der Puncte a mit $\mathfrak{A}$, das der Puncte i mit $\mathfrak{J}$ benannt werden. Vgl. Seite 31.

8. *die Function* $F_i^{(n)}$ *mit wachsendem* n *gegen eine Constante* K *convergirt*, so würden die Formeln (5.), (7.) für $n = \infty$ die Gestalt annehmen:

$$F_i + \int T_i \mathsf{H}\, d\sigma = K;$$

9. $$\int \mathsf{H}\, d\sigma = 0,$$

wo:

10. $$\mathsf{H} = \frac{1}{2\varpi} \frac{\partial (F + F' + F'' + \cdots \text{ in inf.})}{\partial \nu};$$

und hieraus würde folgen, *dass* H *die Lösung der gestellten Aufgabe, nämlich die Dichtigkeit der gesuchten elektrischen Vertheilung sei.*

Bemerkung. — Die Formeln (2.), (3.), ... (7.) sind abgeleitet aus den erwähnten Green'schen Sätzen [(41. α, ε) Seite 19], mithin ebenso wie diese Sätze als hervorgegangen zu betrachten aus einer ursprünglich über den *innern* Raum $\mathfrak{J}$ sich ausdehnenden Integration. Hieraus folgt, dass in all'
11. jenen Formeln unter den $F^{(n)}$ die Werthe auf der *innern* Seite von σ, d. i. die Werthe $F_{is}^{(n)}$ zu verstehen sind. Dies ist allerdings gleichgültig für F selber, von Wichtigkeit aber für die *übrigen* Potentiale $F^{(n)}$, nämlich für F', F'', F'''....; denn diese letzteren rühren her von Doppelbelegungen, und besitzen also zu beiden Seiten der Fläche σ sehr *verschiedene* Werthe. — Was daneben die Ableitungen $\frac{\partial F^{(n)}}{\partial \nu}$ betrifft, so kann man für dieselben nach Belieben die $\frac{\partial F_{as}^{(n)}}{\partial \nu}$ oder die $\frac{\partial F_{is}^{(n)}}{\partial \nu}$ nehmen, weil beide *einerlei* Werthe haben*).

Die Beer'sche Annahme. — Um den fortlaufenden Faden unserer Betrachtungen nicht zu unterbrechen, gehen wir sofort zu weiteren Aufgaben über, indem wir die Discussion jener noch ganz hypothetischen Beer'schen Annahme (8.) auf spätere Zeit verschieben.

Zweite Aufgabe. — *Es wird gesucht die sogenannte natürliche Belegung des gegebenen Conductors,* — *d. i. die Vertheilung einer dem Conductor mitgetheilten Elektricitätsmenge Eins für den Fall, dass keine äusseren Kräfte vorhanden sind.*

12.

*) Vgl. die allgemeinen Eigenschaften der Potentiale von Doppelbelegungen (Seite 139, 140).

Wir werden diese Aufgabe dadurch lösen, dass wir die vorhergehenden Betrachtungen und Formeln einer gewissen Specialisirung unterwerfen. All' jene Betrachtungen bleiben nämlich gültig, wenn wir die das gegebene Potential F erzeugenden (die sogenannten inducirenden) Massen der Oberfläche des Conductors näher und näher rücken lassen, und schliesslich auf dieser Fläche selber nach irgend welchem Gesetz uns ausgebreitet denken. Bezeichnen wir die Dichtigkeit dieser Oberflächenbelegung mit $\mathfrak{E}^0$, ihre Gesammtmasse mit
$\mathfrak{M}^0$, und*) bezeichnen wir ferner die Werthe, welche 13.
$F, F', F'', \ldots . \mathsf{H}, K$ in diesem speciellen Fall annehmen, mit den entsprechenden deutschen Buchstaben:

$$\mathfrak{F}, \mathfrak{F}', \mathfrak{F}'', \ldots . \mathfrak{E}, \mathfrak{K},$$

so folgt aus (9.) sofort:

$$\begin{aligned} \mathfrak{F}_i + \int T_i \mathfrak{E}\, d\sigma &= \mathfrak{K}, \\ \int \mathfrak{E}\, d\sigma &= 0, \end{aligned} \tag{14.}$$

wo $\mathfrak{E}$ die Bedeutung hat:

$$\mathfrak{E} = \frac{1}{2\varpi} \frac{\partial(\mathfrak{F} + \mathfrak{F}' + \mathfrak{F}'' + \cdots \text{ in inf.})}{\partial \nu}. \tag{15.}$$

Addiren wir zu den Formeln (14.) die aus der Definition von $\mathfrak{E}^0$, $\mathfrak{M}^0$ (13.) entspringenden:

$$\begin{aligned} \int T_i \mathfrak{E}^0 d\sigma &= \mathfrak{F}_i, \\ \int \mathfrak{E}^0 d\sigma &= \mathfrak{M}^0, \end{aligned}$$

so erhalten wir:

$$\begin{aligned} \int T_i (\mathfrak{E}^0 + \mathfrak{E})\, d\sigma &= \mathfrak{K}, \\ \int (\mathfrak{E}^0 + \mathfrak{E})\, d\sigma &= \mathfrak{M}^0, \end{aligned} \tag{16.}$$

oder, was dasselbe ist:

$$\begin{aligned} \int T_i \gamma\, d\sigma &= \frac{\mathfrak{K}}{\mathfrak{M}^0}, \\ \int \gamma\, d\sigma &= 1, \end{aligned} \tag{17.}$$

wo γ die Bedeutung hat:

$$\gamma = \frac{\mathfrak{E}^0 + \mathfrak{E}}{\mathfrak{M}^0}. \tag{18.}$$

Aus (17.) erkennen wir sofort, *dass γ die Lösung der gestellten Aufgabe, nämlich die Dichtigkeit der natürlichen Be-*

*) Man kann die Dichtigkeit $\mathfrak{E}^0$ nach Belieben entweder als eine *stetige Function* des Ortes auf der Oberfläche oder als eine *Constante* sich vorstellen.

legung repräsentirt. Doch beruht die Zuverlässigkeit dieses Resultates wiederum auf der noch zu discutirenden Beer'schen Annahme (8.).

Dritte Aufgabe. — *Es soll die Vertheilung der Elektricitäts-*
19. *menge* M *auf einem isolirten Conductor ermittelt werden, falls*
von Aussen her unveränderliche Kräfte einwirken, deren Potential
F gegeben ist.

Addiren wir zu den Formeln (9.) die mit M multiplicirten Formeln (17.) hinzu, so folgt:

20.
$$F_i + \int T_i (\mathsf{H} + \mathsf{M}\gamma) d\sigma = K + \frac{\mathsf{M}\mathfrak{K}}{\mathfrak{M}^0},$$
$$\int (\mathsf{H} + \mathsf{M}\gamma)\, d\sigma = \mathsf{M};$$

woraus ersichtlich, dass

21.
$$\mathsf{H} + \mathsf{M}\gamma$$

die *Dichtigkeit der gesuchten Vertheilung* vorstellt. Von Neuem aber ist zu bemerken, dass die Zuverlässigkeit dieses Resultates auf der noch fraglichen Beer'schen Annahme beruht.

§ 2

Ueber die von Beer gemachte hypothetische Annahme.

Denken wir uns die aufeinander folgenden Functionen gebildet:

22.
$$(a.)\qquad F_i' = \frac{1}{2\varpi}\int F(d\sigma)_i,$$
$$(b.)\qquad F_i'' = \frac{1}{2\varpi}\int F'(d\sigma)_i,$$
$$(c.)\qquad F_i''' = \frac{1}{2\varpi}\int F''(d\sigma)_i,$$

etc. etc. etc.

wo rechter Hand unter den $F, F', F'', \ldots$ die Werthe auf der *innern* Seite von σ zu verstehen sind [vgl. (11.)].

so besteht jene Beer'sche Annahme (8.) darin, dass die Function $F_i^{(n)}$ mit wachsendem n gegen eine *Constante* convergire. — Um näher hierauf einzugehen, bezeichnen wir die Werthe des gegebenen Potentials F speciell *auf der Oberfläche* des Conductors mit f, indem wir setzen:

23.
$$F_s = f_s = f,$$

und bilden sodann, von f aus, die bekannten Functionen $f', f'', \ldots$, indem wir setzen:

$$\begin{array}{ll} (a.) & \frac{1}{\varpi}\int f\,(d\sigma)_{is} = f_s + f_s', \\ (b.) & \frac{1}{\varpi}\int f'(d\sigma)_{is} = f_s' + f_s'', \\ (c.) & \frac{1}{\varpi}\int f''(d\sigma)_{is} = f_s'' + f_s''', \\ & \text{etc.} \quad \text{etc.} \end{array} \qquad 24.$$

vgl. (2.) Seite 205.

Ist die Oberfläche des Conductors eine Fläche *zweiten Ranges* und *keine zweisternige*, so ist bekanntlich:

$$f^{(\infty)} = \text{Const.}, = C \quad [\text{vgl. Seite 206}], \qquad 25.$$

und ferner:

$$\text{abs}\,(f^{(n)} - C) \leqq \lambda^n Df, \quad [\text{vgl. Seite 188}], \qquad 26.$$

wo λ die Configurationsconstante jener Oberfläche, und Df die Schwankung der Function f vorstellt*).

Die Formel (22.a) kann mit Rücksicht auf (23.) auch so geschrieben werden: $F_i' = \frac{1}{2\varpi}\int f(d\sigma)_i$. Hieraus folgt, wenn man i nach s rücken lässt: $F_{is}' = \frac{1}{2\varpi}\int f(d\sigma)_{is}$, also mit Rücksicht auf (24.a): $F_{is}' = \frac{f+f'}{2}$ **). Demgemäss haben wir die Formeln:

$$F_i' = \frac{1}{2\varpi}\int f(d\sigma)_i, \qquad F_{is}' = \frac{f+f'}{2}. \qquad 27.\text{a}$$

Substituiren wir diesen Werth von F_{is} in die Gleichung (22.b), so ergiebt sich mit Rücksicht auf (24.a, b):

---

*) Wir verstehen [vgl. (23.)] unter den f nur diejenigen Werthe, welche das Potential F *speciell auf* σ besitzt. Die Schwankung Df ist daher $= G - K$, wo G den grössten und K den kleinsten derjenigen Werthe bezeichnet, welche F *auf* σ besitzt.

**) Wir unterdrücken den Index s, sobald solches unbeschadet der Deutlichkeit möglich ist, und schreiben also z. B. für f_s, f_s' kurzweg: f, f'.

27.b $$F_i'' = \frac{1}{2\varpi}\int \frac{f+f'}{2}\,(d\sigma)_i\,, \qquad F_{is}'' = \frac{f+2f'+f''}{4}.$$

Substituiren wir nun diesen Werth von F_{is}'' in (22. c), so folgt mit Rücksicht auf (24. a, b, c):

27.c $$F_i''' = \frac{1}{2\varpi}\int \frac{f+2f'+f''}{4}\,(d\sigma)_i\,, \quad F_{is}''' = \frac{f+3f'+3f''+f'''}{8}.$$

U. s. w. U. s. w. — Wir übersehen bereits das einfache Gesetz, nach welchem diese Formeln fortschreiten, und werden also z. B. für $F_{is}^{(n)}$ den Werth erhalten:

28. $$F_{is}^{(n)} = \frac{1}{2^n}\left[f + \frac{n}{1}f' + \frac{n(n-1)}{1\cdot 2}f'' \cdots\cdots + f^{(n)}\right].$$

Hieraus folgt durch Subtraction der *identischen* Gleichung:

$$C = \frac{1}{2^n}\left[C + \frac{n}{1}C + \frac{n(n-1)}{1\cdot 2}C \cdots\cdots + C\right]$$

sofort

29. $$F_{is}^{(n)} - C = \frac{1}{2^n}\left[(f-C) + \frac{n}{1}(f'-C) + \frac{n(n-1)}{1\cdot 2}(f''-C) \cdots + (f^{(n)}-C)\right],$$

und hieraus mit Rücksicht auf (26.):

30. $$\text{abs}\,(F_{is}^{(n)} - C) \leqq \frac{1}{2^n}\left[1 + \frac{n}{1}\lambda + \frac{n(n-1)}{1\cdot 2}\lambda^2 \cdots\cdots + \lambda^n\right]Df,$$

d. i.

31. $$\text{abs}\,(F_{is}^{(n)} - C) \leqq \left(\frac{1+\lambda}{2}\right)^n Df.$$

Wenn aber die inneren *Grenz*werthe des Potentials $F^{(n)} - C$ dieser Relation Genüge leisten, so muss nach einem bekannten Satz [Theorem (*J.*), Seite 40] Gleiches gelten von *all'* seinen inneren Werthen, also die Formel stattfinden:

32. $$\text{abs}\,(F_i^{(n)} - C) \leqq \left(\frac{1+\lambda}{2}\right)^n Df.$$

Bereits zu Anfang dieser Betrachtungen [bei (25.)] haben wir die Voraussetzung gemacht, die gegebene Oberfläche σ sei zweiten Ranges und keine zweisternige. Aus dieser Voraussetzung folgt, dass die Configurationsconstante λ ein *ächter Bruch*, mithin $\frac{1+\lambda}{2}$ ebenfalls ein *ächter Bruch* ist. Und mit Rücksicht hierauf folgt aus (31.), (32.), dass $F_{is}^{(n)}$ und $F_i^{(n)}$ mit wachsendem n gegen die Constante C convergiren. Also:

33. $$F_i^{(\infty)} = F_{is}^{(\infty)} = C.$$

Hiermit haben wir die Richtigkeit der Beer'schen Annahme (8.) erwiesen, und nebenbei gefunden, dass $K = C$ ist; — — jedoch immer nur unter der Voraussetzung, dass die gegebene Oberfläche zweiten Ranges und keine zweisternige sei.

§ 3.

Behandlung des früher betrachteten äussern Problems mit Hülfe der Beer'schen Methode.

Sollen die Massen eines Potentials Φ_a auf oder innerhalb σ liegen und die Summe Null haben, und sollen ferner die Φ_{as} von irgend welchen vorgeschriebenen Werthen f_s 34.
nur durch eine unbestimmte additive Constante sich unterscheiden:

$$\Phi_{as} = f_s + Const.;$$

so sind hierdurch sämmtliche Werthe Φ_a eindeutig bestimmt.

Es soll sich hier nun handeln um die Lösung des sogenannten *äussern Problems* (vgl. Seite 205), d. i. um die *wirkliche Berechnung* des Potentials Φ_a. Zu diesem Zwecke wollen wir zuvörderst *annehmen*, dass irgend ein 35.
Potential F *äusserer* Massen bekannt sei, welches auf σ die vorgeschriebenen Werthe f besitzt:

$$F_s = f_s = f. \tag{36.}$$

Solches vorausgesetzt, bilden wir, von diesen Werthen (36.) aus, die aufeinander folgenden Functionen F', F'', F''', $\cdots$, genau wie früher (4.). Alsdann ist nach (5.), (7.):

$$F_i = -\int T_i \mathsf{H}^{(n)} d\sigma + F_i^{(n)}, \tag{37.}$$

$$0 = \int \mathsf{H}^{(n)} d\sigma, \tag{38.}$$

wo $\mathsf{H}^{(n)}$ die Bedeutung hat:

$$\mathsf{H}^{(n)} = \frac{1}{2\varpi} \frac{\partial (F + F' + F'' \cdots + F^{(n-1)})}{\partial \nu}. \tag{39.}$$

Es sei nun $U_a^{(n)}$ das Potential der Belegung $\mathsf{H}^{(n)}$ auf *äussere* Puncte:

$$U_a^{(n)} = \int T_a \mathsf{H}^{(n)} d\sigma. \tag{40.}$$

Lassen wir in (37.) und (40.) die Puncte i und a nach irgend einem auf σ gelegenen Puncte s rücken, und addiren wir sodann die beiden Formeln, so folgt:

$$F_{is} + U_{as}^{(n)} = F_{is}^{(n)},$$

oder, weil $F_{is} = F_s = f_s$ (36.) ist:

41. $$U_{as}^{(n)} = F_{is}^{(n)} - f_s.$$

Hieraus*) aber folgt für $n = \infty$ und mit Rücksicht auf (33.):

42. $$U_{as}^{(\infty)} = C - f_s.$$

Folglich repräsentirt $-U_a^{(\infty)}$ das gesuchte, den Bedingungen (34.) entsprechende Potential. In der That erkennen wir aus (42.), dass dieses Potential auf σ die Werthe $f_s - C$ besitzt, und ferner aus (38.), dass die Gesammtmasse dieses Potentials *Null* ist. — Wir können also über die Lösung des äussern Problems nach der *Beer*'schen Methode uns folgendermassen expliciren:

Man bilde, von den vorgeschriebenen Werthen f_s oder F_s (36.) *ausgehend, die aufeinander folgenden Functionen:*

43. $$F_i' = \frac{1}{2\varpi}\int F(d\sigma)_i,$$
$$F_i'' = \frac{1}{2\varpi}\int F'(d\sigma)_i,$$
$$\cdot \quad \cdot \quad \cdot \quad \cdot \quad \cdot \quad \cdot$$

wo (rechter Hand) unter F, F', ... die Werthe auf der i n n e r n *Seite von σ zu verstehen sind; und setze:*

44. $$U_a^{(n)} = \frac{1}{2\varpi}\int T_a \frac{\partial(F + F' + F'' \cdots\cdots + F^{(n-1)})}{\partial\nu}\, d\sigma.$$

Alsdann wird das gesuchte Potential Φ_a (34.) *den Werth haben:* $\Phi_a = -U_{a8}^{(}$

Bemerkung. — Diese *Beer*'sche Methode ist, wie aus unseren früheren Betrachtungen folgt (vgl. den Schluss des vorhergehenden §), mit Sicherheit nur dann anzuwenden, wenn die gegebene Fläche σ zweiten Ranges und keine zweisternige ist. — Ausserdem aber ergiebt sich noch eine weitere

---

*) Was die Formel (41.) betrifft, so ist die Schreibweise $U_{as}^{(n)}$ eigentlich unnöthiger Luxus. Denn $U^{(n)}$ ist nach (40.) das Potential einer *einfachen* Belegung, so dass man also für die einander *gleichen* Werthe $U_{as}^{(n)}$ und $U_{is}^{(n}$ kurzweg $U_s^{(n)}$ schreiben könnte. — Hingegen ist die Schreibweise $F_{is}^{(n)}$ durchaus *nöthig*, weil $F^{(n)}$ nach (4.) das Potential einer *Doppel*belegung vorstellt, mithin $F_{is}^{(n)}$ und $F_{as}^{(n)}$ *verschiedene* Werthe haben.

Beschränkung. Ihre Anwendbarkeit beruht nämlich auf der von uns gemachten Annahme (35.), dass ein Potential F *äusserer* Massen ermittelt sei, welches auf σ die vorgeschriebenen Werthe f besitzt. Denn andernfalls würden wir den in (44.) erforderlichen Differentialquotienten $\frac{\partial F}{\partial \nu}$ nicht zu bilden im Stande sein. Die Ermittelung eines solchen Potentials F ist aber offenbar gleichbedeutend mit der Lösung des *innern* Problems; so dass wir also, Alles zusammengefasst, über die Anwendbarkeit der *Beer*'schen Methode uns folgendermassen zu expliciren haben:

Bezeichnet σ eine geschlossene Fläche, welche zweiten Ranges und keine zweisternige ist, und sind auf dieser 45.
Fläche irgend welche Functionswerthe f in stetiger Weise ausgebreitet, — so wird, trotz all' dieser Einschränkungen, das äussere Problem mit Hülfe der Beer'schen Methode nur dann lösbar sein, wenn die Lösung des innern Problems bereits bewerkstelligt ist.

Es wird also durch die Beer'sche Methode nur das eine Problem auf das andere reducirt; — während die von mir 46.
gegebene Methode des arithmetischen Mittels eine wirkliche Lösung der beiden Probleme ermöglicht.

Zweite Bemerkung. — Die Formel (41.) kann mit Rücksicht auf (28.) auch so geschrieben werden:

$$U_{as}^{(n)} = \frac{1}{2^n}\left[f + \frac{n}{1}f' + \frac{n(n-1)}{1\cdot 2}f'' \cdot \cdot \cdot \cdot \cdot + f^{(n)}\right] - f, \qquad 47.$$

wo der Kürze willen bei $f, f', f'', \ldots$ der Index s unterdrückt ist. Substituirt man hier für das *allerletzte* Glied rechter Hand, nämlich für f, den damit *identischen* Ausdruck:

$$f = \frac{1}{2^n}\left[f + \frac{n}{1}f + \frac{n(n-1)}{1\cdot 2}f \cdot \cdot \cdot \cdot \cdot + f\right],$$

so folgt:

$$U_{as}^{(n)} = \frac{1}{2^n}\left[\frac{n}{1}(f'-f) + \frac{n(n-1)}{1\cdot 2}(f''-f) \cdot \cdot \cdot \cdot + (f^{(n)}-f)\right]; \qquad 48.$$

woraus z. B. für $n = 3$ sich ergiebt:

$$U_{as}^{(3)} = \frac{1}{8}\left[3(f'-f) + 3(f''-f) + (f'''-f)\right]. \qquad 49.$$

Es ist *fatal**), dass die f, f', f'', f''' hier nur in Form ihrer Differenzen sich vorfinden. Denn wäre das *nicht* der Fall, besässe also $U_{as}^{(3)}$ die Form:

$$U_{as}^{(3)} = \alpha f + \beta f' + \gamma f'' + \delta f''',$$

so würden wir, nach Hinzufügung der bekannten früheren Relationen:

$$\begin{aligned} W_{as} &= f' - f \\ W'_{as} &= f'' - f', \qquad \text{[vgl. S. 205]}, \\ W''_{as} &= f''' - f'', \end{aligned}$$

vier Gleichungen haben, die wir nach f, f', f'', f''' auflösen könnten. In solcher Weise würden wir z. B. für f einen Ausdruck erhalten von der Form:

$$f = \mathrm{A}\, U_{as}^{(3)} + \mathrm{B}\, W_{as} + \Gamma\, W'_{as} + \Delta\, W''_{as},$$

wo $\mathrm{A}, \mathrm{B}, \Gamma, \Delta$ (ebenso wie $\alpha, \beta, \gamma, \delta$) bestimmte Zahlen wären; und hieraus würden wir alsdann zu folgern haben, dass

$$\Phi_a = \mathrm{A}\, U_a^{(3)} + \mathrm{B}\, W_a + \Gamma\, W'_a + \Delta\, W''_a$$

die *Lösung* des Problems sei, so dass wir also in solcher Weise zu einer *strengen Lösung des Problems in geschlossener Gestalt* gelangen würden.

§ 4.

Die elektrische Induction durch innere Massen, behandelt nach der Methode von Beer.

Aufgabe. — *Auf einen schaalenförmigen Conductor mögen unveränderliche Kräfte einwirken, welche ihren Sitz in*
1. *dem innern Hohlraum haben, und deren Potential F gegeben ist. Es soll die unter solchen Umständen auf der innern Begrenzungsfläche σ des Conductors eintretende elektrische Vertheilung näher bestimmt werden.*

Bei dieser Aufgabe ist es gleichgültig, ob ausser den durch F repräsentirten Kräften vielleicht noch andere Kräfte vorhanden sind, welche ihren Sitz in dem den Conductor *umgebenden Aussenraum* haben, ferner gleichgültig, ob wir

*) Man wird diese Ausdrucksweise insofern passend finden, als die in Rede stehende Unannehmlichkeit ohne Zweifel ihren tiefern Grund hat, also nicht als eine *zufällige* anzusehen ist.

uns den Conductor isolirt oder zur Erde abgeleitet denken; — wie solches unmittelbar folgt aus gewissen früheren Betrachtungen [vgl. Seite 80 bis 83]. Ueberhaupt können wir auf Grund jener damaligen Betrachtungen die vorliegende Aufgabe einfacher *so* aussprechen:

Dieselbe Aufgabe in anderer Form. — Der unendliche Raum sei durch eine geschlossene Fläche σ in zwei Theile $\mathfrak{A}$ und $\mathfrak{J}$ zerlegt, und sämmtliche Puncte des Raumes seien, jenachdem sie innerhalb $\mathfrak{A}$, auf σ, oder innerhalb $\mathfrak{J}$ liegen, respective mit a, s oder i bezeichnet. *Innerhalb $\mathfrak{J}$ sind irgend welche Massen* M *vorhanden, deren Potential F bekannt ist.* 2.
Es soll die Fläche σ in solcher Weise mit Masse belegt werden, dass das von dieser Belegung und den Massen M *herrührende Gesammtpotential für alle Puncte a* c o n s t a n t *ist.*

Behandlung der Aufgabe. — Wir wollen zunächst das gegebene Potential F der Massen M einer gewissen Transformation unterwerfen. Nach einem Green'schen Satze [(42. ε), Seite 21] ist:

$$F_a = -\frac{1}{2\varpi}\int T_a \frac{\partial F}{\partial \mathsf{N}}\, d\sigma + F_a', \tag{3.}$$

wo F_a' die Bedeutung hat:

$$F_a' = \frac{1}{2\varpi}\int F \frac{\partial T_a}{\partial \mathsf{N}}\, d\sigma = -\frac{1}{2\varpi}\int F \frac{\partial T_a}{\partial \nu}\, d\sigma = -\frac{1}{2\varpi}\int F (d\sigma)_a, \tag{4.}$$

wo N die *äussere*, und ν die *innere* Normale von σ bezeichnet*). Behandeln wir nun F_a' in ähnlicher Weise wie F_a, u. s. w., so gelangen wir zu folgenden Formeln:

$$\begin{aligned}
F_a &= -\frac{1}{2\varpi}\int T_a \frac{\partial F}{\partial \mathsf{N}}\, d\sigma + F_a', & F_a' &= -\frac{1}{2\varpi}\int F (d\sigma)_a, \\
F_a' &= -\frac{1}{2\varpi}\int T_a \frac{\partial F'}{\partial \mathsf{N}}\, d\sigma + F_a'', & F_a'' &= -\frac{1}{2\varpi}\int F' (d\sigma)_a, \\
&\cdots\cdots & &\cdots\cdots \\
F_a^{(n-1)} &= -\frac{1}{2\varpi}\int T_a \frac{\partial F^{(n-1)}}{\partial \mathsf{N}}\, d\sigma + F_a^{(n)}, & F_a^{(n)} &= -\frac{1}{2\varpi}\int F^{(n-1)} (d\sigma)_a.
\end{aligned} \tag{5.}$$

Hieraus folgt durch Addition:

$$F_a = -\frac{1}{2\varpi}\int T_a \frac{\partial (F + F' + F'' \cdots\cdots + F^{(n-1)})}{\partial \mathsf{N}}\, d\sigma + F_a^{(n)}. \tag{6.}$$

---

*) Ueberhaupt sind alle Bezeichnungen genau dieselben wie früher, vgl. die letzte Note auf Seite 226.

Ferner ergiebt sich, wiederum durch Anwendung eines Green-schen Satzes [(42.α), Seite 21]:

$$\int \frac{\partial F}{\partial \mathsf{N}} d\sigma = -2\varpi \mathsf{M},$$

7. $$\int \frac{\partial F'}{\partial \mathsf{N}} d\sigma = 0,$$

$$\int \frac{\partial F''}{\partial \mathsf{N}} d\sigma = 0,$$

$$\cdot \; \cdot \; \cdot \; \cdot \; \cdot \; \cdot$$

mithin:

8. $$\int \frac{\partial(F + F' + F'' \cdots + F^{(n-1)})}{\partial \mathsf{N}} d\sigma = -2\varpi \mathsf{M};$$

wo unter M die *Summe* der gegebenen inneren Massen M zu verstehen ist*).

Wollten wir nun — mit Beer — annehmen, *dass die*
9. *Function $F_a^{(n)}$ mit wachsendem n gegen eine Constante K convergire*, so würden die Formeln (6.), (8.) für $n = \infty$ die Gestalt annehmen:

10. $$F_a + \int T_a \mathsf{H} d\sigma = K,$$
$$\int \mathsf{H} d\sigma = -\mathsf{M},$$

wo:

11. $$\mathsf{H} = \frac{1}{2\varpi} \frac{\partial(F + F' + F'' + \cdots \text{ in inf.})}{\partial \mathsf{N}};$$

und hieraus würde folgen, *dass H die Dichtigkeit, und $-\mathsf{M}$ die Gesammtmasse der gesuchten Belegung sei.*

Bemerkung. — Die Formeln (3.), (4.), . . . (8.) sind sämmtlich abgleitet aus den vorhin erwähnten Green'schen Sätzen [(42.α, ε), Seite 21], mithin ebenso wie diese als hervorgegangen zu betrachten aus einer ursprünglich über den *äussern Raum* $\mathfrak{A}$ sich ausdehnenden Integration. Hieraus folgt, dass in all' jenen Formeln unter den $F^{(n)}$ oder $F_s^{(n)}$ die
12. Werthe auf der *äussern* Seite von σ, d. i. die Werthe $F_{as}^{(n)}$ zu verstehen sind. Dies ist für solche Potentiale, welche, wie F', F'', F''', ... von *Doppel*belegungen herrühren, offenbar von Wichtigkeit, weil dieselben zu beiden Seiten

*) Es soll also M die sogenannte *Gesammtmasse* des Potentials F bezeichnen. Andrerseits ist F', zufolge (4.), das Potential einer auf σ ausgebreiteten Doppelbelegung, mithin die *Gesammtmasse* dieses Potentials F' gleich *Null*. Solches zur Erläuterung der Formeln (7.).

der Fläche σ *verschiedene* Werthe haben. Was die Ableitungen $\frac{\partial F^{(n)}}{\partial N}$ betrifft, so ist es einerlei, ob man für dieselben die $\frac{\partial F^{(n)}_{as}}{\partial N}$ oder die $\frac{\partial F^{(n)}_{is}}{\partial N}$ nimmt*).

§ 5.

Ueber die zweite von Beer gemachte hypothetische Annahme.

Diese in (9.) erwähnte Annahme bezieht sich auf die Function $F^{(n)}_a$, welche definirt war durch die Formeln:

$$\begin{aligned}
&(a.) \qquad F_a' = -\frac{1}{2\varpi}\int F(d\sigma)_a\,, \\
&(b.) \qquad F_a'' = -\frac{1}{2\varpi}\int F'(d\sigma)_a\,, \\
&(c.) \qquad F_a''' = -\frac{1}{2\varpi}\int F''(d\sigma)_a\,, \\
&\qquad\qquad \text{etc.} \qquad\qquad \text{etc.}
\end{aligned} \qquad 13.$$

wo unter $F, F', F'', \ldots$ die Werthe auf der *äussern* Seite zu verstehen sind; vgl. (12).

Und zwar besteht die Annahme darin, dass die Function $F^{(n)}_a$ mit wachsendem n gegen eine *Constante* convergire. Um näher hierauf einzugehen, bezeichnen wir die Werthe des gegebenen Potentials F speciell *auf* σ mit f, indem wir setzen:

$$F_s = f_s = f\,, \qquad 14.$$

und bilden alsdann, von f aus, die bekannten Functionen $f', f'', f''' \ldots$ vermittelst der Formeln:

$$\begin{aligned}
&(a.) \qquad \frac{1}{\varpi}\int f\,(d\sigma)_{as} = f_s' - f_s\,, \\
&(b.) \qquad \frac{1}{\varpi}\int f'\,(d\sigma)_{as} = f_s'' - f_s'\,, \\
&(c.) \qquad \frac{1}{\varpi}\int f''(d\sigma)_{as} = f_s''' - f_s''\,, \\
&\qquad\qquad \text{etc.} \qquad\qquad \text{etc.}
\end{aligned} \qquad 15.$$

vgl. (2.) Seite 205.

*) Vgl. die allgemeinen Eigenschaften der Potentiale von Doppelbelegungen (Seite 139, 140).

Diese Functionen $f, f', f'', \ldots$ besitzen, falls die Fläche σ *zweiten Ranges* und *keine zweisternige* ist, die bekannten Eigenschaften:

16. $$f^{(\infty)} = C,$$

17. $$\text{abs}\,(f^{(n)} - C) \leqq \lambda^n Df, \qquad \text{[vgl. Seite 187, 188]},$$

wo λ die Configurationsconstante von σ bezeichnet.

Aus (13. a) folgt mit Rücksicht auf (14.) und (15. a):

18.a $$F_a' = -\frac{1}{2\varpi}\int f(d\sigma)_a, \qquad F_{as}' = \frac{f - f'}{2}.$$

Substituiren wir diesen Werth von F_{as}' in die Formel (13. b), so folgt mit Rücksicht auf (15. a, b):

18.b $$F_a'' = -\frac{1}{2\varpi}\int \frac{f - f'}{2}(d\sigma)_a, \qquad F_{as}'' = \frac{f - 2f' + f''}{4}.$$

Substituiren wir diesen Werth von F_{as}'' in die Formel (13. c), so folgt mit Rücksicht auf (15. a, b, c):

18.c $$F_a''' = -\frac{1}{2\varpi}\int \frac{f - 2f' + f''}{4}(d\sigma)_a, \qquad F_{as}''' = \frac{f - 3f' + 3f'' - f'''}{8}.$$

U. s. w. U. s. w. — Hieraus erhalten wir allgemein:

19. $$F_{as}^{(n)} = \frac{1}{2^n}\left[f - \frac{n}{1}f' + \frac{n(n-1)}{1\cdot 2}f'' \cdots + (-1)^n f^{(n)}\right],$$

oder, falls wir die *identische* Gleichung:

$$0 = \frac{1}{2^n}\left[C - \frac{n}{1}C + \frac{n(n-1)}{1\cdot 2}C \cdots + (-1)^n C\right]$$

in Abzug bringen:

20. $$F_{as}^{(n)} = \frac{1}{2^n}\left[(f - C) - \frac{n}{1}(f' - C) + \frac{n(n-1)}{1\cdot 2}(f'' - C)\cdots + (-1)^n(f^{(n)} -\right.$$

Hieraus folgt mit Rückblick auf (17.):

21. $$\text{abs}\,F_{as}^{(n)} \leqq \frac{1}{2^n}\left[1 + \frac{n}{1}\lambda + \frac{n(n-1)}{1\cdot 2}\lambda^2 \cdots + \lambda^n\right]Df,$$

d. i.

22. $$\text{abs}\,F_{as}^{(n)} \leqq \left(\frac{1+\lambda}{2}\right)^n Df.$$

Wenn aber die äusseren *Grenz*werthe des Potentials $F^{(n)}$ dieser Relation Genüge leisten, so muss nach einem bekannten Satz [Theorem (*A.'*), Seite 37] Gleiches auch gelten von *all'* seinen äusseren Werthen, also die Formel stattfinden:

23. $$\text{abs}\,F_a^{(n)} \leqq \left(\frac{1+\lambda}{2}\right)^n Df.$$

Da nun die Fläche σ, nach unserer bereits früher [bei (16.)] gemachten Annahme, zweiten Ranges und keine zweisternige ist, mithin λ und $\frac{1+\lambda}{2}$ *ächte Brüche* sind, so folgt aus (22.), (23.), dass $F_{as}^{(n)}$ und $F_a^{(n)}$ mit wachsendem n gegen *Null* convergiren. Also:

$$F_a^{(\infty)} = F_{as}^{(\infty)} = 0 \,. \tag{24.}$$

Hiermit haben wir die Richtigkeit der Beer'schen Annahme (9.) *erwiesen, und nebenbei gefunden, dass die Constante* $K = 0$ *ist; — jedoch immer nur unter der Voraussetzung, dass die Fläche* σ *zweiten Ranges und keine zweisternige sei.*

§ 6.

Behandlung des früher betrachteten innern Problems mit Hülfe der Beer'schen Methode.

Sollen die Massen eines Potentials Ω_i *auf oder ausserhalb* σ *liegen, und sollen ferner die* Ω_{is} *irgend welche vorgeschriebenen Werthe* f_s *besitzen:*

$$\Omega_{is} = f_s \,, \tag{25.}$$

so sind hierdurch sämmtliche Werthe Ω_i *eindeutig bestimmt.*

Es soll sich hier nun handeln um die Lösung des sogenannten *innern Problems* (vgl. Seite 208), d. i. um die *wirkliche Berechnung* des Potentials Ω_i. Zu diesem Zwecke wollen wir zuvörderst *annehmen*, dass irgend ein Potential 26. F *innerer* Massen bekannt sei, welches auf σ die vorgeschriebenen Werthe f besitzt:

$$F_s = f_s = f \,. \tag{27.}$$

Solches vorausgesetzt, bilden wir von diesen Werthen (27.) aus die aufeinanderfolgenden Functionen F', F'', F''' ...., ebenso wie früher (5.). Alsdann ist nach (6.), (8.):

$$F_a = -\int T_a \mathsf{H}^{(n)} d\sigma + F_a^{(n)} \,, \tag{28.}$$

$$\mathsf{M} = -\int \mathsf{H}^{(n)} d\sigma \,, \tag{29.}$$

wo M die Summe jener das Potential F erzeugenden Massen vorstellt, während $\mathsf{H}^{(n)}$ den Werth hat:

$$\mathsf{H}^{(n)} = + \frac{1}{2\varpi} \frac{\partial(F + F' + F'' \cdots + F^{(n-1)})}{\partial \mathsf{N}} \,. \tag{30.}$$

Es sei nun $U_i^{(n)}$ das Potential der durch $\mathsf{H}^{(n)}$ bestimmten Belegung auf *innere* Puncte:

31. $$U_i^{(n)} = \int T_i \mathsf{H}^{(n)} d\sigma .$$

Lassen wir in den Formeln (28.) und (31.) die Puncte a und i nach einem auf σ gelegenen Puncte s rücken, und addiren wir sodann die beiden Formeln, so folgt:

$$F_{as} + U_{is}^{(n)} = F_{as}^{(n)} ,$$

oder, weil $F_{as} = F_s = f_s$ ist (27.):

32. $$U_{is}^{(n)} = F_{as}^{(n)} - f_s .$$

Hieraus aber folgt für $n = \infty$, und mit Rücksicht auf (24.):

33. $$U_{is}^{(\infty)} = - f_s .$$

Folglich repräsentirt $- U_{is}^{(\infty)}$ das gesuchte, den Bedingungen (25.) entsprechende Potential. Wir können daher über die Lösung des *innern Problems* nach der *Beer*'schen Methode uns folgendermassen expliciren:

Man bilde, von den vorgeschriebenen Werthen f_s oder F_s (27.) ausgehend, die aufeinanderfolgenden Functionen:

$$F_a' = - \frac{1}{2\varpi} \int F (d\sigma)_a ,$$

34. $$F_a'' = - \frac{1}{2\varpi} \int F' (d\sigma)_a ,$$

$$\cdot \quad \cdot \quad \cdot \quad \cdot \quad \cdot \quad \cdot \quad \cdot$$

wo (rechter Hand) unter F, F', F'', ... die Werthe auf der ä u s s e r n *Seite von σ zu verstehen sind; und setze sodann:*

35. $$U_i^{(n)} = \frac{1}{2\varpi} \int T_i \frac{\partial (F + F' + F'' + \cdots + F^{(n-1)})}{\partial \mathsf{N}} d\sigma .$$

Alsdann wird das gesuchte Potential Ω_i (25.) den Werth besitzen: $\Omega_i = - U_i^{(\infty)}$.

Bemerkung. — Offenbar beruht die Anwendbarkeit dieser *Beer*'schen Methode auf der von uns gemachten Annahme, dass die Fläche σ zweiten Ranges und keine zweisternige sei, andrerseits aber auch auf der Annahme (26.), dass ein Potential F *innerer* Massen ermittelt sei, welches auf σ die vorgeschriebenen Werthe f besitzt. Die Ermittelung eines solchen Potentials F ist aber gleichbedeutend mit der Lösung des *äussern* Problems; so dass wir also, Alles zusammengefasst, zu folgendem Resultat gelangen:

Bezeichnet σ eine geschlossene Fläche, welche zweiten Ranges und keine zweisternige ist, und sind auf dieser Fläche irgend welche Functionswerthe f in stetiger Weise 36.
ausgebreitet; — so wird, trotz all' dieser Einschränkungen, das innere Problem mit Hülfe der Beer'schen Methode nur dann lösbar sein, wenn die Lösung des äussern bereits bewerkstelligt ist.

Es wird also durch die Beer'sche Methode nur das eine Problem auf das andere reducirt; — während die von mir 37.
gegebene Methode des arithmetischen Mittels eine wirkliche Lösung der beiden Probleme ermöglicht.

§. 7.

Die Theorie der magnetischen Induction.

Aufgabe der Theorie. — Ein magnetisirbarer Körper (der z. B. aus weichem Eisen bestehen kann) mag von Aussen her der Einwirkung unveränderlicher magnetischer Kräfte ausgesetzt sein, deren Potential F gegeben ist. Es handelt sich um den durch jene Kräfte hervorgerufenen magnetischen Zustand des Körpers, oder (was dasselbe) um die während dieses Zustandes in jedem Volumelement $d\xi d\eta d\zeta$ des Körpers vorhandenen magnetischen Momente $\mathsf{A} d\xi d\eta d\zeta$, $\mathsf{B} d\xi d\eta d\zeta$, $\Gamma d\xi d\eta d\zeta$, und gleichzeitig um die Ermittelung desjenigen Potentials Q, welches der Körper seinerseits während dieses Zustandes auf beliebige (äussere oder innere) Puncte ausübt. — Man pflegt F das *inducirende Potential*, den betrachteten Körper den *inducirten Körper*, ferner A, B, Γ die auf die Volumeinheit bezogenen *inducirten Momente*, endlich Q das *Potential des inducirten Körpers*, oder kürzer das *inducirte Potential* zu nennen.

Wären A, B, Γ für alle Volumelemente $d\xi d\eta d\zeta$ des Körpers bereits bekannt, so würde das Potential Q für jeden beliebigen (äussern oder innern) Punct x den Werth haben:

$$Q_x = \int\!\!\int\!\!\int \left(\mathsf{A} \frac{\partial T}{\partial \xi} + \mathsf{B} \frac{\partial T}{\partial \eta} + \Gamma \frac{\partial T}{\partial \zeta} \right) d\xi d\eta d\zeta, \qquad 1.$$

wo ξ, η, ζ die Coordinaten des Elementes $d\xi d\eta d\zeta$, ferner

A, B, Γ die daselbst vorhandenen Momente vorstellen, und T den reciproken Werth der Entfernung ($d\xi d\eta d\zeta \rightarrow x$) bezeichnet.

Ergebnisse der Theorie*). — Die Theorie liefert zur Bestimmung des Potentials Q für jeden beliebigen (äussern oder innern) Punct x die Formel:

2. $$Q_x = K\int T_x \frac{\partial(Q+F)}{\partial\nu}\, d\sigma,$$

wo K eine dem Körper eigenthümliche, stets *positive* Constante, die sogenannte *Magnetisirungsconstante* vorstellt**), und T_x den reciproken Werth der Entfernung ($d\sigma \rightarrow x$) bezeichnet***).

Aus (2.) folgt sofort, *dass das Potential Q angesehen*
3. *werden kann als das Potential einer gewissen fingirten Oberflächenbelegung von der Dichtigkeit* $K\frac{\partial(Q+F)}{\partial\nu}$; und hieraus folgt weiter, dass Q der Relation Genüge leistet (vgl. S. 14):

4. a $$\frac{\partial Q}{\partial \mathsf{N}} + \frac{\partial Q}{\partial\nu} = -2\varpi K\frac{\partial(Q+F)}{\partial\nu},$$

welche auch so geschrieben werden kann:

4. b $$\frac{\partial Q}{\partial \mathsf{N}} + (1+2\varpi K)\frac{\partial Q}{\partial\nu} + 2\varpi K\frac{\partial F}{\partial\nu} = 0,$$

oder auch so†):

---

*) Diese Theorie wurde bekanntlich 1824 von *Poisson*, und hiervon unabhängig, jedoch in ziemlich übereinstimmender Weise im Jahre 1828 von *Green* entwickelt. [Vgl. die *Mém. de l'Acad. des sciences, tomes* V *et* VI, und andrerseits die *Mathem. papers of Green*, London 1871.] Ich werde die Resultate dieser Theorie hier nur *historisch* angeben, und zwar in derjenigen Form, in welcher sie von meinem Vater in seinen Vorlesungen an der Königsberger Universität entwickelt worden sind. Dass in der That die Resultate, wie ich sie hier darlegen werde, von denen, welche bei *Poisson* selber sich vorfinden, nur der *Form* nach verschieden sind, soll im letzten § des gegenwärtigen Capitels näher dargelegt werden.

**) Wohl verstanden, die Constante K ist *positiv* für die sogenannten *magnetischen* Körper, auf welche wir uns hier beschränken. Hingegen ist sie bekanntlich *negativ* für *diamagnetische* Körper.

***) Selbstverständlich ist die Integration in (2.) ausgedehnt zu denken über die *Oberfläche* σ des Körpers. Denn wir werden σ, ν, N, und ebenso auch die Buchstaben $\mathfrak{A}$, $\mathfrak{J}$ und a, s, i genau in derselben Bedeutung anwenden, wie früher, vgl. die letzte Note Seite 226.

†) Beim Uebergang von (4. b) zu (4. c) ist zu beachten, dass F

$$\frac{\partial(Q+F)}{\partial \mathsf{N}} + (1 + 2\varpi K)\frac{\partial(Q+F)}{\partial \nu} = 0 . \qquad 4.c$$

Andererseits liefert die Theorie für die an irgend einer Stelle ξ, η, ζ inducirten Momente A, B, Γ die Formeln:

$$\mathsf{A} = -K\frac{\partial(Q+F)}{\partial \xi},$$
$$\mathsf{B} = -K\frac{\partial(Q+F)}{\partial \eta}, \qquad 5.$$
$$\Gamma = -K\frac{\partial(Q+F)}{\partial \zeta},$$

welche zur Bestimmung von A, B, Γ verhelfen, sobald Q bereits ermittelt ist. Schliesslich sei bemerkt, dass die Formel (2.) mit Rücksicht auf (4.c) auch so geschrieben werden kann:

$$Q_x = -\frac{K}{1+2\varpi K}\int T_x \frac{\partial(Q+F)}{\partial \mathsf{N}}\, d\sigma . \qquad 6.$$

§ 8.

Weitere Bemerkungen über die Theorie der magnetischen Induction.

Vor allen Dingen fragt sich's, in wie weit jene fingirte Oberflächenbelegung (3.), als deren Potential Q angesehen werden darf, durch die aufgeführten Formeln eindeutig bestimmt ist. In dieser Beziehung gelten folgende Sätze.

Erster Satz. — *Das Potential Q einer auf σ ausgebreiteten einfachen Belegung ist durch eine der drei Relationen* 7.
(4. a, b, c) *eindeutig bestimmt.*

Der Beweis wird, weil jene Relationen untereinander äquivalent sind, offenbar nur für *eine* derselben, z. B. für (4. c) zu führen sein. — Nehmen wir an, es existirten *zwei* einfache Oberflächenbelegungen resp. mit den Potentialen Q und $Q + q$, die *beide* der Relation (4. c) Genüge leisteten, so würden wir die Formeln haben:

---

das Potential gegebener *äusserer* Massen vorstellt, mithin in allen Puncten der Oberfläche σ der Gleichung entspricht:

$$\frac{\partial F}{\partial \mathsf{N}} + \frac{\partial F}{\partial \nu} = 0 .$$

$$\frac{\partial(Q+F)}{\partial \mathsf{N}} + (1+2\varpi K)\frac{\partial(Q+F)}{\partial \nu} = 0,$$

$$\frac{\partial(Q+q+F)}{\partial \mathsf{N}} + (1+2\varpi K)\frac{\partial(Q+q+F)}{\partial \nu} = 0,$$

mithin auch folgende Formel:

8. $$\frac{\partial q}{\partial \mathsf{N}} + (1+2\varpi K)\frac{\partial q}{\partial \nu} = 0.$$

Auch würde dieses q seinerseits, ebenso wie Q und $Q+q$, das Potential einer gewissen einfachen Oberflächenbelegung sein, mithin den Green'schen Formeln [(42. β) Seite 21 und (41. β) Seite 19] entsprechen:

9. $$\int q\frac{\partial q}{\partial \mathsf{N}}\,d\sigma + \int_{\mathfrak{A}}(\mathsf{E}q)\,d\tau = 0,$$

$$\int q\frac{\partial q}{\partial \nu}\,d\sigma + \int_{\mathfrak{J}}(\mathsf{E}q)\,d\tau = 0.$$

Hieraus aber würde durch Multiplication mit 1 und $(1+2\varpi K)$, und Addition, und mit Rücksicht auf (8.) folgen:

10. $$\int_{\mathfrak{A}}(\mathsf{E}q)\,d\tau + (1+2\varpi K)\int_{\mathfrak{J}}(\mathsf{E}q)\,d\tau = 0;$$

und hieraus endlich würde, weil K stets *positiv* ist, folgen: $(\mathsf{E}q) = 0$, d. i.

11. $$q = \text{Const., für alle Puncte } a \text{ und } i,$$

also weil q (als Potential einer Oberflächenbelegung) für unendlich ferne Puncte nothwendig $= 0$ ist:

12. $$q = 0, \text{ für alle Puncte } a \text{ und } i.$$

W. z. b. w.

Zweiter Satz. — *Soll eine Function Q für alle Puncte i der Bedingung* (2.):

13. $$Q_i = K\int T_i\frac{\partial(Q+F)}{\partial \nu}\,d\sigma$$

Genüge leisten, so wird dieselbe hierdurch eindeutig bestimmt sein.

Beweis. — Existirten *zwei* dieser Bedingung entsprechende Functionen Q und $Q+u$, so würde sich ergeben:

$$u_i = K\int T_i\frac{\partial u}{\partial \nu}\,d\sigma,$$

mithin u_i anzusehen sein als das Potential einer gewissen Oberflächenbelegung auf *innere* Puncte. Bezeichnet man nun das Potential dieser Oberflächenbelegung auf *äussere* Puncte mit u_a, so folgt nach bekanntem Satz (Seite 14.):

$$\frac{\partial u}{\partial \mathrm{N}} + \frac{\partial u}{\partial \nu} = -2\varpi K \frac{\partial u}{\partial \nu},$$

d. i.

$$\frac{\partial u}{\partial \mathrm{N}} + (1 + 2\varpi K)\frac{\partial u}{\partial \nu} = 0.$$

Hieraus aber ergiebt sich genau wie früher [vgl. (8.)]:

$$u = 0 \text{ für alle Puncte } a \text{ und } i.$$

W. z. b. w.

Dritter Satz. — *Soll eine Function Q für alle Puncte a der Bedingung* (6.):

$$Q_a = -\frac{K}{1 + 2\varpi K}\int T_a \frac{\partial(Q + F)}{\partial \mathrm{N}}\, d\sigma$$ 14.

Genüge leisten, so wird dieselbe hierdurch eindeutig bestimmt sein.

Beweis. — Existirten *zwei* dieser Bedingung entsprechende Functionen Q und $Q + v$, so würde sich ergeben:

$$v_a = -\frac{K}{1 + 2\varpi K}\int T_a \frac{\partial v}{\partial \mathrm{N}}\, d\sigma,$$

mithin v_a anzusehen sein als das Potential einer gewissen Oberflächenbelegung auf *äussere* Puncte. Bezeichnet man nun das Potential dieser Belegung auf *innere* Puncte mit v_i, so erhält man nach bekanntem Satz (Seite 14.):

$$\frac{\partial v}{\partial \mathrm{N}} + \frac{\partial v}{\partial \nu} = \frac{2\varpi K}{1 + 2\varpi K}\frac{\partial v}{\partial \mathrm{N}},$$

d. i.

$$\frac{\partial v}{\partial \mathrm{N}} + (1 + 2\varpi K)\frac{\partial v}{\partial \nu} = 0.$$

Hieraus aber folgt wie früher [vgl. (8.)]

$$v = 0 \text{ für alle Puncte } a \text{ und } i.$$

W. z. b. w.

Um die Hauptsache zusammenzufassen: *Wirken auf einen magnetisirbaren Körper* (der z. B. aus weichem Eisen bestehen kann) *von Aussen her unveränderliche magnetische Kräfte ein, deren Potential F gegeben ist, so kann das sogenannte* i n d u c i r t e P o t e n t i a l *Q stets angesehen werden als das Potential einer gewissen* f i n g i r t e n *einfachen Belegung der Oberfläche des Körpers, deren Dichtigkeit den Werth hat:* 15.

$$K \frac{\partial(Q+F)}{\partial \nu};$$

so dass also für sämmtliche Puncte i und a die Formeln gelten:

$$Q_i = K \int T_i \frac{\partial(Q+F)}{\partial \nu} d\sigma,$$

$$Q_a = K \int T_a \frac{\partial(Q+F)}{\partial \nu} d\sigma.$$

Von diesen beiden Formeln ist bereits die erstere ausreichend, um das Potential Q und die Dichtigkeit $K \frac{\partial(Q+F)}{\partial \nu}$ *eindeutig zu bestimmen.*

§ 9.

Behandlung des Problems der magnetischen Induction nach einer gewissen approximativen Methode.*)

Ist das *inducirende Potential F* gegeben, so besteht das Problem der magnetischen Induction in der Herstellung einer Formel von folgender Gestalt:

16. $$Q_i = K \int T_i \frac{\partial(Q+F)}{\partial \nu} d\sigma.$$

Denn gelingt es, eine derartige Formel zu finden, so wird, nach (15.), Q das *inducirte Potential* sein. Aus diesem ergeben sich dann aber, nach (5.), sofort auch die *inducirten Momente* α, β, γ.

Um nun eine Formel von der verlangten Gestalt wirklich herzustellen, bilde man, von F ausgehend, die aufeinanderfolgenden Functionen:

---

*) Ich habe die Resultate, zu denen *Beer* bei Behandlung dieses Problems gelangt ist, bereits in der Einleitung zum gegenwärtigen Capitel (Seite 224) mitgetheilt. Ausführlicheres hierüber findet sich in seinem posthumen Werk: „*Einleitung in die Elektrostatik, die Lehre vom Magnetismus und die Elektrodynamik*", Braunschweig 1865, Seite 155—169. — — Ich möchte hier nur bemerken, dass diese *Beer*'sche Behandlung des Problems mit derjenigen, welche ich im gegenwärtigen § geben werde, sowohl der Methode als den Resultaten nach *nicht* unmittelbar identisch ist. Um Genaueres hierüber zu sagen, würde ein sorgfältiges Studium des eben genannten Werkes nothwendig gewesen sein, wozu ich leider bis jetzt nicht die erforderliche Zeit gefunden habe.

$$F_i' = \frac{1}{2\varpi} \int F(d\sigma)_i\,,$$
$$F_i'' = \frac{1}{2\varpi} \int F'(d\sigma)_i\,, \qquad 17.$$

etc. etc.

wo (rechter Hand) unter den F, F', F'', ... die Werthe auf der *innern* Seite von σ zu verstehen sind.

Alsdann finden die Relationen statt:

$$2\varpi(F_i' - F_i) = \int T_i \frac{\partial F}{\partial \nu}\, d\sigma\,,$$
$$2\varpi(F_i'' - F_i') = \int T_i \frac{\partial F'}{\partial \nu}\, d\sigma\,,\ \text{[vgl. (4.) S. 227]}, \qquad 18.$$
$$2\varpi(F_i''' - F_i'') = \int T_i \frac{\partial F''}{\partial \nu}\, d\sigma\,,$$

. . . .

Bezeichnet nun $\varkappa$ eine noch disponible Constante, und setzt man:

$$\Phi = F + \varkappa F' + \varkappa^2 F'' + \varkappa^3 F''' + \cdots \text{ in inf.}, \qquad 19.$$

so entsteht aus (18.) durch Multiplication mit $\varkappa$, $\varkappa^2$, $\varkappa^3$, ... und Addition die Formel:

$$2\varpi\,((\Phi_i - F_i) - \varkappa\Phi_i) = \varkappa \int T_i \frac{\partial \Phi}{\partial \nu}\, d\sigma\,. \qquad 20.$$

Diese hat mit der herzustellenden Formel (16.) bereits eine gewisse Aehnlichkeit; und diese Aehnlichkeit wird vergrössert, wenn man statt Φ eine neue Function Ψ einführt vermittelst der Substitution:

$$\varkappa'\Phi = \Psi + F, \qquad 21.$$

wo $\varkappa'$ eine neue disponible Constante sein soll; denn hierdurch geht die Formel (20.) über in:

$$2\varpi(1-\varkappa)\Psi_i + 2\varpi(1-\varkappa-\varkappa')F_i = \varkappa \int T_i \frac{\partial(\Psi+F)}{\partial \nu}\, d\sigma\,. \qquad 22.$$

Jene Aehnlichkeit mit (16.) wird nun offenbar noch weiter vergrössert, wenn man die Constanten $\varkappa$, $\varkappa'$ den Bedingungen unterwirft:

$$\frac{2\varpi(1-\varkappa)}{\varkappa} = \frac{1}{K}\,, \qquad 23.$$
$$1 - \varkappa - \varkappa' = 0,$$

mithin setzt:

$$\varkappa = \frac{2\varpi K}{1+2\varpi K},$$

24. $$\varkappa' = \frac{1}{1+2\varpi K};$$

denn alsdann geht die Formel (22.) über in:

25. $$\Psi_i = K\int T_i \frac{\partial(\Psi+F)}{\partial\nu}\, d\sigma\,.$$

In der That ist die gewünschte Uebereinstimmung mit (16.) gegenwärtig eine vollständige; und man erkennt also, dass das gesuchte Potential Q_i mit Ψ_i *identisch* ist:

26. $$Q_i = \Psi_i\,.$$

Hieraus folgt mit Rücksicht auf (21.), (23.):

27. $$Q_i = \varkappa'\,\Phi_i - F_i\,,$$

28. $$= (1-\varkappa)\,\Phi_i - F_i\,,$$

mithin:

$$\frac{\partial(Q+F)}{\partial\nu} = (1-\varkappa)\,\frac{\partial\Phi}{\partial\nu}\,,$$

oder, falls man mit der Constanten $K = \frac{\varkappa}{2\varpi(1-\varkappa)}$ (23.) multiplicirt:

29. $$K\,\frac{\partial(Q+F)}{\partial\nu} = \frac{\varkappa}{2\varpi}\,\frac{\partial\Phi}{\partial\nu}\,.$$

Substituirt man endlich in (28.), (29.) für Φ seine eigentliche Bedeutung (19.), so folgt:

30. $$Q_i = (1-\varkappa)(F_i + \varkappa F_i' + \varkappa^2 F_i'' + \cdots) - F_i\,,$$

31. $$K\,\frac{\partial(Q+F)}{\partial\nu} = \frac{\varkappa}{2\varpi}\,\frac{\partial(F+\varkappa F'+\varkappa^2 F''+\cdots)}{\partial\nu}\,.$$

Hiermit ist die gestellte Aufgabe gelöst. Denn die Formel (30.) *liefert den Werth des inducirten Potentials Q für*
32. *alle Puncte i, während gleichzeitig die Formel* (31.) *die Dichtigkeit $K\,\frac{\partial(Q+F)}{\partial\nu}$ derjenigen fingirten Oberflächenbelegung liefert, als deren Potential Q angesehen werden darf. Dabei bezeichnet $\varkappa$ eine gewisse Constante, welche zu der Magnetisirungsconstante K in der Beziehung* (23.), (24.) *steht.*

Beachtet man, dass K, wie schon bemerkt wurde (2.), stets *positiv* ist, so ergiebt sich aus der ebengenannten Beziehung,
33. dass $\varkappa$ ein *positiver ächter Bruch* ist.

Ist die Fläche σ vom *zweiten Range* und *keine zweisternige*, so kann gegen die durch die Formeln (30.), (31.) gegebene Lösung des Problems kein Bedenken erhoben werden. Denn alsdann ist nach einer frühern Untersuchung:

$$\text{abs}\,(F_i^{(n)} - C) \leqq \left(\frac{1+\lambda}{2}\right)^n (G - K), \quad \text{[vgl. (32.), Seite 232]}, \tag{34.}$$

wo C, G, K gewisse der Function F zugehörige *Constanten* vorstellen, und λ die *Configurationsconstante* der Fläche σ ist. Hieraus folgt sofort, dass die Reihe

$$(F_i - C) + (F_i' - C) + (F_i'' - C) + \cdots\cdots \tag{35.}$$

convergent ist; und dass mithin Gleiches auch gilt von der im Vorhergehenden benutzten Reihe

$$F_i + \varkappa F_i' + \varkappa^2 F_i'' + \varkappa^3 F_i''' + \cdots\cdot; \tag{36.}$$

denn es ist ja $\varkappa$ ein *positiver ächter Bruch* (33.).

Von selber tritt die Frage an uns heran, ob die Convergenz der Reihe (36.), mithin die Gültigkeit der gefundenen Lösung (30.), (31.) nicht vielleicht auch dann noch Bestand habe, wenn die Fläche σ von einem höhern Range als dem zweiten ist.

§ 10.

Fortsetzung. Ueber das Gültigkeitsgebiet der angewendeten Methode.

Um auf die zuletzt erhobene Frage näher einzugehen, bezeichnen wir die Werthe, welche das Potential F speciell *auf* σ besitzt, mit f:

$$F_s = f_s = f, \tag{37.}$$

bilden, von f aus, die bekannten Functionen f', f'', . . ., und erhalten alsdann, wie schon früher dargelegt wurde (Seite 232), die Relation:

$$F_{is}^{(n)} = \frac{1}{2^n}\left[f_s + \frac{n}{1} f_s' + \frac{n\,(n-1)}{1\cdot 2} f_s'' \cdots\cdots + f_s^{(n)}\right]. \tag{38.}$$

Ist nun die Fläche σ von *beliebigem* Range, etwa vom Range*) $2N$, und bezeichnet man den kleinsten und grössten Werth,

*) Dass eine *geschlossene* Fläche stets von *geradem* Range ist, folgt unmittelbar aus der Definition des Ranges, vgl. Seite 167.

welchen f auf σ besitzt, resp. mit K und G, ferner die Differenz $\frac{G-K}{2}$ mit L, und das arithmetische Mittel $\frac{G+K}{2}$ mit M, so gelten, wie im nächstfolgenden § dargelegt werden soll, die Formeln:

39. $$\begin{aligned} \text{abs}\,(f_s - M) &\leq L, \\ \text{abs}\,(f_s' - M) &\leq (2N-1)L; \\ \text{abs}\,(f_s'' - M) &\leq (2N-1)^2 L, \\ \text{abs}\,(f_s''' - M) &\leq (2N-1)^3 L, \\ &\ldots\ldots\ldots\ldots \end{aligned}$$

Subtrahirt man von (38.) die identische Gleichung:

$$M = \frac{1}{2^n}\left[M + \frac{n}{1}M + \frac{n(n-1)}{1\cdot 2}M\cdots + M\right],$$

so folgt:

40. $$F_{is}^{(n)} - M = \frac{1}{2^n}\left[(f_s - M) + \frac{n}{1}(f_s' - M) + \frac{n(n-1)}{1\cdot 2}(f_s'' - M)\cdots + (f_s^{(n)} - M)\right];$$

und hieraus mit Rücksicht auf (39.):

41. $$\text{abs}(F_{is}^{(n)} - M) \leq \frac{1}{2^n}\left[1 + \frac{n}{1}(2N-1) + \frac{n(n-1)}{1\cdot 2}(2N-1)^2\cdots + (2N-1)^n\right]L,$$

d. i.

42. $$\text{abs}\,(F_{is}^{(n)} - M) \leq \left(\frac{1 + (2N-1)}{2}\right)^n L,$$

oder einfacher:

43. $$\text{abs}\,(F_{is}^{(n)} - M) \leq LN^n.$$

Hieraus aber folgt nach bekanntem Satz [Theorem (*J.*), Seite 40], dass dieselbe Relation auch für die $F_i^{(n)}$ stattfindet; also:

44. $$\text{abs}\,(F_i^{(n)} - M) \leq LN^n.$$

Solches vorangeschickt, wenden wir uns nun endlich zu der zu untersuchenden Reihe (36.):

45. $$R = F_i + \varkappa F_i' + \varkappa^2 F_i'' + \cdots.$$

Wir können diese Reihe, weil $\varkappa$ ein *positiver ächter Bruch* ist (33.), auch so darstellen:

46. $$R - \frac{M}{1-\varkappa} = (F_i - M) + \varkappa(F_i' - M) + \varkappa^2(F_i'' - M) + \cdots;$$

hieraus aber erhalten wir mit Rücksicht auf (44.) sofort:

47. $$\text{abs}\left(R - \frac{M}{1-\varkappa}\right) \leq [1 + \varkappa N + (\varkappa N)^2 + (\varkappa N)^3 + \cdots]L.$$

Folglich ist R convergent, sobald die Relation stattfindet: $\varkappa N < 1$, — eine Relation, welche mit Rücksicht auf (24.) auch so geschrieben werden kann:

$$\frac{2\varpi K}{1+2\varpi K} < \frac{1}{N}, \tag{48.}$$

oder auch so:

$$K < \frac{1}{(N-1)2\varpi}. \tag{49.}$$

Folglich ist die im vorhergehenden § entwickelte Methode auf einen Körper von ganz *beliebiger* Gestalt anwendbar, falls nur seine Magnetisirungsconstante K eine hinreichende *Kleinheit* hat. In der That können wir das Resultat unserer Untersuchungen so aussprechen:

*Ist der gegebene Körper begrenzt von einer Fläche $(2N)^{\text{ten}}$ Ranges, so wird die im vorhergehenden § exponirte Methode stets **convergent und gültig** sein, falls nur die Magnetisirungsconstante K des Körpers zur Zahl N in der Beziehung steht:* 50.

$$K < \frac{1}{(N-1)2\varpi}.$$

*Ist mithin $N = 1$, die Fläche also vom **zweiten** Range, so wird jene Methode gültig sein für jeden **beliebigen** Werth von K.*

§ 11.

Allgemeine Betrachtungen über eine geschlossene Fläche von beliebigem Range.*)

Es sei σ eine beliebige geschlossene Fläche vom $(2N)^{\text{ten}}$ Range**) und mit positiver innerer Seite. Denken wir uns auf dieser Fläche irgend welche Werthe f ausgebreitet, die daselbst stetig sind, und setzen wir

$$W_x = \frac{1}{\varpi}\int f(d\sigma)_x, \tag{1.}$$

so wird dieses W_x den Relationen entsprechen:

---

*) Es handelt sich in diesem § hauptsächlich um den nachträglichen Beweis der Relationen (39.).

**) Vgl. die Note Seite 251.

2. $$W_{as} = \left(W_s + \frac{\vartheta_s f_s}{\varpi}\right) - f_s, \qquad W_{is} = \left(W_s + \frac{\vartheta_s f_s}{\varpi}\right) + f_s,$$ [vgl. Seite 139],

d. i. den Relationen:

3. $$W_{as} = f_s' - f_s, \qquad W_{is} = f_s' + f_s,$$

wo f_s' die Bedeutung hat:

4. $$f_s' = W_s + \frac{\vartheta_s f_s}{\varpi}.$$

Wir wollen nun, ebenso wie früher, den *kleinsten* und *grössten* Werth, welchen f auf σ besitzt, resp. mit K und G bezeichnen:

5. $$K \leq f_s \leq G,$$

und untersuchen, in wie weit man, falls K und G gegeben sind, hieraus Aufschluss zu gewinnen vermag über die Grenzen der Functionen f' und W.

Aus (1.), (4.) folgt sofort:

6. $$\varpi f_s' = f_s \vartheta_s + \int f (d\sigma)_s,$$

wo s ein beliebiger Punct auf σ ist. Denken wir uns nun die Fläche σ mit Bezug auf diesen Punct s in zwei Theile ξ, η zerlegt, der Art, dass ein in s befindlicher Beobachter von sämmtlichen Elementen $d\xi$ die *innere* d. i. *positive*, hingegen von sämmtlichen Elementen $d\eta$ die *äussere* d. i. *negative* Seite vor Augen hat*), so können wir die Formel (6.) auch so schreiben:

7. $$\varpi f_s' = f_s \vartheta_s + \int f (d\xi)_s + \int f (d\eta)_s,$$

wo alsdann offenbar die $(d\xi)_s$ durchweg *positiv*, hingegen die $(d\eta)_s$ durchweg *negativ* sind. Bezeichnen wir also die absoluten Werthe der $(d\eta)_s$ mit $((d\eta))_s$, so wird:

8. $$\varpi f_s' = f_s \vartheta_s + \int f (d\xi)_s - \int f ((d\eta))_s,$$

und folglich:

9. $$\varpi f_s' \leq f_s \vartheta_s + G \int (d\xi)_s - K \int ((d\eta))_s.$$

Tragen wir die Werthe K, f_s, G als Abscissen auf irgend

---

*) Von den Theilen ξ und η wird selbstverständlich jeder aus irgend welcher Anzahl einzelner Stücke bestehen.

welcher Axe auf, und bezeichnen wir die so entstehenden Intervalle mit A und B:

$$\underset{0}{|}\!-\!-\!-\!\underset{K}{|}\overbrace{-\!-\!-\!-\!-}^{A}\underset{f_s}{|}\overbrace{-\!-\!-}^{B}\underset{G}{|}-\!-\!-$$ 10.

so können wir die Formel (9.) auch so schreiben:

$$\varpi f_s' \leqq f_s \varepsilon_s + (f_s + B) \int (d\xi)_s - (f_s - A) \int ((d\eta))_s .$$ 11.

Nun ist aber nach bekanntem Satz:

$$\varepsilon_s + \int (d\sigma)_s = \varpi, \quad \text{[vgl. S. 134]},$$

d. i.: $\varepsilon_s + \int (d\xi)_s + \int (d\eta)_s = \varpi$,

d. i.: $\varepsilon_s + \int (d\xi)_s - \int ((d\eta))_s = \varpi$.

Somit folgt aus (11.):

$$\varpi f_s' \leqq f_s \varpi + B \int (d\xi)_s + A \int ((d\eta))_s .$$ 12.

In ganz ähnlicher Weise gelangt man, von (8.) aus, zu einer zweiten Formel, die so lautet:

$$\varpi f_s' \geqq f_s \varpi - A \int (d\xi)_s - B \int ((d\eta))_s .$$ 13.

Um die Untersuchung der in (12.), (13.) enthaltenen Integrale etwas zu erleichtern, wollen wir zunächst annehmen, der Punct s wäre nicht auf σ, sondern innerhalb $\mathfrak{A}$ oder innerhalb $\mathfrak{J}$ gelegen*). Von s lassen wir nach *entgegengesetzten* Richtungen zwei Kegel ausgehen von unendlich kleiner Oeffnung $d\varkappa$, und bezeichnen die innerhalb dieser beiden Kegel befindlichen Elemente $d\sigma$, in dem schon angegebenen Sinne, theils mit $d\xi$, theils mit $d\eta$. Ein in s befindlicher Beobachter wird alsdann die *inneren*, d. i. *positiven* Seiten der $d\xi$, hingegen die *äusseren* d. i. *negativen* Seiten der $d\eta$ vor Augen haben. Oder, was auf dasselbe hinauskommt: die von s auslaufenden Strahlen werden bei jedem $d\xi$ von $\mathfrak{J}$ nach $\mathfrak{A}$, hingegen bei jedem $d\eta$ von $\mathfrak{A}$ nach $\mathfrak{J}$ gehen. Auch stehen all' diese Elemente $d\xi$, $d\eta$ zur Oeffnung $d\varkappa$ der beiden Kegel in folgender Beziehung:

*) Es mag *ganz vorübergehend* diese Abweichung von unseren allgemeinen Festsetzungen [nach denen s stets einen Punct *auf* σ bezeichnen soll] gestattet sein. Uebrigens soll die Zerlegung $\sigma = \xi + \eta$ nach der *jedesmaligen Lage* des Punctes s sich richten, der Art, dass ein in s befindlicher Beobachter von allen Elementen $d\xi$ die *positive*, und von allen Elementen $d\eta$ die *negative* Seite vor Augen hat.

$$(d\xi)_s = d\varkappa\,,$$

14. $$(d\eta)_s = -\,d\varkappa\,, \qquad ((d\eta))_s = d\varkappa\,.$$

Es handelt sich nun zuvörderst um die Werthe der beiden Summen:

$$\Sigma\,(d\xi)_s\,,$$

15. $$\Sigma\,((d\eta))_s\,,$$

dieselben ausgedehnt gedacht über alle innerhalb der beiden Kegel enthaltenen Elemente $d\xi$, $d\eta$.

Erster Hauptfall: der Punct s liegt ausserhalb σ, d. i. innerhalb des Gebietes $\mathfrak{A}$. Alsdann ist offenbar*) die Anzahl der $d\xi$ ebensogross wie die der $d\eta$. Ihre Gesammtzahl kann aber nicht grösser als $2N$ sein**). Somit folgt***):

$$\text{Anz}\,(d\xi) = n \leq N,$$

$$\text{Anz}\,(d\eta) = n \leq N,$$

also mit Rücksicht auf (14.):

$$\Sigma(d\xi)_s \quad = n\,d\varkappa\,,$$

16. $$\Sigma((d\eta))_s = n\,d\varkappa\,,$$

wo n eine unbekannte ganze Zahl vorstellt, die jedoch der Relation $n \leq N$ entspricht.

Zweiter Hauptfall: der Punct s liegt innerhalb σ, d. i. im Gebiete $\mathfrak{J}$. Alsdann ist offenbar die Anzahl der $d\xi$ um 2 grösser, als die der $d\eta$. Ihre Gesammtzahl aber kann nicht grösser als $2N$ sein. Somit folgt:

$$\text{Anz}\,(d\xi) = n + 1\,,$$

$$\text{Anz}\,(d\eta) = n - 1\,,$$

also nach (14.):

17 $$\Sigma\,(d\xi)_s \quad = (n+1)\,d\varkappa\,,$$

$$\Sigma\,((d\eta))_s = (n-1)\,d\varkappa\,,$$

wo wiederum n eine der Relation $n \leq N$ entsprechende, sonst nicht weiter bekannte Zahl vorstellt.

Dritter Hauptfall: der Punct s liegt auf σ. Hier sind mehrere speciellere Fälle zu unterscheiden, je nach der Lage

---

*) Nämlich, weil σ eine *geschlossene* Fläche ist.

**) Nämlich, weil $2N$ der *Rang* der Fläche σ ist.

***) Unter Anz $(d\xi)$ soll verstanden werden *die Anzahl der Elemente* $d\xi$. Analoges gilt für Anz $(d\eta)$.

der betrachteten beiden Kegel, oder vielmehr je nach der Lage ihrer *ersten Anfänge*. Ich verstehe nämlich unter den *ersten Anfängen* jener Kegel diejenigen Theile derselben, welche innerhalb einer um ihren Scheitelpunct s mit unendlich kleinem Radius beschriebenen Kugelfläche liegen.

Erstens. — Die ersten Anfänge der beiden von s ausgehenden Kegel liegen der eine in $\mathfrak{A}$, der andere in $\mathfrak{J}$. Dieser Fall kann, wie man leicht übersieht, aus dem *ersten Hauptfall* abgeleitet werden durch eine geeignete Verschiebung des Punctes s, wobei, wie man ebenfalls leicht bemerkt, eines der Elemente $d\eta$ mit s zusammenfällt, folglich *verschwindet**). Man erhält daher aus (16.):

$$\Sigma(d\xi)_s = n\,d\varkappa\,,\qquad \Sigma((d\eta))_s = (n-1)\,d\varkappa\,, \tag{18.a}$$

wo $n \leqq N$ ist.

Zweitens. — Die ersten Anfänge der beiden von s auslaufenden Kegel liegen *beide* in $\mathfrak{J}$. Man kann diesen Fall wiederum aus dem *ersten Hauptfall* ableiten durch eine geeignete Verschiebung des Punctes s, wobei *zwei* Elemente $d\eta$ mit s zusammenfallen, folglich *verschwinden*. Somit erhält man aus (16.):

$$\Sigma(d\xi)_s = n\,d\varkappa\,,\qquad \Sigma((d\eta))_s = (n-2)\,d\varkappa\,, \tag{18.b}$$

wo wiederum $n \leqq N$ ist.

Drittens. — Die ersten Anfänge der beiden von s auslaufenden Kegel liegen *beide* in $\mathfrak{A}$. Dieser Fall kann durch eine geeignete Verschiebung des Punctes s aus dem *zweiten Hauptfall* abgeleitet werden, wobei *zwei* Elemente $d\xi$ mit s zusammenfallen, folglich *verschwinden*. Demgemäss ergiebt sich aus (17.):

$$\Sigma(d\xi)_s = (n-1)\,d\varkappa\,,\qquad \Sigma((d\eta))_s = (n-1)\,d\varkappa\,, \tag{18.c}$$

wo wiederum $n \leqq N$ ist.

*) Es ist nämlich $d\eta$ ein *Querschnitt* des Kegels; ein solcher Querschnitt aber wird, falls er dem Scheitelpunct s des Kegels näher und näher rückt, und zuletzt mit demselben zusammenfällt, kleiner und kleiner, und schliesslich zu *Null* werden.

Zusammenfassung. — Wollen wir die erhaltenen Resultate, nämlich die Formeln (16.), (17.) und (18. a, b, c) übersichtlich zusammenstellen, so ist es zweckmässig, den Punct s im ersten Hauptfall mit a, im zweiten mit i zu bezeichnen, wie solches unseren allgemeinen Festsetzungen entspricht. Führen wir zugleich statt der unbekannten Zahlen n überall das N ein, so erhalten wir

	aus (16.):	aus (17.):	aus (18. a, b, c):
19.	$\Sigma(d\xi)_a \leqq N d\varkappa,$	$\Sigma(d\xi)_i \leqq (N+1) d\varkappa,$	$\Sigma(d\xi)_s \leqq N d\varkappa,$
	$\Sigma((d\eta))_a \leqq N d\varkappa.$	$\Sigma((d\eta))_i \leqq (N-1) d\varkappa.$	$\Sigma((d\eta))_s \leqq (N-1) d\varkappa$

Denken wir uns nun um jeden der Puncte a, i, s eine Kugelfläche $\varkappa$ vom Radius Eins beschrieben, und integriren wir die vorstehenden Formeln über alle Elemente $d\varkappa$ der einen Hälfte von $\varkappa$, so ergiebt sich:

20.	$\int(d\xi)_a \leqq N\varpi,$	$\int(d\xi)_i \leqq (N+1)\varpi,$	$\int(d\xi)_s \leqq N\varpi,$
	$\int((d\eta))_a \leqq N\varpi.$	$\int((d\eta))_i \leqq (N-1)\varpi.$	$\int((d\eta))_s \leqq (N-1)\varpi$

In diesen Formeln (20.) erstreckten sich alsdann die durch $\int$ bezeichneten Summationen über *sämmtliche* Elemente $d\xi$ und $d\eta$ der ganzen gegebenen Fläche σ. Und zwar sind offenbar in (20.), ebenso wie in (19.), die Bezeichnungen $d\xi$, $d\eta$ in den beiden ersten Columnen in Bezug auf den Punct a, resp. i in genau derselben Weise eingerichtet zu denken, wie sie in der dritten Columne mit Bezug auf den Punct s früher festgesetzt wurden (Seite 254).

Wiederaufnahme der Formeln (12.) **und** (13.). — Jene Formeln gewinnen durch Substitution der in (20.) für die Integrale $\int(d\xi)_s$ und $\int((d\eta))_s$ erhaltenen Werthe folgende Gestalt:

$$f_s' \leqq f_s + BN + A(N-1),$$
$$f_s' \geqq f_s - AN - B(N-1).$$

Hieraus folgt, falls man für A, B ihre [aus (10.) ersichtlichen] eigentlichen Bedeutungen substituirt:

$$f_s' \leqq f_s + N(G-K) - (f_s - K),$$
$$f_s' \geqq f_s - N(G-K) + (G - f_s),$$

oder, einfacher geschrieben:

$$f_s' \leqq K + N(G - K)\,,$$
$$f_s' \geqq G - N(G - K)\,, \qquad 21.$$

oder, was dasselbe ist:

$$f_s' \leqq G + (N - 1)(G - K)\,,$$
$$f_s' \geqq K - (N - 1)(G - K). \qquad 22.$$

Nach (3.) gelten nun für W die Formeln:

$$W_{is} = f_s' + f_s\,, \qquad W_{as} = f_s' - f_s\,.$$

Hieraus folgt durch Substitution der Werthe (21.) und mit Rücksicht auf (5.):

$$W_{is} \leqq (G + K) + N(G - K)\,, \qquad W_{as} \leqq + N(G - K),$$
$$W_{is} \geqq (G + K) - N(G - K)\,, \qquad W_{as} \geqq - N(G - K), \qquad 23.$$

und hieraus folgt weiter nach bekannten Sätzen [Theorem (*J.*), Seite 40, und Theorem (*A.'*), Seite 37], dass genau dieselben Relationen auch für W_i und W_a stattfinden. Also:

$$W_i \leqq (G + K) + N(G - K)\,, \qquad W_a \leqq + N(G - K)\,,$$
$$W_i \geqq (G + K) - N(G - K)\,. \qquad W_a \geqq - N(G - K)\,. \qquad 24.$$

Resultat. — *Ist also σ eine beliebige geschlossene Fläche vom $(2N)^{\text{ten}}$ Range und mit positiver innerer Seite, und denkt man sich auf dieser Fläche irgend welche Werthe f ausgebreitet, die daselbst stetig sind, so gelten für die Functionen*

$$W_x = \frac{1}{\varpi}\int f(d\sigma)_x\,,$$
$$f_s' = W_s + \frac{\vartheta_s f_s}{\varpi} \qquad 25.$$

die in (21.), (22.), (23.), (24.) *aufgeführten Formeln, in denen unter K der kleinste, unter G der grösste jener gegebenen Werthe f zu verstehen ist.*

Bemerkung. — Wir wollen uns von f aus die bekannten aufeinanderfolgenden Functionen f', f'', f''', ... gebildet vorstellen, und annehmen, über die ursprünglich gegebenen Werthe f sei, abgesehen von ihrer Stetigkeit, nichts weiter bekannt, als dass sie der Relation

$$\text{abs}\,(f - A) \leqq B \qquad 26.$$

entsprechen, wo A, B zwei Constanten sind (von denen selbstverständlich die letztere positiv zu denken ist).

Alsdann ergeben sich für den grössten G und kleinsten K der Werthe f die Formeln:

$$G \leqq A + B,$$
$$K \geqq A - B,$$
$$G - K \leqq 2B.$$

Somit folgt aus (21.):

$$f_s' \leqq A + (2N - 1)B,$$
$$f_s' \geqq A - (2N - 1)B,$$

oder beide Formeln zusammengefasst:

27. $$\text{abs}(f' - A) \leqq (2N - 1)B.$$

Die Relation (26.) zieht also die Relation (27.) als unmittelbare Consequenz nach sich. Folglich wird die Relation (27.) ihrerseits die Formel nach sich ziehen:

28. $$\text{abs}(f'' - A) \leqq (2N - 1)^2 B,$$

u. s. w. u. s. w.

In Betreff der Constanten A, B war von uns nur vorausgesetzt, dass sie der Relation (26.) entsprechen sollten. Solches ist z. B. der Fall, wenn wir $A = \frac{G+K}{2}$ und $B = \frac{G-K}{2}$ setzen. Substituiren wir diese Werthe in (26.), (27.), (28.) u. s. w., so folgt:

29. $$\begin{aligned} &\text{abs}\left(f - \frac{G+K}{2}\right) \leqq \frac{G-K}{2}, \\ &\text{abs}\left(f' - \frac{G+K}{2}\right) \leqq (2N-1)\frac{G-K}{2}, \\ &\text{abs}\left(f'' - \frac{G+K}{2}\right) < (2N-1)^2\frac{G-K}{2}, \\ &\text{abs}\left(f''' - \frac{G+K}{2}\right) \leqq (2N-1)^3\frac{G-K}{2}, \\ &\quad \cdots\cdots\cdots\cdots \end{aligned}$$

Dies aber sind die zu beweisenden Relationen des vorhergehenden §, vgl. (39.) Seite 252.

§ 12.

Anhang. — Vergleichung der im Vorhergehenden bei Behandlung der magnetischen Induction angewendeten Formeln mit den Formeln von Poisson.

In der Poisson'schen Abhandlung vom Jahre 1824, nämlich in *Tome* V der *Mém. de l'Acad. des sciences* findet man auf Seite 294 die Formel:

$$Q = \int\int\int \left(\frac{\partial \frac{1}{\varrho}}{\partial \xi} (k\alpha) + \frac{\partial \frac{1}{\varrho}}{\partial \eta} (k\beta) + \frac{\partial \frac{1}{\varrho}}{\partial \zeta} (k\gamma) \right) d\xi d\eta d\zeta, \qquad \text{A.}$$

die Integration ausgedehnt über alle Volumelemente $d\xi d\eta d\zeta$ des inducirten Körpers. Ferner findet man daselbst auf Seite 302 und 303 folgende Formeln:

$$\alpha = \frac{\partial \varphi}{\partial \xi}, \qquad V + Q + \frac{4\pi(1-k)}{3}\varphi = 0,$$

$$\beta = \frac{\partial \varphi}{\partial \eta}, \qquad Q = -k \int \frac{\partial \varphi}{\partial \nu} \frac{d\sigma}{\varrho},$$

$$\gamma = \frac{\partial \varphi}{\partial \zeta},$$

wo ξ, η, ζ einen beliebigen Punct im Innern des inducirten Körpers, ferner $d\sigma$ ein Element seiner Oberfläche, und ν die auf $d\sigma$ errichtete *innere* Normale vorstellt*). Aus diesen fünf letzten Formeln folgt durch Elimination von φ sofort:

$$Q = + \frac{3k}{4\pi(1-k)} \int \frac{\partial(Q+V)}{\partial \nu} \frac{d\sigma}{\varrho}, \qquad \text{B.}$$

und ferner:

$$k\alpha = -\frac{3k}{4\pi(1-k)} \frac{\partial(Q+V)}{\partial \xi},$$

$$k\beta = -\frac{3k}{4\pi(1-k)} \frac{\partial(Q+V)}{\partial \eta}, \qquad \text{C.}$$

$$k\gamma = -\frac{3k}{4\pi(1-k)} \frac{\partial(Q+V)}{\partial \zeta}.$$

Bezeichnet man nun aber in diesen *Poisson*'schen Formeln (*A.*), (*B.*), (*C.*) die Grössen

*) Die Richtungscosinus dieser *innern* Normale bezeichnet Poisson mit $-\cos l'$, $-\cos m'$, $-\cos n'$; denn es sind daselbst unter l', m', n' die Richtungswinkel der *äussern* Normale zu verstehen; vgl. Seite 296 und auch 494. — Ferner ist daselbst das Oberflächenelement $d\sigma$ von Poisson mit $d\omega'$ bezeichnet.

D. $$V, \quad k\alpha, \quad k\beta, \quad k\gamma \quad \text{und} \quad \frac{3k}{4\pi(1-k)}$$

respective mit

E. $$F, \quad \mathsf{A}, \quad \mathsf{B}, \quad \Gamma \quad \text{und} \quad K,$$

so erhält man vollständig genau diejenigen Formeln (1.), (2.), (5.), von welchen wir bei *unseren* Betrachtungen (auf S. 243) ausgegangen sind. *Die von uns angewandte Constante K steht also zur ursprünglichen Poisson'schen Constante k in der Beziehung:*

F. $$K = \frac{3k}{4\pi(1-k)}.$$

Die bei unserer approximativen Methode eingeführte Constante $\varkappa$ (Seite 250) lautete:

G. $$\varkappa = \frac{4\pi K}{1 + 4\pi K},$$

und steht als zur *Poisson*'schen Constante k in der Beziehung*):

H. $$\varkappa = \frac{3k}{1 + 2k}.$$

---

*) Dies ist die schon früher (Note auf Seite 224) erwähnte Relation.

Siebentes Capitel.

Weitere Entwicklung der Theorie der Doppelbelegungen.

Bezeichnet σ eine Curve oder Fläche mit festgesetzter positiver Seite, und denkt man sich auf σ eine Doppelbelegung vom Momente μ ausgebreitet, so wird bekanntlich das Potential dieser Doppelbelegung auf irgend einem Punct x durch folgende Formel dargestellt sein:

$$W_x = \int \frac{\mu \cdot \cos \vartheta \cdot d\sigma}{E^h} = \int \mu (d\sigma)_x \qquad \text{[vgl. S. 122].}$$

Hier bezeichnet $(d\sigma)_x$ die mit ε multiplicirte *scheinbare Grösse* des Elementes $d\sigma$ für einen in x befindlichen Beobachter; wobei $\varepsilon = + 1$ oder $= - 1$ ist, jenachdem jener Beobachter die positive oder negative Seite des Elementes vor Augen hat*).

Wir können die Theorie dieses Potentials (1.), jenachdem σ *geschlossen* oder *ungeschlossen* ist, in zwei Theile zerlegen, und wollen, nachdem wir den *ersten* Theil in den vorhergehenden Capiteln, namentlich im vierten, sorgfältig behandelt haben, gegenwärtig zum *zweiten* Theile uns hinwenden; wobei der Fall der Ebene von dem des Raumes zu unterscheiden ist.

Betrachtung in der Ebene. — Will man, wenn σ irgend eine *ungeschlossene Curve* bezeichnet, über die Gesammtheit der Potentialwerthe (1.) eine anschauliche Vorstellung gewinnen, so hat man vor allen Dingen *zweierlei* Werthsysteme 2.
zu unterscheiden, das der W_s und das der W_t, indem man sämmtliche Puncte der ganzen unendlichen Ebene, jenachdem sie *auf* oder *ausserhalb* σ liegen, mit s oder t bezeichnet. In der That wird sich durch die Untersuchungen des gegenwärtigen Capitels ergeben, dass diese beiden Systeme so gut wie *ohne Zusammenhang* sind, indem sie fast überall in *un-*

*) Ausserdem ist $h = 1$ in der *Ebene*, hingegen $= 2$ im *Raume*.

stetiger Weise zusammenstossen, während jedes der beiden Systeme, für sich allein betrachtet, aus *stetig* zusammenhängenden Werthen besteht*).

Zu dem System der W_s gehören selbstverständlich auch die in den beiden *Endpuncten* g, h der Curve vorhandenen
3. Werthe W_g, W_h, ebenso auch die Werthe W_{sg} und W_{sh}, d. i. diejenigen Werthe, welche W_s annimmt, sobald der variable Punct s dem Puncte g oder h sich ins Unendliche nähert, — eine Bemerkung, welche hauptsächlich dienen soll, um gleich zu Anfang über die in diesem Capitel angewendeten *Bezeichnungen* zu orientiren.

Um von dem unstetigen Zusammenstoss der beiden Systeme W_s und W_t eine deutliche Vorstellung zu erhalten, werden
4. wir namentlich die *Grenzwerthe* der W_t, d. i. diejenigen Werthe in Betracht zu ziehen haben, welche W_t annimmt, sobald der variable Punct t der Curve σ unendlich nahe rückt. Diese Grenzwerthe zerfallen in verschiedene Kategorien. Wir können nämlich erstens den Punct t einem der beiden *Endpuncte* g, h der Curve sich nähern lassen; die in solcher Weise entstehenden Grenzwerthe seien bezeichnet mit W_{tg} resp. mit W_{th}. Und andrerseits können wir den Punct t irgend einem *intermediären* Punct s (d. i. einem Puncte s, der von den Endpuncten durch irgend welche, wenn auch noch so kleine, Entfernungen getrennt ist) sich nähern lassen; die in solcher Weise entstehenden Grenzwerthe mögen bezeichnet sein mit W_{ts}.

Wir werden zeigen, dass, entsprechend den unendlich vielen Richtungen, in welchen die Annäherung von t an g erfolgen kann, *unendlich viele* Grenzwerthe W_{tg} sich ergeben, die aber sämmtlich der Formel unterworfen sind:

5. $$W_{tg} = A + B\Delta,$$

wo A, B Constanten sind, während Δ das *Azimuth der Annäherung*, d. i. denjenigen Winkel bezeichnet, unter welchem die unendlich kleine Linie gt im Puncte g gegen die positive Seite der Curve σ geneigt ist. Eine ähnliche Formel wird natürlich für W_{th} gelten:

---

*) Eine Ausnahme ist dabei allerdings zu notiren. Denn das System der W_s ist *unstetig*, wenn die Curve σ mit *Ecken* behaftet ist.

$$W_{th} = A' + B'\Delta', \qquad 6.$$

wo A', B' und Δ' analoge Bedeutungen haben.

Was andrerseits die den *intermediären* Puncten s entsprechenden W_{ts} betrifft, so wird sich ergeben, dass dieselben an einer gegebenen Stelle s im Ganzen nur *zwei* Werthe haben, von welchen der eine oder andere zur Geltung kommt, jenachdem die in Rede stehende Annäherung von der *negativen* oder *positiven* Seite (der Curve) erfolgt. Wir werden diese beiden Werthe mit

$$W_{(-)ts} \quad \text{und} \quad W_{(+)ts} \qquad 7.$$

oder einfacher mit

$$W_{as} \quad \text{und} \quad W_{is} \qquad 8.$$

bezeichnen, indem wir den variablen Punct t, jenachdem er von der *negativen* oder *positiven* Seite (der Curve) sich nähert, respective mit a oder i benennen.

Betrachtung im Raume. — Es sei σ irgend eine *ungeschlossene Fläche*, und sämmtliche Puncte des ganzen unendlichen Raumes mögen, jenachdem sie *auf* oder *ausserhalb* σ liegen, mit s oder t bezeichnet sein. Ferner mögen diejenigen *speciellen* Puncte s, welche am *Rande* von σ liegen, mit g, und diejenigen *speciellen* Puncte g, welche in den *Ecken* des Randes liegen, mit γ benannt werden. Alsdann sind, was das Potential (1.) betrifft, *zweierlei* Werthsysteme, 9.
das der W_s und das der W_t, und, was das letztere betrifft, *dreierlei* Grenzwerthe, nämlich die $W_{t\gamma}$, die W_{tg} und die W_{ts} zu unterscheiden. U. s. w.

Doch wollen wir uns auf diese Untersuchungen, welche im Ganzen in ähnlicher Weise, wie die in der *Ebene* verlaufen würden, vorläufig nicht näher einlassen.

§ 1.

Das Potential einer Doppelbelegung vom Momente Eins, dieselbe ausgebreitet gedacht auf einer begrenzten geraden Linie.

Nimmt man für σ eine *begrenzte gerade Linie* gh mit festgesetzter positiver Seite*), und macht man überdies $\mu = 1$,

*) In der nachfolgenden Figur (Seite 267) ist die *positive* Seite der Linie gh schraffirt.

so gewinnt das zu untersuchende Potential (1.) die einfachere Gestalt:

10. $$w_x = \int_g^h (d\sigma)_x,$$

die Integration ausgedehnt über alle Elemente $d\sigma$ der geraden Linie. Unterscheidet man nun [vgl. (2.)] die w_s und w_t, so sind

Die Werthe w_s sammt und sonders *Null*, gleichviel ob
11. der Punct s eine intermediäre Lage hat, oder mit einem der
beiden Endpuncte zusammenfällt*). — Was andrerseits

Die Werthe w_t betrifft, so denke man sich für jeden Punct t den Winkel (gth) construirt. Alsdann ist $w_t = +(gth)$ oder $= -(gth)$, jenachdem t auf der positiven oder negativen Seite der Linie gh liegt. Hieraus erkennt man sofort, dass das Potential w_t *constant* ist längs eines von g nach h
laufenden Kreisbogens, und dass dasselbe also im Puncte g,
12. und ebenso auch im Puncte h *unendlich viele* Werthe besitzt,
entsprechend den unendlich vielen Kreisbogen, welche man von g nach h legen kann.

Denkt man sich die Werthe $w_t = \pm (gth)$ in geometrischer Weise durch Perpendikel auf der betrachteten Horizontalebene dargestellt, und vergegenwärtigt man sich insbesondere diejenigen Perpendikel, deren Fusspuncte t einen von g nach h laufenden *Kreisbogen* bilden, so bemerkt man, dass ihre Endpuncte einen *congruenten Kreisbogen* liefern.
Hieraus folgt, dass die von den Endpuncten *sämmtlicher*
13 Perpendikel gebildete Fläche $\mathfrak{F}$ *aus lauter Kreisbogen zu-*
sammengesetzt ist, die in verschiedenen Höhen theils über, theils unter der Horizontalebene liegen, und deren Endpuncte sämmtlich in den durch g und h gehenden Verticallinien gelegen sind. Auch bemerkt man, dass die Fläche $\mathfrak{F}$
in der Nähe der durch g gehenden Verticalen die Gestalt
14. einer *Schraubenfläche* hat, deren Axe mit dieser Verticalen
zusammenfällt**), und dass Analoges gilt in Bezug auf die durch h gehende Verticale.

---

*) Solches ergiebt sich unmittelbar aus der Definition der $(d\sigma)_x$ resp. $(d\sigma)_s$; vgl. das bei (1.) Bemerkte.

**) Man bemerkt, dass diese Schraubenfläche nur *einen* Gang hat, ferner, dass ihre eine Hälfte *über*, die andere *unter* der gegebenen Horizontalebene liegt.

Was endlich die sogenannten *Grenzgestalten* der w_t betrifft, so bemerkt man, dass dieselben $= \varpi$ auf der positiven, $= -\varpi$ auf der negativen Seite der Linie, ausserdem aber *unendlich vieldeutig* in jedem der beiden Endpuncte sind. 15.
So kann z. B. w_{tg}, je nach der Richtung, in welcher man t dem Puncte g sich nähern lässt, alle möglichen Werthe zwischen $-\varpi$ und $+\varpi$ annehmen, wie solches in anschaulicher Weise illustrirt wird durch die schon erwähnte Schraubenfläche (14.).

Zusammenfassung. — Die beiden Systeme der w_s und w_t, von denen jedes für sich allein betrachtet *stetig* ist, stossen offenbar in *unstetiger* Weise zusammen. Und zwar entsteht 16.
durch ihren Zusammenstoss längs der Linie gh eine doppelte Zerklüftung. Denn in jedem Puncte s dieser Linie ist der daselbst direct vorhandene Werth w_s gleich *Null*, während die von beiden Seiten her eintreffenden Grenzwerthe w_{ts} respective ϖ und $-\varpi$ sind.

Bemerkung. — Um über die Werthe des Potentials w (10.) in der Nähe von g eine noch deutlichere Vorstellung zu gewinnen, bezeichne man die Innenwinkel des Dreiecks ght mit Δ, β, φ, so dass also

$$\Delta + \beta + \varphi = \varpi \tag{17.}$$

ist. Zugleich beschreibe man um g einen Kreis $\varkappa$ mit einem Radius, der *kleiner* als gh ist, und bezeichne die *scheinbare Grösse* dieses Kreises für einen in h befindlichen Beobachter 18.
mit $2\mathsf{B}$. Gestattet man nun dem variablen Puncte t innerhalb des Kreises $\varkappa$ jede beliebige die Linie gh *nicht* überschreitende Bewegung, so wird die Formel (17.) von Augenblick zu Augenblick in Gültigkeit bleiben, sobald man festsetzt, dass die Variablen Δ, β, φ während jener Bewegung sich Schritt für Schritt in *stetiger* Weise ändern sollen, und ferner festsetzt, *dass β und φ jedesmal, wenn sie durch*

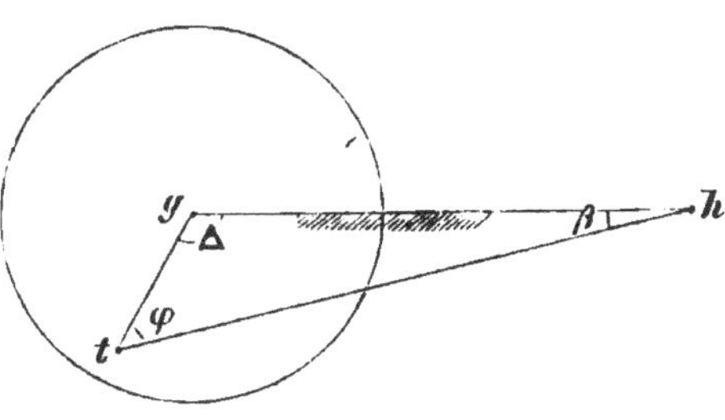

Null gehen, ihr Zeichen wechseln sollen. Alsdann aber wird Δ zwischen 0 und 2ϖ, ferner β zwischen $-$ B und $+$ B variiren, endlich φ identisch sein mit w_t; so dass man die Formel (17.) auch so schreiben kann:

$$\Delta + \beta + w_t = \varpi;$$

19. d. i. $$w_t - (\varpi - \Delta) = -\beta;$$

hieraus folgt mit Rückblick auf (18.):

20. $$\text{abs}\,[w_t - (\varpi - \Delta)] \leq \text{B}.$$

Durch Verkleinerung von $\varkappa$ kann man offenbar B beliebig nahe an Null herandrücken. Somit folgt aus (20.), *dass man durch Verkleinerung von $\varkappa$ den absoluten Betrag der Differenz*

21 $$w_t - (\varpi - \Delta)$$

für alle innerhalb $\varkappa$ befindlichen Puncte t unter einen beliebig gegebenen Kleinheitsgrad hinabdrücken kann.

Der hier eingeführte zwischen 0 und 2ϖ variirende Winkel Δ mag das *Azimuth* des Punctes t in Bezug auf g, gh genannt werden*).

§ 2.

Betrachtung einer ungeschlossenen Curve von stetiger Biegung.

Nimmt man für σ eine *ungeschlossene Curve von stetiger*
22. *Biegung* mit den Endpuncten g, h und mit festgesetzter positiver Seite, und setzt man ausserdem $\mu = 1$, so lautet das zu untersuchende Potential (1.) folgendermassen:

23. $$w_x = \int_g^h (d\sigma)_x,$$

die Integration ausgedehnt über alle Elemente der Curve. Was zunächst

Die Werthe w_s **resp.** w_g, w_h betrifft, so ergeben sich aus beifolgender Figur die Formeln:

24. $$\begin{aligned} w_s &= (gsm) + (hsn), \\ w_g &= \quad 0 \quad + (hgk), \end{aligned}$$

wo mn und gk die Tangenten der Curve in s und g vorstellen. Auch erkennt man mit Rücksicht auf (22.), dass w_s

*) D. i. in Bezug auf den Pol g und die Axe gh.

längs der ganzen Curve von g bis h in *stetiger* Weise variirt*), und dass also w_s für solche Puncte s, die unendlich nahe an

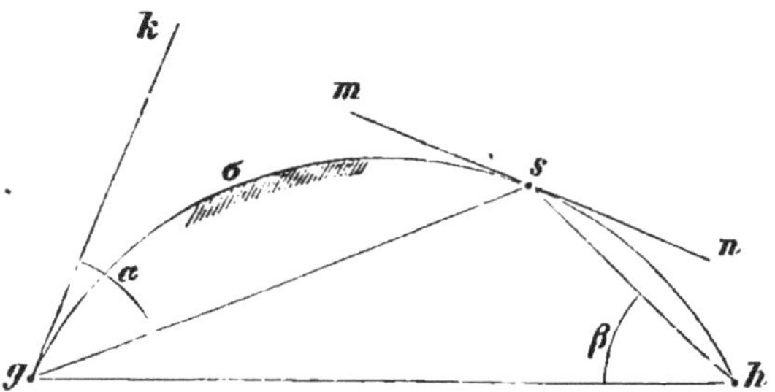

g liegen, nur unendlich wenig von w_g abweicht. Demgemäss erhält man die Formel:

$$w_{sg} = w_g \,. \tag{25.}$$

Genaueres. — Will man für die Stetigkeit der Function w_s im Puncte g einen *strengeren* Beweis haben, so bezeichne man die inneren Winkel des Dreiecks ghs resp. mit (g), (h), (s). Alsdann ist:

$$(g) + (h) + (s) = \varpi \,,$$

oder, was dasselbe [vgl. die Figur, sowie auch (24.)]:

$$(w_g - \alpha) + \beta + (\varpi - w_s) = \varpi \,,$$

oder einfacher geschrieben:

$$w_s - w_g = \beta - \alpha \,. \tag{26.}$$

Construirt man nun eine Winkelfläche**) von der Weite ε mit dem Scheitelpunct g und der Axe gk, sodann eine zweite Winkelfläche von derselben Weite mit dem Scheitelpunct h und der Axe hg, und bezeichnet man das diesen beiden Flächen gemeinsame (dreieckförmige) Gebiet***) mit $\mathfrak{A}$, so

---

*) Wäre z. B. σ ein Kreisbogen, so würde w_s *constant*, also $w_s = w_g = w_h$ sein.

**) Unter einer *Winkelfläche* verstehe ich ein gleichschenkliges Dreieck mit unendlich weit entfernter Grundlinie. Die Spitze dieses Dreiecks, den Winkel an der Spitze und die Halbirungslinie dieses Winkels bezeichne ich kurzweg als *Scheitelpunct*, *Weite* und *Axe* der Winkelfläche.

***) Dieses gemeinschaftliche Gebiet $\mathfrak{A}$ ist in der umstehenden Figur schraffirt.

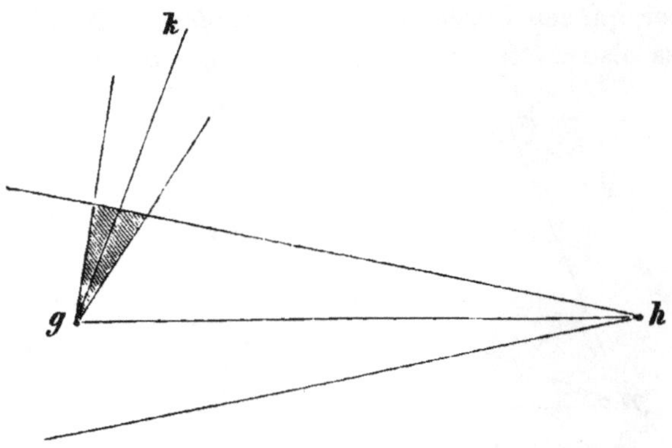

sind die Winkel α und β für alle auf $\mathfrak{A}$ gelegenen Puncte s, ihrem absoluten Betrage nach, kleiner als $\frac{1}{2}\varepsilon$. Somit ist für diese Puncte abs $(\beta - \alpha) \leqq \varepsilon$, also nach (26.):

27. $$\text{abs}\,(w_s - w_g) \leqq \varepsilon\,.$$

Folglich kann man von g aus auf der gegebenen Curve σ eine Strecke gp von solcher Kleinheit abschneiden, dass für alle auf dieser Strecke befindlichen Puncte s die Differenz

28. $$w_s - w_g$$

ihrem absoluten Betrage nach unter einem beliebig gegebenen Kleinheitsgrade liegt)*. W. z. z. w.

In ähnlicher Art wird man, mit Rücksicht auf (22.), die Stetigkeit der Function w_s in jedem *intermediären* Punct s nachzuweisen im Stande sein.

Die ausserhalb σ befindlichen Werthe w_t sind überall stetig, und, ebenso wie im vorhergehenden Beispiel, dar-
29. stellbar durch eine *krumme Fläche* $\mathfrak{F}$, welche im Bereich eines jeden der Puncte g, h die Gestalt einer *Schraubenfläche* hat**). — Denkt man sich nun, um auf die sogenannten

---

*) Denn ist dieser Kleinheitsgrad gegeben $= \varepsilon$, so braucht man nur zwei Winkelflächen der genannten Art, jede von der Weite ε, zu construiren. Alsdann wird die auf dem gemeinschaftlichen Gebiet $\mathfrak{A}$ dieser beiden Flächen befindliche Curvenstrecke der gestellten Anforderung entsprechen.

**) Auch bemerkt man, dass die gegenwärtige Fläche $\mathfrak{F}$ mit der früheren zum grossen Theil *identisch* ist, falls nämlich die Endpuncte

Grenzwerthe näher einzugehen, drei *einander unendlich nahe* Puncte a, s, i, von denen s auf der gegebenen Curve σ irgend welche *intermediäre* Lage hat, während a und i resp. auf der negativen und positiven Seite von σ liegen, so ergeben sich aus nächstfolgender Figur die Formeln:

$$\begin{aligned} w_a &= -(gah) &&= -\varphi, \\ w_s &= -(gsh) + \varpi &&= -\varphi + \varpi, \\ w_i &= -(gih) + 2\varpi &&= -\varphi + 2\varpi, \end{aligned} \qquad 30.$$

wo φ den gemeinschaftlichen Werth der drei Winkel (gah), (gsh), (gih) bezeichnet*). Die Werthe w_a, w_i sind aber, weil a, i dem Puncte s *unendlich nahe* liegen, sogenannte *Grenzwerthe*, also mit w_{as}, w_{is} zu bezeichnen, wodurch die vorstehenden Formeln übergehen in:

$$\begin{aligned} w_{as} &= -\varphi, \\ w_s &= -\varphi + \varpi, \\ w_{is} &= -\varphi + 2\varpi. \end{aligned} \qquad 31.$$

Und hieraus ergeben sich durch Subtraction die wichtigen Relationen:

$$\begin{aligned} w_{as} &= w_s - \varpi, \\ w_{is} &= w_s + \varpi, \end{aligned} \qquad 32.$$

zu denen man übrigens einfacher hätte gelangen können durch Anwendung gewisser allgemeiner Sätze [vgl. (49.) Seite 141].

Lässt man nun ferner, um zur Untersuchung der Grenzwerthe w_{tg} überzugehen, den variablen Punct t längs einer gegebenen Linie tgc dem Puncte g sich nähern, so ergiebt sich aus nächstfolgender Figur:

$$w_t = (htg), \qquad 33.$$

oder, falls man t längs jener Linie *unendlich nahe* an g heranrücken lässt:

---

g, h in beiden Fällen *dieselben* sind. In der That wird eine solche Identität in allen Puncten der Ebene stattfinden, mit Ausnahme derjenigen, welche innerhalb des von der *Curve* σ und der *geraden Linie* gh umschlossenen Gebietes liegen.

*) Es können nämlich diese drei Winkel als *gleich* gross betrachtet werden, weil die Puncte a, s, i einander *unendlich nahe* liegen sollen.

34. $$w_{tg} = (hge)\,.$$

Andrerseits ist nach (24.):

35. $$w_g = (hgk)\,.$$

Hieraus folgt durch Subtraction:

36. $$w_{tg} - w_g = (hge) - (hgk) = (kge)\,,$$

37. d. i.: $$w_{tg} - w_g = \varpi - \Delta\,,$$

wo Δ das *Azimuth* der Linie gt, d. i. ihren Neigungswinkel gegen die positive Seite der Curve σ bezeichnet*). *Wäh-*

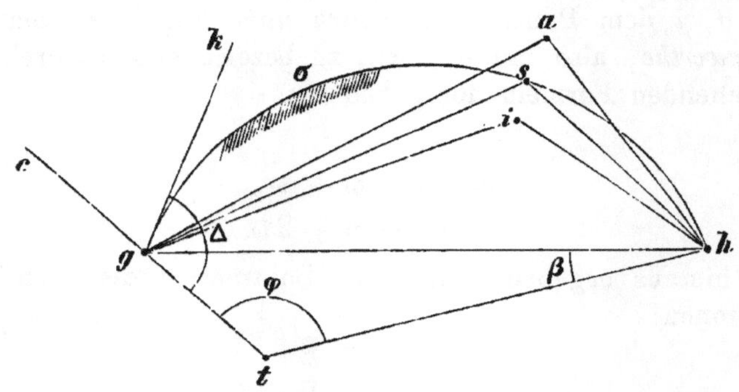

rend also der ***direct*** *in g vorhandene Werth w_g* (35.) *ein* ***völlig bestimmter*** *ist, hängt der Grenzwerth w_{tg}* (37.) *wesentlich ab von dem* ***Azimuth der Annäherung***, *d. i. von Δ.*

Genaueres. — Um über die Verhältnisse in der Nähe von g eine noch deutlichere Vorstellung zu gewinnen, bezeichne man die Innenwinkel des Dreiecks ght resp. mit (g), (h), (t). Alsdann ist:

$$(g) + (h) + (t) = \varpi\,,$$

oder, was dasselbe [vgl. (35.)]:

*) Lässt man die Annäherung des variablen Punctes t nicht längs der *geraden Linie tgc*, sondern längs irgend einer (durch g gelegten) *Curve* erfolgen, so gilt ebenfalls die Formel (37.). Nur hat man alsdann unter Δ das Azimuth dieser *Curve*, d. i. denjenigen Winkel zu verstehen, unter welchem diese Curve im Puncte g gegen die positive Seite der gegebenen Curve σ geneigt ist.

$$(\Delta - w_g) + \beta + \varphi = \varpi. \qquad 38.$$

Denkt man sich nun um g einen kleinen Kreis $\varkappa$ beschrieben, dessen *scheinbare Grösse*, von h aus betrachtet, $2\mathsf{B}$ heissen mag, und gestattet man dem variablen Puncte t innerhalb dieses Kreises $\varkappa$ jede beliebige die Curve σ *nicht* überschreitende Bewegung, so wird die vorstehende Formel (38.), während einer solchen Bewegung, fortdauernd in Gültigkeit bleiben, sobald man festsetzt, dass die Variablen Δ, β, φ sich *stetig* ändern sollen, und ferner festsetzt, *dass β und φ jedesmal, wenn sie durch Null gehen, ihre Zeichen wechseln sollen.* Alsdann aber wird Δ zwischen 0 und 2ϖ, ferner β zwischen $-\mathsf{B}$ und $+\mathsf{B}$ variiren, und φ identisch sein mit w_t, sodass man die Formel (38.) auch so schreiben kann: 39.

$$(\Delta - w_g) + \beta + w_t = \varpi,$$

d. i.:
$$(w_t - w_g) - (\varpi - \Delta) = -\beta. \qquad 40.$$

Hieraus folgt mit Rückblick auf (39.):

$$\text{abs}\,[(w_t - w_g) - (\varpi - \Delta)] \leq \mathsf{B}. \qquad 41.$$

Durch Verkleinerung von $\varkappa$ kann man offenbar B beliebig klein machen. Somit folgt aus (41.), *dass man durch Verkleinerung von $\varkappa$ den absoluten Betrag der Differenz*

$$(w_t - w_g) - (\varpi - \Delta) \qquad 42.$$

für alle innerhalb $\varkappa$ befindlichen Puncte t unter jeden beliebigen Kleinheitsgrad hinabzudrücken im Stande ist.

Der hier eingeführte zwischen 0 und 2ϖ variirende Winkel Δ mag das *Azimuth* des Punctes t in Bezug auf g, σ heissen.

§ 3.

Betrachtung einer ungeschlossenen Curve von beliebiger Beschaffenheit.

Wie die Curve auch beschaffen sein mag, stets wird man von dem einen *Endpuncte* aus ein Stück der Curve abschneiden können, welches *frei von Ecken*, also *stetig gebogen* ist. Folglich werden die geometrischen Verhältnisse im Bereich eines solchen *Endpunctes* genau dieselben sein, wie im vorhergehenden §, wo die ganze Curve stetig gebogen war.

Mit Rücksicht hierauf ergiebt sich aus (28.) und (42.) folgender Satz:

Es sei σ eine ganz beliebige (z. B. mit irgend welchen Ecken behaftete) *von g nach h laufende Curve mit bestimmt festgesetzter positiver Seite, und*

43. $$w_x = \int_g^h (d\sigma)_x$$

das Potential einer auf σ ausgebreiteten Doppelbelegung vom Momente Eins. — Alsdann wird sich, falls irgend ein Kleinheitsgrad ε gegeben ist, stets um g ein Kreis $\varkappa$ von solcher Kleinheit beschreiben lassen, dass für alle innerhalb $\varkappa$ befindlichen Puncte s und t die Formeln gelten:

44. $$\text{abs}\,(w_s - w_g) < \varepsilon,$$
$$\text{abs}\,[(w_t - w_g) - (\varpi - \Delta)] < \varepsilon,$$

wo Δ das Azimuth des variablen Punctes t in Bezug auf g, σ, d. i. denjenigen Winkel bezeichnet, unter welchem die Linie gt gegen die positive Seite der Curve σ geneigt ist).*

Wichtige Bemerkung. — Dieser Satz bildet den *eigentlichen Träger* der weiter folgenden allgemeinen Untersuchungen. Dies ist die Ursache, welche mich bewogen hat, die *Grund-*
45. *steine* (28.) und (42.), auf welche dieser Satz basirt ist, im Vorhergehenden der *genauesten Prüfung* zu unterziehen.

§ 4.

Das Potential einer Doppelbelegung von beliebigem Moment, dieselbe ausgebreitet gedacht auf einer ungeschlossenen Curve von beliebiger Beschaffenheit.

Es sei σ eine ganz beliebige (z. B. mit irgend welchen Ecken behaftete) von g nach h laufende Curve, mit bestimmt festgesetzter positiver Seite; ferner seien

46. $$w_x = \int_g^h (d\sigma)_x \quad \text{und} \quad W_x = \int_g^h \mu(d\sigma)_x$$

die Potentiale zweier auf σ ausgebreiteter Doppelbelegungen, deren Momente respective *Eins* und μ sind. Es sollen die

---

*) Die Bezeichnungen s, t sind angewendet in dem zu Anfang dieses Capitels [(2.), Seite 263] festgesetzten Sinne.

Eigenschaften von W untersucht werden, unter der Voraussetzung, dass μ auf σ *stetig* ist. 47.

Die Endpuncte g, h **der Curve** σ. — Mit Rücksicht auf (47.) ergiebt sich aus einem früher besprochenen Hülfssatz [Seite 145, vgl. namentlich auch die Note], dass die von x abhängende Function

$$\Omega_x = W_x - \mu_g w_x \qquad 48.$$

im Bereich des Punctes g *stetig* ist. Man kann also, falls irgend ein Kleinheitsgrad ε^0 gegeben ist, um g einen Kreis $\varkappa$ von solcher Kleinheit beschreiben, dass für alle innerhalb $\varkappa$ befindlichen Puncte x (s und t) die Relation stattfindet:

$$\text{abs}\,(\Omega_x - \Omega_g) < \varepsilon^0 . \qquad 49.$$

Nun ist nach (48.):

$$\begin{aligned} \Omega_s - \Omega_g &= (W_s - W_g) - \mu_g\,(w_s - w_g)\,, \\ \Omega_t - \Omega_g &= (W_t - W_g) - \mu_g\,(w_t - w_g)\,, \end{aligned} \qquad 50.$$

oder, was dasselbe:

$$\begin{aligned} W_s - W_g &= (\Omega_s - \Omega_g) + \mu_g\,(w_s - w_g)\,, \\ (W_t - W_g) - \mu_g\,(\varpi - \Delta) &= (\Omega_t - \Omega_g) + \mu_g\,[(w_t - w_g) - (\varpi - \Delta)]\,, \end{aligned} \qquad 51.$$

wo Δ das *Azimuth* des variablen Punctes t in Bezug auf g, σ sein soll. Was die rechten Seiten der Formeln (51.) betrifft, so kann man den um g beschriebenen Kreis $\varkappa$ so weit verkleinern, dass für alle innerhalb $\varkappa$ befindlichen Puncte s, t die Relationen stattfinden:

$$\left.\begin{aligned} \text{abs}\,(\Omega_s - \Omega_g) &< \varepsilon^0\,, \\ \text{abs}\,(\Omega_t - \Omega_g) &< \varepsilon^0\,; \end{aligned}\right\}\ \text{[zufolge des Satzes (49.)]}$$

hierauf aber kann man durch weitere Verkleinerung von $\varkappa$ erreichen, dass für alle innerhalb $\varkappa$ vorhandenen Puncte s, t gleichzeitig auch folgende Relationen stattfinden:

$$\left.\begin{aligned} \text{abs}\,(w_s - w_g) &< \varepsilon^0\,, \\ \text{abs}\,[(w_t - w_g) - (\varpi - \Delta)] &< \varepsilon^0 . \end{aligned}\right\}\ \text{[zufolge des Satzes (44.)].}$$

Solches ausgeführt, gewinnen die Formeln (51.) für die innerhalb $\varkappa$ gelegenen Puncte s, t die Gestalt:

$$\begin{aligned} \text{abs}\,(W_s - W_g) &< \varepsilon^0 + m\,\varepsilon^0\,, \\ \text{abs}\,[(W_t - W_g) - \mu_g\,(\varpi - \Delta)] &< \varepsilon^0 + m\,\varepsilon^0\,, \end{aligned} \qquad 52.$$

wo m den absoluten Werth von μ_g bezeichnet. — Der Kleinheitsgrad ε^0 unterliegt unserer Willkühr, und kann also z. B.

18*

so gewählt werden, dass er zu irgend einem andern Kleinheitsgrad in der Beziehung steht: $\varepsilon^0 + m\varepsilon^0 = \varepsilon$. Mit Rücksicht hierauf ergiebt sich aus (52.) folgender Satz.

Erstes Theorem.

Es sei σ *eine ganz beliebige* (z. B. mit irgend welchen Ecken behaftete) *von* g *nach* h *laufende Curve, mit bestimmt festgesetzter positiver Seite, und*

53. $$W_x = \int_g^h \mu (d\sigma)_x$$

das Potential einer auf σ *ausgebreiteten Doppelbelegung, deren Moment* μ *auf* σ *überall stetig ist. — Alsdann wird sich, falls irgend ein Kleinheitsgrad* ε *gegeben ist, jederzeit um* g *ein Kreis* $\varkappa$ *von solcher Kleinheit beschreiben lassen, dass für alle innerhalb* $\varkappa$ *befindlichen Puncte* s, t *die Formeln gelten:*

54. $$\text{abs}\,(W_s - W_g) < \varepsilon,$$
$$\text{abs}\,[(W_t - W_g) - \mu_g(\varpi - \Delta)] < \varepsilon,$$

wo Δ *das Azimuth des variablen Punctes* t *in Bezug auf* g, σ, *d. i. denjenigen Winkel bezeichnet, unter welchem die Linie* gt *gegen die positive Seite der Curve* σ *geneigt ist*).*

Aus diesen Formeln (54.) folgt sofort:

55. $$W_{sg} - W_g = 0,$$
$$W_{tg} - W_g = \mu_g(\varpi - \Delta),$$

wo alsdann Δ das *Azimuth der Annäherung*, d. i. das Azimuth der unendlich kleinen Linie gt bezeichnet.

Die intermediären Puncte der Curve σ. — Mit diesem Namen haben wir (vgl. Seite 264) all' diejenigen Puncte der Curve bezeichnet, welche von den beiden Endpuncten durch irgend welche, wenn auch noch so kleine, Entfernungen getrennt sind. Somit ergiebt sich aus einem frühern Satz [(49.) Seite 141], dass die Function

56. $$W_s + \vartheta_s \mu_s$$

für alle *intermediären* Puncte s *stetig* ist. Auch ergiebt sich aus jenem Satz, dass für jeden *intermediären* Punct s die Formeln gelten:

---

*) Man vgl. die vorhergehende Note.

$$\begin{aligned} W_{as} &= (W_s + \vartheta_s\mu_s) - \varpi\mu_s, \\ W_{is} &= (W_s + \vartheta_s\mu_s) + \varpi\mu_s, \\ \frac{\partial W_{as}}{\partial p} &= \frac{\partial W_{is}}{\partial p}, \end{aligned}$$ 57.

wo a und i irgend zwei Puncte t sein sollen, die dem gegebenen Puncte s resp. von der *negativen* und *positiven* Seite sich nähern.

§ 5.

Fortsetzung. Die beiden Werthsysteme des betrachteten Potentials.

Wollen wir schliesslich eine deutliche Vorstellung uns verschaffen über die *Gesammtheit* der Werthe des Potentials W (53.), so haben wir der Reihe nach zuerst das System der W_s, sodann das System der W_t zu betrachten.

Das System der Werthe W_s. — Denkt man sich eine Function f, welche für die intermediären Puncte s und für die Endpuncte g, h durch die Formeln definirt ist:

$$\begin{aligned} f_g &= W_g, \\ f_s &= W_s + \vartheta_s\mu_s, \\ f_h &= W_h, \end{aligned}$$ 58.

so wird diese Function f, nach (56.), in jedwedem *intermediären* Punct s *stetig* sein. Was ferner die *End*puncte be- 59.
trifft, so wird man, wie die gegebene Curve auch beschaffen sein mag, jederzeit von g aus ein Stück der Curve abschneiden können, welches *frei von Ecken*, mithin *stetig gebogen* ist. Für alle Puncte s dieses Curvenstückes ist alsdann $\vartheta_s = 0$; so dass die Formeln (58.) für dieses Curvenstück die einfachere Gestalt annehmen:

$$\begin{aligned} f_g &= W_g, \\ f_s &= W_s. \end{aligned}$$

Hieraus aber folgt mit Rücksicht auf die *erste* Formel (54.)
sofort, dass f im Puncte g *stetig* ist. Analoges gilt für h. — 60.
Auf Grund dieser Ergebnisse (59.), (60.) haben wir unserm ersten Theorem ein

Zweites Theorem

beizufügen, darin bestehend, *dass die durch die Formeln*

61. $$f_g = W_g, \quad f_s = W_s + 8_s \mu_s, \quad f_h = W_h$$

definirte Function f auf σ allenthalben stetig ist, sowohl in den intermediären Puncten s, wie auch in den Endpuncten g, h. Hieraus folgt, dass die Function W_s durch Abänderung ihres Werthes in gewissen einzelnen Puncten (den Ecken der Curve) *in eine Function übergeht, welche auf der Curve allenthalben stetig ist.*

Das System der Werthe W_t. — Diese W_t sind offenbar überall stetig*). In Betreff ihrer Grenzwerthe ist zu verweisen auf die Ergebnisse (55.) und (57.), so dass wir, alles zusammengefasst, zu folgendem Satz gelangen:

Drittes Theorem.

Das System der W_t [vgl. die Definition (53.)] *ist in jedem Puncte t stetig. Lässt man den variablen Punct t irgend einem intermediären Puncte s von der negativen oder positiven Seite sich nähern, und bezeichnet man denselben im erstern Fall mit a, im letztern mit i, so gelten für die betreffenden Grenzwerthe W_{as} und W_{is} die Formeln:*

62. $$W_{as} = (W_s + 8_s\mu_s) - \varpi \mu_s, \quad W_{is} = (W_s + 8_s\mu_s) + \varpi \mu_s, \qquad \frac{\partial W_{as}}{\partial p} = \frac{\partial W_{is}}{\partial p},$$

wo p eine beliebige Richtung vorstellt. — Lässt man ferner den variablen Punct t einem der Endpuncte, z. B. dem Puncte g sich nähern, so gilt für den betreffenden Grenzwerth W_{tg} die Formel:

63. $$W_{tg} = W_g + \mu_g(\varpi - \Delta),$$

wo Δ das Azimuth der Annäherung, d. i. das Azimuth der unendlich kleinen Linie gt vorstellt.

Die drei allgemeinen Theoreme (53.), (61.), (62.) includiren alle früheren Sätze des gegenwärtigen Capitels als specielle Fälle.

---

*) Denn wir verstehen ja unter den t nur solche Puncte, die *ausserhalb* σ liegen, also von σ durch irgend welche, wenn auch noch so kleine, Zwischenräume getrennt sind.

Achtes Capitel.

Die Theorie der kanonischen Potentialfunctionen.

Wir können von den „*Potentialfunctionen eines gegebenen Gebietes*“ sprechen, indem wir — nach dem Vorgange von *Lipschitz* und auch wohl anderer Mathematiker — unter einer solchen Function das Potential irgend welcher Massen verstehen, die theils *ausserhalb*, theils *auf der Grenze* des gegebenen Gebietes ausgebreitet sind. Diese Potentialfunctionen bilden das eigentliche Thema unserer Betrachtungen. In der That drehen sich fast all' unsere Untersuchungen, sowohl die vorangegangenen als auch die noch weiterhin anzustellenden, um die *Auffindung derjenigen Potentialfunction eines* 1.
gegebenen Gebietes, welche auf der Grenze desselben mit daselbst vorgeschriebenen Werthen entweder vollständig oder doch bis auf eine additive Constante übereinstimmt. Während wir aber bisher jene vorgeschriebenen Werthe immer als *stetig* vorausgesetzt haben, wollen wir gegenwärtig annehmen, dass dieselben *unstetig* seien, und in Ueberlegung ziehen, ob vielleicht dieser zweite Fall auf den ersten sich *reduciren* lasse. Um die Frage genauer zu formuliren, betrachten wir ein bestimmtes Beispiel:

Es sei σ eine *stetig gebogene* geschlossene Fläche, ferner $\mathfrak{J}$ der Raum innerhalb σ, und es sei irgend welche *Methode* 2.
$\mathfrak{M}$ bekannt*), mit Hülfe deren man die Potentialfunctionen des Raumes $\mathfrak{J}$ für *stetig* gegebene Grenzwerthe wirklich zu construiren vermag. — Es fragt sich, ob man alsdann jene Potentialfunctionen auch für solche Grenzwerthe f zu bilden

---

*) Eine solche Methode $\mathfrak{M}$ wird z. B. die *Methode des arithmetischen Mittels* sein, falls die Fläche σ zweiten Ranges und keine zweisternige ist.

3. im Stande ist, welche auf σ längs einzelner Curven mit *endlichen Differenzen* behaftet, sonst aber stetig sind*).

Bilden wir, um näher hierauf einzugehen, das diesen f entsprechende Integral:

4. $$U_x = \frac{1}{2\pi}\int \frac{f \cdot \cos\vartheta \cdot d\sigma}{E^2} = \frac{1}{2\pi}\int f(d\sigma)_x \,, \quad \text{[vgl. Seite 114, 122]},$$

d. i. das Potential einer auf σ ausgebreiteten Doppelbelegung vom Momente $\frac{f}{2\pi}$, und beachten wir, dass die Fläche σ nach unserer Voraussetzung (2.) von *stetiger* Biegung ist, so erkennen wir leicht, dass die Werthe U_s von der Unstetigkeit der f_s in keinerlei Weise afficirt, sondern trotzdem *stetig* sind**). Auch erkennen wir, dass die U_i zu den U_s in der Beziehung stehen:

5. $$U_{is} = U_s + f_s; \quad \text{[vgl. Seite 115]};$$

so dass also die Stetigkeit der U_s sich unmittelbar auf die $(f_s - U_{is})$ überträgt. Folglich werden wir mit Hülfe der bekannten Methode $\mathfrak{M}$ (2.) diejenige Potentialfunction V_i des Raumes $\mathfrak{J}$ zu construiren im Stande sein, welche auf σ die Werthe $(f_s - U_{is})$ besitzt, also der Relation entspricht:

6. $$V_{is} = f_s - U_{is}.$$

Geben wir dieser Relation aber die Gestalt:

---

*) Ob diese Unstetigkeitscurven geschlossen oder ungeschlossen sind, ferner ob sie einander schneiden oder nicht schneiden, mag völlig dahingestellt bleiben.

**) Um diese Behauptung zu rechtfertigen, beschreiben wir um irgend einen Punct s_0 der Fläche σ eine kleine Kugelfläche, durch welche σ in einen innern Theil σ' und einen äussern Theil σ'' zerfällt. Zufolge unserer Voraussetzung (2.) kann der innere Theil σ', bei hinreichender Kleinheit der Kugelfläche, als *eben*, mithin als eine *kleine Kreisfläche* angesehen werden. Bilden wir nun das Integral U für irgend einen auf σ, und zwar auf σ' gelegenen Punct s, so kann dasselbe in zwei Theile zerlegt werden, entsprechend den Flächen σ' und σ'':

$$U_s = U_s' + U_s''.$$

Mit Rücksicht auf (4.) erkennen wir aber sofort, dass in allen Elementen des Integrals U_s' der Winkel $\vartheta = 90^0$, mithin $U_s' = 0$ ist. Folglich wird:

$$U_s = U_s'';$$

und hieraus ersehen wir sofort, dass U_s bei einer kleinen Bewegung des Punctes s in stetiger Weise variirt; w. z. z. w.

$$V_{is} + U_{is} = f_s\,, \qquad 7.$$

so erkennen wir sofort, dass $(V_i + U_i)$ die eigentlich gesuchte Potentialfunction repräsentirt, nämlich diejenige, deren Grenzwerthe mit den vorgeschriebenen f identisch sind. — Die vorhin aufgeworfene Frage ist daher *bejahend* zu beantworten. Mit anderen Worten:

Bezeichnet σ eine überall stetig gebogene geschlossene Fläche, ferner $\mathfrak{J}$ den Raum innerhalb σ, und ist man im Besitz irgend welcher Methode zur Bildung der Potentialfunctionen des Raumes $\mathfrak{J}$ für vorgeschriebene stetige Grenzwerthe, so wird man diese Functionen auch für solche Grenzwerthe zu bilden im Stande sein, welche längs einzelner Curven mit endlichen Differenzen behaftet, sonst aber stetig sind. 8.

Analoges gilt selbstverständlich in der *Ebene*, mit Bezug auf das Logarithmische Potential, so dass man sagen kann:

Bezeichnet σ eine stetig gebogene geschlossene Curve, ferner $\mathfrak{J}$ das Gebiet innerhalb σ, und ist man im Besitz irgend welcher Methode zur Bildung der Potentialfunctionen des Gebietes $\mathfrak{J}$ für vorgeschriebene stetige Grenzwerthe, so wird man diese Functionen auch für solche Grenzwerthe zu construiren im Stande sein, welche in einzelnen Puncten mit endlichen Differenzen behaftet, sonst aber stetig sind. — Uebrigens werde ich diesen Satz im gegenwärtigen Capitel in grösserer Strenge und zugleich auch in grösserer Allgemeinheit beweisen, nämlich zeigen, dass derselbe auch dann in Kraft bleibt, wenn die gegebene Curve σ mit irgend welchen *Ecken* behaftet ist. 9.

Vor allen Dingen fragt es sich, ob das in (9.) behandelte Problem ein völlig bestimmtes sei, ob also eine Potentialfunction W_i des Gebietes $\mathfrak{J}$ durch Angabe ihrer Grenzwerthe f *eindeutig bestimmt* werde, — immer vorausgesetzt, dass diese f keine anderen Unstetigkeiten haben als solche, die in einzelnen Differenzpuncten bestehen. Ich werde zeigen, dass solches der Fall ist, sobald man noch gewisse, den einzelnen Differenzpuncten entsprechende Bedingungen hinzufügt. Diese *accessorischen Bedingungen* sind leicht angebbar. Bezeichnet nämlich g irgend einen der in Rede stehenden Differenzpuncte, und sind f_1 und f_2 die in g 10.

zusammenstossenden Werthe von f, so besteht die dem Puncte g entsprechende *accessorische Bedingung* darin, dass alle innerhalb eines um g beschriebenen kleinen Kreises befindlichen Werthe W_i durch Verkleinerung dieses Kreises theils in das Intervall $f_1 \cdots f_2$ hinein, theils beliebig nahe an dasselbe heranziehbar sind.

Analoges ist zu bemerken über das Gebiet $\mathfrak{A}$, d. i. über dasjenige Gebiet der Ebene, welches *ausserhalb* der geschlossenen Curve σ liegt. Um die Behandlung des Gebietes $\mathfrak{A}$ mit der des Gebietes $\mathfrak{J}$ möglichst *conform* zu machen, empfiehlt es sich, den Begriff der Potentialfunction ein wenig zu modificiren, indem man einerseits verlangt, dass die Summe der das Potential erzeugenden Massen stets *Null* sein soll, andrerseits aber der Potentialfunction von dem wirklichen Potential durch irgend eine additive Constante abzuweichen gestattet. Für diesen modificirten Begriff wollen wir das Epitheton „*kanonisch*" anwenden; so dass wir also, mag es sich nun um das Gebiet $\mathfrak{A}$ oder $\mathfrak{J}$, oder um irgend ein
11. anderes Gebiet $\mathfrak{T}$ handeln, unter einer *kanonischen Potentialfunction* dieses Gebietes stets eine solche verstehen, die abgesehen von einer *additiven Constante* das Potential irgend welcher ausserhalb oder auf der Grenze des Gebietes ausgebreiteter Massen von der Summe *Null* ist.

Sind ferner auf der Grenze des Gebietes $\mathfrak{T}$ irgend welche Werthe f vorgeschrieben, so wollen wir unter der *diesen*
12. *Werthen f entsprechenden* kanonischen Potentialfunction des Gebietes $\mathfrak{T}$ diejenige verstehen, welche an der Grenze im Allgemeinen mit den f identisch ist, insbesondere aber, falls die f mit einzelnen Differenzpuncten behaftet sind, in jedem solchen Puncte der vorhin angedeuteten accessorischen Bedingung (10.) entspricht.

§ 1.

Potentialfunctionen mit stetigen Grenzwerthen.

Es wird angemessen sein, uns zunächst an gewisse Sätze von Neuem zu erinnern, nämlich an die Theoreme $(A.^{add})$ und $(J.^{abs})$. Das erstere, oder wenigstens ein specieller Fall desselben lautet folgendermassen (vgl. Seite 205): Soll Φ_a das Potential irgend welcher *auf* oder *innerhalb* σ ausgebreiteter

Massen von der Summe *Null* sein, und soll dieses Potential auf σ selber von daselbst *vorgeschriebenen* Werthen f nur durch eine unbestimmte additive Constante sich unterscheiden:

$$\Phi_{as} = f_s + Const.,$$

so sind hierdurch sämmtliche Werthe Φ_a eindeutig bestimmt. — — Setzt man $\Phi_a - Const. = W_a$, so gewinnt dieses Theorem folgende etwas bequemere Form:

Eine Function W_a, welche, abgesehen von einer unbestimmten additiven Constante, das Potential irgend welcher auf oder innerhalb σ ausgebreiteter Massen von der Summe
Null vorstellen, und auf σ selber vorgeschriebene Werthe 1.
besitzen soll:

$$W_{as} = f_s,$$

ist durch diese Bedingungen für sämmtliche Puncte a eindeutig bestimmt.

Andererseits können wir das Theorem ($J.^{abs}$) in folgender Weise ausdrücken (vgl. Seite 208):

Eine Function W_i, welche das Potential irgend welcher
auf oder ausserhalb σ ausgebreiteter Massen vorstellen, und 2.
auf σ selber vorgeschriebene Werthe besitzen soll:

$$W_{is} = f_s,$$

ist durch diese Bedingungen für sämmtliche Puncte i eindeutig bestimmt.

In wie weit nun aber diese Theoreme (1.), (2.), bei denen wir stillschweigend die vorgeschriebenen f als *stetig* vorausgesetzt haben, auch noch gelten für *unstetige* f, bedarf einer nähern Untersuchung, bei der wir beginnen werden mit möglichst einfachen Fällen.

§ 2.

Potentialfunctionen mit unstetigen Grenzwerthen.

Die auf σ vorgeschriebenen Werthe f mögen, bis auf einen gewissen Punct g, daselbst überall *stetig* sein. In g
aber mögen von beiden Seiten *verschiedene* Werthe f_1 und f_2 3.
zusammenstossen, sodass also in g ein sogenannter *Stufenpunct* oder *Differenzpunct* vorhanden ist.

Soll nun diejenige Function W_a ermittelt werden, welche mit Bezug auf diese f den Anforderungen (1.) entspricht, so ist vor allen Dingen zu bemerken, dass durch diese f die Grenzwerthe von W_a nur *unvollkommen* gegeben sind. Denn wir wissen nicht, ob in g das f_1 oder das f_2 oder vielleicht irgend eine dritte Grösse als Grenzwerth anzusehen sei*). Es bedürfen daher die an W_a gestellten Anforderungen, weil sie in ihrer gegenwärtigen Gestalt an *Undeutlichkeit* oder (besser gesagt) an einem *innern Widerspruch* leiden, irgend welcher Modification.

Es sei, um die Vorstellung zu fixiren:

4. $$f_1 \leqq f_2; \quad **)$$

und ferner sei, der grössern Allgemeinheit willen, g ein Eckpunct von σ. Man beschreibe um g eine kleine *Kreis-*

5. *peripherie*: $$\varkappa + \lambda$$

von variablem Radius, wo $\varkappa$ den auf $\mathfrak{A}$, und λ den auf $\mathfrak{J}$ gelegenen Theil der Peripherie vorstellen soll. Ferner bezeichne man mit τ den ausserhalb dieser Peripherie gelegenen Theil von σ; so dass also

6. $$\varkappa + \tau$$

eine *geschlossene Curve* vorstellt, deren Beschaffenheit bei einer Verkleinerung des genannten Kreisradius von Augenblick zu Augenblick sich ändert. — Solches vorangeschickt,
7. *behaupten* wir nun, dass die Function W_a eindeutig bestimmt sei, sobald man sie folgenden drei Bedingungen unterwirft:

I. *Die Function W oder W_a soll, abgesehen von einer*
8. *unbestimmten additiven Constanten, das Potential irgend wel-*

*) Allerdings soll W_a, abgesehen von einer additiven Constanten, das Potential irgend welcher *auf* oder *innerhalb* σ ausgebreiteter Massen von der Summe *Null* sein. Folglich müssen die Extreme der W_a [nach dem Theorem (*A.'*), Seite 37] auf der *Grenze* von $\mathfrak{A}$, d. i. auf σ liegen. Doch kann man hieraus, weil die Angabe jener Grenzwerthe eine sehr undeutliche resp. eine sich selber widersprechende ist, keinen weitern Schluss ziehen, also nicht etwa behaupten, dass jene Extreme unter den vorgeschriebenen Werthen f anzutreffen seien. Denn es könnte ja z. B. ein solches Extrem in g liegen, und daselbst dargestellt sein durch jene (oben genannte) *dritte Grösse*, welche völlig unbekannt ist.

**) Wir wollen nämlich den speciellen Fall $f_1 = f_2$ keineswegs ausschliessen.

cher auf oder innerhalb σ ausgebreiteter Massen von der Summe Null vorstellen.

II. *Die W_τ (d. i. die Werthe, welche W auf τ besitzt) sollen mit den vorgeschriebenen Werthen f identisch sein:*

$$W_\tau = f,$$

wie weit man $\varkappa$ auch verkleinern mag).*

III. *Die $W_\varkappa$ (d. i. die Werthe, welche W auf $\varkappa$ besitzt) sollen durch Verkleinerung von $\varkappa$ theils in das Intervall $f_1 \ldots f_2$ hinein, theils beliebig nahe an dasselbe heranziehbar sein.* Mit anderen Worten: *Jene Werthe $W_\varkappa$ sollen der Bedingung entsprechen:*

$$f_1 - \varepsilon(\varkappa) \leqq W_\varkappa \leqq f_2 + \varepsilon(\varkappa),$$

*wo $\varepsilon(\varkappa)$ eine von $\varkappa$ abhängende positive Grösse vorstellt, welche durch Verkleinerung von $\varkappa$ beliebig klein gemacht werden kann**).*

Um unsere Behauptung zu rechtfertigen***), wollen wir **Die aus diesen Bedingungen I., II., III. sich ergebenden Consequenzen** einer nähern Untersuchung unterwerfen. Wir betrachten irgend einen Punct a *ausserhalb* σ, bewirken durch gehörige Verkleinerung von $\varkappa$, dass derselbe auch *ausserhalb* $\varkappa + \tau$ liegt, und erhalten sodann durch Anwendung des Theorems (*A.'*), Seite 37, auf die Curve $\varkappa + \tau$ die Formel:

$$K' < W_a < G', \qquad 9.$$

die Zeichen genommen *in sensu rigoroso*, wo K' den klein-

---

*) Selbstverständlich ist unter einer Verkleinerung von $\varkappa$ stets eine Verkleinerung des *Radius* von $\varkappa$ zu verstehen. Lässt man eine solche erfolgen, so wird hierbei der ausserhalb $\varkappa + \lambda$ liegende Theil τ der Curve σ mehr und mehr anwachsen, indem die beiden Endpuncte von τ dem festen Puncte g sich mehr und mehr nähern. Die II. Bedingung verlangt also, dass die auf diesem *anwachsenden* Theile τ vorhandenen Werthe von W stets identisch sind mit den vorgeschriebenen f, wie weit man jenes Anwachsen durch fortgesetzte Verkleinerung des genannten Radius auch treiben mag.

**) Die Grösse $\varepsilon(\varkappa)$ soll abhängig gedacht werden von $\varkappa$ oder, genauer ausgedrückt, vom *Radius* von $\varkappa$; und soll also der Art sein, dass sie durch fortgesetzte Verkleinerung dieses Radius unter jeden gegebenen Kleinheitsgrad hinabgedrückt werden kann.

***) Wir werden zu dieser Rechtfertigung erst am Schluss des § gelangen, durch den Satz (24.)

sten der Werthe $W_\varkappa$, W_τ, und G' den grössten derselben bezeichnet.

Nun ist, falls man den kleinsten und grössten der vorgeschriebenen Werthe f(3.) mit K und G benennt, nach II.:

$$K \leqq W_\tau \leqq G,$$

ferner nach III.:

$$K - \varepsilon(\varkappa) \leqq W_\varkappa \leqq G + \varepsilon(\varkappa),$$

also durch Zusammenfassung beider Formeln:

10. $$K - \varepsilon(\varkappa) \leqq \begin{Bmatrix} W_\tau \\ W_\varkappa \end{Bmatrix} \leqq G + \varepsilon(\varkappa),$$

also nach der Definition von K', G':

11. $$K - \varepsilon(\varkappa) \leqq \begin{Bmatrix} K' \\ G' \end{Bmatrix} \leqq G + \varepsilon(\varkappa).$$

Mit Rücksicht hierauf folgt aus (9.):

12. $$K - \varepsilon(\varkappa) < W_a < G + \varepsilon(\varkappa),$$

die Zeichen genommen *in sensu rigoroso*. In dieser letzten Formel ist ausser $\varepsilon(\varkappa)$ alles fest. Denn a repräsentirt den zu Anfang ausserhalb σ willkührlich gewählten Punct, den wir aber, nachdem er einmal markirt ist, nicht weiter ändern wollen; und K, G sind gewisse den vorgeschriebenen f eigenthümliche Constanten. Hingegen repräsentirt $\varepsilon(\varkappa)$ die in III. genannte positive Grösse, welche durch Verkleinerung von $\varkappa$ beliebig klein gemacht werden kann. Die Formel sagt daher aus, dass $K - \varepsilon < W_a < G + \varepsilon$ sei, wie klein man sich die Grösse ε auch vorstellen mag, sagt also aus, dass

13. $$K \leqq W_a \leqq G$$

sei, welche Lage der Punct a *ausserhalb* σ auch haben mag.

Genaueres. — Wir werden zeigen, dass man in (13.) statt $\leqq$ auch das strengere Zeichen $<$ setzen darf. — Man beschreibe um den beliebig gewählten Punct a eine kleine Kreisperipherie α, die vollständig *ausserhalb* σ liegt*), und bezeichne den kleinsten und grössten unter den auf α vorhandenen Werthen W mit W_{a_1} und W_{a_2}, indem man unter

---

*) Solches ist stets möglich, weil a *ausserhalb* σ liegt; vgl. die früher (Seite 31) in Betreff a, s, i, $\mathfrak{A}$, $\mathfrak{J}$ gemachten Determinationen.

a_1 und a_2 diejenigen Puncte von α versteht, in denen diese Werthe sich vorfinden. Durch Anwendung des Theorems (*J.*), Seite 40, auf die Peripherie α folgt sofort:

$$W_{a_1} < W_a < W_{a_2}, \qquad 14.$$

die Zeichen genommen *in sensu rigoroso.* Wie klein nun die durch diese Formel constatirten Unterschiede auch sein mögen, stets wird eine positive Grösse δ angebbar sein, welche *noch* kleiner ist, sodass man erhält:

$$W_{a_1} + \delta < W_a < W_{a_2} - \delta. \qquad 15.$$

Solches vorangeschickt, verkleinere man den um g beschriebenen Kreisbogen $\varkappa$ so weit, bis die um a beschriebene Peripherie α vollständig *ausserhalb* der Curve $\varkappa + \tau$ liegt; alsdann erhält man durch Anwendung des Theorems (*A.'*), Seite 37, auf die Curve $\varkappa + \tau$ die Formel:

$$K' < \begin{Bmatrix} W_{a_1} \\ W_{a_2} \end{Bmatrix} < G', \qquad 16.$$

die Zeichen genommen *in sensu rigoroso.* Hier repräsentiren K', G', ebenso wie früher, den kleinsten und grössten der Werthe $W_\varkappa$, W_τ. Nunmehr verkleinere man den Bogen $\varkappa$ noch weiter, bis das in III. und (10.), (11.), (12.) enthaltene $\varepsilon(\varkappa)$ gleich wird mit $\frac{\delta}{100}$; so dass z. B. die Formel (11.) übergeht in:

$$K - \frac{\delta}{100} \leqq \begin{Bmatrix} K' \\ G' \end{Bmatrix} \leqq G + \frac{\delta}{100}. \qquad 17.$$

Aus (16.), (17.) folgt sofort:

$$K - \frac{\delta}{100} < W_{a_1} \quad \text{und} \quad W_{a_2} < G + \frac{\delta}{100},$$

oder, falls man δ addirt, resp. subtrahirt:

$$K + \frac{99\,\delta}{100} < W_{a_1} + \delta \quad \text{und} \quad W_{a_2} - \delta < G - \frac{99\,\delta}{100},$$

die Zeichen genommen *in sensu rigoroso.* Hierdurch aber gewinnt die Formel (15.) die Gestalt:

$$K + \frac{99\,\delta}{100} < W_a < G - \frac{99\,\delta}{100}; \qquad 18.$$

woraus *a fortiori* folgt:

$$K < W_a < G; \quad \text{w. z. z. w.} \qquad 19.$$

Zusammenfassung. — Stillschweigend haben wir bis jetzt den trivialen Fall, dass W_a constant sei, ausser Acht gelassen. Ziehen wir nachträglich diesen Fall mit in unsern Gesichtskreis, so gelangen wir zu dem Resultat, *dass in Betreff der den Bedingungen* (8. I, II, III) *unterworfenen Function* W_a *nur zwei Möglichkeiten vorhanden sind:*

Erster Fall: W ist auf $\mathfrak{A}$ *nicht überall constant. Alsdann muss, falls man den kleinsten und grössten der auf* σ *vorgeschriebenen Werthe f mit K, G bezeichnet, für jeden beliebigen Punct a* (endlichen wie unendlich fernen) *die Formel stattfinden:*

20. $$K < W_a < G,$$

die Zeichen genommen in sensu rigoroso.

Zweiter Fall: W ist auf $\mathfrak{A}$ *überall constant**). *Alsdann ist die eben erwähnte Formel* (20.) *nicht mehr gültig, indem die durch sie behaupteten Unterschiede der allgemeinen Gleichheit Platz machen, so dass man zu schreiben hat:*

21. $$K = W_a = G\,.$$

Unter allen Umständen ist mithin, wie durch Zusammenfassung der Formeln (20.), (21.) sich ergiebt:

22. $$K \leqq W_a \leqq G\,.$$

Betrachten wir nun den speciellen Fall, dass die auf σ vorgeschriebenen f *constant*, etwa $= C$ sind, so wird offenbar auch $K = G = C$, mithin nach (22.):

$$C \leqq W_a \leqq C,$$

d. i.: $$W_a = C\,.$$

Sind also die auf σ *vorgeschriebenen Werthe f constant, so wird die den Bedingungen* (8. I, II, III) *unterworfene Function*

23. W_a *allenthalben constant sein.* — Hieraus ergiebt sich sofort ein zweiter wichtiger Satz, der so lautet:

Die den Bedingungen (8. I, II, III) *unterworfene Function*

24. W_a *ist durch diese Bedingungen eindeutig bestimmt.*

Beweis. — Existirten *zwei* jenen Bedingungen entsprechende Functionen W_a und W_a', so würde offenbar ihre Differenz $U_a = W_a - W_a'$ drei analogen Bedingungen Ge-

---

*) Vgl. die zweite Note Seite 284.

nüge leisten, welche von jenen nur dadurch sich unterscheiden, dass statt der f *andere* Grenzwerthe auftreten, welche durchweg *Null* sind. Hieraus aber folgt mit Rücksicht auf (24.), dass U_a *allenthalben Null* ist; w. z. b. w. — Hiermit ist zugleich auch die Behauptung (7.) gerechtfertigt.

§ 3.

Einige sich anschliessende Bemerkungen.

Nach wie vor mag W_a hinsichtlich der gegebenen f (3.) den Bedingungen (8. I, II, III) unterworfen sein, was angedeutet sein mag durch das Schema:

$$W_a \begin{cases} \text{Potentialbedingung}, \\ W_\tau = f_\tau, \\ f_1 - \varepsilon(\varkappa) \leq W_\varkappa \leq f_2 + \varepsilon(\varkappa). \end{cases} \tag{25.}$$

Wir steigen von hier aus zunächst hinab zu einfacheren Dingen, nämlich zu Potentialfunctionen mit *stetigen* Grenzwerthen. Wir wollen nämlich annehmen, auf σ seien irgend welche Werthe φ vorgeschrieben, die daselbst *überall stetig* sind, und es wäre Ω_a die hinsichtlich dieser φ den Bedingungen (1.) entsprechende Function, was angedeutet sein mag durch das Schema:

$$\Omega_a \begin{cases} \text{Potentialbedingung}, \\ \Omega_\sigma = \varphi_\sigma, \ \text{mithin auch: } \Omega_\tau = \varphi_\tau. \end{cases} \tag{26.}$$

Der in einem Puncte a vorhandene Werth Ω_a wird also durch Annäherung dieses Punctes gegen einen gegebenen Randpunct σ beliebig nahe an φ_σ herangedrückt werden können. Oder was dasselbe: Man wird um σ eine Kreisperipherie von solcher Kleinheit beschreiben können, dass alle auf dieser Peripherie befindlichen Werthe Ω_a um weniger als ε' von φ_σ abweichen, wo ε' einen beliebig gegebenen Kleinheitsgrad vorstellt. Solches gilt für *jeden* Punct σ, also z. B. auch für g, so dass man also mit Rücksicht auf den um g beschriebenen Kreisbogen $\varkappa$ die Formel aufstellen kann:

$$\varphi_g - \varepsilon'(\varkappa) \leq \Omega_\varkappa \leq \varphi_g + \varepsilon'(\varkappa), \tag{27.}$$

wo ε' oder $\varepsilon'(\varkappa)$ eine von $\varkappa$ abhängende positive Grösse vorstellt, welche durch Verkleinerung von $\varkappa$ unter jeden gegebenen Kleinheitsgrad hinabdrückbar ist. Durch Hinzufügung dieser Formel (27.) gewinnt das Schema (26.) die Gestalt:

28.
$$\Omega_a \begin{cases} \text{Potentialbedingung}, \\ \Omega_\tau = \varphi_\tau, \\ \varphi_g - \varepsilon'(\varkappa) \leqq \Omega_\varkappa \leqq \varphi_g + \varepsilon'(\varkappa); \end{cases}$$

wodurch alsdann eine vollständige Analogie erzielt ist mit dem Schema (25.) der Function W_a.

Addiren wir die Functionen W_a und Ω_a, so wird die so entstehende neue Function $(W_a + \Omega_a)$ nach (25.), (28.) folgendem Schema entsprechen:

29.
$$(W_a + \Omega_a) \begin{cases} \text{Potentialbedingung}, \\ (W_\tau + \Omega_\tau) = (f_\tau + \varphi_\tau), \\ (f_1 + \varphi_g) - \mathsf{E}(\varkappa) \leqq (W_\varkappa + \Omega_\varkappa) \leqq (f_2 + \varphi_g) + \mathsf{E}(\varkappa); \end{cases}$$

wo $\mathsf{E}(\varkappa) = \varepsilon(\varkappa) + \varepsilon'(\varkappa)$, also eine Function von $\varkappa$ ist, die wiederum durch Verkleinerung von $\varkappa$ beliebig klein gemacht werden kann.

Aus der Analogie der Schemata (25.) und (28.) ersehen wir, *dass die Bedingungen* (8. I, II, III) *für den speciellen*
30. *Fall stetiger Grenzwerthe gleichbedeutend sind mit den früheren Bedingungen* (1.). — Sodann aber erkennen wir ferner mit Hinblick auf (29.), *dass wenn zwei Functionen W_a und Ω_a jenen Bedingungen respective für die Grenzwerthe*
31. *f und φ Genüge leisten, alsdann Gleiches auch gilt von der Function $(W_a + \Omega_a)$ für die Grenzwerthe $(f + \varphi)$.* — Gleichzeitig erkennen wir, dass dieser letzte Satz gültig bleibt, wenn die f *beliebig viele* Differenzpuncte haben, ebenso auch dann, wenn Analoges bei den φ stattfindet, gleichviel, ob die Differenzpuncte der φ mit denen der f zusammenfallen, oder irgend welche andere Lagen besitzen. Nur bedürfen in solchen Fällen die Bedingungen (8. I, II, III) einer leicht zu erkennenden Modification*).

Endlich erkennen wir (was kaum noch der Anführung

*) Denn man hat, wenn die betreffenden Grenzwerthe n Differenzpuncte g besitzen, n Kreislinien $\varkappa + \lambda$ anzuwenden, ferner unter τ denjenigen Theil von σ zu verstehen, der ausserhalb dieser n Kreislinien liegt, u. s. w.

bedarf), *dass, wenn eine Function* W_a *den Bedingungen* (8. I, II, III) *für die Grenzwerthe f Genüge leistet, alsdann* 32.
Gleiches gilt von der Function CW_a *für die Grenzwerthe* Cf*; vorausgesetzt, dass C eine Constante ist.*

§ 4.

Definition der kanonischen Potentialfunctionen.

Man kann die Betrachtungen der letzten §§ in doppelter Art erweitern, einerseits dadurch, dass man die vorgeschriebenen Grenzwerthe f mit *beliebig vielen* Differenzpuncten sich ausgestattet denkt, andererseits dadurch, dass man von der Betrachtung des Gebietes $\mathfrak{A}$ zu der des Gebietes $\mathfrak{J}$ sich hinwendet. Es würde hierbei im höchsten Grade schwerfällig und schleppend sein, fortwährend von Potentialfunctionen zu sprechen, die für das gegebene Gebiet den Bedingungen (8. I, II, III), oder *ähnlichen* Bedingungen Genüge leisten; und es mag daher gestattet sein, derartige Functionen kurzweg als *kanonische* Potentialfunctionen zu bezeichnen, unter Anwendung folgender Determinationen.

Die kanonischen Potentialfunctionen des Gebietes $\mathfrak{A}$.
Wir denken uns auf dem Rande von $\mathfrak{A}$, d. i. auf σ irgend
welche Werthe f vorgeschrieben, die daselbst entweder überall, 33.
oder doch wenigstens bis auf einzelne Differenzpuncte g *stetig* sind, beschreiben im letztern Fall um jeden solchen Punct g eine kleine Kreisperipherie $\varkappa + \lambda$, wo $\varkappa$ den auf $\mathfrak{A}$, andrerseits λ den auf $\mathfrak{J}$ gelegenen Kreisbogen vorstellen soll, be- 34.
zeichnen ferner den ausserhalb all' dieser Peripherien befindlichen Theil von σ mit τ, und definiren alsdann *die den Werthen f entsprechende kanonische Potentialfunction W oder* W_a *des Gebietes* $\mathfrak{A}$ durch folgende Bedingungen:

I. *Die Function W soll, abgesehen von einer additiven Constante, das Potential irgend welcher ausserhalb* $\mathfrak{A}$, *resp.*
auf der Grenze von $\mathfrak{A}$ *ausgebreiteter Massen von der Summe* 35.
Null sein.

II. *Die Function W soll auf* τ *die vorgeschriebenen Werthe f besitzen:*

$$W_\tau = f_\tau,$$

wie weit man die Radien der $\varkappa$ *auch verkleinern mag.*

III. *Sind* $f_1 \leqq f_2$ *die Werthe der* f *in irgend einem Puncte* g, *so sollen die Werthe, welche* W *auf dem zugehörigen Kreisbogen* $\varkappa$ *besitzt, der Formel entsprechen:*

$$f_1 - \varepsilon(\varkappa) < W_\varkappa \leqq f_2 + \varepsilon(\varkappa),$$

wo $\varepsilon(\varkappa)$ *eine positive Grösse vorstellt, welche durch Verkleinerung des Radius von* $\varkappa$ *beliebig klein gemacht werden kann.* Diese Bedingung soll erfüllt sein für *jeden* der Puncte g.

Die kanonischen Potentialfunctionen des Gebietes $\mathfrak{J}$ mögen in einigermassen ähnlicher Weise definirt werden. Wir wollen nämlich festhalten an den schon genannten Werthen f (33.), ferner an den Constructionen $\varkappa$, λ, τ (34.), und sodann *die den Werthen* f *entsprechende kanonische Potentialfunction* W *oder* W_i *des Gebietes* $\mathfrak{J}$ durch folgende Bedingungen definiren:

I. *Die Function* W *soll das Potential irgend welcher*
36. *ausserhalb* $\mathfrak{J}$, *resp. auf der Grenze von* $\mathfrak{J}$ *gelegener Massen sein.*

II. III. } Diese Bedingungen sollen Wort für Wort eben so lauten, wie vorhin in (35. II, III), nur überall $\mathfrak{J}$, i, λ statt $\mathfrak{A}$, a, $\varkappa$ gesetzt.

Bezeichnet man die den Bedingungen (36. I, II, III) entsprechende Function mit

37. $$W_i = \text{Pot}(M),$$

indem man unter M die *Summe* der betreffenden Massen versteht, so kann man dafür offenbar auch schreiben:

38. $$W_i = \text{Pot}(M + \mathsf{M}) - \mathsf{K},$$

vorausgesetzt, dass die Masse M über eine das Gebiet $\mathfrak{J}$ (in beliebiger Entfernung) umschliessende Kreisperipherie gleichförmig vertheilt ist, und K das constante Potential dieser Masse M auf innere Puncte vorstellt. Denkt man sich nun nachträglich M so gewählt, dass $M + \mathsf{M} = 0$ ist, und K dem entsprechend, so ist die Function W_i durch (38.) in das
39. Potential von Massen verwandelt, deren Summe *Null* ist, unter Hinzufügung einer gewissen additiven Constante. Folglich kann man die Bedingung (36. I) auch so ausdrücken:

Die Function W *oder* W_i *soll, abgesehen von einer additiven Constante, das Potential irgend welcher ausserhalb* $\mathfrak{J}$ *resp. auf der Grenze von* $\mathfrak{J}$ *ausgebreiteter Massen von der*

Summe N u l l *sein.* — Hierdurch ist alsdann diese Bedingung (36. I) in vollständige Analogie versetzt mit der beim Gebiete $\mathfrak{A}$ angegebenen Bedingung (35. I).

§ 5.

Allgemeine Eigenschaften der kanonischen Potentialfunctionen.

Um diese allgemeinen Eigenschaften, welche aus den vorhergehenden §§, namentlich aus (20.), (23.), (24.), (31.), (32.) leicht ersichtlich sind, in anschaulicher Weise zusammenzustellen, wird es zweckmässig sein, die Reihenfolge ein wenig zu ändern. Wir gelangen alsdann, was zunächst

Die kanonischen Potentialfunctionen des Gebietes $\mathfrak{A}$

betrifft, den Sätzen (24.), (23.), (20.) und (32.), (31.) entsprechend, zu folgenden vier Eigenschaften.

Erste Eigenschaft.

Sind am Rande der Fläche $\mathfrak{A}$, d. i. auf σ irgend welche Werthe f vorgeschrieben, die daselbst entweder überall, oder doch wenigstens bis auf einzelne Differenzpuncte s t e t i g *sind,* 41.
so wird die diesen Werthen entsprechende kanonische Potentialfunction W_a des Gebietes $\mathfrak{A}$ e i n d e u t i g *bestimmt sein.*

Zweite Eigenschaft.

Sind insbesondere jene f c o n s t a n t, *etwa $= C$, so wird* 42.
W_a allenthalben $= C$ sein.

Dritte Eigenschaft.

Sind jene auf σ vorgeschriebenen Werthe f n i c h t *überall constant, und bezeichnet man den kleinsten und grössten derselben resp. mit K und G, so wird für jedweden zur Fläche* 43.
$\mathfrak{A}$ gehörigen Punct a, der i n n e r h a l b *$\mathfrak{A}$* (nicht etwa hart an der Grenze von $\mathfrak{A}$) *liegt, die Relation stattfinden:*

$$K < W_a < G,$$

die Zeichen genommen in sensu rigoroso.

Vierte Eigenschaft.

Bezeichnet W_a die kanonische Potentialfunction der Fläche 44.
$\mathfrak{A}$ für die Grenzwerthe f, so gilt Gleiches von CW_a für die Grenzwerthe Cf, falls nämlich C eine C o n s t a n t e *ist. — Denkt man sich ferner auf σ ausser den f noch irgend welche*

anderen Werthe φ vorgeschrieben, die daselbst ebenfalls entweder überall oder doch bis auf einzelne Differenzpuncte stetig sind, und bezeichnet man die diesen φ entsprechende kanonische Potentialfunction der Fläche $\mathfrak{A}$ mit Ω_a, so wird $(W_a + \Omega_a)$ die den Grenzwerthen $(f + \varphi)$ entsprechende sein.

Schliesslich ergiebt sich unmittelbar aus den diesen kanonischen Functionen auferlegten Bedingungen (35. I, II, III) noch folgende

Fünfte Eigenschaft.

45. *Ist W_a eine kanonische Potentialfunction des Gebietes $\mathfrak{A}$, so gilt Gleiches von W_a mit Bezug auf jeden Theil von $\mathfrak{A}$; gleichviel, ob der Rand dieses Theiles vollständig innerhalb $\mathfrak{A}$ liegt, oder vielleicht theilweise mit dem von $\mathfrak{A}$ zusammenfällt.*

46. **Die kanonischen Potentialfunctionen des Gebietes $\mathfrak{J}$** besitzen, wie man leicht erkennt, völlig analoge Eigenschaften. In der That werden, um dieselben namhaft zu machen, die Sätze (41.), (42.), (43.), (44.), (45.) Wort für Wort zu wiederholen sein, nur überall $\mathfrak{J}$, i statt $\mathfrak{A}$, a gesetzt.

§. 6.

Ueber die Bildung der kanonischen Potentialfunctionen für stetige Grenzwerthe.

47. Sind die vorgeschriebenen Grenzwerthe f *stetig*, so ist die Bildung der zugehörigen kanonischen Potentialfunctionen offenbar gleichbedeutend*) mit der Lösung des früher behandelten *äussern* und *innern Problems* (Seite 205 und 208), so dass wir also mit Hülfe der damals exponirten *Methode des arithmetischen Mittels* die Bildung jener kanonischen Functionen stets zu bewerkstelligen im Stande sind, wenn die gegebene Curve σ zweiten Ranges und keine zweisternige ist.

§. 7.

Ueber die Bildung der kanonischen Potentialfunctionen für unstetige Grenzwerthe.

Es sei die Grenzcurve σ der Fläche $\mathfrak{A}$ von beliebiger Beschaffenheit, und es sei — wollen wir *voraussetzen* —

*) Man vgl. den Satz (30.), Seite 290.

irgend welche Methode $\mathfrak{M}$ *bekannt zur Bildung der kanonischen* 48.
Potentialfunctionen dieser Fläche $\mathfrak{A}$ *für stetige Grenzwerthe**). Wir werden zeigen, dass man alsdann jene Functionen auch für solche Grenzwerthe zu bilden vermag, *die mit einzelnen Differenzpuncten behaftet*, sonst aber stetig sind.

Man nehme zunächst an, dass nur *ein* solcher Differenzpunct vorhanden sei, bezeichne denselben mit g, ferner den
daselbst von der Fläche $\mathfrak{A}$ gebildeten *Winkel* mit γ, und die 49
beiden Schenkel dieses Winkels mit gG_1 und gG_2, oder ausführlicher mit gg_1G_1 und gg_2G_2, wo gg_1 und gg_2 diejenigen *unendlich kleinen* Elemente sein sollen, welche die Schenkel mit der Curve σ gemein haben**). Die auf σ vorgeschriebenen Werthe f sind, abgesehen vom Puncte g, überall stetig, in g aber mit einer Differenz behaftet; und zwar mögen die in g von beiden Seiten zusammenstossenden Werthe bezeichnet sein mit:

$$f_1 < f_2 \,. \qquad 50.$$

Um nun zu zeigen, dass man, auf Grund der gemachten Voraussetzung (48.), die diesen f entsprechende kanonische Potentialfunction der Fläche $\mathfrak{A}$ wirklich zu bilden vermag, werden wir zunächst zwei auxiliäre Functionen u, U in Betracht ziehen, sodann zwei weitere Functionen V, W bilden, von denen die letztere aller Wahrscheinlichkeit nach die gesuchte ist, und endlich durch genauere Untersuchung diese Wahrscheinlichkeit zur Gewissheit erheben.

Bildung zweier auxiliärer Functionen u, U. — Man ziehe von g aus eine gerade Linie gh von beliebiger Länge und Richtung, jedoch so, dass sie mit all' ihren Puncten in $\mathfrak{J}$ liegt (vgl. die folgende Figur), nehme die nach gG_1 blickende Seite dieser Linie zur positiven, und bilde das über alle Elemente ds der Linie hinerstreckte Integral:

---

*) Eine solche Methode $\mathfrak{M}$ wird z. B. die *Methode des arithmetischen Mittels* sein, falls die Curve σ zweiten Ranges und keine zweisternige ist.

**) Für *gewöhnlich* ist offenbar der Winkel $\gamma = 180^0$, so dass die beiden Schenkel gg_1G_1 und gg_2G_2 einander diametral entgegengesetzt sind. In der That wird eine Abweichung von diesen *gewöhnlichen* Verhältnissen nur dann eintreten, wenn g ein *Eckpunct* der Curve σ ist. Einen derartigen Fall repräsentirt z. B. die Figur Seite 296 —; denn dort ist $\gamma > 180^0$, nämlich nach dortiger Bezeichnung: $\gamma = \Delta_2 - \Delta_1$.

51. $$u_a = \int_g^h (ds)_a \,,$$

d. i. das Potential einer auf gh ausgebreiteten Doppelbelegung vom Momente Eins. Alsdann kann man bekanntlich, wenn irgend ein Kleinheitsgrad δ gegeben ist, um g eine Kreislinie $\varkappa$ von solcher Kleinheit beschreiben, dass für alle innerhalb $\varkappa$ befindlichen Puncte a die Formel gilt:

52. $$\text{abs}\,(u_a - (\varpi - \Delta_a)) < \delta\,, \quad \text{[vgl. Seite 268]},$$

wo Δ_a das Azimuth des Punctes a in Bezug auf g, gh vor-

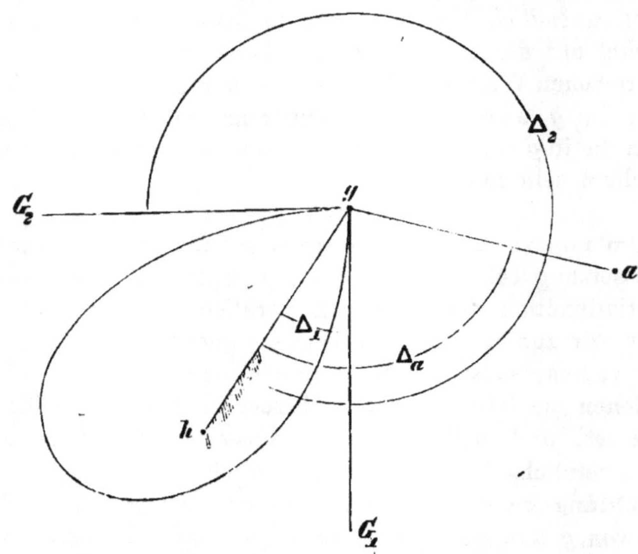

stellt. Hieraus ergiebt sich, wenn man den variablen Punct a unendlich nahe an g rücken lässt, die Formel:

53. $$u_{ag} = \varpi - \Delta_{ga}\,,$$

wo Δ_{ga} das Azimuth der unendlich kleinen Linie ga bezeichnet; also z. B. [vgl. (49.]:

54. $$u_{g_1 g} = \varpi - \Delta_{g g_1}\,,$$
$$u_{g_2 g} = \varpi - \Delta_{g g_2}\,;$$

hierfür mag kürzer geschrieben werden:

55. $$u_{g_1 g} = \varpi - \Delta_1\,,$$
$$u_{g_2 g} = \varpi - \Delta_2\,,$$

wo alsdann Δ_1, Δ_2 die Azimuthe der Linien gg_1, gg_2, d. i. der Linien gG_1, gG_2 vorstellen.

Man nehme nun statt u selber eine lineare Function von u mit constanten Coefficienten:

$$U = Bu + C, \qquad (56.)$$

wodurch an Stelle der Formeln (55.) folgende treten:

$$U_{g_1 g} = B(\varpi - \Delta_1) + C, \quad U_{g_2 g} = B(\varpi - \Delta_2) + C. \qquad (57.)$$

Diese Grössen (57.) lasse man durch passende Wahl der Constanten B, C identisch werden mit den gegebenen Grössen f_1, f_2, unterwerfe also jene Constanten den Bedingungen:

$$B(\varpi - \Delta_1) + C = f_1, \quad B(\varpi - \Delta_2) + C = f_2. \qquad (58.)$$

Alsdann wird U auf der Curve σ im Puncte g, genau ebenso wie f, die Werthe f_1 und f_2 besitzen. Ueberhaupt wird alsdann die Differenz $f_\sigma - U_\sigma$ auf σ *allenthalben stetig*, und 59. überdies im Puncte g *gleich Null* sein.

Aufstellung einer Function W, welche den Bedingungen (35. I, II) **entspricht.** — Da $f_\sigma - U_\sigma$ (59.) auf σ überall stetig ist, so sind wir vermittelst der bekannten Methode $\mathfrak{M}$ (48.) die den Grenzwerthen $f_\sigma - U_\sigma$ entsprechende kanonische Potentialfunction der Fläche $\mathfrak{A}$ wirklich zu bilden im Stande. Bezeichnen wir dieselbe mit V, so ist: $V_{a\sigma} = f_\sigma - U_\sigma$, oder was dasselbe:

$$V_{a\sigma} + U_\sigma = f_\sigma; \qquad (60.)$$

und hieraus scheint zu folgen, dass die eigentlich gesuchte den Werthen f entsprechende kanonische Potentialfunction den Werth habe:

$$W_a = V_a + U_a. \qquad (61.)$$

In der That unterliegt es keinem Zweifel, dass diese Function W hinsichtlich der f den Bedingungen (35. I, II) *entspricht.* 62. Fraglich ist jedoch ihr Verhalten gegen

Die Bedingung (35. III). Um hierauf näher einzugehen, werden wir um g eine kleine Kreisperipherie $\varkappa$ beschreiben, das innerhalb $\varkappa$ gelegene Stück der Fläche $\mathfrak{A}$ mit $\mathfrak{A}_\varkappa$ bezeichnen, und nachweisen, *dass alle auf $\mathfrak{A}_\varkappa$ vorhandenen Werthe W_a durch gehörige Verkleinerung von $\varkappa$ in das Intervall*

63. $$f_1 - 4\varepsilon \leqq W_a \leqq f_2 + 4\varepsilon$$

hineingepresst werden können, wo 4ε *einen beliebig gegebenen Kleinheitsgrad bezeichnet**). Hiermit wird alsdann erwiesen sein, dass W der Bedingung (35. III) *Genüge leistet.*

Nach (61.) und (56.) ist:

64. $$W_a = V_a + Bu_a + C.$$

Was die hier auftretenden Grössen B, C, V_a, u_a betrifft, so sind B, C die durch (58.) bestimmten Constanten; also:

65. $$B = -\frac{f_2 - f_1}{\Delta_2 - \Delta_1}, \quad C = f_1 + \frac{(f_2 - f_1)(\varpi - \Delta_1)}{\Delta_2 - \Delta_1}.$$

Ferner ist V_a eine kanonische Potentialfunction des Gebietes $\mathfrak{A}$ mit den Grenzwerthen $f_\sigma - U_\sigma$, also [vgl. (59.)] eine kanonische Potentialfunction, deren Grenzwerthe *längs* σ *allenthalben stetig* sind, und in g auf *Null sinken.* Folglich kann man durch Verkleinerung von $\varkappa$ dafür sorgen, dass alle auf $\mathfrak{A}_\varkappa$ vorhandenen Werthe V_a der Relation entsprechen**):

66.a $$\text{abs}\,(V_a - 0) < \varepsilon,$$

wo ε einen beliebig gegebenen Kleinheitsgrad bezeichnet. Sodann aber kann man, wie aus (52.) folgt, durch weitere Verkleinerung von $\varkappa$ erreichen, dass gleichzeitig alle auf $\mathfrak{A}_\varkappa$ vorhandenen Werthe u_a der Relation Genüge leisten:

66.b $$\text{abs}\,(Bu_a - B(\varpi - \Delta_a)) < \varepsilon.$$

Für das durch diese Verkleinerungen entstandene Flächenstück $\mathfrak{A}_\varkappa$ werden also die Werthe von W_a, wie aus (64.), (66. a, b) folgt, sich ausdrücken lassen durch:

67. $$W_a = B(\varpi - \Delta_a) + C + 2\varepsilon\vartheta_a,$$

wo ϑ_a ein mit der Lage von a variirender (bald positiver bald negativer) *ächter Bruch* ist. Hieraus folgt weiter durch Substitution der Werthe B, C (65.):

68. $$W_a = f_1 + \frac{f_2 - f_1}{\Delta_2 - \Delta_1}(\Delta_a - \Delta_1) + 2\varepsilon\vartheta_a$$

oder, kürzer geschrieben:

69. $$W_a = f_1 + \frac{f_2 - f_1}{\gamma}\xi_a + 2\varepsilon\vartheta_a,$$

---

*) Man könnte einfacher den gegebenen Kleinheitsgrad mit ε benennen. Doch ist für die *folgende* Betrachtung die hier gewählte Bezeichnungsweise: 4ε ein wenig bequemer.

**) Man beachte die kurz vor (63.) gegebene Definition von $\mathfrak{A}_\varkappa$.

wo ξ_a, γ die Bedeutung haben:

$$\xi_a = \Delta_a - \Delta_1 ,$$
$$\gamma = \Delta_2 - \Delta_1 ; \qquad 70.$$

so dass also ξ_a das Azimuth des *variablen* Punctes a in Bezug auf g, gG_1 ist, während γ den schon früher besprochenen *constanten* Winkel (49.) bezeichnet [vgl. die vorhergehende Figur].

Nimmt man für den Augenblick an, das den Formeln (67.), (68.), (69.) entsprechende Flächenstück $\mathfrak{A}_\varkappa$ befände sich mit all' seinen Puncten *zwischen* den beiden Schenkeln gG_1 und gG_2 des Winkels γ, so würde ξ_a für alle Puncte dieses Flächenstücks $\mathfrak{A}_\varkappa$ zwischen 0 und γ, mithin $f_1 + \frac{f_2 - f_1}{\gamma} \xi_a$ zwischen f_1 und f_2 variiren; also aus (69.) folgen, dass alle auf $\mathfrak{A}_\varkappa$ vorhandenen Werthe W_a zwischen $f_1 - 2\varepsilon$ und $f_2 + 2\varepsilon$ liegen, wodurch alsdann der Satz (63.) bewiesen wäre.

Im Allgemeinen wird indessen von dem Flächenstück $\mathfrak{A}_\varkappa$, wie klein dasselbe auch sei, immer nur ein *Theil* zwischen den Schenkeln jenes Winkels liegen, ein anderer Theil über diese Schenkel hinübergreifen*). Um trotz dieses Uebelstandes den in Rede stehenden Satz (63.) mit voller Strenge zu erweisen, lassen wir zuvörderst den Winkel γ nach beiden Seiten sich gleich viel erweitern, indem wir jeden der beiden Schenkel gG_1, gG_2 um den Punct g um einen Winkel

$$\mathsf{E} = 2\varepsilon \frac{\gamma}{f_2 - f_1} \qquad 71.$$

sich drehen lassen, und unterwerfen hierauf das den Formeln (67.), (68.), (69.) entsprechende Flächenstück $\mathfrak{A}_\varkappa$ einem nochmaligen Verkleinerungsprocess, indem wir den Radius von $\varkappa$ so klein machen, dass $\mathfrak{A}_\varkappa$ mit all' seinen Puncten *zwischen* den Schenkeln des *erweiterten* Winkels liegt. Alsdann wird ξ_a für alle Puncte von $\mathfrak{A}_\varkappa$ zwischen $-\mathsf{E}$ und $\gamma + \mathsf{E}$ variiren, also der Relation entsprechen:

$$-\mathsf{E} \leqq \xi_a \leqq \gamma + \mathsf{E} .$$

Hieraus folgt, weil $f_2 - f_1$ positiv ist (50.):

$$-\frac{f_2 - f_1}{\gamma} \mathsf{E} \leqq \frac{f_2 - f_1}{\gamma} \xi_a \leqq \frac{f_2 - f_1}{\gamma} (\gamma + \mathsf{E}) ,$$

*) Man erhält einen solchen Fall z. B., wenn man statt der Figur Seite 296, bei welcher die in g zusammenstossenden Bogen nach $\mathfrak{A}$ *convex* sind, eine andere zeichnet, bei welcher jene Bogen nach $\mathfrak{A}$ *concav* sind.

also durch Substitution des Werthes E (71.):

$$-2\varepsilon \leqq \frac{f_2 - f_1}{\gamma}\,\xi_a \leqq (f_2 - f_1) + 2\varepsilon\,.$$

Mit Rücksicht hierauf aber ergiebt sich, dass die auf dem gegenwärtigen Flächenstück $\mathfrak{A}_x$ vorhandenen Werthe W_a (69.) der Relation entsprechen:

72. $$f_1 - 4\varepsilon \leqq W_a \leqq f_1 + (f_2 - f_1) + 4\varepsilon,$$

d. i. der Relation

73. $$f_1 - 4\varepsilon \leqq W_a \leqq f_2 + 4\varepsilon\,;$$

dies aber ist der zu beweisende Satz (63.).

Alles zusammengefasst, haben wir also zuerst eine gewisse Function U_a gebildet, sodann mit Hülfe der bekannten Methode $\mathfrak{M}$ (48.) eine gewisse Function V_a construirt, und schliesslich nachgewiesen, dass die Summe

74. $$W_a = V_a + U_a$$

hinsichtlich der vorgeschriebenen f den Bedingungen (35. I, II, III) entspricht, oder (kürzer ausgedrückt), *dass diese Summe W_a die jenen f entsprechende kanonische Potentialfunction der Fläche $\mathfrak{A}$ ist.* — Kurz, wir haben gezeigt, wie man, falls irgend eine Methode $\mathfrak{M}$ zur Bildung der kanonischen Potentialfunctionen für *stetige* Grenzwerthe bekannt ist, alsdann diese Functionen auch für *unstetige* Grenzwerthe zu bilden vermag. Allerdings war dabei vorausgesetzt, dass diese Unstetigkeit in einem *einzigen* Differenzpunct bestehe. Doch können wir unsere Betrachtungen, wie leicht zu übersehen, ohne Weiteres auf den Fall *beliebig vieler* Differenzpuncte ausdehnen, und gelangen alsdann zu folgendem Satz:

75. *Bezeichnet σ eine beliebig gegebene geschlossene Curve, durch welche die unendliche Ebene in zwei Theile $\mathfrak{A}$ und $\mathfrak{J}$ zerfällt, und ist man im Besitz irgend welcher Methode zur Bildung der kanonischen Potentialfunctionen der Fläche $\mathfrak{A}$ für vorgeschriebene stetige Grenzwerthe, so wird man diese Functionen auch für solche Grenzwerthe zu bilden im Stande sein, welche mit beliebig vielen Differenzpuncten behaftet, sonst aber stetig sind.*

76. *Und Wort für Wort derselbe Satz ist*, was keiner weitern Erläuterung bedarf, *zu wiederholen für die kanonischen Potentialfunctionen der Fläche $\mathfrak{J}$.*

Ist also z. B. die Curve σ zweiten Ranges und keine zweisternige, so wird man vermittelst der *Methode des arithmetischen Mittels* die kanonischen Potentialfunctionen des Gebietes $\mathfrak{A}$ und ebenso auch diejenigen des Gebietes $\mathfrak{J}$ nicht nur für *stetige* Grenzwerthe, sondern auch für solche Grenzwerthe zu construiren im Stande sein, welche mit *beliebig vielen Differenzpuncten* behaftet, sonst aber stetig sind. 77.

§ 8.

Weiteres über die Potentialfunctionen mit unstetigen Grenzwerthen.

Die kanonischen Functionen des Gebietes $\mathfrak{A}$. — Die für das Bereich des Differenzpunctes g erhaltene Formel (69.) lautete:

$$W_a = \left(f_1 + \frac{f_2 - f_1}{\gamma}\,\xi_a\right) + 2\varepsilon\vartheta_a\,, \tag{78.}$$

oder, ein wenig anders geschrieben:

$$W_a = \left(\frac{f_1}{\gamma}\,\eta_a + \frac{f_2}{\gamma}\,\xi_a\right) + 2\varepsilon\vartheta_a\,, \quad \text{wo } \eta_a = \gamma - \xi_a\,. \tag{79.}$$

Sind die vorgeschriebenen f mit *beliebig vielen* Differenzpuncten g behaftet, so wird man in *jedem* solchen Punct eine derartige Formel erhalten, und gelangt daher zu folgendem Satz.

Bezeichnet σ eine beliebig gegebene geschlossene Curve, durch welche die unendliche Ebene in zwei Theile $\mathfrak{A}$ und $\mathfrak{J}$ zerfällt, und bezeichnet ferner W_a eine kanonische Potentialfunction der Fläche $\mathfrak{A}$, deren Grenzwerthe f mit beliebig vielen Differenzpuncten g behaftet, sonst aber stetig sind, so werden die Werthe W_a im Bereich eines jeden solchen Punctes, bis auf einen unendlich kleinen Fehler, ausdrückbar sein durch:

$$W_a = \frac{f_1\eta + f_2\xi}{\gamma}\,; \tag{80.}$$

wo f_1, f_2, γ Constanten sind, während ξ, η von der Lage des variablen Punctes a abhängen. — Die Constanten f_1, f_2 repräsentiren die in g zusammenstossenden Werthe von f. Ferner repräsentirt γ den im Puncte g von der Fläche $\mathfrak{A}$ gebildeten Winkel, so dass also γ im Allgemeinen $= \varpi$ ist, und eine Abweichung hiervon nur dann eintritt, wenn σ im Puncte g

eine Ecke hat. Endlich sind ξ, η *die Azimuthe des* ***variablen*** *Punctes* a *in Bezug auf die Schenkel von* γ, *oder* (anders ausgedrückt) *die beiden Theile, in welche der Winkel* γ *durch den variablen Strahl* ga *zerfällt, so dass*

81. $$\xi + \eta = \gamma$$

*ist**).

Will man in Betreff der mit einem unendlich kleinen Fehler behafteten Formel (80.) sich genauer ausdrücken, so hat man um g eine kleine Kreislinie $\varkappa$ zu beschreiben, und zu sagen, *dass die Differenz*

82. $$W_a - \frac{f_1\eta + f_2\xi}{\gamma}$$

für alle innerhalb $\varkappa$ *befindlichen Puncte* a *durch gehörige Verkleinerung von* $\varkappa$ *unter jeden beliebigen Kleinheitsgrad hinabgedrückt werden könne.*

Bemerkung. — Man könnte die Grössen f_1 und f_2, weil sie mit den am Rande gegebenen Werthen f in stetigem Zusammenhang stehen, also bei einem Fortschreiten *längs* des
83. Randes sich ergeben, die *parabatischen* Grenzwerthe nennen. Ausser diesen besitzt die Function W_a im Puncte g noch unendlich viele andere Grenzwerthe, die alle Zwischenstufen von f_1 bis f_2 darbieten. Diese letzteren Grenzwerthe

---

*) Sind gG_1 und gG_2 die beiden Schenkel des Winkels γ, mithin

$$\xi = (agG_1),$$
$$\eta = (agG_2),$$

so werden gG_1 und gG_2 zugleich die beiden extremen Lagen der *variablen* Linie ga vorstellen. Giebt man dieser letztern Linie die extreme Lage gG_1, so folgt mit Rücksicht auf (80.):

$$\xi = 0, \quad \eta = \gamma, \quad W_a = f_1;$$

und giebt man derselben andrerseits die extreme Lage gG_2, so wird:

$$\xi = \gamma, \quad \eta = 0, \quad W_a = f_2.$$

Demgemäss stehen f_1 und f_2, ebenso wie ξ und η, in Correspondenz resp. mit gG_1 und gG_2; so dass also der in (80.) enthaltene Ausdruck

$$f_1\eta + f_2\xi$$

mit einem *Chiasmus* behaftet ist. Uebrigens kann man diesen Ausdruck, weil $\xi + \eta = \gamma$ ist, offenbar auch so schreiben:

$$f_1(\gamma - \xi) + f_2(\gamma - \eta);$$

wodurch alsdann jener Chiasmus beseitigt ist.

ergeben sich, wenn man aus dem Innern der Fläche $\mathfrak{A}$ in verschiedenen Richtungen dem Puncte g sich nähert, und können demgemäss die *katabatischen* Grenzwerthe genannt werden*).

Die kanonischen Functionen des Gebietes $\mathfrak{J}$. — In
Betreff der kanonischen Potentialfunctionen des Gebietes $\mathfrak{J}$ 84.
sind offenbar die Sätze (80.), (82.) Wort für Wort zu wiederholen, nur ist dabei durchweg $\mathfrak{J}$, i statt $\mathfrak{A}$, a zu setzen.

§ 9.

Die Symbolik der kanonischen Potentialfunctionen.

Da diese kanonischen Functionen das Hauptinstrument für die Untersuchungen des folgenden Capitels bilden, so erscheint es zweckmässig, schon gegenwärtig einige Bezeichnungen einzuführen, durch welche der Gebrauch dieses Instrumentes erleichtert wird. Was zunächst

Die kanonischen Functionen der Fläche $\mathfrak{A}$ betrifft, so mag mit dem Symbol

$$W_a^{\sigma, f}$$ 1.

diejenige kanonische Potentialfunction der Fläche $\mathfrak{A}$ bezeichnet werden, welche auf der Grenze von $\mathfrak{A}$, d. i. auf σ die Werthe f besitzt. Ist ferner τ irgend ein (vielleicht aus *mehreren Stücken* bestehender) *Theil* von σ, so mag unter

$$W_a^{\tau, f}$$ 2.

diejenige kanonische Potentialfunction der Fläche $\mathfrak{A}$ verstanden werden, welche auf τ die Werthe f besitzt, auf dem *übrigen* Theile von σ aber *Null* ist. Ausserdem mag

$W_a^{\sigma, 1}$ kurzweg durch W_a^{σ}, 3.

und $W_a^{\tau, 1}$ kurzweg durch W_a^{τ} 4.

angedeutet werden. — Solches festgesetzt, können die allgemeinen Eigenschaften der kanonischen Functionen (Seite 293), unter Hinzunahme des neuerdings erhaltenen Satzes (Seite 301),

---

*) Es dürften diese Namen *parabatisch* und *katabatisch* einigermassen passend erscheinen, wenn man die betrachtete Fläche $\mathfrak{A}$ als ein *Festland*, und σ als das Ufer eines von diesem Festlande umschlossenen *Meeres* $\mathfrak{J}$ sich vorstellt.

in folgender Weise zusammengestellt und vervollständigt werden.

Erste Eigenschaft.

5. *Die Function $W_a^{\sigma, f}$ ist durch Angabe der f für sämmtliche Puncte a eindeutig bestimmt.*

Zweite Eigenschaft.

6. *Bezeichnet C eine Constante, so ist $W_a^{\sigma, C}$ allenthalben $= C$. So z. B. ist* [vgl. (3.)] *W_a^σ allenthalben $= 1$.*

Dritte Eigenschaft.

Sind die auf σ vorgeschriebenen f nicht überall constant, so gilt für jeden innerhalb $\mathfrak{A}$ gelegenen Punct a die Formel:

7. $$\text{Min}\, f < W_a^{\sigma, f} < \text{Max}\, f,$$

die Zeichen genommen in sensu rigoroso).* Hieraus folgt z. B. $W_a^{\sigma, f} > 0$, falls die f positiv und nicht sämmtlich Null sind; und ferner: $W_a^{\sigma, f} < 0$, falls die f negativ und nicht sämmtlich Null sind.

Lässt man den Punct a irgend einem Puncte s der Curve σ sich unendlich nähern, so erhält man, falls s ein *Stetigkeitspunct* von f ist:

8. $$W_{as}^{\sigma, f} = f_s \quad \text{[vgl. etwa (27.) Seite 289]},$$

und, falls s ein Differenzpunct von f ist:

9. $$W_{as}^{\sigma, f} = \frac{f_1 \eta + f_2 \xi}{\gamma} \quad \text{[vgl. (80.) und (82.) Seite 301]}.$$

Beachtet man, dass $\frac{f_1 \eta + f_2 \xi}{\gamma}$ nothwendig zwischen f_1 und f_2 liegt, so folgt aus (8.), (9.) sofort, dass *sämmtliche* Grenzwerthe $W_{as}^{\sigma, f}$ der Relation unterworfen sind:

10. $$\text{Min}\, f \leqq W_{as}^{\sigma, f} \leqq \text{Max}\, f;$$

welche mit (7.) zusammengefasst die Formel ergiebt:

11. $$\text{Min}\, f \leqq \left\{ \begin{matrix} W_a^{\sigma, f} \\ W_{as}^{\sigma, f} \end{matrix} \right\} \leqq \text{Max}\, f.$$

Die den vorgeschriebenen f entsprechende kanonische Potential-

*) In Betreff der Bezeichnungen σ, s, $\mathfrak{A}$, a, $\mathfrak{J}$, i soll festgehalten werden an unseren früheren Determinationen (Seite 31).

function der Fläche $\mathfrak{A}$ besitzt also die Eigenschaft, *dass ihre sämmtlichen Werthe und Grenzwerthe zwischen* Min f *und* Max f *liegen.*

Vierte Eigenschaft.

Bezeichnet C eine beliebige Constante, so ist:

$$W_a^{\sigma,\, Cf} = C\, W_a^{\sigma,\, f}; \tag{12.}$$

und denkt man sich ausser den f noch irgend welche) anderen Werthe φ auf σ vorgeschrieben, so ist:*

$$W_a^{\sigma,\, f} + W_a^{\sigma,\, \varphi} = W_a^{\sigma,\, f+\varphi}. \tag{13.}$$

Denkt man sich die Curve σ in zwei Theile σ' und σ'' zerlegt, und die diesen Theilen entsprechenden Werthe von f, φ respective mit f', φ' und f'', φ'' bezeichnet, so wird man die Formel (13.) auch so schreiben können:

$$W_a^{\sigma',\, f' \text{ und } \sigma'',\, f''} + W_a^{\sigma',\, \varphi' \text{ und } \sigma'',\, \varphi''} = W_a^{\sigma',\, f'+\varphi' \text{ und } \sigma'',\, f''+\varphi''}. \tag{14.}$$

Diese Formel aber nimmt, falls die f'' und φ' *Null* sind, mit Rücksicht auf die in (2.) festgesetzte Bezeichnungsweise folgende Gestalt an:

$$W_a^{\sigma',\, f'} + W_a^{\sigma'',\, \varphi''} = W_a^{\sigma',\, f' \text{ und } \sigma'',\, \varphi''}. \tag{15.}$$

Hieraus folgt z. B., falls die f' und φ'' sämmtlich *Eins* sind:

$$W_a^{\sigma',\, 1} + W_a^{\sigma'',\, 1} = W_a^{\sigma,\, 1}, \tag{16.}$$

d. i. nach (3.)

$$W_a^{\sigma'} + W_a^{\sigma''} = W_a^{\sigma} = 1; \tag{17.}$$

denn W_a^{σ} hat [vgl. (6.)] stets den Werth *Eins*.

Fünfte Eigenschaft.

Ist W_a eine kanonische Potentialfunction des Gebietes $\mathfrak{A}$, so gilt Gleiches von W_a mit Bezug auf jeden Theil von $\mathfrak{A}$, 18.
gleichviel ob der Rand dieses Theiles vollständig innerhalb $\mathfrak{A}$ liegt, oder vielleicht theilweise mit dem von $\mathfrak{A}$ zusammenfällt.

Die kanonischen Functionen der Fläche $\mathfrak{J}$. — In Betreff dieser mögen analoge Symbole adoptirt werden; so dass 19.
sämmtliche Formeln und Sätze von (1.) bis (18.) von Neuem wiederholt werden können, nur überall $\mathfrak{J}$, i statt $\mathfrak{A}$, a gesetzt.

*) Stillschweigend setzen wir allerdings bei den φ, wie bei den f, stets voraus, dass sie auf σ keine anderen Unstetigkeiten haben, als solche, die in einzelnen Differenzpuncten bestehen.

§ 10.

Ueber Entwicklungen nach kanonischen Functionen.

Ein Satz über die kanonischen Functionen des Gebietes $\mathfrak{A}$. — Es sei σ eine *beliebig* gegebene geschlossene Curve, durch welche die unendliche Ebene in zwei Theile $\mathfrak{A}$, $\mathfrak{J}$ zerfällt, es seien ferner auf σ irgend welche Werthe f vorgeschrieben, die daselbst, abgesehen von einzelnen Differenzpuncten, überall stetig sind, und es werde die diesen f entsprechende kanonische Potentialfunction der Fläche $\mathfrak{A}$ gesucht. — Man nehme an, diese Aufgabe wäre *approximativ* gelöst durch die Summe:

20. $$W^{(n)} = w^{(1)} + w^{(2)} \cdots\cdots + w^{(n)};$$

denn einerseits seien $w^{(1)}, w^{(2)}, \cdots\cdots + w^{(n)}$ kanonische Potentialfunctionen der Fläche $\mathfrak{A}$ resp. mit den Grenzwerthen $f^{(1)}, f^{(2)}, \cdots f^{(n)}$, so dass also [vgl. die vierte Eigenschaft] $W^{(n)}$ ebenfalls eine kanonische Potentialfunction von $\mathfrak{A}$ ist, mit den Grenzwerthen:

21. $$F^{(n)} = f^{(1)} + f^{(2)} \cdots\cdots + f^{(n)};$$

und andrerseits sei erwiesen, dass die Differenz

22. $$F^{(n)} - f \text{ für die Gesammtheit der Puncte } s$$

durch Vergrösserung von n unter jeden beliebigen Kleinheitsgrad hinabgedrückt werden könne. — Ferner mag angenommen werden, dass die Anzahl der Differenzpuncte für sämmtliche

23. $$f^{(1)}, f^{(2)}, f^{(3)}, \cdots\cdots \text{ in inf.}$$

eine *endliche* ist. Diese Puncte, welche alsdann zugleich auch die Differenzpuncte von $F^{(n)}$ sind, mögen mit g benannt sein*).

Definirt man nun W oder $W^{(\infty)}$ durch die unendliche Reihe

24. $$W = w^{(1)} + w^{(2)} + \cdots\cdots \text{ in inf.},$$

und lässt sich zeigen, dass die Differenz

25. $$W^{(n)} - W \text{ für die Gesammtheit der Puncte } a$$

---

*) Allerdings können von den Differenzpuncten der $f^{(1)}, f^{(2)}, \cdots\cdots f^{(n)}$ einige sich gegenseitig zerstören, so dass $F^{(n)}$ nicht mehr all' jene Puncte, sondern nur einen Theil derselben zu Differenzpuncten hat.

durch Vergrösserung von n unter jeden beliebigen Kleinheitsgrad hinabgedrückt werden könne, so wird dieses W die strenge Lösung der gestellten Aufgabe sein).* — Was den

Beweis dieses Satzes betrifft, so wird vor Allem dabei festzuhalten sein, dass $w^{(1)}, w^{(2)}, \ldots w^{(n)}, W^{(n)}$ resp. für die $f^{(1)}$, $f^{(2)}, \ldots f^{(n)}, F^{(n)}$ den Bedingungen I., II., III. [das soll heissen den Bedingungen (35. I., II., III.) Seite 291] entsprechen, und von dieser Basis aus zu zeigen sein, dass die Function W dieselben drei Bedingungen erfüllt mit Rücksicht auf die vorgeschriebenen f.

Die Functionen $w^{(1)}, w^{(2)}, \ldots w^{(n)}, W^{(n)}$ genügen der Bedingung I., und sind daher *stetig* für alle a. Gleiches gilt somit, weil [nach (25.)]

$$W^{(n)} - W \text{ für die Gesammtheit der } a \tag{26.}$$

beliebig klein gemacht werden kann, *auch***) von W. Solches constatirt, ergiebt sich aber aus (24.) sofort, dass W, ebenso wie $w^{(1)}, w^{(2)}, \ldots$, das um eine additive Constante vermehrte Potential irgend welcher theils ausserhalb $\mathfrak{A}$, theils auf der Grenze von $\mathfrak{A}$ ausgebreiteter Massen von der Summe Null ist. — — Es entspricht also W der Bedingung I.

Man wähle nun einen beliebigen Kleinheitsgrad ε, und mache die Zahl n so gross, dass

$$\begin{aligned} &W^{(n)} - W \text{ für die Gesammtheit der } a \\ \text{und } &F^{(n)} - f \text{ für die Gesammtheit der } s \end{aligned} \tag{27.}$$

kleiner als ε wird [was nach den Voraussetzungen (22.), (25.) stets möglich ist]. Sodann markire man auf σ irgend einen von den g verschiedenen Punct s, und presse den Werth $W_a^{(n)}$ durch Annäherung des Punctes a an s in das Intervall hinein:

$$F_s^{(n)} - \varepsilon \leq W_a^{(n)} \leq F_s^{(n)} + \varepsilon, \tag{28.}$$

[was stets möglich, weil $W^{(n)}$ der Bedingung II. entspricht].

---

*) Es ist festzuhalten, dass wir hier alle Buchstaben σ, s, $\mathfrak{A}$, a, $\mathfrak{J}$, i in dem früher (Seite 31) festgesetzten Sinne brauchen.

**) Diese Behauptung beruht auf einer bekannten Schlussfolgerung, von welcher im vorliegenden Werke bereits einmal Gebrauch gemacht ist, nämlich in der Note auf Seite 201.

In dieser Formel kann man, nach (27.), $W^{(n)}$ durch W und $F^{(n)}$ durch f ersetzen, ohne dabei einen Fehler von mehr als 2ε zu begehen. Somit folgt:

29. $$f_s - 3\varepsilon \leq W_a \leq f_s + 3\varepsilon.$$

Diese Formel, in welcher 3ε einen beliebig gegebenen Kleinheitsgrad vorstellt, zeigt, dass W_a durch Annäherung von a an s beliebig nahe an f_s herangedrückt werden kann, oder (kürzer ausgedrückt), dass W im Puncte s den Werth f_s besitzt. In solcher Weise kann man darthun, dass W auf der Curve σ in *allen* Puncten, die von den g verschieden sind, mit den vorgeschriebenen f identisch ist. — — Es entspricht also W der Bedingung II.

Man verfahre jetzt ebenso wie in (27.), wähle nämlich wiederum einen beliebigen Kleinheitsgrad ε, und mache n so gross, dass

30. $W^{(n)} - W$ für die Gesammtheit der a
und $F^{(n)} - f$ für die Gesammtheit der s

kleiner als ε wird. Sodann beschreibe man um einen der Puncte g eine kleine Kreislinie $\varkappa + \lambda$, von welcher $\varkappa$ in $\mathfrak{A}$, und λ in $\mathfrak{J}$ liegt, und presse die Gesammtheit der auf $\varkappa$ vorhandenen Werthe $W^{(n)}$ durch Verkleinerung des Radius jener Kreislinie in das Intervall hinein:

31. $$F_1^{(n)} - \varepsilon \leq W_\varkappa^{(n)} \leq F_2^{(n)} + \varepsilon,$$

wo $F_1^{(n)}$, $F_2^{(n)}$ die in g zusammenstossenden Werthe von $F^{(n)}$ bezeichnen; [solches ist stets ausführbar, weil $W^{(n)}$ der Bedingung III. entspricht]. In (31.) kann man, zufolge (30.), $W^{(n)}$ durch W und $F^{(n)}$ durch f ersetzen, ohne dabei einen Fehler von mehr als 2ε zu begehen. Somit folgt:

32. $$f_1 - 3\varepsilon \leq W_\varkappa \leq f_2 + 3\varepsilon;$$

hiermit aber ist erwiesen, dass W der Bedingung III. ebenfalls Genüge leistet. — W. z. z. w.

Bemerkung. — Wir sind früher bei Behandlung des sogenannten *äussern Problems* (Seite 205) vermittelst der Methode des arithmetischen Mittels zu einer gewissen nach kanonischen Potentialfunctionen der Fläche $\mathfrak{A}$ fortschreitenden Reihe gelangt. Dass diese Reihe wirklich die Lösung des Problems repräsentirt, haben wir damals (§ 12, Seite 199) durch sorgfältige Betrachtungen verificirt. Sehr viel einfacher und leichter würden wir gegenwärtig eine solche Verification auszuführen im Stande sein, durch Anwendung des eben bewiesenen allgemeinen Satzes. — Dass übrigens

Ein analoger Satz für die kanonischen Potentialfunctionen des Gebietes $\mathfrak{J}$ existirt, bedarf kaum noch der Erwähnung. Es würden, wenn man ihn aussprechen und beweisen wollte, genau dieselben Worte zu wiederholen sein, nur $\mathfrak{J}$, i, λ statt $\mathfrak{A}$, a, $\varkappa$ gesetzt.

NB. — Im folgenden Capitel wird von den allgemeinen *Eigenschaften* der kanonischen Potentialfunctionen fortwährend Gebrauch gemacht werden. Dabei wird der Leser gut thun, namentlich auf die Seiten 293, 294 zurückzublicken, wo diese Eigenschaften in einfachster Weise angegeben sind, sodann aber auch auf die Seiten 304, 305, wo diese Eigenschaften von Neuem besprochen sind, unter Hinzufügung der betreffenden Formeln.

Neuntes Capitel.

Ueber gewisse auf der Theorie der kanonischen Potentialfunctionen beruhende combinatorische Methoden.

*Murphy**) hat bekanntlich eine combinatorische Methode angegeben, durch welche die elektrostatischen Probleme für ein System von beliebig vielen Conductoren auf diejenigen Probleme reducirt werden, welche den *einzelnen* Conductoren entsprechen. Diese Methode beruht im Wesentlichen auf
zwei Sätzen, von denen der eine darin besteht, *dass die auf*
einem zur Erde abgeleiteten Conductor durch einen elektrischen
1. *Massenpunct* (— 1) *inducirte Vertheilung stets monogen, und*
zwar positiv ist; während der andere dahin lautet, *dass die*
2. *eben genannte Belegung ihrer Gesammtmasse nach stets kleiner*
als 1 *ist***). Um an diese *Murphy*'sche Methode kurz zu erinnern, wollen wir folgende Aufgabe in Betracht ziehen.

Zwei resp. von den Flächen α und β begrenzte Conductoren sind in solcher Weise mit Elektricität geladen, dass
3. das elektrische Gesammtpotential V auf α den constanten
Werth A, andrerseits auf β den Werth *Null* hat. Es sollen für diesen Fall die elektrischen Belegungen der beiden Conductoren, sowie auch diejenigen Werthe ermittelt werden, welche das Potential V in beliebigen Puncten des Raumes besitzt.

Um diese Aufgabe nach der *Murphy*'schen Methode zu behandeln, betrachte man zunächst den Conductor α für sich

---

*) *Murphy: Elementary principles of the theories of electricity, heat and molecular actions.* Part I, Chapter V, pag. 93.

**) Von diesen beiden Sätzen haben wir den *ersten* bereits bewiesen [in (35.) Seite 94]. Wir werden später auch den *zweiten* zu constatiren Gelegenheit haben (vgl. Satz I in der Note auf Seite 348).

allein, und bestimme diejenige Belegung Δ_α dieses Conductors, deren Potential U auf α den vorgeschriebenen constanten Werth A hat, was angedeutet sein mag durch die Formel:

$$U_\alpha = A.$$

Sodann bestimme man diejenige Belegung Δ'_β, welche die Belegung Δ_α auf den Conductor β induciren würde, falls derselbe zur Erde abgeleitet wäre. Das Potential U' dieser Belegung Δ'_β wird alsdann auf β, abgesehen vom Vorzeichen, identisch sein mit U, was angedeutet werden mag durch:

$$U'_\beta = - U_\beta .$$

Hierauf bestimme man diejenige Belegung Δ''_α, welche durch die Belegung Δ'_β auf dem Conductor α hervorgerufen werden würde, falls derselbe zur Erde abgeleitet wäre. Das Potential U'' dieser Belegung Δ''_α wird alsdann auf α, abgesehen vom Vorzeichen, identisch mit U' sein, also der Formel entsprechen:

$$U''_\alpha = - U'_\alpha .$$

Durch Fortsetzung dieses Verfahrens ergiebt sich folgendes System von Formeln:

$$\begin{aligned} U_\alpha &= A, & U'_\beta &= - U_\beta, \\ U''_\alpha &= - U'_\alpha, & U'''_\beta &= - U''_\beta, \\ U^{IV}_\alpha &= - U'''_\alpha, & U^{V}_\beta &= - U^{IV}_\beta, \\ &\ldots & &\ldots \end{aligned} \qquad 4.$$

Und mit Hülfe dieser Formeln erkennt man leicht, dass das eigentlich *gesuchte Potential* V den Werth hat:

$$V = U + U' + U'' + U''' + \cdots \text{ in inf.}; \qquad 5.$$

denn aus jenen Formeln (4.) folgt sofort, dass V auf α den Werth A, andrerseits auf β den Werth *Null* hat. Zugleich erkennt man, dass die *gesuchten Belegungen* E_α und E_β der beiden Conductoren die Werthe haben*):

$$\begin{aligned} E_\alpha &= \Delta_\alpha + \Delta''_\alpha + \Delta^{IV}_\alpha + \cdots \text{ in inf.}, \\ E_\beta &= \Delta'_\beta + \Delta'''_\beta + \Delta^{V}_\beta + \cdots \text{ in inf.} \end{aligned} \qquad 6.$$

Schliesslich erkennt man mit Hülfe der beiden Sätze (1.), (2.),

*) Es bedarf wohl kaum der Bemerkung, dass die Grössen Δ, E die *Dichtigkeiten* der in Rede stehenden Belegungen sein sollen.

dass die Reihen (6.) unter allen Umständen *convergent* sind*), und dass mithin Gleiches auch gilt von der Reihe (5.).

Diese *Murphy*'sche Methode ist auf die analogen Probleme der Ebene *nicht* mehr anwendbar, weil daselbst die Sätze (1.), (2.) unrichtig werden. Aus diesem Grunde werde ich

---

*) Ohne auf die weitere Ausführung der hier erforderlichen Argumentationen mich näher einzulassen, will ich nur zur Erleichterung derselben bemerken, dass die Belegungen Δ, Δ', Δ'', Δ''', ... sämmtlich *monogen* sind. Ist z. B. die gegebene Constante *A positiv*, so wird auch Δ_α auf der gegebenen Oberfläche α allenthalben *positiv* sein [vgl. den Satz (18.) Seite 86]. Hieraus folgt weiter durch Anwendung des Satzes (1.), dass Δ'_β auf der Fläche β allenthalben *negativ*, sodann dass Δ''_α auf α überall *positiv* ist; u. s. w. Diese Bemerkung kann dazu dienen, um die in Betreff der *Murphy*'schen Methode von *Lipschitz* angestellten Betrachtungen (Crelle's Journal, Bd. 61, Seite 12) ein wenig zu vereinfachen.

In analoger Weise, wie die Aufgabe (3.), kann man übrigens auch die allgemeinere Aufgabe behandeln, dass das Potential *V* auf α *beliebig vorgeschriebene Werthe f* besitzen, auf β aber wiederum *Null* sein soll. In diesem Fall sind offenbar die Belegungen Δ, Δ', Δ'', ... nicht mehr monogen. Doch kann man

$$\Delta = \mathrm{H} + \Theta, \quad \Delta' = \mathrm{H}' + \Theta', \quad \Delta'' = \mathrm{H}'' + \Theta'', \text{ etc. etc.}$$

setzen, indem man die Zerlegung $\Delta = \mathrm{H} + \Theta$ in solcher Weise ausführt, dass H *allenthalben positiv*, und Θ *allenthalben negativ* ist, sodann aber unter H' die durch H, unter H'' die durch H' inducirte Belegung versteht, u. s. w., während andrerseits Θ' die durch Θ, Θ'' die durch Θ' inducirte Belegung vorstellen soll, u. s. w. Alsdann sind diese Partialbelegungen H, H', H'' ... und Θ, Θ', Θ'', ... [zufolge des Satzes (1.)] durchweg monogen; und zwar:

$$\mathrm{H}\ \textit{pos.},\quad \mathrm{H}'\ \text{neg.},\quad \mathrm{H}''\ \textit{pos.},\quad \mathrm{H}'''\ \text{neg.},\ \text{etc. etc.}$$
$$\Theta\ \text{neg.},\quad \Theta'\ \textit{pos.},\quad \Theta''\ \text{neg.},\quad \Theta'''\ \textit{pos.},\ \text{etc. etc.}$$

Mit Rücksicht auf diese Bemerkung [und mit Hülfe des Satzes (1.)] ergiebt sich alsdann der Convergenzbeweis in ähnlicher Weise, wie bei der vorhin behandelten einfachern Aufgabe. — Wirft man also einen Blick in den schon citirten Aufsatz (Crelle's Journal, Bd. 61, Seite 12), so findet man, dass die dortigen Betrachtungen von *Lipschitz*, welche bei der vorhergehenden Aufgabe durch einfachere ersetzt werden konnten, im gegenwärtigen Fall wirklich zur Anwendung kommen.

Dass endlich die eben behandelte Aufgabe den Weg bahnt zur Lösung der *noch* allgemeinern Aufgabe, wo das Potential *V sowohl auf α wie auf β beliebig vorgeschriebene Werthe besitzen soll*, bedarf keiner nähern Darlegung.

im gegenwärtigen Capitel eine etwas andere Methode ent- 7.
wickeln, welche von diesem Uebelstande frei ist, nämlich in ganz conformer Weise Anwendung findet auf die Probleme des Raumes wie auf die der Ebene. Und zwar werde ich, in Anbetracht dieser Conformität, bei meinen Expositionen auf die Probleme der Ebene mich beschränken können.

Sodann werde ich eine im Ganzen ähnliche Methode (oder vielmehr *zwei* solche Methoden) für *den* Fall angeben, dass die beiden Flächen α und β *einander schneiden.* Es 8.
handelt sich alsdann, falls z. B. α und β *Kugel*flächen sind, um die Lösung der elektrostatischen Probleme für den von diesen beiden Kugelflächen begrenzten *linsen*förmigen Conductor. Aber auch hier mag es mir, der Einfachheit willen, gestattet sein, mich auf die analogen Probleme der Ebene zu beschränken.

§ 1.

Erste Methode.

Es seien α und β zwei geschlossene Curven, die eine *ausserhalb* der andern; und zwar zerfalle die ganze unendliche Ebene $\mathfrak{E}$ durch α in einen innern Theil $\mathfrak{S}_\alpha$ und einen äussern Theil $\mathfrak{T}_\alpha$, ebenso durch β in die beiden Theile $\mathfrak{S}_\beta$ und $\mathfrak{T}_\beta$; was angedeutet sein mag durch die Formeln:

$$\mathfrak{E} = \mathfrak{S}_\alpha + \mathfrak{T}_\alpha,$$

$$\mathfrak{E} = \mathfrak{S}_\beta + \mathfrak{T}_\beta;$$

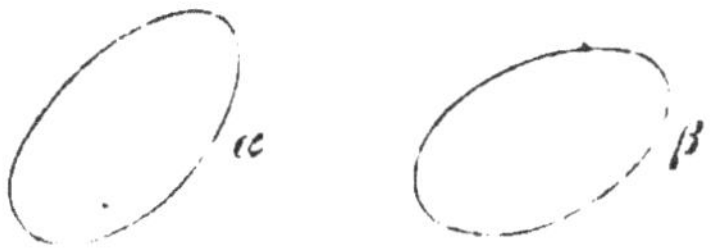

ferner sei:

$$\mathfrak{E} = \mathfrak{S}_\alpha + \mathfrak{S}_\beta + \mathfrak{T}_{\alpha\beta}\text{*)};$$

so dass also $\mathfrak{T}_{\alpha\beta}$ denjenigen Theil der Ebene bezeichnet, welcher *ausserhalb* der beiden Curven liegt. In Folge dieser Festsetzungen ist offenbar $\mathfrak{T}_{\alpha\beta}$ ein *Theil* von $\mathfrak{T}_\alpha$, und ebenso auch ein *Theil* von $\mathfrak{T}_\beta$.

Wir denken uns auf α und β irgend welche Werthe vorgeschrieben, und stellen uns die Aufgabe, *diejenige kanonische Potentialfunction der Fläche $\mathfrak{T}_{\alpha\beta}$ zu finden, welche am* 1.
Rande der Fläche, d. i. auf α und β jene vorgeschriebenen

*) Man bemerkt, dass die Indices die *Randcurven* andeuten. Denn $\mathfrak{T}_{\alpha\beta}$ ist begrenzt von α und β, hingegen $\mathfrak{T}_\alpha$ *nur* von α, ebenso $\mathfrak{S}_\alpha$ *nur* von α; u. s. w.

Werthe besitzt. Bei Behandlung dieser Aufgabe setzen wir voraus, dass irgend welche Methode bekannt sei zur Bildung der kanonischen Potentialfunctionen der *einfachern* Fläche $\mathfrak{T}_\alpha$ für beliebig vorgeschriebene Grenzwerthe*), ferner, dass eine zweite Methode bekannt sei, um Analoges zu leisten für die Fläche $\mathfrak{T}_\beta$. Diese zu unserer Disposition stehenden Methoden
2. bezeichnen wir mit $\mathfrak{M}_\alpha$ und $\mathfrak{M}_\beta$, und die vermittelst derselben construirbaren kanonischen Functionen der Flächen $\mathfrak{T}_\alpha$ und $\mathfrak{T}_\beta$ respective mit U und V. — Ausserdem setzen wir
3. voraus, dass die Curve α wirklich *ausserhalb* β liege, dass also die beiden Curven *keinen* Punct gemein haben.

Disposition. — Wir werden zunächst gewisse den Curven α, β eigenthümliche *Constanten* $\varkappa$, λ, sowie auch die Beschaffenheit der *Functionen* U, V (2.) zu besprechen haben. Sodann erst können wir übergehen zur Behandlung der gestellten Aufgabe (1.), oder vielmehr zur Behandlung einer *Reihe* aufeinanderfolgender Aufgaben, von denen jene das letzte Glied ist.

Die Situationsconstanten $\varkappa$, λ. — Man zerlege die Curve α in zwei Theile α' und α'', von denen jeder aus beliebig vielen einzelnen Stücken bestehen kann, und bilde sodann vermittelst der bekannten Methode $\mathfrak{M}_\alpha$ (2.) die Function $U^{\alpha'}$, d. i. diejenige kanonische Potentialfunction der Fläche $\mathfrak{T}_\alpha$, welche auf α' *Eins*, auf α'' *Null* ist. Desgleichen bilde man vermittelst jener Methode die Function $U^{\alpha''}$, welche umgekehrt auf α'' *Eins*, auf α' *Null* ist; und setze endlich:

4. $$\eta = \tfrac{1}{2}(U_b^{\alpha'} + U_\beta^{\alpha''}),\quad \zeta = 1 - \eta,$$

wo b, β zwei beliebige Puncte der Curve β vorstellen sollen**).

---

*) Eine solche Methode würde z. B. die *Methode des arithmetischen Mittels* sein, falls die Randcurve α der Fläche $\mathfrak{T}_\alpha$ zweiten Ranges und keine zweisternige ist; vgl. (77.) Seite 301. — Uebrigens werden wir auch in diesem Capitel, ebenso wie früher, *stets voraussetzen, dass die vorgeschriebenen Grenzwerthe keine anderen Unstetigkeiten haben als solche, die in einzelnen Differenzpuncten bestehen.*

**) Unter $U_b^{\alpha'}$ und $U_\beta^{\alpha''}$ sind die Werthe der Functionen $U^{\alpha'}$ und $U^{\alpha''}$ in b und β, d. i. in zwei *beliebigen* Puncten der *Curve* β zu verstehen. Dass hierbei der Buchstabe β in zwei verschiedenen Bedeu-

Alsdann ist nach der dritten Eigenschaft der kanonischen Functionen (vgl. Seite 293 und 304):

$$0 \leq U_b^{\alpha'} \leq 1, \quad ^{*})$$

$$0 \leq U_\beta^{\alpha''} \leq 1, \qquad 5.$$

und folglich:

$$0 \leq \eta \leq 1,$$

$$1 \geq \xi \geq 0. \qquad 6.$$

Von besonderer Wichtigkeit für unsere Zwecke ist die Frage, ob η seine untere Grenze, die 0, wirklich *erreichen* kann.

Nach (4.), (5.) ist η eine Summe von zwei *positiven* Gliedern, zum Nullwerden von η also erforderlich, dass diese Glieder *einzeln* verschwinden. Nun ist aber zum Verschwinden des Gliedes $U_b^{\alpha'}$ erforderlich, dass $\alpha' = 0$ sei**), ebenso zum Verschwinden des Gliedes $U_\beta^{\alpha''}$ erforderlich, dass $\alpha'' = 0$ sei; also zum Verschwinden von η erforderlich, dass *gleichzeitig* $\alpha' = 0$ und $\alpha'' = 0$ sei, was offenbar unmöglich. Folglich kann η seine untere Grenze, die 0, *niemals* erreichen, so dass also den Formeln (6.) die strengere Gestalt zukommt:

$$0 < \eta \leq 1,$$

$$\text{(sic!)}\ 1 > \xi \geq 0.$$

Um die Hauptsache zusammenzufassen: *Zerlegt man die*

---

tungen figurirt, kann kein Missverständniss bewirken. In ähnlicher Weise ist ja früher auch z. B. der Buchstabe σ in verschiedenen Bedeutungen gebraucht, indem ein variabler Punct der *Curve* σ bald mit s, bald mit σ selber bezeichnet wurde.

*) Das strengere Zeichen $<$ ist in den Formeln (5.) unstatthaft. Denn die Theile α', α'' sind ganz *beliebig*, so dass also z. B. $\alpha' = 0$ sein kann; alsdann aber würde $U^{\alpha'}$ ebenfalls $= 0$ sein.

**) Die beiden Curven α und β sollen [nach (3.)] *keinen* Punct gemein haben. Folglich wird z. B. der auf β gelegene Punct b von allen Puncten der Curve α durch irgend welche (wenn auch noch so kleine) Zwischenräume getrennt sein. Zufolge der dritten Eigenschaft der kanonischen Functionen findet daher, *wenn α' von Null verschieden ist*, stets die Formel statt:

$$0 < U_b^{\alpha'} < 1,$$

die Zeichen genommen in sensu rigoroso. So lange also α' von Null verschieden ist, kann $U_b^{\alpha'}$ niemals verschwinden. Mit anderen Worten: Ein solches Verschwinden wird *nur* dann möglich sein, wenn $\alpha' = 0$ ist. W. z. z. w.

Curve α in zwei Theile α' und α'' (von denen jeder aus beliebig vielen einzelnen Stücken bestehen kann), *und versteht man unter b, β zwei auf der Curve β frei bewegliche Puncte, so wird die Grösse*

8. $$\zeta = 1 - \tfrac{1}{2}(U_b^{\alpha'} + U_\beta^{\alpha''})$$

variiren mit der Art und Weise jener Zerlegung, sowie auch mit der Lage der Puncte b, β, dabei aber stets der Formel unterworfen bleiben:

9. $$0 \leqq \zeta < 1. \text{ (sic!)}$$

Was von der Variablen ζ gilt, gilt nothwendig auch von jedem Specialwerth derselben. Bezeichnet man also den Maximalwerth derselben mit ϰ, so ergiebt sich:

10. $$0 \leqq \zeta \leqq \varkappa < 1. \text{ (sic!)}$$

Dieses ϰ ist eine den beiden Curven α, β eigenthümliche Constante, und mag etwa die ***Situationsconstante von β in Bezug auf α*** *heissen.*

In analoger Weise wird umgekehrt die ***Situationscon-***
11. ***stante von α in Bezug auf β*** *definirt werden; sie mag λ heissen.*

Ueber die Functionen U, V (2.). — Man denke sich auf der Curve α irgend welche Werthe f vorgeschrieben, und vermittelst der bekannten Methode $\mathfrak{M}_\alpha$ (2.) diejenige kanonische Potentialfunction der Fläche $\mathfrak{T}_\alpha$ gebildet, welche am Rande der Fläche, d. i. auf α jene vorgeschriebenen Werthe f besitzt. Um diese Function

12. $$U = U^{\alpha, f}$$

näher zu untersuchen, zerlege man die Curve α in zwei Theile α' und α'', und zwar in solcher Art, dass die zugehörigen f, nämlich f' und f'' den Relationen entsprechen:

13. $$K \leqq f' \leqq M,$$
$$M \leqq f'' \leqq G,$$

wo $Df = G - K$ die Schwankung von f, und $M = \frac{1}{2}(G + K)$ sein soll. Alsdann ist*) nach der vierten Eigenschaft der kanonischen Functionen: $U = U^{\alpha', f'} + U^{\alpha'', f''}$, also z. B. auch:

14. $$U_\beta = U_\beta^{\alpha', f'} + U_\beta^{\alpha'', f''},$$

wo β ein beliebiger Punct der Curve β sein soll. Was die

*) Man beachte in diesem Capitel stets die Note Seite 309.

beiden Glieder rechts betrifft, so ist nach der dritten Eigenschaft der kanonischen Functionen:

$$U_\beta^{\alpha', f'-K} \geqq 0, \quad *)$$

oder mit Rücksicht auf die vierte Eigenschaft:

$$U_\beta^{\alpha', f'} - K U_\beta^{\alpha'} \geqq 0,$$

oder, was dasselbe:

$$U_\beta^{\alpha', f'} \geqq K U_\beta^{\alpha'}.$$

Dieser Formel, welche die f' und ihr *Minimum* K betrifft, wird, wie leicht zu übersehen, eine andere zur Seite stehen, welche die f' und ihr *Maximum* M (13.) betrifft, und so lautet:

$$U_\beta^{\alpha', f'} \leqq M U_\beta^{\alpha'}.$$

Durch Zusammenfassung beider Formeln erhält man:

$$K U_\beta^{\alpha'} \leqq U_\beta^{\alpha', f'} \leqq M U_\beta^{\alpha'}; \qquad 15.$$

und in ähnlicher Weise wird man [mit Hinblick auf (13.)] folgende Formel für die f'' erhalten:

$$M U_\beta^{\alpha''} \leqq U_\beta^{\alpha'', f''} \leqq G U_\beta^{\alpha''}. \qquad 16.$$

Durch Addition von (15.), (16.) folgt mit Rücksicht auf (14.):

$$\begin{aligned} U_\beta &\leqq M U_\beta^{\alpha'} + G U_\beta^{\alpha''}, \\ U_\beta &\geqq K U_\beta^{\alpha'} + M U_\beta^{\alpha''}, \end{aligned} \qquad 17.$$

oder, was dasselbe:

$$\begin{aligned} U_\beta &\leqq G (U_\beta^{\alpha'} + U_\beta^{\alpha''}) - (G - M) U_\beta^{\alpha'}, \\ U_\beta &\geqq K (U_\beta^{\alpha'} + U_\beta^{\alpha''}) + (M - K) U_\beta^{\alpha''}, \end{aligned} \qquad 18.$$

oder, weil $(G - M) = (M - K) = \frac{1}{2}(G - K)$ ist, und mit Rücksicht auf bekannte Eigenschaften der kanonischen Functionen**):

$$\begin{aligned} U_\beta &\leqq G - \tfrac{1}{2}(G - K) U_\beta^{\alpha'}, \\ U_\beta &\geqq K + \tfrac{1}{2}(G - K) U_\beta^{\alpha''}, \end{aligned} \qquad 19.$$

---

*) Die Anwendung des rigorosen Zeichens $>$ ist hier unstatthaft, so lange über die f keine speciellere Voraussetzung vorliegt. Denn sind z. B. diese f *constant*, etwa $= C$, so wird $f' - K = 0$, so dass also in diesem Fall die Function $U^{\alpha', f'-K}$ allenthalben *Null* sein würde.

**) Es ist nämlich nach der dritten Eigenschaft:

$$U_\beta^{\alpha'} + U_\beta^{\alpha''} = U_\beta^{\alpha} = 1, \text{ vgl. (17.) Seite 305.}$$

also *a fortiori*:

20. $$U_\beta \leqq G\,,\qquad U_\beta \geqq K\,.$$

In all' diesen Formeln bezeichnet β einen *beliebigen* Punct der Curve β. Befindet sich nun der kleinste der Werthe U_β in β_0, und der grösste derselben in β_1, so ist die soge-
21. nannte *Schwankung* $DU_\beta = U_{\beta_1} - U_{\beta_0}$; und hieraus folgt, wenn man U_{β_1} durch die *erste*, andrerseits U_{β_0} durch die *zweite* der Formeln (19.) ausdrückt:

22. $$DU_\beta \leqq (G-K)\,[1 - \tfrac{1}{2}(U^{\alpha'}_{\beta_1} + U^{\alpha''}_{\beta_0})]\,,$$

also mit Rücksicht auf (8.), (9.), (10.):

23. $$DU_\beta < (G-K)\varkappa\,.$$

Setzen wir schliesslich Df oder (was dasselbe) Df_α statt $G-K$, so gelangen wir durch (20.), (23.) zu dem Satz, *dass die von uns betrachtete der Fläche* $\mathfrak{T}_\alpha$ *entsprechende kanonische Function*

24. a $$U = U^{\alpha, f}$$

auf der Curve β *den Formeln entspricht:*

24. b $$DU_\beta \text{ in Erstreckung von } Df_\alpha\,,\qquad DU_\beta \leqq (Df_\alpha)\varkappa\,,$$

wo $\varkappa$ *einen* ä*chten Bruch, nämlich die Situationsconstante von* β *in Bezug auf* α *vorstellt* [vgl. (10.)].

Und denken wir uns andrerseits auf β (statt auf α) irgend welche Werthe f vorgeschrieben, *so wird sich offenbar für die der Fläche* $\mathfrak{T}_\beta$ *entsprechende kanonische Function*

25. a $$V = V^{\beta, f}$$

der analoge Satz ergeben:

25. b $$DV_\alpha \text{ in Erstreckung von } Df_\beta\,,\qquad DV_\alpha \leqq (Df_\beta)\lambda\,,$$

wo λ *die Situationsconstante von* α *in Bezug auf* β *ist* [vgl. (11.)].

Erste Aufgabe. — *Es soll eine kanonische Potentialfunction der Fläche* $\mathfrak{T}_{\alpha\beta}$ *ermittelt werden, welche einerseits auf* α *von den daselbst vorgeschriebenen Werthen* f *nur durch eine unbestimmte additive Constante sich unterscheidet, und welche andrerseits auf* β *verschwindet.*

Wir haben die kanonischen Potentialfunctionen der

Fläche $\mathfrak{T}_\alpha$ mit U bezeichnet (2.). Hieraus folgt, nach der fünften Eigenschaft, dass diese U zugleich auch kanonische Potentialfunctionen für jeden *Theil* von $\mathfrak{T}_\alpha$ also z. B. für $\mathfrak{T}_{\alpha\beta}$ sind. Analoges gilt von den V. — Bildet man also vermittelst der bekannten Methoden $\mathfrak{M}_\alpha$ und $\mathfrak{M}_\beta$ (2.) die aufeinander folgenden Functionen:

$$\begin{array}{ll} \varphi = U^{\alpha, f}, & \varphi' = V^{\beta, \varphi}, \\ \varphi'' = U^{\alpha, \varphi'}, & \varphi''' = V^{\beta, \varphi''}; \\ \varphi^{IV} = U^{\alpha, \varphi'''}, & \varphi^{V} = V^{\beta, \varphi^{IV}}, \\ \cdots\cdots & \cdots\cdots \end{array} \qquad 27.$$

und setzt man:

$$\chi^{(n)} = (\varphi - \varphi') + (\varphi'' - \varphi''') \cdots + (\varphi^{(2n)} - \varphi^{(2n+1)}), \qquad 28.$$

so sind all' diese Functionen φ, φ', φ'', $\cdots$ $\chi^{(n)}$ *kanonische Potentialfunctionen der Fläche* $\mathfrak{T}_{\alpha\beta}$. Was die Werthe dieser Functionen auf der *Grenze* der Fläche, d. i. auf den Curven α und β betrifft, so folgt zunächst aus (27.):

$$\begin{array}{ll} \varphi_\alpha = f_\alpha, & \varphi_\beta' = \varphi_\beta, \\ \varphi_\alpha'' = \varphi_\alpha', & \varphi_\beta''' = \varphi_\beta'', \\ \varphi_\alpha^{IV} = \varphi_\alpha''', & \varphi_\beta^{V} = \varphi_\beta^{IV}, \\ \cdots\cdots & \cdots\cdots \end{array} \qquad 29.$$

und mit Rücksicht hierauf aus (28.):

$$\chi_\alpha^{(n)} = f_\alpha - \varphi_\alpha^{(2n+1)}, \quad \chi_\beta^{(n)} = 0. \qquad 30.$$

Für ein sehr grosses n wird daher $\chi^{(n)}$ die *approximative Lösung* der gestellten Aufgabe sein, falls sich nur nachweisen lässt, dass $\varphi_\alpha^{(2n+1)}$ mit wachsendem n gegen eine *Constante* convergirt.

Bringt man die Sätze (24. a, b) und (25. a, b) auf die Functionen (27.), und zwar zunächst auf die Functionen *erster Zeile* in Anwendung, so folgt:

$$\begin{array}{ll} D\varphi_\beta \text{ in Erstr. von } Df_\alpha, & D\varphi_\alpha' \text{ in Erstr. von } D\varphi_\beta, \\ D\varphi_\beta \leq (Df_\alpha)\varkappa, & D\varphi_\alpha' \leq (D\varphi_\beta)\lambda, \end{array}$$

und hieraus durch Elimination von $D\varphi_\beta$:

$$D\varphi_\alpha' \text{ in Erstr. von } Df_\alpha,$$
$$D\varphi_\alpha' \leq (Df_\alpha)\varkappa\lambda.$$

Analoge Resultate ergeben sich für die Functionen (27.) *zweiter Zeile*, u. s. w.; und man gelangt daher zu der Tabelle:

$$D\varphi_\alpha' \text{ in Erstr. von } Df_\alpha, \qquad D\varphi_\alpha' \leqq (Df_\alpha)\varkappa\lambda,$$

31. $$D\varphi_\alpha''' \text{ in Erstr. von } D\varphi_\alpha', \qquad D\varphi_\alpha''' \leqq (D\varphi_\alpha')\varkappa\lambda,$$

$$D\varphi_\alpha^{\text{v}} \text{ in Erstr. von } D\varphi_\alpha''', \qquad D\varphi_\alpha^{\text{v}} \leqq (D\varphi_\alpha''')\varkappa\lambda,$$

$$\cdots\cdots\cdots\cdots \qquad \cdots\cdots\cdots$$

32. hieraus folgt sofort: $$D\varphi_\alpha^{(2n+1)} \leqq (Df_\alpha)(\varkappa\lambda)^{n+1}.$$

33. Auch ist nach (29.): $$\varphi_\alpha^{(2n+1)} = \varphi_\alpha^{(2n+2)}.$$

Aus den Formeln (31.), (32.) erkennt man, dass die Schwankungen Df_α, $D\varphi_\alpha'$, $D\varphi_\alpha'''$, $D\varphi_\alpha^{\text{v}}$, ... sämmtlich *in einander geschachtelt* sind, ferner, dass die Schwankung $D\varphi_\alpha^{(2n+1)}$ mit wachsendem n zu *Null* convergirt, also schliesslich, dass die Function (33.) mit wachsendem n gegen eine bestimmte, in Erstreckung des Intervalls Df_α gelegene *Constante* c convergirt*):

34. $$\varphi_\alpha^{(\infty)} = c.$$

Hiermit ist dargethan, dass die Function $\chi^{(n)}$ (28.), (30.) in der That eine *approximative Lösung* unserer Aufgabe sein wird, falls man nur n sehr gross macht. Zugleich entsteht die Vermuthung, dass

Die strenge Lösung der Aufgabe durch $\chi = \chi^{(\infty)}$, nämlich durch die Reihe

35. $$\chi = (\varphi - \varphi') + (\varphi'' - \varphi''') + \cdots \text{ in inf.}$$

dargestellt sein werde. Und diese Vermuthung wird, zufolge eines gewissen allgemeinen Satzes (Seite 306), in Gewissheit verwandelt werden, sobald es uns gelingt nachzuweisen, dass die Differenz

36. a $$\chi^{(n)} - \chi \text{ für die Gesammtheit der Puncte } t$$

durch Vergrösserung von n unter jeden beliebigen Kleinheitsgrad hinabgedrückt werden kann, dass ferner Gleiches gilt von der Differenz:

36. b $$\chi_\alpha^{(n)} - (f_\alpha - c) \text{ für die Gesammtheit der Puncte } \alpha,$$

und Gleiches auch von der Differenz

36. c $$\chi_\beta^{(n)} - 0 \text{ für die Gesammtheit der Puncte } \beta.$$

---

*) Vgl. die analogen Betrachtungen Seite 186, 187.

Dabei sind unter den t alle *inneren* Puncte der Fläche $\mathfrak{T}_{\alpha\beta}$, ebenso unter den α und β alle *Rand*puncte derselben zu verstehen.

Um nun über diese Differenzen, welche offenbar auch so darstellbar sind*):

$$\chi^{(n)} - \chi = (\varphi^{(2n+3)} - \varphi^{(2n+2)}) + (\varphi^{(2n+5)} - \varphi^{(2n+4)}) + \cdots \text{ in inf.}, \quad 37.\text{a}$$

$$\chi_\alpha^{(n)} - (f_\alpha - c) = c - \varphi_\alpha^{(2n+1)}; \quad 37.\text{b}$$

$$\chi_\beta^{(n)} - 0 = 0, \quad 37.\text{c}$$

die gewünschte Auskunft zu erhalten, kehren wir zurück zu den Formeln (31.), (32.), (33.). Aus diesen folgt sofort**):

$$\text{abs}\,(\varphi_\alpha^{(2n+2p+1)} - \varphi_\alpha^{(2n+1)}) \leqq (Df_\alpha)(\varkappa\lambda)^{n+1}, \quad 38.$$

wo p eine beliebige positive Zahl ist. Hieraus folgt weiter für $p = \infty$, mit Rücksicht auf (34.):

$$\text{abs}\,(c - \varphi_\alpha^{(2n+1)}) \leqq (Df_\alpha)\,(\varkappa\lambda)^{n+1}, \quad 39.$$

und andrerseits für $p = 1$:

$$\text{abs}\,(\varphi_\alpha^{(2n+3)} - \varphi_\alpha^{(2n+1)}) \leqq (Df_\alpha)(\varkappa\lambda)^{n+1}, \quad 40.$$

oder mit Rücksicht auf (33.):

$$\text{abs}\,(\varphi_\alpha^{(2n+3)} - \varphi_\alpha^{(2n+2)}) \leqq (Df_\alpha)(\varkappa\lambda)^{n+1}. \quad 41.\alpha$$

Ausserdem ist, wie unmittelbar aus (29.) ersichtlich:

$$\text{abs}\,(\varphi_\beta^{(2n+3)} - \varphi_\beta^{(2n+2)}) = 0. \quad 41.\beta$$

Aus diesen beiden Formeln (41.α, β) ergiebt sich aber nach der dritten Eigenschaft der kanonischen Functionen:

$$\text{abs}\,(\varphi^{(2n+3)} - \varphi^{(2n+2)}) \leqq (Df_\alpha)(\varkappa\lambda)^{n+1} \text{ für die Gesammtheit der } t. \quad 42.$$

Ebenso wie diese Formel (42.) das *erste* Glied der unendlichen Reihe (37.a) betrifft, ebenso gelten offenbar analoge Formeln für das *zweite* Glied, für das *dritte*, u. s. w. Und durch Anwendung all' dieser Formeln gelangt man hinsichtlich jener Reihe oder (was dasselbe) hinsichtlich des Ausdrucks $\chi^{(n)} - \chi$ zu folgendem Resultat:

$$\text{abs}\,(\chi^{(n)} - \chi) \leqq (Df_\alpha)\,\frac{(\varkappa\lambda)^{n+1}}{1 - \varkappa\lambda} \quad \text{für die Gesammtheit der } t. \quad 43.\text{a}$$

*) Die Formel (37.a) folgt aus (28.) und (35.). Andrerseits ergeben sich (37. b. c) direct aus (30.).

**) In der That ist die Schlussfolgerung, welche von den Formeln (31.), (32.) zur Formel (38.) hinleitet, eine äusserst einfache. Wir haben dieselbe früher (Seite 187) näher dargelegt.

Ferner folgt aus (37. b, c) mit Rücksicht auf (39.):

43.b $\text{abs}\,(\chi_\alpha^{(n)} - (f_\alpha - c)) \leqq (Df_\alpha)(\varkappa\lambda)^{n+1}$ für die Gesammtheit der α,

43.c $\text{abs}\,(\chi_\beta^{(n)} - 0) = 0$ für die Gesammtheit der β.

Somit erkennen wir, dass die in (37. a, b, c) genannten Anforderungen wirklich erfüllt sind, und dass also in der That χ die *strenge Lösung* der Aufgabe ist.

Um die Hauptsache zusammenzufassen: *Bildet man, von den vorgeschriebenen f_α aus, vermittelst der bekannten Methoden $\mathfrak{M}_\alpha$, $\mathfrak{M}_\beta$ (2.) die aufeinander folgenden Functionen $\varphi, \varphi', \varphi'', \varphi''', \ldots$ (27.), so wird die aus diesen Functionen zusammengesetzte Reihe*

44. $$\chi = (\varphi - \varphi') + (\varphi'' - \varphi''') + \cdots \text{ in inf.}$$

eine kanonische Potentialfunction der Fläche $\mathfrak{T}_{\alpha\beta}$ sein mit den Grenzwerthen

45. $$\chi_\alpha = f_\alpha - c, \qquad \chi_\beta = 0,$$

wo c eine Constante ist. Der Werth dieser Constanten c liegt in Erstreckung des Intervalls Df_α, und ist also identisch

46. *mit einem speciellen der Werthe f_α. Auch repräsentirt diese Constante zugleich diejenige Grenze, gegen welche die Function $\varphi_\alpha^{(n)}$ mit wachsendem n convergirt**).

Zweite Aufgabe. — *Es soll diejenige kanonische Potential-*

47. *function der Fläche $\mathfrak{T}_{\alpha\beta}$ ermittelt werden, welche auf α Eins, und auf β Null ist.*

Es sei W das Potential zweier Massenpuncte m und m', von denen der erste *innerhalb* α, der zweite *innerhalb* β liegt; ausserdem sei:

48. $$m = \text{pos.}, \qquad m' = -m.$$

Bildet man vermittelst der bekannten Methode $\mathfrak{M}_\beta$ (2.) die Function $V^{\beta, W}$, d. i. diejenige kanonische Potentialfunction der Fläche $\mathfrak{T}_\beta$, welche auf β gleichwerthig mit W ist, so wird offenbar die Differenz

49. $$F = W - V^{\beta, W}$$

im Puncte m und auf der Curve β die Werthe haben:

50. $$F_m = +\infty, \qquad F_\beta = 0,$$

---

*) Diese Behauptungen hinsichtlich der Constanten c ergeben sich theils aus (34.), theils aus der *kurz vor* (34.) gemachten Bemerkung.

wo $+\infty$ ein *positives* Unendlich vorstellt, zufolge (48.). — Auch bemerkt man, dass die drei Functionen W, $V^{\beta,W}$ und F nicht nur kanonische Potentialfunctionen der Fläche $\mathfrak{T}_{\alpha\beta}$, sondern ebenso auch kanonische Potentialfunctionen derjenigen *neuen* Fläche $\mathfrak{T}_{\varkappa\beta}$ sind, welche aus $\mathfrak{T}_{\alpha\beta}$ entsteht, sobald man die Curve α zu einer unendlich kleinen um m beschriebenen Kreislinie $\varkappa$ zusammenschrumpfen lässt. Nach der dritten Eigenschaft der kanonischen Functionen findet daher für jeden *innerhalb* $\mathfrak{T}_{\varkappa\beta}$ gelegenen Punct, z. B. für jeden Punct α die Formel statt:

$$G > F_\alpha > K, \tag{51.}$$

die Zeichen genommen *in sensu rigoroso*, wo G den grössten der Werthe $F_\varkappa$, F_β, nämlich den grössten der am *Rande* der Fläche $\mathfrak{T}_{\varkappa\beta}$ gelegenen Werthe vorstellt, während K den kleinsten derselben bezeichnet. Ein Blick auf die Formeln (50.) giebt uns eine deutliche Vorstellung über diese Werthe $F_\varkappa$, F_β, und zeigt uns, dass G eine *ungeheuer grosse positive Zahl*, und K gleich *Null* ist. Somit folgt aus (51.):

$$+\infty > F_\alpha > 0, \tag{52.}$$

die Zeichen genommen *in sensu rigoroso*. Schliesslich folgt, um die Hauptsache herauszuheben, aus (50.) und (52.):

$$F_\alpha > 0, \text{ (sic!)} \qquad\qquad F_\beta = 0\,. \tag{53.}$$

Denken wir uns nun auf Grund der Randwerthe F_α die Functionen Φ, Φ', Φ'', ... X gebildet, genau in derselben Weise, wie vorhin [vgl. den Satz (44.), (45.)] auf Grund der Randwerthe f_α die Functionen φ, φ', φ'', . . . χ construirt wurden, so wird:

$$X = (\Phi - \Phi') + (\Phi'' - \Phi''') + \cdots\cdots \text{ in inf.}, \tag{54.}$$

und ferner:

$$X_\alpha = F_\alpha - C, \qquad\qquad X_\beta = 0\,, \tag{55.}$$

wo die Constante C [nach (46.)] mit einem *speciellen* der Werthe F_α identisch, also [nach (53.)] der Bedingung

$$C > 0 \text{ (sic!)} \tag{56.}$$

unterworfen ist. — Bilden wir nun schliesslich die Differenz:

$$\Delta = F - X\,, \tag{57.}$$

so wird Δ, ebenso wie F, X, eine kanonische Potentialfunction der Fläche $\mathfrak{T}_{\alpha\beta}$ sein, und zugleich den aus (53.), (55.) sich ergebenden Formeln:

58. $$\Delta_\alpha = C, \qquad \Delta_\beta = 0$$

entsprechen. *Folglich repräsentirt* $\frac{\Delta}{C}$ *die Lösung der gestellten Aufgabe* (47.).

Bemerkung. — Eingedenk der zweiten Eigenschaft der kanonischen Functionen, erkennt man aus (58.), dass die Function Δ auf der Fläche $\mathfrak{T}_{\alpha\beta}$ allenthalben verschwinden würde, falls zufälliger Weise $C = 0$ sein sollte, und dass alsdann die gefundene Lösung $\frac{\Delta}{C}$ gleich $\frac{0}{0}$, mithin *illusorisch* sein würde. Doch kann ein solcher Zufall, wie durch (56.) constatirt ist, *niemals* eintreten.

Dritte Aufgabe. — *Es soll diejenige kanonische Potential-*
59. *function der Fläche $\mathfrak{T}_{\alpha\beta}$ ermittelt werden, welche auf α beliebig vorgeschriebene Werthe f_α besitzt, und auf β Null ist.*

Die schon gebildeten kanonischen Potentialfunctionen χ und Δ der Fläche $\mathfrak{T}_{\alpha\beta}$ besitzen nach (45.) und (58.) die Grenzwerthe:

$$\chi_\alpha = f_\alpha - c, \qquad \chi_\beta = 0,$$
$$\Delta_\alpha = C, \qquad \Delta_\beta = 0.$$

Setzt man also:

60. $$\Omega = \chi + \frac{c}{C}\Delta,$$

so wird Ω die Grenzwerthe haben:

61. $$\Omega_\alpha = f_\alpha, \qquad \Omega_\beta = 0,$$

folglich die *Lösung der gestellten Aufgabe* (59.) sein.

Vierte Aufgabe. — *Es soll diejenige kanonische Potential-*
62. *function der Fläche $\mathfrak{T}_{\alpha\beta}$ ermittelt werden, welche auf α beliebig vorgeschriebene Werthe f_α, und andrerseits auf β ebenfalls beliebig vorgeschriebene Werthe f_β besitzt.*

Wir haben soeben diejenige kanonische Potentialfunction Ω (60.) der Fläche $\mathfrak{T}_{\alpha\beta}$ gebildet, welche auf α die Werthe f_α hat, und auf β *verschwindet.* In analoger Weise können
63. wir offenbar eine kanonische Potentialfunction Ω' der Fläche $\mathfrak{T}_{\alpha\beta}$ construiren, welche umgekehrt auf α *verschwindet*, hin-

gegen auf β die daselbst vorgeschriebenen Werthe f_β hat. Solches ausgeführt gedacht, wird offenbar $\Omega + \Omega'$ die *Lösung* der gestellten Aufgabe sein.

Allgemeinere Aufgaben. — In ganz analoger Weise kann eine von zwei Curven α und β begrenzte *ringförmige* Fläche $\mathfrak{T}_{\alpha\beta}$ behandelt werden. In diesem Fall ist, wenn α den äussern, β den innern Rand vorstellt, für $\mathfrak{T}_\alpha$ diejenige Fläche zu nehmen, in welche $\mathfrak{T}_{\alpha\beta}$ durch ein allmähliches *Zusammenschrumpfen* und schliessliches Verschwinden von β übergehen würde, andrerseits für $\mathfrak{T}_\beta$ diejenige, in welche $\mathfrak{T}_{\alpha\beta}$ durch fortgesetzte *Erweiterung* und schliessliches Unsichtbarwerden*) von α sich verwandeln würde.

Ganz analoge Betrachtungen sind aber auch auf solche Flächen anwendbar, die von *drei*, *vier*, *beliebig vielen* Curven begrenzt werden. Um den *allgemeinsten* Fall zur Sprache zu bringen, denke man sich eine von n Curven begrenzte Fläche gegeben, und bezeichne irgend eine Anzahl dieser Curven mit α, die noch übrig bleibende Anzahl mit β, und die Fläche selber mit $\mathfrak{T}_{\alpha\beta}$. Lässt man diese Fläche $\mathfrak{T}_{\alpha\beta}$ über die Curven β hinaus mehr und mehr anwachsen, so entsteht schliesslich eine Fläche $\mathfrak{T}_\alpha$, welche nur noch von den α begrenzt ist. Und lässt man andrerseits $\mathfrak{T}_{\alpha\beta}$ über die α hinaus mehr und mehr anwachsen, so wird schliesslich eine gewisse Fläche $\mathfrak{T}_\beta$ entstehen, die nur noch von den β begrenzt ist. Von diesen Flächen $\mathfrak{T}_{\alpha\beta}$, $\mathfrak{T}_\alpha$, $\mathfrak{T}_\beta$ gilt alsdann Analoges wie früher. In der That erkennt man leicht, *dass man die kanonischen Potentialfunctionen der Fläche $\mathfrak{T}_{\alpha\beta}$ für vorgeschriebene Grenzwerthe aufzustellen vermag, sobald man nur im Besitz irgend welcher Methoden ist zur Lösung der entsprechenden Aufgaben für jede der beiden Flächen $\mathfrak{T}_\alpha$ und $\mathfrak{T}_\beta$.* Allerdings ist dabei, ähnlich wie früher, die Voraussetzung erforderlich, dass die Curven α von den Curven β vollständig getrennt seien, dass also sämmtliche Puncte des Curvencomplexes α von denen des Curvencomplexes β durch irgend welche Zwischenräume geschieden sind.

---

*) Ich verstehe hier unter dem *Unsichtbar*werden der Curve α ihr Verschwinden in unendlicher Ferne.

§ 2.

Zweite Methode.

Es seien α, β, γ, δ vier von g nach h laufende, einander
nicht schneidende Curven. Wir bezeichnen die von $\alpha + \gamma$
umschlossene Fläche mit $\mathfrak{A}$, die
von $\beta + \delta$ umschlossene mit $\mathfrak{B}$,
endlich die von $\alpha + \beta$ umschlossene mit $\mathfrak{T}_{\alpha\beta}$, und stellen uns
die Aufgabe, *diejenige kanonische*
1. *Potentialfunction der Fläche* $\mathfrak{T}_{\alpha\beta}$
zu finden, welche am Rande derselben, d. i. auf $\alpha + \beta$ *vorgeschriebene Werthe besitzt.* — Dabei setzen wir voraus, dass
irgend welche Methode bekannt sei zur Bildung der kanonischen Potentialfunctionen der Fläche $\mathfrak{A}$ für beliebig vorgeschriebene Grenzwerthe*); ferner, dass eine zweite Methode
bekannt sei, um Analoges zu leisten für die Fläche $\mathfrak{B}$. Diese
2. Methoden bezeichnen wir respective mit $\mathfrak{M}_\alpha$ und $\mathfrak{M}_\beta$, und
die vermittelst derselben construirbaren kanonischen Functionen
der Flächen $\mathfrak{A}$ und $\mathfrak{B}$ respective mit U und V. — Ausserdem setzen wir voraus, dass die Curven α, β, γ, δ in den
Puncten g, h einander nicht berühren, also daselbst Winkel
3. bilden, die sämmtlich *von Null verschieden* sind**).

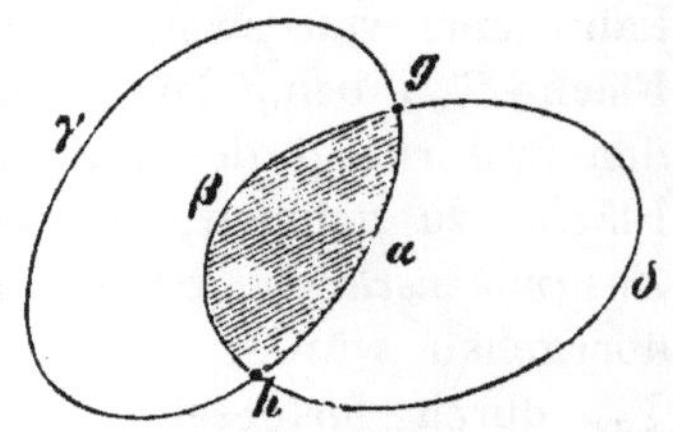

Vorläufige Bemerkungen. — Was die vier Curven $\alpha, \beta, \gamma, \delta$
betrifft, so mögen z. B. bei der Curve β folgende Bezeichnungen eingeführt werden:

4. $$\underbrace{(\beta)\qquad \beta g\qquad \beta h}_{\beta}\qquad g\qquad h$$

Es mögen nämlich alle Puncte der Curve, welche von den beiden Endpuncten durch irgend welche, wenn auch noch so kleine, Entfernungen getrennt sind, durch ein *eingeklammertes*

---

*) Eine solche Methode wird z. B. die *Methode des arithmetischen Mittels* sein, falls die Randcurve $\alpha + \gamma$ der Fläche $\mathfrak{A}$ zweiten Ranges und keine zweisternige ist.

**) Im Uebrigen sind diese Winkel *beliebig*. Und es ist also z. B. für unsere Betrachtungen völlig gleichgültig, ob die *Summe* der bei g vorhandenen Winkel $(\alpha\beta)$ und $(\beta\gamma)$ den Werth 180^0 hat, wie in vorstehender Figur, oder irgend welchen *andern* Werth, wie in den Figuren Seite 327 und 333.

(β), ferner solche Puncte, welche den Endpuncten sich ins Unendliche nähern, mit βg, βh, und schliesslich sämmtliche Puncte (β), βg, βh zusammengenommen mit β bezeichnet*) sein. Und Analoges mag gelten bei den Curven α, γ, δ. — Uebrigens werden wir im gegenwärtigen § im Allgemeinen einen ähnlichen Weg einschlagen, wie im vorhergehenden §, indem wir zunächst gewisse den Curven α, β, γ, δ eigenthümliche Constanten, sodann die Functionen U, V (2.) besprechen, und endlich zur Aufgabe selber übergehen.

Die Situationsconstanten $\varkappa$, λ. — Denkt man sich vermittelst der bekannten Methode $\mathfrak{M}_\alpha$ (2.) die Function U^α, d. i. diejenige kanonische Potentialfunction der Fläche $\mathfrak{A}$ gebildet, welche auf α *Eins*, auf γ *Null* ist, so findet nach der dritten Eigenschaft der kanonischen Functionen für sämmtliche Puncte β die Formel statt:

$$0 \leqq U^\alpha_\beta \leqq 1 \quad \text{[vgl. (11.) Seite 304]}; \tag{5.}$$

und insbesondere für die eingeklammerten Puncte (β) folgende Formel:

$$0 < U^\alpha_{(\beta)} < 1 \quad \text{[vgl. (7.) Seite 304]}, \tag{6.}$$

die Zeichen genommen *in sensu rigoroso.* Denn jene eingeklammerten Puncte (β) sind vom Rande der Fläche $\mathfrak{A}$ durch irgend welche, wenn auch noch so kleine, Entfernungen getrennt [vgl. (3.), (4.)]. — Ferner ergiebt sich aus der genannten dritten Eigenschaft für den Punct βg die Formel:

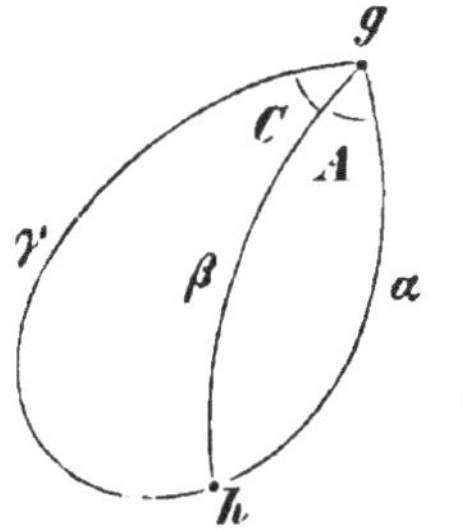

$$U^\alpha_{\beta g} = \frac{f_\alpha C + f_\gamma A}{A + C} = \frac{C}{A + C}, \quad {}^{**)} \tag{7.}$$

wo A und C die Winkel sind, unter welchen die Curve β im Puncte g respective gegen α und γ geneigt ist, während $f_\alpha = 1$ und $f_\gamma = 0$ die der Function U^α vorgeschriebenen Grenzwerthe bezeichnen. Nun ist aber nach unserer Voraussetzung (3.):

$$0 < C < A + C,$$

---

*) Man bemerkt sofort, dass bei der Curve β die Puncte (β), βg, g oder (β), βh, h sich ebenso zu einander verhalten, wie früher bei der Fläche $\mathfrak{J}$ die Puncte i, is, s.

**) Vgl. (9.) Seite 304.

die Zeichen genommen *in sensu rigoroso*. Hieraus folgt:

$$0 < \frac{C}{A+C} < 1,$$

also mit Rücksicht auf (7.):

8. $$0 < U^{\alpha}_{\beta g} < 1.$$

In analoger Weise erhält man:

9. $$0 < U^{\alpha}_{\beta h} < 1,$$

also durch Zusammenfassung der Formeln (6.), (8.), (9.) und mit Rücksicht auf die in (4.) festgesetzte Collectivbezeichnung*):

10. $$0 < U^{\alpha}_{\beta} < 1,$$

immer die Zeichen genommen *in sensu rigoroso*. Diese Formel (10.) gilt für sämmtliche Puncte β, also z. B. auch für denjenigen *speciellen* Punct β, in welchem U^{α}_{β} sein Maximum hat. Bezeichnet man also dieses Maximum mit $\varkappa$, so ergiebt sich:

11. $$0 < U^{\alpha}_{\beta} \leq \varkappa < 1 \quad \text{(sic!)}.$$

In analoger Weise wird man offenbar, was die kanonischen Potentialfunctionen V der Fläche $\mathfrak{B}$ betrifft, eine Formel erhalten, die so lautet:

12. $$0 < V^{\beta}_{\alpha} \leq \lambda < 1 \quad \text{(sic!)}.$$

Die in solcher Weise definirten Constanten $\varkappa$, λ hängen offenbar, ebenso wie die Functionen U^{α}, V^{β}, nur von den *geometrischen* Verhältnissen ab, und mögen die *Situationsconstanten* der gegebenen Curven heissen.

Ueber die Functionen U, V (2.). — Man denke sich vermittelst der bekannten Methode $\mathfrak{M}_{\alpha}$ (2.) die Function

13. $$U = U^{\alpha, f}$$

gebildet, d. i. diejenige kanonische Potentialfunction der Fläche $\mathfrak{A}$, welche auf α beliebig vorgeschriebene Werthe f oder f_{α} besitzt, und auf γ verschwindet. Um die Function (13.) näher zu untersuchen, setze man:

14. $$K = \text{Min } f_{\alpha}, \qquad G = \text{Max } f_{\alpha}, \qquad M = \text{Max (abs } f_{\alpha}), \text{ **)}$$

---

*) Nach (4.) ist nämlich β Collectivbezeichnung für sämmtliche Puncte (β), βg und βh.

**) Wir bezeichnen die auf α vorgeschriebenen Werthe bald mit f, bald genauer mit f_{α}.

und betrachte zuvörderst die Function $U^{\alpha, G-f}$. Für diese ergiebt sich aus der dritten Eigenschaft der kanonischen Functionen:

$$0 \leqq U_\beta^{\alpha, G-f}, \quad \text{[vgl. (11.) Seite 301];}$$

und hieraus folgt mit Rücksicht auf die vierte Eigenschaft:

$$0 \leqq G U_\beta^\alpha - U_\beta^{\alpha, f},$$

mithin:

$$U_\beta^{\alpha, f} \leqq G U_\beta^\alpha .$$

In analoger Weise ergiebt sich offenbar:

$$U_\beta^{\alpha, f} \geqq K U_\beta^\alpha ,$$

und durch Zusammenfassung der beiden letzten Formeln:

$$K U_\beta^\alpha \leqq U_\beta^{\alpha, f} \leqq G U_\beta^\alpha .$$

Hieraus folgt, weil U_β^α nach (11.) stets *positiv* ist, und K, G zwischen $-M$ und $+M$ (14.) gelegen sind:

$$-M U_\beta^\alpha < U_\beta^{\alpha, f} \leqq +M U_\beta^\alpha ,$$

also mit nochmaliger Rücksicht auf (11.):

$$-M\varkappa \leqq U_\beta^{\alpha, f} \leqq +M\varkappa ,$$

oder, falls man für M seine eigentliche Bedeutung (14.) substituirt:

$$\text{abs}\, U_\beta^{\alpha, f} \leqq \varkappa \cdot \text{Max}\,(\text{abs}\, f_\alpha) . \qquad 15.$$

Denkt man sich andrerseits vermittelst der bekannten Methode $\mathfrak{M}_\beta$ (2.) die Function

$$V = V^{\beta, f} \qquad 16.$$

d. i. diejenige kanonische Potentialfunction der Fläche $\mathfrak{B}$ construirt, welche auf β beliebig vorgeschriebene Werthe f oder f_β besitzt, und auf δ verschwindet, so wird sich die mit (15.) analoge Formel ergeben:

$$\text{abs}\, V_\alpha^{\beta, f} \leqq \lambda \,.\, \text{Max}\,(\text{abs}\, f_\beta) , \qquad 17.$$

wo λ die Constante (12.) ist.

Erste Aufgabe. — *Es soll diejenige kanonische Potentialfunction der Fläche $\mathfrak{T}_{\alpha\beta}$ gebildet werden, welche auf α vorgeschriebene Werthe f oder f_α besitzt, und auf β verschwindet.* 18.

Die kanonischen Potentialfunctionen der Fläche $\mathfrak{A}$ oder $\mathfrak{B}$ sind, nach der fünften Eigenschaft dieser Functionen, zugleich auch kanonische Potentialfunctionen der Fläche $\mathfrak{T}_{\alpha\beta}$; denn letztere ist ein *Theil* von $\mathfrak{A}$, desgleichen von $\mathfrak{B}$. Bildet man also vermittelst der bekannten Methoden $\mathfrak{M}_\alpha$ und $\mathfrak{M}_\beta$ (2.), von den vorgeschriebenen f aus, die aufeinanderfolgenden Functionen:

19. $$\begin{array}{ll} \varphi = U^{\alpha, f}, & \varphi' = V^{\beta, \varphi}, \\ \varphi'' = U^{\alpha, \varphi'}, & \varphi''' = V^{\beta, \varphi''}, \\ \varphi^{IV} = U^{\alpha, \varphi'''}, & \varphi^{V} = V^{\beta, \varphi^{IV}}, \\ \cdot\;\cdot\;\cdot & \cdot\;\cdot\;\cdot \end{array}$$

und setzt man:

20. $$\chi^{(n)} = (\varphi - \varphi') + (\varphi'' - \varphi''') \cdots\cdots + (\varphi^{(2n)} - \varphi^{(2n+1)}),$$

so sind all' diese Functionen $\varphi, \varphi', \varphi'', \cdots \chi^{(n)}$ *kanonische Potentialfunctionen der Fläche* $\mathfrak{T}_{\alpha\beta}$. Was die Werthe dieser Functionen am *Rande* der Fläche betrifft, so folgt aus (19.):

21. $$\begin{array}{ll} \varphi_\alpha = f_\alpha, & \varphi'_\beta = \varphi_\beta, \\ \varphi''_\alpha = \varphi'_\alpha, & \varphi'''_\beta = \varphi''_\beta, \\ \varphi^{IV}_\alpha = \varphi'''_\alpha, & \varphi^{V}_\beta = \varphi^{IV}_\beta, \\ \cdot\;\cdot\;\cdot\;\cdot & \cdot\;\cdot\;\cdot\;\cdot \end{array}$$

und mit Rücksicht hierauf aus (20.):

22. $$\chi^{(n)}_\alpha = f_\alpha - \varphi^{(2n+1)}_\alpha, \qquad \chi^{(n)}_\beta = 0.$$

Für ein sehr grosses n würde also $\chi^{(n)}$ die *approximative Lösung* der gestellten Aufgabe (18.) darstellen, wenn sich zeigen liesse, dass $\varphi^{(2n+1)}_\alpha$ mit wachsendem n gegen *Null* convergirt.

Nun entsprechen, um hierauf näher einzugehen, die Functionen φ, φ' (19.) den Hülfssätzen (15.), (17.), d. i. den Formeln:

$$\text{abs}\ \varphi_\beta \leqq \varkappa \cdot \text{Max}(\text{abs}\ f_\alpha), \qquad \text{abs}\ \varphi'_\alpha \leqq \lambda \cdot \text{Max}(\text{abs}\ \varphi_\beta),$$

woraus durch Elimination von φ_β folgt:

$$\text{abs}\ \varphi'_\alpha \leqq \varkappa\lambda \cdot \text{Max}(\text{abs}\ f_\alpha).$$

In analoger Weise ergiebt sich:

$$\text{abs}\ \varphi'''_\alpha \leqq \varkappa\lambda \cdot \text{Max}(\text{abs}\ \varphi'_\alpha),$$
$$\text{abs}\ \varphi^{V}_\alpha \leqq \varkappa\lambda \cdot \text{Max}(\text{abs}\ \varphi'''_\alpha),$$
$$\cdot\;\cdot\;\cdot\;\cdot\;\cdot\;\cdot\;\cdot\;\cdot\;\cdot\;\cdot$$

und schliesslich durch Multiplication all' dieser Formeln:

23. $$\text{abs}\ \varphi^{(2n+1)}_\alpha \leqq (\varkappa\lambda)^{n+1} \cdot \text{Max}(\text{abs}\ f_\alpha),$$

folglich:

$$\varphi_\alpha^{(\infty)} = 0 . \quad *) \tag{24.}$$

Somit ist also nachgewiesen, dass die Function $\chi^{(n)}$ in der That eine *approximative Lösung* der gestellten Aufgabe repräsentirt. Hieraus aber ergiebt sich, wie man leicht übersieht, unter Anwendung eines gewissen allgemeinen Satzes (Seite 306), dass $\chi = \chi^{(\infty)}$ die *strenge Lösung* ist, oder (anders ausgedrückt), *dass die Reihe*

$$\chi = (\varphi - \varphi') + (\varphi'' - \varphi''') + \cdots \text{ in inf.} \tag{25.}$$

eine kanonische Potentialfunction der Fläche $\mathfrak{T}_{\alpha\beta}$ *ist mit den Grenzwerthen:*

$$\chi_\alpha = f_\alpha , \qquad \chi_\beta = 0 . \tag{26.}$$

Bemerkung. — Die Functionen φ, φ'', φ^{IV}, ... sind [nach (19.)] kanonische Potentialfunctionen der Fläche $\mathfrak{A}$, deren Grenzwerthe in g und h *unstetig*, nämlich *mit gewissen Differenzen behaftet* sind. Analoges gilt [nach (19.)] von φ', φ''', φ^{V}, . . . mit Bezug auf $\mathfrak{B}$, und [nach (25.), (26.)] von χ mit Bezug auf $\mathfrak{T}_{\alpha\beta}$. Hieraus folgt nach einem bekannten allgemeinen Satz, dass die Grenzwerthe dieser Functionen in g und h lineare Functionen der betreffenden Azimuthe, nämlich von der Form

$$\frac{f_1\eta + f_2\xi}{\gamma} \quad \text{[vgl. Seite 301]}$$

sind. Und zwar erhält man, wenn σ irgend eine von g ausgehende innerhalb $\mathfrak{T}_{\alpha\beta}$ bleibende Curve bezeichnet, die Formeln**):

$$\begin{aligned} \varphi_{\sigma g} &= f_{\alpha g}\,\frac{\sigma\gamma}{\alpha\gamma}, & \varphi'_{\sigma g} &= \varphi_{\beta g}\,\frac{\sigma\delta}{\beta\delta}, \\ \varphi''_{\sigma g} &= \varphi'_{\alpha g}\,\frac{\sigma\gamma}{\alpha\gamma}, & \varphi'''_{\sigma g} &= \varphi''_{\beta g}\,\frac{\sigma\delta}{\beta\delta}, \\ &\cdots\cdots & &\cdots\cdots \end{aligned} \tag{27.}$$

$$\chi_{\sigma g} = f_{\alpha g}\,\frac{\sigma\beta}{\alpha\beta}, \tag{28.}$$

---

*) Es folgt nämlich aus (23.), dass $\varphi_\alpha^{(2n+1)}$ mit wachsendem n zu Null convergirt. Gleiches gilt daher, mit Rücksicht auf (21.), auch von $\varphi_\alpha^{(2n)}$; so dass also die Formel (24.) *allgemein* gültig ist, einerlei, ob die ins Unendliche wachsende Ordnungszahl eine *ungerade* oder *gerade* ist.

**) Die auf diese Formeln bezügliche Figur Seite 333 repräsentirt einen *Theil* der ursprünglichen Figur Seite 326, in grösserem Maassstabe, übrigens auch in etwas anderen Verhältnissen (vgl. die zweite Note, Seite 326).

wo die im Puncte g von den Curven α, β, γ, δ, σ gebildeten Winkel mit $\sigma\gamma$, $\alpha\gamma$, . . . bezeichnet sind*).

Da χ (25.) aus den φ, φ', φ'', φ''', . . . zusammengesetzt ist, so muss es möglich sein, die Formel (28.) aus den Formeln (27.) zu deduciren. Eine derartige Deduction
29. kann nur eine erwünschte *Controle* für die Correctheit unserer Theorie sein, und mag daher wirklich versucht werden.

Lässt man zunächst in den Formeln (27.) links und rechts die variable Curve σ resp. mit β und α zusammenfallen, und setzt man dabei zur Abkürzung:

30. $$\frac{\beta\gamma}{\alpha\gamma} = \mathsf{K}, \qquad \frac{\alpha\delta}{\beta\delta} = \Lambda,$$

so folgt:

$$\begin{aligned} \varphi_{\beta g} &= f_{\alpha g}\mathsf{K}, & \varphi'_{\alpha g} &= \varphi_{\beta g}\Lambda, \\ \varphi''_{\beta g} &= \varphi'_{\alpha g}\mathsf{K}, & \varphi'''_{\alpha g} &= \varphi''_{\beta g}\Lambda, \\ &\dots\dots & &\dots\dots \end{aligned}$$

und sodann weiter:

31. $$\begin{aligned} \varphi_{\beta g} &= f_{\alpha g}\mathsf{K}, & \varphi'_{\alpha g} &= f_{\alpha g}\mathsf{K}\Lambda, \\ \varphi''_{\beta g} &= f_{\alpha g}\mathsf{K}^2\Lambda, & \varphi'''_{\alpha g} &= f_{\alpha g}\mathsf{K}^2\Lambda^2, \\ \varphi^{\text{IV}}_{\beta g} &= f_{\alpha g}\mathsf{K}^3\Lambda^2, & \varphi^{\text{V}}_{\alpha g} &= f_{\alpha g}\mathsf{K}^3\Lambda^3, \\ &\dots\dots & &\dots\dots \end{aligned}$$

Nun ist nach (25.):

32. $$\chi_{\sigma g} = (\varphi_{\sigma g} - \varphi'_{\sigma g}) + (\varphi''_{\sigma g} - \varphi'''_{\sigma g}) + \cdots \text{ in inf.},$$

also nach (27.):

33. $$\begin{aligned} \chi_{\sigma g} = {} & (f_{\alpha g} + \varphi'_{\alpha g} + \varphi'''_{\alpha g} + \cdots \text{ in inf.})\,\frac{\sigma\gamma}{\alpha\gamma} \\ & - (\varphi_{\beta g} + \varphi''_{\beta g} + \varphi^{\text{IV}}_{\beta g} + \cdots \text{ in inf.})\,\frac{\sigma\delta}{\beta\delta}, \end{aligned}$$

also mit Rücksicht auf (31.):

34. $$\begin{aligned} \chi_{\sigma g} = {} & f_{\alpha g}\,\frac{1}{1-\mathsf{K}\Lambda}\,\frac{\sigma\gamma}{\alpha\gamma} \\ & - f_{\alpha g}\,\frac{\mathsf{K}}{1-\mathsf{K}\Lambda}\,\frac{\sigma\delta}{\beta\delta}. \end{aligned}$$

---

*) α, β, γ, δ sind gegebene *feste* Curven, während σ beliebig *variiren* kann. Demgemäss sind die Zähler der in (27.), (28.) auftretenden Brüche ebenfalls *variabel*. In der That repräsentiren diese Zähler $\sigma\beta$, $\sigma\gamma$, $\sigma\delta$ die *Azimuthe*, unter welchen die variable Curve σ gegen die festen Curven β, γ, δ geneigt ist.

Führt man zur weitern Reduction dieser Formel die Abkürzungen ein:

$$\alpha\gamma = A, \qquad \alpha\sigma = \xi,$$
$$\beta\delta = B, \qquad \beta\sigma = \eta,$$ 35.

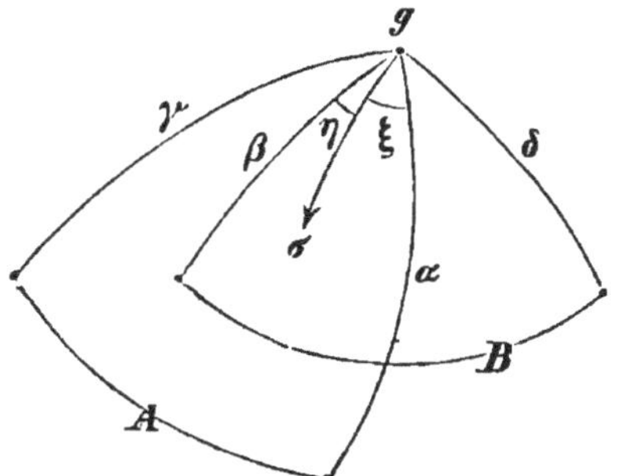

so folgt zunächst aus (30.) und mit Rücksicht auf die beistehende Figur:

$$\mathsf{K} = \frac{A - (\xi + \eta)}{A},$$ 36.

$$\Lambda = \frac{B - (\xi + \eta)}{B},$$ 37.

$$1 - \mathsf{K}\Lambda = \frac{(\xi + \eta)\,[(A + B) - (\xi + \eta)]}{AB}.$$ 38.

Mit Rücksicht hierauf folgt weiter:

$$\frac{\sigma\gamma}{\alpha\gamma} - \mathsf{K}\frac{\sigma\delta}{\beta\delta} = \frac{A - \xi}{A} - \frac{A - (\xi + \eta)}{A}\,\frac{B - \eta}{B},$$
$$= \frac{\eta\,[(A + B) - (\xi + \eta)]}{AB},$$

also, falls man durch (38.) dividirt:

$$\frac{\frac{\sigma\gamma}{\alpha\gamma} - \mathsf{K}\frac{\sigma\delta}{\beta\delta}}{1 - \mathsf{K}\Lambda} = \frac{\eta}{\xi + \eta}.$$ 39.

Hierdurch aber gewinnt die Formel (34.) die Gestalt:

$$\chi_{\sigma g} = f_{\alpha g}\frac{\eta}{\xi + \eta}, \text{ d. i. } = f_{\alpha g}\frac{\sigma\beta}{\alpha\beta},$$ 40.

in vollem Einklang mit (28.). — W. z. z. w.

Zweite Aufgabe. — *Es wird gesucht diejenige kanonische Potentialfunction der Fläche* $\mathfrak{T}_{\alpha\beta}$, *welche auf* $\alpha + \beta$ *beliebig* 41.
vorgeschriebene Werthe f *besitzt.*

Man erkennt sofort, dass diese Aufgabe auf die vorhergehende (18.) reducirbar ist. Die Reduction ist analog der in (63.) Seite 324 angegebenen.

Allgemeinere Aufgabe. — Es sei $\mathfrak{T}$ eine in der Ebene beliebig gegebene, von beliebig vielen Curven σ, σ', σ'', ... begrenzte Fläche. Man denke sich einige dieser Curven durch irgend welche Puncte in Segmente zerlegt, so dass alsdann die Begrenzung von $\mathfrak{T}$ theils aus *geschlossenen*, theils aus *un-*

geschlossenen Curven besteht. All' diese Curven bringe man nach beliebiger Auswahl in zwei Gruppen, indem man die einen mit α, die anderen mit β, und $\mathfrak{T}$ selber mit $\mathfrak{T}_{\alpha\beta}$ bezeichnet.

Man lasse nun diese Fläche $\mathfrak{T}_{\alpha\beta}$ über die Curven β hinaus in beliebiger Weise anwachsen, bezeichne die in solcher Weise erweiterte Fläche mit $\mathfrak{A}$, und die bei dieser an Stelle der β vorhandene Begrenzung mit γ; so dass also der Rand von $\mathfrak{T}_{\alpha\beta}$ durch $\alpha + \beta$, der Rand von $\mathfrak{A}$ hingegen durch $\alpha + \gamma$ repräsentirt ist. — In analoger Weise mag eine Fläche $\mathfrak{B}$ entstanden gedacht werden durch ein beliebiges Anwachsen der Fläche $\mathfrak{T}_{\alpha\beta}$ über die α hinaus; und der Rand von $\mathfrak{B}$ bezeichnet sein mit $\beta + \delta$.

Von diesen drei Flächen $\mathfrak{T}_{\alpha\beta}$, $\mathfrak{A}$, $\mathfrak{B}$ gilt alsdann Aehnliches wie von den *specielleren* Flächen $\mathfrak{T}_{\alpha\beta}$, $\mathfrak{A}$, $\mathfrak{B}$, denen unsere vorhergehenden Betrachtungen gewidmet waren. In der That erkennt man leicht, *dass man die kanonischen*
42. *Potentialfunctionen der Fläche $\mathfrak{T}_{\alpha\beta}$ für vorgeschriebene Grenzwerthe aufzustellen vermag, sobald man nur im Besitz irgend welcher Methoden ist zur Lösung der entsprechenden Aufgaben für die Flächen $\mathfrak{A}$ und $\mathfrak{B}$.* Allerdings ist dabei, ähnlich wie früher, die Voraussetzung erforderlich, dass die Curven α, β, γ, δ überall, wo sie zusammenstossen, einander *nicht* berühren.

§ 3.

Modification der zweiten Methode.

Die im vorhergehenden § exponirte Methode ist einer gewissen Modification fähig, durch welche sie an Einfachheit gewinnt.

Man denke sich von Neuem die Aufgabe (41.) vorgelegt, und bilde, von den vorgeschriebenen f (d. i. f_α und f_β) aus, die aufeinander folgenden Functionen:

43.
$$\begin{aligned} \psi &= \tfrac{1}{2}(U^{\alpha, f} + V^{\beta, f}), \\ \psi' &= \tfrac{1}{2}(U^{\alpha, f-\psi} + V^{\beta, f-\psi}), \\ \psi'' &= \tfrac{1}{2}(U^{\alpha, f-\psi-\psi'} + V^{\beta, f-\psi-\psi'}), \\ & \cdots\cdots\cdots \end{aligned}$$

vermittelst der bekannten Methoden $\mathfrak{M}_\alpha$ und $\mathfrak{M}_\beta$ (2.). Alsdann ist offenbar:

$$\psi_\alpha = \tfrac{1}{2}(f_\alpha + V_\alpha^{\beta, f}),$$

oder, was dasselbe:

$$f_\alpha - \psi_\alpha = \tfrac{1}{2}(f_\alpha - V_\alpha^{\beta, f}).$$

Hieraus folgt mit Rücksicht auf (17.):

$$\text{abs}\,(f_\alpha - \psi_\alpha) \leqq \tfrac{1}{2}[\text{Max}\,(\text{abs}\,f_\alpha) + \lambda \cdot \text{Max}\,(\text{abs}\,f_\beta)],$$

oder, falls man σ als Collectivbezeichnung für α, β wählt:

$$\text{abs}\,(f_\alpha - \psi_\alpha) \leqq \frac{1+\lambda}{2}\,\text{Max}\,(\text{abs}\,f_\sigma).$$

In ähnlicher Weise erhält man:

$$\text{abs}\,(f_\beta - \psi_\beta) \leqq \frac{1+\varkappa}{2}\,\text{Max}\,(\text{abs}\,f_\sigma),$$

also beide Formeln zusammengefasst:

$$\text{abs}\,(f_\sigma - \psi_\sigma) \leqq \frac{1+\mu}{2}\,\text{Max}\,(\text{abs}\,f_\sigma), \qquad 44.\text{a}$$

wo μ die *grösste* der Constanten $\varkappa$, λ vorstellt. — Ebenso wie diese Relation (44. a) aus der *ersten* Formel (43.) entstanden ist, ebenso wird man auf Grund der *zweiten* Formel (43.) folgende Relation erhalten:

$$\text{abs}\,(f_\sigma - \psi_\sigma - \psi_\sigma') \leqq \frac{1+\mu}{2}\,\text{Max}\,(\text{abs}\,(f_\sigma - \psi_\sigma)), \qquad 44.\text{b}$$

und auf Grund der *dritten* Formel (43.) folgende:

$$\text{abs}\,(f_\sigma - \psi_\sigma - \psi_\sigma' - \psi_\sigma'') \leqq \frac{1+\mu}{2}\,\text{Max}\,(\text{abs}(f_\sigma - \psi_\sigma - \psi_\sigma')), \qquad 44.\text{c}$$

u. s. w. u. s. w. — Durch Multiplication dieser Relationen (44. a, b, c, . . .) folgt sofort:

$$\text{abs}\,(f_\sigma - \psi_\sigma - \psi_\sigma' \ldots - \psi_\sigma^{(n)}) \leqq \left(\frac{1+\mu}{2}\right)^{n+1}\text{Max}\,(\text{abs}\,f_\sigma), \qquad 45.$$

wo $\frac{1+\mu}{2}$, ebenso wie $\varkappa$, λ, μ, ein *ächter Bruch* ist.

Setzt man also:

$$\vartheta^{(n)} = \psi + \psi' + \psi'' \cdots + \psi^{(n)}, \qquad 46.$$

so wird (für ein sehr grosses n) $\vartheta^{(n)}$ *eine approximative Lösung der gestellten Aufgabe* (41.) *sein. Und folglich wird,* wie sich durch Anwendung eines bekannten Satzes (Seite 306) leicht ergiebt,

47. $$\vartheta = \psi + \psi' + \psi'' + \cdots \text{ in inf.}$$

die strenge Lösung sein.

§ 4.

Andeutung einer dritten Methode.

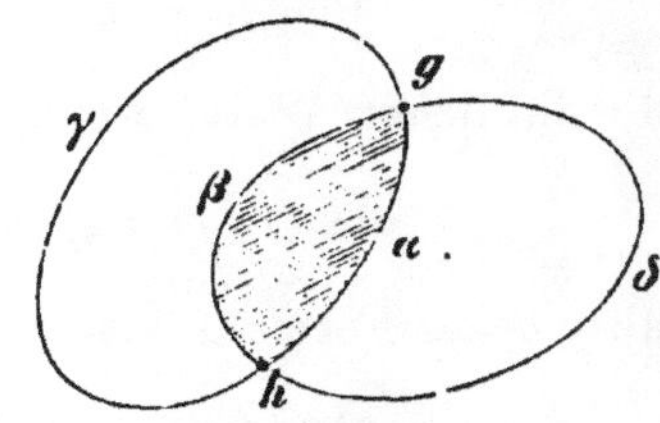

Es mögen g, h, α, β, γ, δ, $\mathfrak{A}$, $\mathfrak{B}$, $\mathfrak{T}_{\alpha\beta}$ genau dieselben Bedeutungen haben wie früher (Seite 326); ausserdem sei $\mathfrak{T}_{\gamma\delta}$ die von $\gamma + \delta$ umschlossene Fläche. — Wir stellen uns die Aufgabe, *diejenige kanonische*

1. *Potentialfunction der Fläche $\mathfrak{T}_{\gamma\delta}$ zu finden, welche am Rande derselben, d. i. auf $\gamma + \delta$ vorgeschriebene Werthe besitzt.* Dabei setzen wir voraus, dass irgend welche Methode bekannt sei zur Lösung der analogen Aufgabe für die Fläche $\mathfrak{A}$, und dass irgend welche zweite Methode bekannt sei zur Lösung derselben für die Fläche $\mathfrak{B}$. Diese

2. Methoden bezeichnen wir resp. mit $\mathfrak{M}_\alpha$ und $\mathfrak{M}_\beta$, und die vermittelst derselben construirbaren kanonischen Functionen der Flächen $\mathfrak{A}$ und $\mathfrak{B}$ resp. mit U und V. Auch setzen wir voraus, dass die Curven α, β, γ, δ in den Puncten g, h einander nicht berühren, also daselbst Winkel bilden, die

3. sämmtlich *von Null verschieden* sind.

Da diese Voraussetzungen mit unseren *früheren* Voraussetzungen (Seite 326) identisch sind, so ergeben sich, genau wie damals, die Formeln (vgl. Seite 329):

4. $$\text{abs } U_\beta^{\alpha, f} \leq \varkappa \cdot \text{Max}(\text{abs } f_\alpha),$$

5. $$\text{abs } V_\alpha^{\beta, f} \leq \lambda \cdot \text{Max}(\text{abs } f_\beta),$$

wo die f (d. i. f_α und f_β) beliebig vorgeschriebene Werthe bezeichnen, während $\varkappa$, λ zwei den Curven α, β, γ, δ eigenthümliche *Constanten* vorstellen, deren jede ein *ächter Bruch* ist.

Um nun auf die Lösung der gestellten Aufgabe (1.) näher einzugehen, bezeichne man die auf $\gamma + \delta$ vorgeschriebenen Werthe mit f (oder genauer mit f_γ, f_δ), und bilde von diesen f aus, vermittelst der bekannten Methoden $\mathfrak{M}_\alpha$, $\mathfrak{M}_\beta$ (2.), die aufeinanderfolgenden Functionen:

$$\begin{aligned} \varphi &= U^{\gamma, f} + U^{\alpha, F}, & \psi &= V^{\delta, f} + V^{\beta, F}, \\ \varphi' &= \varphi + U^{\alpha, \psi - \varphi}, & \psi' &= \psi + V^{\beta, \varphi - \psi}, \\ \varphi'' &= \varphi' + U^{\alpha, \psi' - \varphi'}, & \psi'' &= \psi' + V^{\beta, \varphi' - \psi'}, \\ &\ldots\ldots & &\ldots\ldots \end{aligned} \tag{6.}$$

wo die F (d. i. F_α und F_β) vollkommen willkürlich gewählt sein mögen, also, falls es uns beliebt, auch Null sein können. Aus diesen Formeln (6.) folgt sofort:

$$\begin{aligned} \varphi_\gamma &= f_\gamma, & \psi_\delta &= f_\delta, \\ \varphi'_\gamma &= \varphi_\gamma, & \psi'_\delta &= \psi_\delta, \\ &\ldots & &\ldots \\ \varphi^{(n)}_\gamma &= \varphi^{(n-1)}_\gamma & \psi^{(n)}_\delta &= \psi^{(n-1)}_\delta, \end{aligned} \tag{7.}$$

mithin auch:

$$\varphi^{(n)}_\gamma = f_\gamma, \qquad \psi^{(n)}_\delta = f_\delta; \tag{8.}$$

ferner folgt aus (6.):

$$\varphi'_\alpha = \varphi_\alpha + (\psi_\alpha - \varphi_\alpha), \qquad \psi'_\beta = \psi_\beta + (\varphi_\beta - \psi_\beta),$$

oder, einfacher geschrieben:

$$\varphi'_\alpha = \psi_\alpha, \qquad \psi'_\beta = \varphi_\beta; \tag{9.}$$

und endlich folgt aus (6.):

$$\varphi'_\beta = \varphi_\beta + U^{\alpha, \psi - \varphi}_\beta, \qquad \psi'_\alpha = \psi_\alpha + V^{\beta, \varphi - \psi}_\alpha. \tag{10.}$$

Nun ist nach (4.):

$$\text{abs}\, U^{\alpha, \psi - \varphi}_\beta \leq \varkappa \cdot \text{Max}\,[\text{abs}\,(\psi_\alpha - \varphi_\alpha)],$$

also mit Rücksicht auf die Formel (10.) linker Hand:

$$\text{abs}\,(\varphi'_\beta - \varphi_\beta) \leq \varkappa \cdot \text{Max}\,[\text{abs}\,(\psi_\alpha - \varphi_\alpha)],$$

oder, mit Rücksicht auf die Formel (9.) rechter Hand:

$$\text{abs}\,(\varphi'_\beta - \psi'_\beta) \leq \varkappa \cdot \text{Max}\,[\text{abs}\,(\varphi_\alpha - \psi_\alpha)].$$

In ähnlicher Weise erhält man die Formel:

$$\text{abs}\,(\psi'_\alpha - \varphi'_\alpha) \leq \lambda \cdot \text{Max}\,[\text{abs}\,(\psi_\alpha - \varphi_\alpha)],$$

und sodann durch Zusammenfassung beider Formeln:

$$\text{abs}\,(\varphi'_\sigma - \psi'_\sigma) \leq \mu \cdot \text{Max}\,[\text{abs}\,(\varphi_\sigma - \psi_\sigma)], \tag{11. a}$$

wo σ als Collectivbezeichnung für α, β fungirt, und μ die *grösste* der Constanten $\varkappa$, λ vorstellt. — Analog mit (11. a) wird sich offenbar ergeben:

11.b $$\text{abs}\,(\varphi_\sigma'' - \psi_\sigma'') \leqq \mu \cdot \text{Max}\,[\text{abs}\,(\varphi_\sigma' - \psi_\sigma')],$$

11.c $$\text{abs}\,(\varphi_\sigma''' - \psi_\sigma''') \leqq \mu \cdot \text{Max}\,[\text{abs}\,(\varphi_\sigma'' - \psi_\sigma'')],$$

u. s. w. u. s. w. Aus diesen Formeln (11. a, b, c . . .) folgt aber durch Multiplication:

12. $$\text{abs}\,(\varphi_\sigma^{(n)} - \psi_\sigma^{(n)}) \leqq \mu^n \cdot \text{Max}\,[\text{abs}\,(\varphi_\sigma - \psi_\sigma)]\,.$$

Das gestellte Problem (1.) wird zufolge (8.) seine Lösung finden durch die Functionen

13. $$\varphi^{(n)} \quad \text{und} \quad \psi^{(n)},$$

falls sich nur nachweisen lässt, dass dieselben durch Vergrösserung von n unter einander identisch gemacht werden können in Erstreckung des den beiden Flächen $\mathfrak{A}$ und $\mathfrak{B}$ gemeinsamen Gebietes $\mathfrak{T}_{\alpha\beta}$. Dass solches aber wirklich der Fall sei, folgt aus der Formel (12.)

Bemerkung. — Die hier angewendete Methode kann leicht auf *allgemeinere* Aufgaben ausgedehnt werden, vgl. die analogen Betrachtungen auf Seite 333.

Bemerkung. — Die in diesem § angedeutete Methode dürfte, wenn auch nicht der Begründung, so doch den Formeln nach, im Wesentlichen identisch sein mit der von *Schwarz* mitgetheilten Methode [Programm der Polyt. Schule in Zürich 1869/70, vgl. auch Borchardt's Journal, Bd. 70, Seite 120].

Anhang.

Erweiterung einiger Untersuchungen von Green und Thomson.

Der im dritten Capitel besprochene *erweiterte Gauss'sche Satz* (vgl. Seite 72 und 98) betrifft die sogenannte *natürliche* Belegung (γ) eines gegebenen Conductors. In analoger Weise lassen sich, wie ich gegenwärtig zeigen werde, analoge Sätze aufstellen für die durch einen gegebenen Massenpunct *inducirten* Belegungen (η) und (ϑ), wo (η) diejenige Belegung bezeichnen soll, welche entsteht, wenn der Conductor zur Erde abgeleitet, andrerseits (ϑ) diejenige, welche entsteht, wenn der Conductor isolirt und mit der Ladung Null versehen ist. Diese Sätze stehen in unmittelbarer Beziehung zu bekannten Untersuchungen von *Green*.

Sodann werde ich übergehen zur *Thomson'schen Methode der sphärischen Spiegelung*, oder (was dasselbe ist) zur *Methode der reciproken Radien*, und zeigen, dass dieselbe nicht nur für das *Newton'sche Potential* im Raume, sondern ebenso auch für das *Logarithmische Potential* in der Ebene zu wichtigen Sätzen hinleitet.

§ 1.

Die Green'sche Belegung und die Nullbelegung, gebildet mit Bezug auf einen äussern Punct.

Bezeichnungen. — Es sei σ eine *geschlossene Curve* oder *Fläche* von beliebiger Beschaffenheit. Wir bezeichnen die *auf* σ gelegenen Puncte mit σ oder s, desgleichen die Elemente von σ mit $d\sigma$ oder ds, ferner die Puncte *ausserhalb* σ mit a oder α, endlich die Puncte *innerhalb* σ mit i oder j.

Ausserdem sei i_0 irgend ein *specieller* unter den Puncten i, etwa der *Mittelpunct* von σ, falls ein solcher vorhanden ist*).

Die natürliche Belegung. — Mit diesem Namen haben wir diejenige Belegung von σ bezeichnet, deren Gesammtmasse *Eins*, und deren Potential auf *innere* Puncte *constant* ist (Seite 85 und 107). Auch haben wir die Dichtigkeit dieser Belegung mit γ, ihr constantes Potential für innere Puncte mit Γ, und ihr Potential auf äussere Puncte mit Π_a benannt. Folglich ist:

3.
$$\int(d\sigma\gamma_\sigma) = 1,$$
$$\int(d\sigma\gamma_\sigma T_{\sigma i}) = \Gamma,$$
$$\int(d\sigma\gamma_\sigma T_{\sigma a}) = \Pi_a.$$

Die letzte dieser Formeln nimmt, falls man a ins Unendliche rücken lässt, die Gestalt an:

$$(\int d\sigma\gamma_\sigma)\, T_{i_0 a} = \Pi_a\,, \quad \text{für } a = \infty,$$

und hieraus folgt mit Rücksicht auf die *erste* Formel (3.):

4.
$$T_{i_0 a} = \Pi_a\,, \quad \text{für } a = \infty,$$

wo i_0 die in (2.) genannte Bedeutung hat.

Die einem äussern Punct a entsprechende Green'sche Belegung. — Mit diesem Namen bezeichnen wir diejenige
5. Belegung, welche für alle *inneren* Puncte äquipotential ist mit einer in a concentrirten Masse *Eins***), also diejenige, deren Dichtigkeit η^a der Formel entspricht:

6.
$$\int(d\sigma\eta^a_\sigma T_{\sigma i}) = T_{ai}\,.$$

Zugleich stellen wir uns die Aufgabe, die *Gesammtmasse* M^a dieser Belegung und das von ihr auf einen beliebigen Punct x ausgeübte *Potential* G^a_x näher zu untersuchen.

Offenbar ist:

---

*) Unbeschadet der folgenden Betrachtungen kann man übrigens auch unter i_0 irgend einen Punct *ausserhalb* σ sich vorstellen, der von σ eine *endliche* Entfernung, überhaupt eine *feste* Lage hat, etwa den Anfangspunct des Coordinatensystems, u. dgl.

**) Durch diese Bedingung ist die Belegung, abgesehen vom *singulären Fall*, eindeutig bestimmt, wie sich solches leicht aus dem Theorem ($A.^{abs}$), Seite 101 ergiebt.

$$\mathsf{M}^\alpha = \int (d\sigma\,\eta_\sigma^\alpha),$$

$$G_i^\alpha = \int (d\sigma\,\eta_\sigma^\alpha\,T_{\sigma i}),$$ 7.

$$G_a^\alpha = \int (d\sigma\,\eta_\sigma^\alpha\,T_{\sigma a}),$$

also mit Rücksicht auf (6.):

$$G_i^\alpha = T_{\alpha i} \quad \text{und} \quad G_\sigma^\alpha = T_{\alpha\sigma}.$$ 8.

Ferner ist nach dem erweiterten Gauss'schen Satz [vgl. (3.) Seite 99]:

$$\Gamma\mathsf{M}^\alpha = \int (d\sigma\,\gamma_\sigma\,G_\sigma^\alpha),$$

also nach (8.):

$$\Gamma\mathsf{M}^\alpha = \int (d\sigma\,\gamma_\sigma\,T_{\sigma\alpha}),$$

oder, mit Rückblick auf (3.):

$$\Gamma\mathsf{M}^\alpha = \Pi_\alpha. \quad *)$$ 9.

Was ferner G_a^α betrifft, so ergiebt sich aus (6.), falls man i nach s (d. i. nach irgend einem Puncte der Curve oder Fläche σ) rücken lässt:

$$\int (d\sigma\,\eta_\sigma^\alpha\,T_{\sigma s}) = T_{\alpha s},$$

oder, falls man den Punct α mit irgend welchem andern äussern Puncte a, und gleichzeitig σ mit s vertauscht:

$$\int (ds\,\eta_s^a\,T_{s\sigma}) = T_{a\sigma}.$$

Durch Substitution dieses Werthes von $T_{a\sigma}$ in die dritte Formel (7.) folgt:

---

*) Zufolge früherer Untersuchungen (Seite 86) ist für jede beliebige Lage des Punctes α:

$$\Gamma > \Pi_\alpha > \Pi_\infty.$$ I.

Die Werthe von Γ und Π_∞ sind aber in der *Ebene* und im *Raume* von sehr verschiedenem Charakter. Es ist nämlich, ebenfalls auf Grund früherer Untersuchungen (Seite 87 und 88):

in der Ebene:

Γ bald positiv, bald null, bald negativ, je nach der Beschaffenheit der Curve σ; und $\Pi_\infty = -\infty$.

im Raume:

Γ stets positiv und verschieden von Null; und $\Pi_\infty = 0$. Somit geht die Formel (I.) über in

$$\Gamma > \Pi_\alpha > 0;$$ II.

und hieraus folgt mit Rücksicht auf die Formel (9.):

$$1 > \mathsf{M}_\alpha > 0.$$ III.

$$G_a^\alpha = \int\int (d\sigma\, ds\, \eta_\sigma^\alpha \eta_s^a T_{\sigma s})\,;$$

10. woraus ersichtlich, dass G_a^α in Bezug auf α und a *symmetrisch* ist. Auch lässt sich die Gestalt dieser symmetrischen Function näher angeben für den speciellen Fall, dass einer der beiden Puncte a, α unendlich weit entfernt ist. Aus der dritten Formel (7.) folgt nämlich:

$$G_a^\alpha = \left(\int d\sigma\, \eta_\sigma^\alpha\right) T_{i_0 a}, \quad \text{für } a = \infty,$$

wo i_0 die in (2.) genannte Bedeutung hat. Das hier auftretende Integral $\int d\sigma\, \eta_\sigma^\alpha$ ist aber nach (7.) gleich M^α, also nach (9.) gleich $\frac{\Pi_\alpha}{\Gamma}$; und andrerseits ist in dem hier betrachteten Fall $a = \infty$ die Grösse $T_{i_0 a}$, zufolge (4.), identisch mit Π_a. Folglich:

11. $$G_a^\alpha = \frac{\Pi_\alpha \Pi_a}{\Gamma}, \quad \text{für } a = \infty.$$

Durch Zusammenstellung der eben erhaltenen Resultate gewinnen die Formeln (7.) folgende Gestalt:

$$\int (d\sigma\, \eta_\sigma^\alpha) = \frac{\Pi_\alpha}{\Gamma},$$

12. $$\int (d\sigma\, \eta_\sigma^\alpha T_{\sigma i}) = T_{\alpha i},$$

$$\int (d\sigma\, \eta_\sigma^\alpha T_{\sigma a}) = G_a^\alpha = G_\alpha^a\,;$$

wobei alsdann noch hinzuzufügen ist, dass die Function G_a^α oder G_α^a die Form des in (11.) genannten Productes annimmt, sobald einer der beiden Puncte a, α ins Unendliche rückt. Man pflegt diese Function die *Green'sche Function* zu nennen.

Bemerkung. — Man kann die erste und zweite der Formeln (12.) offenbar auch so schreiben:

13. $$\int \left(d\sigma \frac{\Gamma \eta_\sigma^\alpha}{\Pi_\alpha}\right) = 1,$$

$$\int \left(d\sigma \frac{\Gamma \eta_\sigma^\alpha}{\Pi_\alpha} T_{\sigma i}\right) = \frac{\Gamma T_{\alpha i}}{\Pi_\alpha}.$$

Beachtet man, dass die rechte Seite der letzten Formel [vgl. (4.)] für $\alpha = \infty$ in die Constante Γ übergeht, so erkennt man sofort, dass der Ausdruck

14. $$\left(\frac{\Gamma \eta_\sigma^\alpha}{\Pi_\alpha}\right)_{\alpha = \infty}.$$

nichts Anderes ist, als die Dichtigkeit γ der sogenannten *natürlichen Belegung*. Hieraus aber ergiebt sich, wenn man den in (14.) enthaltenen Bruch $\frac{\Pi_\alpha}{\Gamma}$ durch das Integral $\int(d\sigma\,\eta_\sigma^\alpha)$, (12.), ersetzt:

$$\gamma = \left(\frac{\eta_\sigma^\alpha}{\int(d\sigma\,\eta_\sigma^\alpha)}\right)_{\alpha=\infty}; \qquad 15.$$

so dass also die sogenannte *natürliche Belegung* im Wesentlichen nichts Anderes ist, als ein Specialfall der sogenannten *Green'schen Belegung*.

Aufgabe. — Zur weitern Vervollständigung unserer Betrachtungen stellen wir uns die Aufgabe, eine gegebene Masse M auf der Curve oder Fläche σ in solcher Weise auszu- 16.
breiten, dass sie für alle *inneren* Puncte, abgesehen von einer additiven Constante, äquipotential wird mit einer in α concentrirten Masse *Eins*.

Man erkennt leicht, dass die Dichtigkeit E der gesuchten Belegung den Werth hat

$$E_\sigma = \eta_\sigma^\alpha + (M - \mathsf{M}^\alpha)\gamma_\sigma, \qquad 17.$$

wo M^α, ebenso wie früher, die Gesammtmasse der Belegung η^α vorstellen soll. Oder anders ausgedrückt: Man erkennt, dass die gesuchte Belegung als eine Superposition *zweier* Belegungen angesehen werden kann, deren Dichtigkeiten respective

$$\eta_\sigma^\alpha \quad \text{und} \quad (M - \mathsf{M}^\alpha)\gamma_\sigma \qquad 18.$$

sind. In der That besitzt die *erste* dieser Belegungen (18.) die Masse M^α, die *zweite* die Masse $(M - \mathsf{M}^\alpha)$, was zusammengenommen M giebt. Und andrerseits besitzt die *erste* dieser Belegungen für innere Puncte das Potential $T_{\alpha i}$, die *letztere* das Potential $(M - \mathsf{M}^\alpha)\Gamma$, was zusammengenommen $T_{\alpha i}$ vermehrt um eine *Constante* (d. i. eine von i unabhängige Grösse) ergiebt.

Obwohl hiermit die Richtigkeit der Behauptung (17.) bereits erwiesen ist, so wird es doch nicht überflüssig sein, die betreffenden Formeln wirklich hinzuschreiben, und denselben noch eine dritte Formel beizufügen, welche das Potential der in Rede stehenden Belegung auf *äussere* Puncte betrifft. Man erhält*):

$$\int (d\sigma E_\sigma) = M,$$

19. $$\int (d\sigma E_\sigma T_{\sigma i}) = T_{ai} - \Pi_a + M\Gamma,$$

$$\int (d\sigma E_\sigma T_{\sigma a}) = G^\alpha_a - \frac{\Pi_\alpha \Pi_a}{\Gamma} + M\Pi_a.$$

Die letzte dieser Formeln zeigt, dass das von der Belegung E auf äussere Puncte ausgeübte Potential (ebenso wie das der Belegung η^α) in Bezug auf a, α *symmetrisch* ist, sobald $M = 0$. Aus diesem Grunde scheint es angemessen, dem Fall $M = 0$ eine besondere Aufmerksamkeit zuzuwenden, wie sofort geschehen soll. Es mag nämlich

Die einem äussern Puncte α entsprechende Nullbelegung als diejenige definirt werden, welche die Gesammt-
20. masse *Null* hat, und für alle *inneren* Puncte, abgesehen von einer additiven Constanten, äquipotential ist mit einer in α concentrirten Masse *Eins*. Alsdann wird offenbar die Dichtigkeit ϑ^α dieser Belegung nichts anderes sein, als der specielle Werth von E für $M = 0$; so dass sich also z. B. aus (17.) die Formel ergiebt:

21. $$\vartheta^\alpha_\sigma = \eta^\alpha_\sigma - \mathsf{M}^\alpha \gamma_\sigma = \eta^\alpha_\sigma - \frac{\Pi_\alpha}{\Gamma}\gamma_\sigma;$$

Desgleichen würden auch die Formeln (19.) zu wiederholen sein, nur überall ϑ^α_σ, 0 statt E_σ, M gesetzt. *Mag man also die einem Puncte α entsprechende Green'sche, oder die dem-*
22. *selben entsprechende Null-Belegung bilden, im einen wie im andern Falle wird das Potential dieser Belegung auf irgend einen Punct a symmetrisch sein in Bezug auf a, α.*

§ 2.

Die Green'sche Belegung und die Nullbelegung, gebildet mit Bezug auf einen innern Punct.

Die einem innern Puncte j entsprechende Green'sche Belegung. — Mit diesem Namen bezeichnen wir diejenige

*) Nämlich durch Benutzung der Formeln (3.), (12.), und indem man für M^α seinen Werth $\frac{\Pi_\alpha}{\Gamma}$ substituirt.

Belegung der gegebenen Curve oder Fläche σ, welche für alle *äusseren* Puncte äquipotential ist mit einer in j concentrirten Masse *Eins**), also diejenige, deren Dichtigkeit η^j der Formel entspricht: 23.

$$\int (d\sigma\,\eta_\sigma^j\,T_{\sigma a}) = T_{ja}\,. \tag{24.}$$

Bezeichnet man die Gesammtmasse dieser Belegung mit M^j, und das von ihr auf irgend einen Punct x ausgeübte Potential mit G_x^j, so ist offenbar:

$$\begin{aligned} \mathsf{M}^j &= \int (d\sigma\,\eta_\sigma^j)\,, \\ G_a^j &= \int (d\sigma\,\eta_\sigma^j\,T_{\sigma a})\,, \\ G_i^j &= \int (d\sigma\,\eta_\sigma^j\,T_{\sigma i})\,, \end{aligned} \tag{25.}$$

also mit Rücksicht auf (24.):

$$G_a^j = T_{ja} \quad \text{und} \quad G_\sigma^j = T_{j\sigma}\,. \tag{26.}$$

Ferner ist nach dem erweiterten Gauss'schen Satz [(3.) S. 99]:

$$\Gamma\mathsf{M}^j = \int (d\sigma\,\gamma_\sigma\,G_\sigma^j)\,,$$

also nach (26.):

$$\Gamma\mathsf{M}^j = \int (d\sigma\,\gamma_\sigma\,T_{\sigma j})\,,$$

oder, mit Rückblick auf (3.):

$$\mathsf{M}^j = 1\,. \tag{27.}$$

Was ferner G_i^j betrifft, so ergiebt sich aus (24.), falls man a nach s rücken lässt:

$$\int (d\sigma\,\eta_\sigma^j\,T_{\sigma s}) = T_{js}\,,$$

oder, falls man j mit irgend welchem andern innern Punct i, und gleichzeitig σ mit s vertauscht:

$$\int (ds\,\eta_s^i\,T_{\sigma s}) = T_{i\sigma}\,.$$

Durch Substitution dieses Werthes von $T_{i\sigma}$ in die dritte Formel (25.) folgt:

$$G_i^j = \iint (d\sigma\,ds\,\eta_\sigma^j\,\eta_s^i\,T_{\sigma s})\,, \tag{28.}$$

woraus ersichtlich, dass G_i^j in Bezug auf j und i *symmetrisch* ist. — Durch Zusammenstellung der erhaltenen Resultate gewinnen die Formeln (25.) folgende Gestalt:

---

*) Dass diese Definition die Belegung eindeutig bestimmt, ergiebt sich leicht aus dem Theorem ($J.^{abs}$), Seite 105.

$$\int (d\sigma\, \eta^j_\sigma) = 1\,,$$

29. $$\int (d\sigma\, \eta^j_\sigma T_{\sigma a}) = T_{ja}\,,$$

$$\int (d\sigma\, \eta^j_\sigma T_{\sigma i}) = G^j_i = G^i_j\,.$$

Man pflegt die Function G^j_i oder G^i_j die *Green'sche Function* für innere Puncte zu nennen. Solches absolvirt stellen wir uns ähnlich wie im vorhergehenden § (Seite 343) folgende

Aufgabe. — Eine gegebene Masse M soll auf der gegebenen Curve oder Fläche σ in solcher Weise ausgebreitet
30. werden, dass sie für alle *auf* σ gelegenen Puncte, abgesehen von einer additiven Constante, äquipotential ist mit einer in j concentrirten Masse *Eins**).

Man erkennt, ähnlich wie früher (Seite 343), dass die Dichtigkeit E der gesuchten Belegung folgenden Werth hat:

31. $$E_\sigma = \eta^j_\sigma + (M - 1)\gamma_\sigma\,;$$

und gelangt nebenher zu folgenden Formeln:

$$\int (d\sigma\, E_\sigma) = M\,,$$

32. $$\int (d\sigma\, E_\sigma T_{\sigma a}) = T_{ja} + (M - 1)\Pi_a\,,$$

$$\int (d\sigma\, E_\sigma T_{\sigma i}) = G^j_i + (M - 1)\,\Gamma\,;$$

woraus folgt, dass das Potential dieser Belegung auf einen innern Punct i in Bezug auf i, j *symmetrisch* ist, nicht nur für $M = 0$, sondern für jeden beliebigen Werth von M. — Um die Analogie mit den Untersuchungen des vorhergehenden § so weit als möglich zu verfolgen mag endlich

Die dem Puncte j entsprechende Nullbelegung als diejenige definirt werden, welche die Gesammtmasse *Null* hat und für alle *auf* σ gelegenen Puncte, abgesehen von einer additiven Constanten, äquipotential ist mit einer in j concentrirten Masse *Eins*. Alsdann ist offenbar die Dichtigkeit ϑ^j dieser Belegung nichts Anderes als der specielle Werth von E für $M = 0$, so dass man aus (31.) erhält:

---

*) Dass diese Aufgabe nur *eine* Lösung zulässt, erkennt man leicht mit Hülfe des Theorems ($J.^{abs}$), Seite 105. Völlig analog mit der *frühern* Aufgabe (16.) würde übrigens die *gegenwärtige* Aufgabe (30.) erst dann sein, wenn man die Aequipotentialität (abgesehen von einer additiven Constante) nicht nur für alle *auf* σ, sondern auch für alle *ausserhalb* σ befindlichen Puncte fordern wollte. Doch würde alsdann, wie man leicht erkennt, die Aufgabe *unlösbar*, d. i. *widersinnig* sein.

$$\vartheta^j_\sigma = \eta^j_\sigma - \gamma_\sigma ,$$ 33.

und ausserdem drei mit (32.) analoge Formeln, die von jenen nur dadurch sich unterscheiden, dass überall ϑ^j_σ, 0 statt E_σ, M stehen. *Die dem Puncte j entsprechende Null-* 34.
belegung ist daher, ebenso wie die demselben entsprechende Green'sche Belegung, von solcher Art, dass das von ihr auf irgend einen Punct i ausgeübte Potential in Bezug auf i, j symmetrisch ist.

§ 3.

Die physikalischen Bedeutungen der betrachteten Belegungen.

Bedeutung von η^α. — Man denke sich σ als die Oberfläche eines zur Erde abgeleiteten Conductors, und stelle sich die Aufgabe, diejenige elektrische Belegung zu ermitteln, welche auf diesem Conductor inducirt wird durch einen in α befindlichen elektrischen Punct von der Masse μ. — Bekanntlich muss das elektrische Gesammtpotential, nach Eintritt des elektrischen Gleichgewichts, innerhalb des Conductors *constant*, und zwar im gegenwärtigen Fall, wo der Conductor zur Erde abgeleitet ist, *Null* sein.

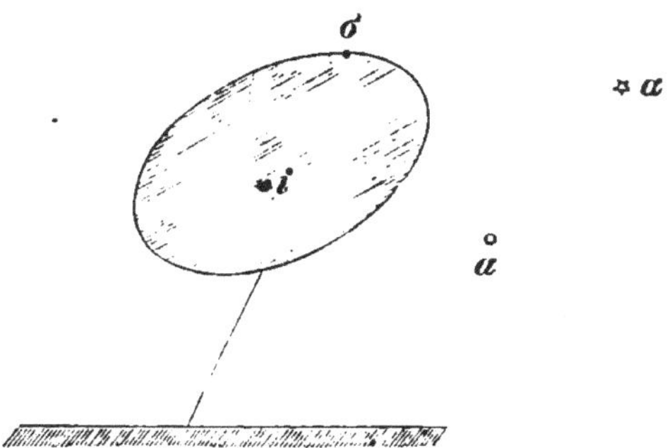

Bezeichnet man also die Dichtigkeit der gesuchten elektrischen Belegung mit δ, so muss für alle Puncte i die Gleichung stattfinden:

$$\int (d\sigma\, \delta_\sigma T_{\sigma i}) + \mu T_{\alpha i} = 0 .$$ 35.

Diese Formel ist, wie sich aus dem Theorem ($A.^{abs}$), S. 101, leicht ergiebt, zur eindeutigen Bestimmung von δ vollkommen ausreichend, und zeigt durch ihre Uebereinstimmung mit der frühern Formel (6.), dass δ identisch ist mit η^α, sobald man $\mu = -1$ setzt. — Folglich kann man η^α *als die durch einen Punct α von der Masse* (— 1) *auf dem abgeleiteten Conductor inducirte Belegung, und G^α_a als das Potential dieser inducirten*

Belegung auf äussere Puncte bezeichnen. — In ähnlicher Weise erkennt man, dass der Ausdruck

86. $$E_\sigma = \eta_\sigma^\alpha + (M - \mathsf{M}^\alpha)\,\gamma_\sigma \quad \text{[vgl. (17.)]}$$

als die Dichtigkeit derjenigen Belegung bezeichnet werden kann, *welche durch den Punct α von der Masse (— 1) auf dem isolirten und mit der Elektricitätsmenge M geladenen Conductor inducirt wird**).

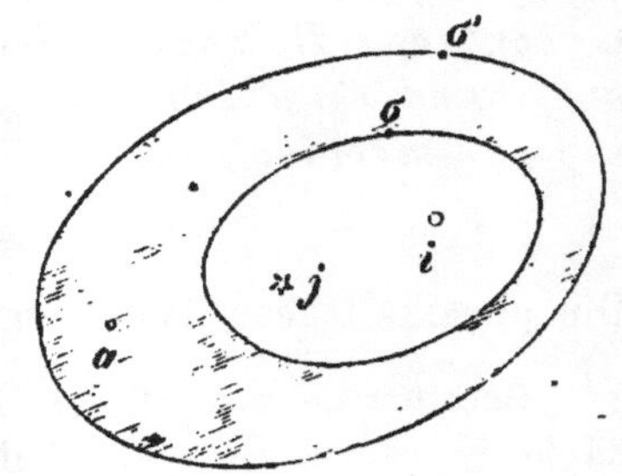

Bedeutung von η^j. — Man denke sich σ als die innere Oberfläche eines *schaalenförmigen* Conductors**), und stelle sich die Aufgabe, diejenige elektrische Belegung zu ermitteln, welche auf dieser Fläche σ inducirt wird durch einen im innern Hohlraum,

---

*) Wir können auf die Dichtigkeiten η, E gewisse frühere Betrachtungen anwenden, und gelangen alsdann zu folgenden Sätzen, welche hauptsächlich beachtenswerth sind wegen der im ersten Satz erforderlichen Restriction:

I. *Die Function η_σ^α ist bei der Betrachtung im Raume stets positiv, nicht aber in der Ebene* [vgl. (35.) Seite 94]. Zugleich sei bemerkt, dass die Gesammtmasse M^α dieser Belegung im Raume der Relation unterworfen ist:

$$0 < \mathsf{M}^\alpha < 1,$$

nicht aber in der Ebene [vgl. (III.) Seite 341]; so dass man also sagen kann, *die auf einem zur Erde abgeleiteten Conductor durch einen elektrischen Massenpunct von der Masse (— 1) inducirte Belegung sei ihrer Gesammtmasse nach stets kleiner als* 1; während ein analoger Satz in der Ebene *nicht* existirt.

II. *Die Function $E_\sigma = \eta_\sigma^\alpha + (M - \mathsf{M}^\alpha)\gamma_\sigma$* (36.) *ist, im Raum wie in der Ebene, stets positiv, falls $M > 1$ ist* [vgl. (29.) Seite 90].

III. *Die Function ϑ_σ^α ist von wechselndem Vorzeichen, nämlich an einigen Stellen von σ positiv, an anderen negativ;* — wie sich solches unmittelbar aus dem Umstande ergiebt, dass die Gesammtmasse der Belegung ϑ_σ^α *Null* sein soll.

Schliesslich sei, der Vollständigkeit willen, daran erinnert, *dass die Function γ_σ, im Raum wie in der Ebene, stets positiv ist* [vgl. (18.), Seite 86].

**) Ob derselbe zur Erde abgeleitet oder isolirt ist, und ob derselbe im letztern Fall von Hause aus mit Elektricität geladen ist oder nicht, mag dahingestellt bleiben.

etwa in j befindlichen elektrischen Punct von der Masse μ. — Im Allgemeinen werden sich alsdann *zwei* elektrische Belegungen bilden, eine auf der *innern* Fläche σ, die andere auf der *äussern* Fläche σ'; und nach Eintritt des Gleichgewichtszustandes wird das von σ, σ' und μ herrührende Gesammtpotential für alle Puncte a des Conductors *constant* sein. Aber noch mehr lässt sich behaupten. Denn zufolge eines frühern Satzes [vgl. z. B. II. Seite 81] muss zur Zeit jenes Gleichgewichtszustandes das *allein* von σ und μ herrührende Potential für alle Puncte a Null sein, also die Formel stattfinden:

$$\int (d\sigma \, \delta_\sigma T_{\sigma a}) + \mu T_{ja} = 0 , \qquad 37.$$

wo δ die Dichtigkeit der auf σ sich etablirenden elektrischen Schicht bezeichnet. Diese Formel ist, wie aus dem Theorem ($J.^{abs}$), Seite 105, sich leicht ergiebt, zur eindeutigen Bestimmung von δ vollkommen ausreichend, und zeigt durch ihre Uebereinstimmung mit der frühern Formel (24.), dass δ identisch ist mit η^j, sobald man $\mu = -1$ setzt. — Folglich kann η^j als *die durch einen Punct j von der Masse* (— 1) *inducirte Belegung*, und G_i^j als *das Potential dieser inducirten Belegung auf einen innern Punct i* bezeichnet werden*).

§ 4.

Einige Sätze, die dem erweiterten Gauss'schen Satze ähnlich sind.

Ebenso wie der erweiterte Gauss'sche Satz (Seite 98) die natürliche Belegung γ betrifft, ebenso gelten ähnliche Sätze hinsichtlich der Belegungen η^α, ϑ^α und η^j, ϑ^j.

*) Durch Anwendung früherer Betrachtungen folgt sofort, dass

I. *die Function* η_σ^j, *im Raum wie in der Ebene, stets positiv ist* [vgl. (37.), Seite 96]. Hieraus und mit Rücksicht auf das beständige Positivsein von γ_σ [vgl. (18.) Seite 86], folgt weiter, dass

II. *die in* (31.) *aufgeführte Function* $E_\sigma = \eta_\sigma^j + (M-1)\gamma_\sigma$, *im Raum wie in der Ebene, stets positiv sein wird, falls* $M > 1$ *ist.* — Endlich ist zu bemerken, dass

III. *die Function* ϑ_σ^j *eine Function von wechselndem Vorzeichen ist.* — — Diese drei Sätze entsprechen den kurz vorher erwähnten, Note Seite 318.

Es sei nach wie vor σ eine geschlossene Curve oder Fläche von beliebiger Beschaffenheit; ferner sei V das Potential eines beliebigen Massensystems, dessen einzelne Massenelemente theils mit m, theils mit μ bezeichnet werden mögen, je nachdem sie *ausserhalb* oder *innerhalb* σ liegen; demgemäss seien die Werthe dieses Potentials V in zwei Puncten x und σ angedeutet durch:

38. $$V_x = \Sigma m T_{mx} + \Sigma \mu T_{\mu x},$$

39. $$V_\sigma = \Sigma m T_{m\sigma} + \Sigma \mu T_{\mu\sigma},$$

wo x einen ganz beliebigen Punct vorstellt, σ hingegen einen auf der gegebenen Curve oder Fläche liegenden.

Solches festgesetzt, ergeben sich die in Rede stehenden Sätze dadurch, dass man die Formel (39.) respective mit

40. $$\gamma_\sigma d\sigma,\ \eta_\sigma^\alpha d\sigma,\ \vartheta_\sigma^\alpha d\sigma,\ \eta_\sigma^j d\sigma,\ \vartheta_\sigma^j d\sigma$$

multiplicirt, und jedesmal integrirt. — In der That ergiebt sich in solcher Weise zunächst die schon bekannte

Formel des erweiterten Gauss'schen Satzes:

41. $$\int V_\sigma \gamma_\sigma d\sigma = \Sigma m \Pi_m + \Sigma \mu \Gamma \quad \text{[vgl. Seite 98]},$$

in welcher, zufolge der Relation $\Pi_s = \Gamma$, solche Massenelemente, die gerade *auf* σ liegen, nach Belieben zu den m oder zu den μ gerechnet werden können. — Was nun ferner

Die analogen Formeln für η^α und ϑ^α betrifft, so folgt aus (39.) durch Multiplication mit $\eta_\sigma^\alpha d\sigma$ und Integration:

$$\int V_\sigma \eta_\sigma^\alpha d\sigma = \Sigma m \left(\int T_{m\sigma} \eta_\sigma^\alpha d\sigma\right) + \Sigma \mu \left(\int T_{\mu\sigma} \eta_\sigma^\alpha d\sigma\right),$$

d. i. nach (12.):

42. $$\int V_\sigma \eta_\sigma^\alpha d\sigma = \Sigma m G_{m\alpha} + \Sigma \mu T_{\mu\alpha}, \quad *)$$

wo, ebenso wie in (41.), solche Elemente, die gerade *auf* σ liegen, nach Belieben zu den m oder zu den μ gerechnet werden können; denn es ist nach (12.): $G_{s\alpha} = T_{s\alpha}$. — Subtrahirt man die Formeln (41.), (42.) von einander, nachdem zuvor die erstere mit $\frac{\Pi_\alpha}{\Gamma}$ multiplicirt worden ist, so erhält man mit Rücksicht auf (21.):

---

*) Der Bequemlichkeit halber bringen wir die Indices der Green-schen Function G beide *unten* an, und schreiben also z. B. $G_{m\alpha}$ statt G_α^m.

$$\int V_\sigma \vartheta_\sigma^\alpha d\sigma = \Sigma m \left(G_{m\alpha} - \frac{\Pi_m \Pi_\alpha}{\Gamma} \right) + \Sigma \mu \left(T_{\mu\alpha} - \Pi_\alpha \right), \tag{43.}$$

wo offenbar, ebenso wie in (41.), (42.), die *auf* σ gelegenen Massenelemente nach Belieben den m oder μ beizugesellen sind.

Die analogen Formeln für η^j und ϑ^j. — Durch Multiplication der Formel (39.) mit $\eta_\sigma^j d\sigma$ und Integration entsteht:

$$\int V_\sigma \eta_\sigma^j d\sigma = \Sigma m \left(\int T_{m\sigma} \eta_\sigma^j d\sigma \right) + \Sigma \mu \left(\int T_{\mu\sigma} \eta_\sigma^j d\sigma \right),$$

oder, mit Rücksicht auf (29.):

$$\int V_\sigma \eta_\sigma^j d\sigma = \Sigma m T_{mj} + \Sigma \mu G_{\mu j}; \tag{44.}$$

und hieraus endlich folgt durch Subtraction der Formel (41.) und mit Rücksicht auf (33.):

$$\int V_\sigma \vartheta_\sigma^j d\sigma = \Sigma m (T_{mj} - \Pi_m) + \Sigma \mu (G_{\mu j} - \Gamma). \tag{45.}$$

Wiederum können in diesen Formeln (44.), (45.) die *auf* σ gelegenen Massenelemente nach Belieben zu den m oder μ gerechnet werden; denn es ist: $\Pi_s = \Gamma$, und nach (29.): $T_{sj} = G_{sj}$.

§ 5.

Behandlung einiger Aufgaben.

Das Potential V_x (38.) nimmt, falls die $m = 0$ sind, mithin sämmtliche Massenelemente des betrachteten Systems *innerhalb*, resp. *auf* σ liegen, die Gestalt an:

$$V_x = \Sigma \mu T_{\mu x}; \tag{46.}$$

so dass z. B. $V_\alpha = \Sigma \mu T_{\mu\alpha}$ wird. Und mit Rücksicht hierauf folgt alsdann aus (41.), (42.), (43.):

$$\begin{aligned} \int V_\sigma \gamma_\sigma d\sigma &= \Sigma \mu \Gamma = M\Gamma, \\ \int V_\sigma \eta_\sigma^\alpha d\sigma &= V_\alpha, \\ \int V_\sigma \vartheta_\sigma^\alpha d\sigma &= V_\alpha - M\Pi_\alpha. \end{aligned} \tag{47.}$$

Ausserdem ist nach (3.), (12.), (20.):

$$\begin{aligned} \int \gamma_\sigma d\sigma &= 1, \\ \int \eta_\sigma^\alpha d\sigma &= \frac{\Pi_\alpha}{\Gamma}, \\ \int \vartheta_\sigma^\alpha d\sigma &= 0. \end{aligned} \tag{48.}$$

Mit Hülfe dieser Formeln wollen wir nun einige Aufgaben behandeln, indem wir dabei die der gegebenen Curve oder Fläche σ eigenthümlichen Functionen γ, η^α, ϑ^α, Π_α, sowie auch die Constante Γ als *bekannt* voraussetzen*).

Erste Aufgabe. — *Es soll ein Potential V_α irgend welcher innerhalb oder auf σ ausgebreiteter Massen ermittelt werden, welches auf σ vorgeschriebene Werthe besitzt, also der Gleichung entspricht:*

49. $$V_\sigma = f_\sigma,$$

*wo die f_σ gegeben sind**).*

Aus dieser Gleichung (49.) folgt durch Multiplication mit $\eta_\sigma^\alpha d\sigma$ und Integration, mit Rücksicht auf (47.), sofort:

50. $$V_\alpha = \int f_\sigma \eta_\sigma^\alpha d\sigma,$$

womit die Aufgabe gelöst ist.

Zweite Aufgabe. — *Es soll ein Potential V_α irgend welcher innerhalb oder auf σ ausgebreiteter Massen von der gegebenen Summe M ermittelt werden, welches auf σ von daselbst vorgeschriebenen Werthen f_σ nur durch eine unbestimmte additive Constante sich unterscheidet, also der Gleichung entspricht:*

51. $$V_\sigma + K = f_\sigma,$$

*wo K eine noch unbekannte Constante bezeichnet***).*

Aus dieser Gleichung (51.) folgt durch Multiplication mit $\gamma_\sigma d\sigma$ und Integration, mit Rücksicht auf (47.), (48.), sofort:

$$M\Gamma + K = \int f_\sigma \gamma_\sigma d\sigma,$$

mithin:

52. $$K = -M\Gamma + \int f_\sigma \gamma_\sigma d\sigma.$$

---

*) Im Grunde genommen wird dabei nur *eine* Function als bekannt vorausgesetzt, d. i. η^α. Denn aus η^α ergiebt sich γ vermittelst der Relation (15.); aus γ ergeben sich alsdann weiter Γ und Π_α vermittelst der Gleichungen (3.); und schliesslich ergiebt sich ϑ^α durch die bekannte Formel (21.):

$$\vartheta_\sigma^\alpha = \eta_\sigma^\alpha - \frac{\Pi_\alpha}{\Gamma}\gamma_\sigma.$$

**) Durch diese Bedingungen sind die V_α, *abgesehen vom singulären Fall*, eindeutig bestimmt, zufolge des Theorems ($A.^{abs}$), Seite 101.

***) Durch diese Bedingungen sind die V_α jederzeit eindeutig bestimmt, zufolge des Theorems ($A.^{add}$), Seite 38.

Andrerseits folgt aus (51.) durch Multiplication mit $\vartheta_\sigma^\alpha d\sigma$ und Integration, mit Rücksicht auf (47.), (48.):

$$(V_\alpha - \mathsf{M}\Pi_\alpha) + 0 = \int f_\sigma \vartheta_\sigma^\alpha d\sigma\,,$$

mithin:

$$V_\alpha = \mathsf{M}\Pi_\alpha + \int f_\sigma \vartheta_\sigma^\alpha d\sigma\,. \tag{53.}$$

Diese Formeln (52.), (53.) geben sowohl den Werth von V_α, als auch den Werth der additiven Constanten K.

Bemerkung. — Betrachtet man insbesondere den Specialfall $\mathsf{M} = 0$, so folgt durch Addition der Formeln (52.), (53.):

$$V_\alpha + K = \int f_\sigma (\vartheta_\sigma^\alpha + \gamma_\sigma) d\sigma. \tag{54.}$$

Diese Function $(V_\alpha + K)$ ist alsdann, abgesehen von der additiven Constante K, ein Potential irgend welcher *innerhalb* oder *auf* σ ausgebreiteter Massen von der Summe *Null*, und besitzt, nach (51.), auf σ die vorgeschriebenen Werthe f_σ. Folglich wird diese Function $V_\alpha + K$ zu nennen sein*): die den Werthen f_σ entsprechende *kanonische Potentialfunction* des Gebietes $\mathfrak{A}$.

§ 6.

Weitere Aufgaben.

Das Potential V_x (38.) nimmt, falls die $\mu = 0$ sind, mithin sämmtliche Massenelemente des betrachteten Systems *ausserhalb* resp. *auf* σ liegen, die Gestalt an:

$$V_x = \Sigma m T_{mx}\,; \tag{55.}$$

woraus z. B. folgt: $V_j = \Sigma m T_{mj}$. Mit Rücksicht hierauf erkennt man, dass die Formeln (41.), (44.), (45.) im gegenwärtigen Falle übergehen in:

$$\begin{aligned} \int V_\sigma \gamma_\sigma d\sigma &= \Sigma m \Pi_m\,, \\ \int V_\sigma \eta_\sigma^j d\sigma &= V_j\,, \\ \int V_\sigma \vartheta_\sigma^j d\sigma &= V_j - \Sigma m \Pi_m\,. \end{aligned} \tag{56.}$$

Ausserdem ist nach (3.), (29.), (34.):

$$\begin{aligned} \int \gamma_\sigma d\sigma &= 1\,, \\ \int \eta_\sigma^j d\sigma &= 1\,, \\ \int \vartheta_\sigma^j d\sigma &= 0\,. \end{aligned} \tag{57.}$$

*) Wenigstens wird ihr dieser Name zukommen, wenn die f auf σ *stetig* sind. — Auf eine weitere Discussion für den Fall *unstetiger* f wollen wir uns hier aber *nicht* einlassen.

Wir wollen nun annehmen, dass die der gegebenen Curve oder Fläche σ eigenthümliche Function η^j_σ *bekannt* sei, und folgende Aufgabe behandeln:

Aufgabe. — *Es soll ein Potential V_j irgend welcher* ***ausserhalb*** *resp.* ***auf*** *σ ausgebreiteter Massen ermittelt werden, welches auf σ* ***vorgeschriebene*** *Werthe besitzt, also der Gleichung entspricht:*

58. $$V_\sigma = f_\sigma\,,$$

wo die f_σ gegeben sind).*

Durch Multiplication dieser Gleichung (58.) mit $\eta^j_\sigma d\sigma$ und Integration folgt, mit Rücksicht auf (56.), sofort:

59. $$V_j = \int f_\sigma \eta^j_\sigma d\sigma\,,$$

womit die Aufgabe gelöst ist.

Zweite Aufgabe. — *Eine gegebene Masse* M *soll auf der Curve oder Fläche σ in solcher Weise ausgebreitet werden,*
60. *dass das Potential dieser Belegung auf σ selber von gewissen daselbst vorgeschriebenen Werthen f_σ nur durch eine unbestimmte additive Constante differirt**).*

Bezeichnet man das unbekannte Potential dieser Belegung mit V, so soll also

61. $$V_\sigma + K = f_\sigma$$

sein, wo K eine unbekannte Constante vorstellt. Durch Multiplication dieser Gleichung (61.) mit $\gamma_\sigma d\sigma$ und Integration folgt mit Rücksicht auf (47.), (48.):

62. $$K = -\mathsf{M}\Gamma + \int f_\sigma \gamma_\sigma d\sigma\,.$$

Ferner folgt aus (61.) durch Multiplication mit $\vartheta^\alpha_\sigma d\sigma$ und Integration, wiederum mit Rücksicht auf (47.), (48.):

63. $$V_\alpha = \mathsf{M}\Pi_\alpha + \int f_\sigma \vartheta^\alpha_\sigma d\sigma\,.$$

Endlich folgt aus (61.) durch Multiplication mit $\vartheta^j_\sigma d\sigma$ und Integration, mit Rücksicht auf (56.), (57.):

$$V_j = \Sigma m \Pi_m + \int f_\sigma \vartheta^j_\sigma d\sigma\,,$$

wo die m die einzelnen Elemente des das Potential V er-

*) Dass die V_j durch diese Bedingungen eindeutig bestimmt sind, ergiebt sich aus dem Theorem ($J.^{abs}$), Seite 105.

**) Dass diese Aufgabe nur *eine* Lösung zulässt, ergiebt sich leicht aus dem Theorem ($A.^{add}$), Seite 38.

zeugenden Massensystems repräsentiren. Da im gegenwärtigen Fall [vgl. (60.)] diese m sämmtlich *auf* σ liegen, und die Summe M haben sollen, so ist offenbar $\Sigma m \Pi_m = \Sigma m \Gamma = \mathsf{M}\Gamma$; folglich:

$$V_j = \mathsf{M}\Gamma + \int f_\sigma \vartheta_\sigma^j d\sigma \,. \qquad (64.)$$

Diese Formeln (62.), (63.), (64.) liefern nicht nur die Werthe V_a, V_j des gesuchten *Potentials*, sondern auch den Werth der *additiven Constante K*. — Schliesslich ergiebt sich aus V_a und V_j in bekannter Weise auch die *Dichtigkeit* der Belegung.

Dritte Aufgabe. — *Die gegebene Curve oder Fläche σ
soll so mit Masse belegt werden, dass das Potential dieser Be-* 65.
*legung auf σ selber vorgeschriebene Werthe f_σ hat**).

Bezeichnet man also das unbekannte Potential dieser Belegung mit V, so soll

$$V_\sigma = f_\sigma \qquad (66.)$$

sein. Hieraus ergeben sich durch Multiplication mit $\gamma_\sigma d\sigma$, $\eta_\sigma^a d\sigma$, $\eta_\sigma^j d\sigma$ und jedesmalige Integration, mit Rücksicht auf (47.), (48.), (56.) die Formeln:

$$\begin{aligned} \mathsf{M}\Gamma &= \int f_\sigma \gamma_\sigma d\sigma \,, \\ V_a &= \int f_\sigma \eta_\sigma^a d\sigma \,, \\ V_j &= \int f_\sigma \eta_\sigma^j d\sigma \,, \end{aligned} \qquad (67.)$$

durch welche sowohl das *Potential V* als auch die *Masse* M der unbekannten Belegung sich bestimmen.

§ 7.

Die sogenannte sphärische Spiegelung.

Es sei gegeben eine *Kugelfläche* (o, H), d. i. eine Kugel- 1.
fläche mit dem Mittelpunct o und dem Halbmesser H. Lässt man von o einen Strahl ausgehen, und markirt man auf demselben irgend zwei der Relation**):

---

*) Diese Aufgabe lässt, *abgesehen vom singulären Fall*, nur *eine* Lösung zu. Vgl. das Theorem $(S.^{abs})$, Seite 106.

**) Die in Parenthese gestellten kleinen Buchstaben, wie (ox), $(o\xi)$, $(x\xi)$ u. s. w. sollen die *Entfernungen* der betreffenden Puncte andeuten. Somit ist z. B. $(ox) = (xo)$.

2. $$(ox)(o\xi) = H^2$$

entsprechende Puncte x, ξ, so heisst bekanntlich jeder von diesen beiden Puncten das *Spiegelbild* des andern in Bezug auf jene Kugelfläche (o, H). Auch pflegt man die beiden Puncte kurzweg *correspondirende* oder *conjugirte* Puncte zu nennen. — Sind *zwei* Paare correspondirender Puncte x, ξ und y, η gegeben, so ist nach (1.): $(ox)(o\xi) = (oy)(o\eta) = H^2$, und folglich:

$$oxy \sim o\eta\xi.$$

Aus der Aehnlichkeit dieser Dreiecke folgt sofort:

3. $$\frac{(xy)}{(\xi\eta)} = \frac{(oy)}{(o\xi)} = \frac{(ox)}{(o\eta)};$$

und hieraus folgt weiter *die durch ihre Symmetrie ausgezeichnete Formel:*

4. $$\frac{(xy)}{(\xi\eta)} = \sqrt{\frac{(ox)(oy)}{(o\xi)(o\eta)}}.$$

Bringt man diese Formel in Anwendung auf *drei* Paare correspondirender Puncte: x, ξ, ferner y, η, und z, ζ, und bezeichnet man dabei zur Abkürzung die Entfernungen dieser Puncte von o resp. mit X, Ξ, Y, H, Z, Z, so ergiebt sich:

5. $$\frac{(xy)}{(\xi\eta)} = \sqrt{\frac{XY}{\Xi\mathsf{H}}}, \quad \frac{(yz)}{(\eta\zeta)} = \sqrt{\frac{YZ}{\mathsf{H}\mathsf{Z}}}, \quad \frac{(zx)}{(\zeta\xi)} = \sqrt{\frac{ZX}{\mathsf{Z}\Xi}}.$$

Denkt man sich nun das Dreieck xyz unendlich klein, mithin das correspondirende Dreieck $\xi\eta\zeta$ ebenfalls unendlich klein, so wird $X = Y = Z$ und $\Xi = \mathsf{H} = \mathsf{Z}$, folglich:

6. $$\frac{(xy)}{(\xi\eta)} = \frac{(yz)}{(\eta\zeta)} = \frac{(zx)}{(\zeta\xi)} = \frac{X}{\Xi};$$

woraus ersichtlich, dass die Dreiecke einander *ähnlich* sind. *Die von correspondirenden Linienelementen gebildeten Winkel*
7. *sind also einander g l e i c h;* oder anders ausgedrückt: *correspondirende Figuren sind in i h r e n k l e i n s t e n T h e i l e n einander ä h n l i c h.* — Bezeichnet man in (6.) die correspondirenden *Linien*elemente (xy), $(\xi\eta)$ mit ds', $d\sigma'$, so lautet jene Formel:

8. a $$\frac{ds'}{d\sigma'} = \frac{X}{\Xi},$$

wo X, Ξ die Abstände der beiden Elemente vom Puncte o

vorstellen. Hieraus ergeben sich, mit Rücksicht auf den Satz der *gleichen Winkel* (7.), weitere Formeln:

$$\frac{ds''}{d\sigma''} = \frac{X^2}{\Xi^2}, \tag{8.b}$$

$$\frac{ds'''}{d\sigma'''} = \frac{X^3}{\Xi^3}, \tag{8.c}$$

die eine gültig für zwei correspondirende *Flächen*elemente ds'', $d\sigma''$, die andere für zwei correspondirende *Raum*elemente ds''', $d\sigma'''$. *Sind also, um die Hauptsache zusammenzufassen, $ds^{(n)}$, $d\sigma^{(n)}$ zwei einander correspondirende Elemente n^{ter} Dimension, so findet die Relation statt:*

$$\frac{ds^{(n)}}{d\sigma^{(n)}} = \frac{(os)^n}{(o\sigma)^n}, \tag{9.}$$

wo (os), $(o\sigma)$ die Entfernungen der Elemente vom Puncte o bezeichnen.

Beiläufige Bemerkung. — Sind x, c zwei beliebige Puncte, und ξ, γ die correspondirenden Puncte, so ist nach (3.):

$$\frac{(xc)}{(\xi\gamma)} = \frac{(oc)}{(o\xi)},$$

oder, was dasselbe:

$$(xc) = (oc)\,\frac{(\xi\gamma)}{(\xi o)}. \tag{10.}$$

Sind also c, γ unveränderlich gegeben, und bewegt sich x auf der Kugelfläche

$$(xc) = \text{Const.}, \tag{11.a}$$

so wird, nach (10.), die gleichzeitige Bewegung von ξ der Formel entsprechen:

$$\frac{(\xi\gamma)}{(\xi o)} = \text{Const.}; \tag{11.b}$$

dies ist aber bekanntlich ebenfalls die Gleichung einer Kugelfläche. *Einer gegebenen Kugelfläche correspondirt also* 12.
*stets wiederum eine Kugelfläche**). — Auf der Linie oc correspondirt, nach (2.), dem Puncte o der unendlich ferne

---

*) Doch sind die Centra der beiden Kugelflächen *keineswegs* correspondirende Puncte. Denn das Centrum der einen (11.a) liegt in c; das Centrum der andern hingegen ist, wie man aus (11.b) erkennt, *verschieden* vom Puncte γ.

Punct ω. Geht also die eine Kugelfläche durch o, so wird die andere durch diesen unendlich fernen Punct ω gehen.
13. Mit anderen Worten: *Geht die eine Kugelfläche durch o, so wird die andere eine Ebene sein.*

Zweite beiläufige Bemerkung. — Die Relationen (3.), (4.) gelten auch dann noch, wenn man statt zweier correspondirender *Puncte* y, η zwei correspondirende *Kugelflächen* s, σ nimmt; es ist nämlich:

14. $$\frac{(xs)}{(\xi\sigma)} = \frac{(os)}{(o\xi)} = \frac{(ox)}{(o\sigma)},$$

15. $$\frac{(xs)}{(\xi\sigma)} = \sqrt{\frac{(ox)(os)}{(o\xi)(o\sigma)}};$$

nur sind in diesem Fall unter (xs), (os), $(\xi\sigma)$, $(o\sigma)$ die Längen der von x, ξ, o an die Kugelflächen gelegten *Tangenten* zu verstehen, jede Tangente gerechnet von ihrem Ausgangspunct bis zum Berührungspunct.

Beweis. — Da ich für diesen (bisher wohl noch nicht bemerkten) Satz einen rein *geometrischen* Beweis augenblicklich nicht zu geben vermag, so mag ein *analytischer* Beweis dienen. Ist c $[c_1, c_2, c_3]$ der Mittelpunct*), und R der Radius der Kugelfläche s, so gelten für die von o [0, 0, 0] und von einem beliebigen Punct x $[x_1, x_2, x_3]$ an die Kugelfläche s gelegten Tangenten $T_o = (os)$ und $T = (xs)$ die Formeln:

16. $$T_o^2 = \Sigma c_i^2 - R^2 \qquad = C^2 - R^2,$$

17. $$T^2 = \Sigma (x_i - c_i)^2 - R^2 = C^2 - R^2 + X^2 - 2\Sigma c_i x_i.$$

Zur Abkürzung mag nämlich gesetzt werden:

18. $$\Sigma c_i^2 = C^2, \quad \Sigma x_i^2 = X^2, \quad \Sigma \xi_i^2 = \Xi^2,$$

19. und ferner: $$H = h\,T_o,$$

wo ξ $[\xi_1, \xi_2, \xi_3]$ der zu x $[x_1, x_2, x_3]$ correspondirende Punct sein soll. Zwischen diesen beiden Puncten finden, mit Rücksicht auf (2.) und weil beide auf demselben von o ausgehenden Strahl liegen, die Relationen statt:

20. $$X\Xi = H^2 \quad \text{und} \quad \frac{x_i}{X} = \frac{\xi_i}{\Xi};$$

---

*) Die in den eckigen Klammern enthaltenen Grössen sollen die *Coordinaten* der betreffenden Puncte vorstellen, in Bezug auf irgend ein rechtwinkliges Axensystem, dessen Anfangspunct in o liegt.

woraus mit Rücksicht auf (19.) sich ergiebt:

$$X = \frac{h^2 T_o^2}{\Xi} \quad \text{und} \quad x_i = \frac{h^2 T_o^2 \xi_i}{\Xi^2}. \qquad 21.$$

Durch Substitution dieser Werthe in (17.) folgt mit Rücksicht auf (16.):

$$T^2 = T_o^2 + \frac{h^4 T_o^4 - 2h^2 T_o^2 \Sigma c_i \xi_i}{\Xi^2},$$

$$= \frac{T_o^2}{\Xi^2} \left\{ (\Xi^2 - 2h^2 \Sigma c_i \xi_i + h^4 C^2) - h^4 (C^2 - T_o^2) \right\},$$

oder, mit abermaliger Rücksicht auf (16.):

$$T^2 = \frac{T_o^2}{\Xi^2} \left\{ \Sigma (\xi_i - h^2 c_i)^2 - (h^2 R)^2 \right\}. \qquad 22.$$

Die Formel (17.) verwandelt sich für $T = 0$ in die Gleichung der gegebenen Kugelfläche s; folglich muss die Formel (22.) für $T = 0$ übergehen in die Gleichung der correspondirenden Kugelfläche σ. Somit erkennt man, dass diese letztere Fläche σ dargestellt ist durch

$$0 = \Sigma (\xi_i - h^2 c_i)^2 - (h^2 R)^2, \qquad 23.$$

dass mithin die Coordinaten ihres Mittelpunctes und ihr Radius die Werthe besitzen: $h^2 c_1$, $h^2 c_2$, $h^2 c_3$ und $h^2 R$. Hieraus ergiebt sich weiter für die von irgend einem Puncte ξ $[\xi_1, \xi_2, \xi_3]$ an σ gelegte Tangente $\mathsf{T} = (\xi \sigma)$ die Formel:

$$\mathsf{T}^2 = \Sigma (\xi_i - h^2 c_i)^2 - (h^2 R)^2. \qquad 24.$$

Mit Rücksicht hierauf gewinnt die für zwei *correspondirende* Puncte x und ξ abgeleitete Formel (22.) die Gestalt:

$$T^2 = \frac{T_o^2}{\Xi^2} \mathsf{T}^2, \quad \text{d. i.} \quad \frac{T}{\mathsf{T}} = \frac{T_o}{\Xi}, \qquad 25.$$

d. i. mit Rücksicht auf die für die Tangenten eingeführte Bezeichnungsweise:

$$\frac{(xs)}{(\xi \sigma)} = \frac{(os)}{(o\xi)}. \qquad 26.$$

Dies aber ist die erste der zu beweisenden Formeln (14.), (15.). Leicht erkennt man nun auch die Richtigkeit der übrigen.

§ 8.

Die Potentiale correspondirender Massensysteme auf correspondirende Puncte.

Zwei Massenelemente besitzen correspondirende *Lagen*, wenn sie correspondirende Raumelemente erfüllen, ebenso, wenn sie correspondirende Flächen- oder Linien-Elemente einnehmen, ebenso endlich, wenn sie in correspondirenden Puncten concentrirt sind. Haben zwei Massenelemente m und μ correspondirende *Lagen* und entsprechen sie gleichzeitig der *Relation*:

27. $$K\frac{m}{\sqrt{(om)}} = \mathsf{K}\frac{\mu}{\sqrt{(o\mu)}},$$

so mögen sie kurzweg *correspondirende Massenelemente* heissen. Dabei sollen (om), $(o\mu)$ die Entfernungen der Elemente vom Puncte o, und K, K beliebig gegebene Constanten vorstellen*). — Wir wollen nun ein aus irgend welchen Massenelementen $m, m_1, m_2, \ldots$ bestehendes System mit M, ferner das aus den *correspondirenden* Elementen $\mu, \mu_1, \mu_2, \ldots$ bestehende System mit M bezeichnen, und die Potentiale dieser beiden Systeme auf *correspondirende* Puncte in Betracht ziehen.

---

*) Man kann *Linien-*, *Flächen-* und *Raum-*Elemente respective als Raumelemente *erster*, *zweiter* und *dritter* Dimension bezeichnen. Occupiren nun die Massen m und μ zwei correspondirende Raumelemente n^{ter} Dimension: $ds^{(n)}$ und $d\sigma^{(n)}$, und setzt man:

α. $$m = D^{(n)}\,ds^{(n)}, \qquad \mu = \Delta^{(n)}\,d\sigma^{(n)},$$

wo $D^{(n)}$ und $\Delta^{(n)}$ die betreffenden *Dichtigkeiten* vorstellen, so nimmt die Relation (27.) folgende Gestalt an:

β. $$K\frac{D^{(n)}\,ds^{(n)}}{\sqrt{(os)}} = \mathsf{K}\frac{\Delta^{(n)}\,d\sigma^{(n)}}{\sqrt{(o\sigma)}},$$

wo (os) und $(o\sigma)$ die Entfernungen der Elemente vom Puncte o bezeichnen. Diese Formel aber kann man, weil [nach (9.)]

$$ds^{(n)} : d\sigma^{(n)} = (os)^n : (o\sigma)^n$$

ist, auch so schreiben:

γ. $$K(os)^{n-\frac{1}{2}}D^{(n)} = \mathsf{K}(o\sigma)^{n-\frac{1}{2}}\Delta^{(n)}.$$

Sollen also die in zwei correspondirenden Raumelementen n^{ter} Dimension enthaltenen Massen correspondirende Massen sein, so müssen ihre Dichtigkeiten der vorstehenden Relation (γ.) entsprechen.

Bringt man die für zwei correspondirende Punctpaare x, ξ und y, η gültige Formel (4.):

$$\frac{(xy)}{\sqrt{(ox)(oy)}} = \frac{(\xi\eta)}{\sqrt{(o\xi)(o\eta)}} \tag{28.}$$

auf die Puncte x, ξ und die Elemente m, μ in Anwendung, so ergiebt sich:

$$\frac{(xm)}{\sqrt{(ox)(om)}} = \frac{(\xi\mu)}{\sqrt{(o\xi)(o\mu)}};$$

und hieraus folgt weiter durch Division von (27.), (:

$$K\sqrt{(ox)}\,\frac{m}{(mx)} = \mathsf{K}\,\sqrt{(o\xi)}\,\frac{\mu}{(\mu\xi)}.$$

Summirt man endlich diese Gleichung über sämmtliche Elemente der beiden Systeme, so entsteht die Formel:

$$K\sqrt{(ox)}\,W_x = \mathsf{K}\,\sqrt{(o\xi)}\,\Omega_\xi, \tag{31.}$$

wo $W_x = \Sigma\frac{m}{(mx)}$ und $\Omega_\xi = \Sigma\,\frac{\mu}{(\mu\xi)}$ die Potentiale der beiden Systeme resp. auf x und ξ vorstellen. Somit ergiebt sich folgender

Fundamentalsatz. — Sind unter Zugrundelegung der Formel:

$$K\,\frac{m}{\sqrt{(om)}} = \mathsf{K}\,\frac{\mu}{\sqrt{(o\mu)}}, \tag{32.}$$

M und M zwei einander correspondirende Massensysteme, so werden die von denselben auf correspondirende Puncte x und ξ ausgeübten Potentiale W_x und Ω_ξ in der Beziehung stehen:

$$K\sqrt{(ox)}\;W_x = \mathsf{K}\;\sqrt{(o\xi)}\,\Omega_\xi. \tag{33.}$$

Uebrigens ist nach (2.): $\sqrt{(ox)(o\xi)} = H$; so dass man also die Formel (33.) auch so schreiben kann:

$$KH\,W_x = \mathsf{K}\,(o\xi)\,\Omega_\xi, \tag{33.a}$$

oder auch so:

$$K(ox)\,W_x = \mathsf{K}H\Omega_\xi. \tag{33.b}$$

Beispiel. — Sind s und σ zwei correspondirende geschlossene Flächen, so gelten für je zwei einander correspondirende Puncte s und σ dieser Flächen nach (33. a, b) die Formeln:

$$KH\,W_s = \mathsf{K}(o\sigma)\Omega_\sigma, \tag{34.a}$$

$$K(os)\,W_s = \mathsf{K}H\Omega_\sigma. \tag{34.b}$$

Nimmt man für M die sogenannte *natürliche Belegung* der Fläche s, so wird:

$$W_s = \text{Const.},$$

also nach (34. a):

$$\Omega_\sigma = \frac{\text{Const}'.}{(o\sigma)};$$

was zu folgendem Satze führt:

35. *Sind zwei correspondirende geschlossene Flächen gegeben, und ist die eine derselben mit ihrer natürlichen Belegung behaftet, so wird die* — nach Massgabe der Formel (32.) — *correspondirende Belegung**) *der andern Fläche die Eigenschaft haben, für alle Puncte dieser letztern äquipotential zu sein mit einer gewissen in o concentrirten Masse.* — Durch diesen Satz wird die Aufgabe, die einem gegebenen Punct o entsprechende *Green'sche Belegung***) einer gegebenen Fläche zu ermitteln, reducirt auf die Aufgabe, die *natürliche Belegung* der correspondirenden Fläche zu finden.

Zweites Beispiel. — Betrachtet man die mit dem Radius H um o beschriebene Kugelfläche (1.), und nimmt man für M eine ganz beliebige, im Allgemeinen also *ungleichförmige* Belegung dieser Kugelfläche, so wird, nach (32.), M identisch mit M sein, falls man der Einfachheit willen $K = \mathsf{K}$ setzt. Gleichzeitig wird alsdann nach (33.):

$$\sqrt{(ox)}\, W_x = \sqrt{(o\xi)}\, \Omega_\xi,$$

wo x und ξ der Relation entsprechen $(ox)(o\xi) = H^2$. Somit ergiebt sich der Satz:

*Ist eine Kugelfläche mit irgend welcher gleichförmigen oder ungleichförmigen Massenbelegung behaftet, und sind x und ξ zwei in Bezug auf diese Kugelfläche conjugirte Puncte****), *so werden die von jener Belegung auf diese Puncte ausgeübten Potentiale W_x und Ω_ξ der Relation entsprechen:*

---

*) Bei den in Rede stehenden Belegungen werden die auf correspondirenden Elementen ds und $d\sigma$ der beiden Flächen ausgebreiteten Massen $m = D\,ds$ und $\mu = \Delta\,d\sigma$ der Relation (32.) zu entsprechen haben. Folglich wird [vgl. die vorhergehende Note] zwischen den *Dichtigkeiten* D und Δ der beiden Belegungen die Beziehung stattzufinden haben:

$$K(os)^{\frac{3}{2}}\, D = \mathsf{K}(o\sigma)^{\frac{3}{2}}\, \Delta.$$

**) Vgl. Seite 340 und 344.

***) Vgl. die Note auf Seite 53.

$$\sqrt{(ox)}\, W_x = \sqrt{(o\xi)}\, \Omega_\xi; \qquad 36.$$

so dass man also das Potential der Belegung auf äussere Puncte sofort anzugeben vermag, falls das Potential auf innere Puncte bekannt ist, und umgekehrt. — Selbstverständlich gilt dieser Satz auch dann, wenn ein Theil der Kugelfläche *un*belegt ist, also z. B. für die Belegung einer *Kugelcalotte.*

Wiederaufnahme der Hauptuntersuchung. — Sind b, β, ebenso wie m, μ und x, ξ correspondirende Puncte, so ist nach (28.):

$$\frac{(bm)}{\sqrt{(ob)(om)}} = \frac{(\beta\mu)}{\sqrt{(o\beta)(o\mu)}},$$
$$\frac{(bx)}{\sqrt{(ob)(ox)}} = \frac{(\beta\xi)}{\sqrt{(o\beta)(o\xi)}}.$$

Multiplicirt man nun mit der ersten Relation die Formel (32.), mit der zweiten die Formel (33.), so folgt:

$$\frac{K}{\sqrt{(ob)}} \frac{(bm)}{(om)}\, m = \frac{\mathsf{K}}{\sqrt{(o\beta)}} \frac{(\beta\mu)}{(o\mu)}\, \mu,$$
$$\frac{K}{\sqrt{(ob)}} (bx)\, W_x = \frac{\mathsf{K}}{\sqrt{(o\beta)}} (\beta\xi)\, \Omega_\xi.$$

Setzt man daher $K = \sqrt{(ob)}$ und $\mathsf{K} = \sqrt{(o\beta)}$, so gewinnt der Satz (32.), (33.) folgende Gestalt.

Andere Form des Fundamentalsatzes. — Sind b, β zwei einander correspondirende Puncte von unveränderlicher Lage, und sind ferner, unter Zugrundelegung der Formel:

$$\frac{(bm)}{(om)}\, m = \frac{(\beta\mu)}{(o\mu)}\, \mu, \quad {}^{*)} \qquad 37.$$

---

*) Erfüllen die Massen m und μ zwei correspondirende Raumelemente n^{ter} Dimension $ds^{(n)}$ und $d\sigma^{(n)}$, und setzt man

$$m = D^{(n)}\, ds^{(n)}, \qquad \mu = \Delta^{(n)}\, d\sigma^{(n)}, \qquad \delta.$$

wo $D^{(n)}$ und $\Delta^{(n)}$ die betreffenden Dichtigkeiten vorstellen, so nimmt die in (37.) festgesetzte Relation folgende Gestalt an:

$$\frac{(bs)}{(os)}\, D^{(n)} ds^{(n)} = \frac{(\beta\sigma)}{(o\sigma)}\, \Delta^{(n)} d\sigma^{(n)},$$

wo (bs), (os) und $(\beta\sigma)$, $(o\sigma)$ die Abstände der Elemente von den Puncten b, o, resp. β, o vorstellen. Diese Formel aber kann, weil $ds^{(n)} : d\sigma^{(n)} = (os)^n : (o\sigma)^n$ ist [vgl. (9.)] auch so geschrieben werden:

$$(bs)(os)^{n-1} D^{(n)} = (\beta\sigma)(o\sigma)^{n-1} \Delta^{(n)}. \qquad \zeta.$$

Sollen also die in zwei correspondirenden Raumelementen n^{ter} Dimension

M, M zwei einander correspondirende Massensysteme, so werden die von diesen Systemen auf correspondirende Puncte x, ξ ausgeübten Potentiale W_x, Ω_ξ in der Beziehung stehen:

38. $$(bx)\, W_x = (\beta\xi)\, \Omega_\xi\,.$$

Beispiel. — Sind mithin s und σ zwei correspondirende geschlossene Flächen, so wird für je zwei correspondirende Puncte s und σ dieser Flächen die Formel stattfinden:

$$(bs)\, W_s = (\beta\sigma)\Omega_\sigma\,.$$

Ist also $W_s = \frac{1}{bs}$, so wird $\Omega_\sigma = \frac{1}{(\beta\sigma)}$. Mit anderen Worten:

Sind s, σ zwei correspondirende geschlossene Flächen, ferner b, β zwei correspondirende Puncte von unveränderlicher
39. *Lage, und ist irgend ein Massensystem M bekannt, welches für alle Puncte der Fläche s äquipotential ist mit einer in b concentrirten Masse Eins, so wird das* — nach Massgabe der Formel (37.) — *correspondirende Massensystem* M *in allen Puncten der Fläche σ äquipotential sein mit einer in β concentrirten Masse Eins*).*

Aufgabe. — Es sei $\mathfrak{T}_s$ ein beliebig gegebener Raum mit
40. der Grenzfläche s, ferner M ein noch unbestimmtes Massensystem mit dem Potential W, und es handele sich darum,

---

enthaltenen Massen correspondirende Massen sein, so müssen ihre Dichtigkeiten in der vorstehenden Beziehung (ζ.) stehen.

*) Beschränkt man sich auf solche Massensysteme, welche den gegebenen Flächen s und σ unmittelbar aufgelagert sind, so wird zwischen den in zwei correspondirenden Elementen ds und $d\sigma$ dieser Flächen vorhandenen Dichtigkeiten D und Δ die Relation stattfinden:

$$(bs)(os)D = (\beta\sigma)(o\sigma)\Delta \quad \text{[vgl. die vorhergehende Note]};$$

so dass also in diesem Falle der Satz (39.) folgende besonders anschauliche Gestalt gewinnt:

Sind s, σ zwei correspondirende geschlossene Flächen, ferner b, β zwei correspondirende Puncte von unveränderlicher Lage, und denkt man sich diese Flächen der Art mit Masse belegt, dass die Dichtigkeiten D und Δ an correspondirenden Stellen in der Beziehung stehen:

η. $$(bs)(os)D = (\beta\sigma)(o\sigma)\Delta\,,$$

so wird, falls die eine Belegung für alle Puncte der Fläche s äquipotential ist, mit einer in b concentrirten Masse Eins, Analoges auch gelten für die andere Belegung mit Bezug auf die Fläche σ und den Punct β.

dieses Massensystem *ausserhalb* $\mathfrak{T}_s$ resp. *auf der Grenze* von $\mathfrak{T}_s$ in solcher Weise zu fixiren, dass das Potential auf der Fläche s mit daselbst *vorgeschriebenen* Werthen f_s identisch werde, also der Bedingung entspreche:

$$W_s = f_s \,. \qquad (41.)$$

Mit Hülfe des vorhergehenden Satzes (37.), (38.) kann man diese Aufgabe reduciren auf die analoge Aufgabe für den *correspondirenden* Raum $\mathfrak{T}_\sigma$ mit der Grenzfläche σ. — Bezieht man nämlich die allgemeine Formel (38.) auf zwei correspondirende Puncte s und σ der beiden Begrenzungsflächen s und σ, so erhält man:

$$(bs)\, W_s = (\beta\sigma)\, \Omega_\sigma \,, \qquad (42.)$$

also nach (41.):

$$(bs) f_s = (\beta\sigma)\, \Omega_\sigma \,; \qquad (43.)$$

woraus die Ω_σ sich berechnen lassen. Denkt man sich nun ein Massensystem M *ausserhalb* $\mathfrak{T}_\sigma$ resp. *auf der Grenze* von $\mathfrak{T}_\sigma$ in solcher Weise bestimmt, dass das Potential dieses Systems auf der Fläche σ die Werthe Ω_σ besitzt, so wird das diesem System — nach Massgabe der Formel (37.) — correspondirende System M das *gesuchte* sein.

Ist $\mathfrak{T}_s$ von der Form $\mathfrak{A}$, und liegt o *ausserhalb* dieses Raumes $\mathfrak{T}_s$ oder $\mathfrak{A}$, so wird offenbar $\mathfrak{T}_\sigma$ von der Form $\mathfrak{J}$ sein; *und es kann also die Behandlung eines Raumes* $\mathfrak{A}$, *vermittelst der eben exponirten Methode, auf die Behandlung eines andern Raumes von der Form* $\mathfrak{J}$ *reducirt werden.* Auch kann in genau derselben Weise eine Reduction vom Raume $\mathfrak{A}^{(n)}$ auf den Raum $\mathfrak{J}^{(n)}$ erzielt werden*). (44.)

§ 9.

Analoge Betrachtungen in der Ebene.

Wir wollen uns in der *Ebene* zwei correspondirende Massensysteme M und M ausgebreitet denken, und die Logarithmischen Potentiale dieser Systeme auf correspondirende Puncte untersuchen, indem wir dabei unter *correspondirenden Massenelementen* m und μ solche verstehen, welche cor-

*) Die Bezeichnungen $\mathfrak{A}$, $\mathfrak{J}$ und $\mathfrak{A}^{(n)}$ $\mathfrak{J}^{(n)}$ sind hier, wie stets, in der zu Anfang festgesetzten Bedeutung gebraucht; vgl. S. 30 und 23.

respondirende Lagen haben, ausserdem aber der Relation entsprechen

45. $$m = \mu .$$

Sind x und ξ zwei correspondirende Puncte, so wird ebenso wie früher (29.):
$$\frac{(m x)}{\sqrt{(o m)(o x)}} = \frac{(\mu \xi)}{\sqrt{(o \mu)(o \xi)}},$$
folglich:

46. $$T_{m x} - \tfrac{1}{2} T_{o x} - \tfrac{1}{2} T_{o m} = T_{\mu \xi} - \tfrac{1}{2} T_{o \xi} - \tfrac{1}{2} T_{o \mu},$$

wo $T_{\alpha\beta}$, ebenso wie früher, zur Abkürzung steht für $\log \frac{1}{(\alpha\beta)}$. Durch Multiplication von (45.), (46.) und Integration ergiebt sich:

47. $$W_x - \tfrac{1}{2} M T_{o x} - \tfrac{1}{2} W_o = \Omega_\xi - \tfrac{1}{2} M T_{o \xi} - \tfrac{1}{2} \Omega_o,$$

wo $W_x = \Sigma m T_{m x}$ und $\Omega_\xi = \Sigma \mu T_{\mu \xi}$ die Potentiale der beiden Systeme M und M auf die Puncte x und ξ vorstellen, während W_o und Ω_o die speciellen Werthe dieser Potentiale für den Punct o sind; ausserdem bezeichnet das in (47.) auf beiden Seiten vorkommende M die *Gesammtmasse* des Systems M, oder [was dasselbe, vgl. (45.)] die *Gesammtmasse* des Systems M. Dabei sei bemerkt, dass nach (2.)
$$(o x)(o \xi) = (o m)(o \mu) = H^2,$$

48. mithin: $$T_{o x} + T_{o \xi} = T_{o m} + T_{o \mu} = -2 \log H$$

ist; woraus sofort folgt, dass die Potentialwerthe
$$W_o = \Sigma m T_{m o} \qquad \text{und} \qquad \Omega_o = \Sigma \mu T_{\mu o}$$
in der Beziehung stehen:

49. $$W_o + \Omega_o = -2 M \log H .$$

Betrachtet man die Puncte x, ξ als *variabel*, alles Uebrige aber als *constant*, so kann man der Formel (47.) die einfachere Gestalt geben:

50. $$(W_x - \tfrac{1}{2} M T_{o x}) = (\Omega_\xi - \tfrac{1}{2} M T_{o \xi}) + \text{Const.};$$

und gelangt daher zu folgendem

Fundamentalsatz. — Sind, unter Zugrundelegung der Formel:

51. $$m = \mu ,$$

M, M zwei einander correspondirende Massensysteme, so werden die von denselben auf correspondirende Puncte x, ξ ausgeübten Potentiale W_x, Ω_ξ in der Beziehung stehen:

52. $$(W_x - \tfrac{1}{2} M T_{o x}) = (\Omega_\xi - \tfrac{1}{2} M T_{o \xi}) + \text{Const.},$$

wo die mit Const. *bezeichnete Grösse von der Lage der Puncte* x, ξ *unabhängig ist, und* M *die Gesammtmasse eines jeden der beiden Systeme bezeichnet.* — Mit Rücksicht auf (48.) kann man übrigens diese Beziehung (52.) auch so schreiben:

$$W_x = (\Omega_\xi - MT_{o\xi}) + \text{Const}'., \quad 52.a$$

oder auch so:

$$(W_x - MT_{ox}) = \Omega_\xi + \text{Const}''. \quad 52.b$$

Beispiel. — Sind s und σ zwei correspondirende geschlossene Curven, so gilt für je zwei einander correspondirende Puncte s und σ dieser Curven nach (52.a) die Relation:

$$W_s = (\Omega_\sigma - MT_{o\sigma}) + \text{Const}'., \quad 53.$$

wo Const.' von s, σ unabhängig ist. Nimmt man nun für M die sogenannte *natürliche Belegung* der Curve s, so wird:

$$W_s = \text{Const}^{(1)}., \quad \text{und} \quad M = 1, \quad *)$$

also nach (53.):

$$\Omega_\sigma = T_{o\sigma} + \text{Const}^{(2)}.;$$

wodurch man den Satz erhält:

Sind zwei correspondirende geschlossene Curven gegeben, und ist die eine derselben mit ihrer natürlichen Belegung behaftet, so wird die — nach Massgabe der Formel (51.) — *correspondirende Belegung der andern Curve die Eigenschaft besitzen, für alle Puncte dieser letztern, abgesehen von einer additiven Constante, äquipotential zu sein mit einer in* o *concentrirten Masse Eins.* 54.

Zweites Beispiel. — Betrachtet man eine mit dem Radius H um o beschriebene Kreislinie [vgl. (1.)], und nimmt man für M eine ganz beliebige, im Allgemeinen also *ungleichförmige* Belegung dieser Kreislinie, so wird nach (51.) M mit M identisch sein. Gleichzeitig wird alsdann nach (52.a):

$$W_x = (\Omega_\xi - MT_{o\xi}) + \text{Const}.,$$

wo x und ξ der Relation entsprechen: $(ox)(o\xi) = H^2$. Somit ergiebt sich der Satz:

*) Die Gesammtmasse der *natürlichen Belegung* ist stets $= 1$. Vgl. die Definition dieser Belegung, Seite 85. — In den obigen Formeln sollen die den *Const.* beigefügten Nummern, ebenso wie früher die Accente, nur andeuten, dass die betreffenden Constanten von einander verschieden sind.

Ist eine Kreislinie mit irgend welcher gleichförmigen oder ungleichförmigen Massenbelegung behaftet, und sind x und ξ zwei in Bezug auf diese Kreislinie conjugirte Puncte, so werden die auf diese Puncte von jener Belegung ausgeübten Potentiale W_x und Ω_ξ in der Beziehung stehen:

55. $$W_x = (\Omega_\xi - MT_{o\xi}) + \text{Const.},$$

wo die Const. *von der Lage der Puncte x, ξ unabhängig ist, und M die Gesammtmasse der Belegung vorstellt.*

Wiederaufnahme der Hauptuntersuchung. — Sind b, β, ebenso wie x, ξ und m, μ correspondirende Puncte, so ist analog mit (46.):

56. $$T_{bx} - \tfrac{1}{2}T_{ox} - \tfrac{1}{2}T_{ob} = T_{\beta\xi} - \tfrac{1}{2}T_{o\xi} - \tfrac{1}{2}T_{o\beta}.$$

Multiplicirt man diese Formel mit M, und subtrahirt man dieselbe sodann von (47.), so folgt:

57. $$\left\{\begin{matrix} (W_x - MT_{bx}) \\ -\tfrac{1}{2}(W_o - MT_{bo}) \end{matrix}\right\} = \left\{\begin{matrix} (\Omega_\xi - MT_{\beta\xi}) \\ -\tfrac{1}{2}(\Omega_o - MT_{\beta o}) \end{matrix}\right\}.$$

Betrachtet man also die Puncte x, ξ als *variabel*, alles Uebrige aber als *constant*, so gelangt man zu folgendem Resultat:

Andere Form des Fundamentalsatzes. — Sind b, β zwei einander correspondirende Puncte von unveränderlicher Lage, und sind ferner, unter Zugrundelegung der Formel:

58. $$m = \mu,$$

M, M zwei einander correspondirende Massensysteme, so werden die von denselben auf correspondirende Puncte x, ξ ausgeübten Potentiale W_x, Ω_ξ in der Beziehung stehen:

59. $$(W_x - MT_{bx}) = (\Omega_\xi - MT_{\beta\xi}) + \text{Const.},$$

wo die Const. *von der Lage der Puncte x, ξ unabhängig ist, und M die Gesammtmasse eines jeden der beiden Systeme bezeichnet.* Dieser Satz (welcher für den Specialfall $M = 0$ eine noch einfachere Gestalt annimmt) kann in ähnlicher Weise verwerthet werden wie der analoge Satz des Raumes (37.), (38.). So z. B. erkennt man, *dass mit Hülfe dieses Satzes*
60. *die Behandlung eines Gebietes von der Form $\mathfrak{A}$ auf die Behandlung eines andern Gebietes von der Form $\mathfrak{J}$ reducirbar ist.*

www.ingramcontent.com/pod-product-compliance
Lightning Source LLC
Chambersburg PA
CBHW021356210326
41599CB00011B/897